普通高等教育“十二五”规划教材（高职高专教育）

BIANDIANZHAN ZONGHE ZIDONGHUA JISHU

变电站综合自动化技术

（第三版）

主　编　路文梅
副主编　李铁玲
编　写　贾会荣
主　审　王向东

中国电力出版社
CHINA ELECTRIC POWER PRESS

内 容 提 要

本书为普通高等教育“十二五”规划教材（高职高专教育）。

本书是依据高职高专院校最新教学要求进行编写，系统地阐述了变电站综合自动化技术的基本概念、功能、原理，以及相关的最新知识、技术和应用，并根据读者对第二版教材提出的意见和使用情况，在内容方面做了个别调整。本书在系统阐述基础理论的前提下，注重实用性，并结合许多具体实例进行讲解，使读者更易理解和掌握。

本书主要作为高职高专院校电力技术类、自动化类等专业教材，也可作为电力行业相关工程技术人员的参考书。

图书在版编目（CIP）数据

变电站综合自动化技术/路文梅主编．—3版．—北京：中国电力出版社，2012.8（2019.11重印）

普通高等教育“十二五”规划教材．高职高专教育

ISBN 978-7-5123-3209-6

Ⅰ.①变…　Ⅱ.①路…　Ⅲ.①变电所—自动化技术—高等职业教育—教材　Ⅳ.①TM63

中国版本图书馆CIP数据核字（2012）第137262号

中国电力出版社出版、发行

（北京市东城区北京站西街19号　100005　http://www.cepp.sgcc.com.cn）

北京雁林吉兆印刷有限公司印刷

各地新华书店经售

*

2004年8月第一版

2012年8月第三版　2019年11月北京第二十一次印刷

787毫米×1092毫米　16开本　17.5印张　425千字

定价 **38.00** 元

前　言

本书为普通高等教育“十二五”规划教材（高职高专教育）。本书主要作为高职高专院校电力技术类、自动化类等专业教材，同时可供同类专业的高校本科生、函授生及有关工程技术人员参考。教学内容可根据具体的专业要求和教学学时取舍。

本书是在2007年第二版的基础上，根据我国变电站综合自动化技术的发展以及近几年新颁布的标准和规范重新进行修订的。在教材的内容和体系上均作了相应的充实与调整，对第七章、第八章、第九章进行了重新编写，其他章节的内容与插图也作了适当的修改，各章节增加了习题。

本书由河北水利电力学院路文梅担任主编，并编写了第三、四、五、六、八、九、十章；第一、二、七、十一、十二章由安徽铜陵学院李铁玲编写；第十三章由沧州供电公司贾会荣编写。全书由路文梅统稿，王向东高级工程师担任主审。本书在编写过程中还得到了有关单位和个人的大力支持和帮助，在此一并表示感谢。

由于变电站综合自动化新技术不断发展，加之作者水平有限，因此本书中的纰漏在所难免，恳请读者批评指正。

编　者

2012年7月

第二版前言

为贯彻落实教育部《关于进一步加强高等学校本科教学工作的若干意见》和《教育部关于以就业为导向深化高等职业教育改革的若干意见》的精神，加强教材建设，确保教材质量，中国电力教育协会组织制订了普通高等教育“十一五”教材规划。该规划强调适应不同层次、不同类型院校，满足学科发展和人才培养的需求，坚持专业基础课教材与教学急需的专业教材并重、新编与修订相结合。本书为修订教材。

我国变电站综合自动化的研究、开发和应用始于20世纪80年代中、后期，90年代逐渐形成高潮，目前已发展成一个相对独立的技术领域，变电站综合自动化技术的应用推进了配电网自动化和调度自动化的进展和技术水平的提高。随着全国范围内电网建设和改造的深入进行，配电网改造和配电系统自动化工作在全国范围内已深入开展，变电站综合自动化技术应用更为广泛。变电站综合自动化技术随着计算机技术、数字信号处理技术、通信技术等新技术成果的应用而不断发展和完善。

为了满足高职高专教材建设的要求，同时也为了帮助从事变电站综合自动化的运行维护工作的技术和管理人员全面系统地了解变电站综合自动化的基本概念、功能、原理、理论基础及最新知识和最新技术，编者结合多年从事电力系统自动化的教学和生产经验，编写了此书。

本书力求做到论述深入浅出、通俗易懂，在系统阐述基础理论的前提下，注重实用性，结合许多具体实例进行讲解，使读者更易理解和掌握。

本书第三、四、五、六、八、九、十章由路文梅教授编写，第一、二、七、十一、十二章由李铁玲高级实验师编写，第六章部分内容、第十三章由贾会荣高级工程师编写。全书由路文梅主编，李铁玲副主编。王向东高级工程师主审。本书在编写过程中征求了许多从事变电站综合自动化工作的专家的意见，得到了许多同仁的大力支持和帮助，在此一并表示深切的谢意。

由于变电站综合自动化的新技术不断发展，加之作者水平有限，书中错误和不足之处在所难免，恳请专家和读者批评指正。

编　者

目　录

第一章 概 述

改革开放以来，随着我国国民经济的快速增长，电力系统也获得了前所未有的发展，传统的变电站已经远远不能满足现代电力系统管理模式的需求。因此，变电站综合自动化技术在电力行业中引起了越来越多的重视，并逐渐得到了广泛应用。本章将阐述变电站综合自动化的基本概念和发展过程，变电站实现综合自动化的优越性以及综合自动化系统的基本功能和特点。

第一节 变电站综合自动化的基本概念及发展过程

近年来，随着微电子技术、计算机技术和通信技术水平的不断进步，变电站综合自动化技术也得到了迅速发展，目前已成为新建与改造中低压变电站的主导技术。变电站综合自动化是指利用先进的计算机技术、现代电子技术、通信技术和信号处理技术，实现对变电站主要设备和输、配电线路的自动监视、测量、控制、保护以及与调度通信等综合性自动化功能。变电站综合自动化系统，即利用多台微型计算机和大规模集成电路组成的自动化系统，可以收集到所需要的各种数据和信息，利用计算机的高速计算能力和逻辑判断能力，监视和控制变电站的各种设备。

变电站综合自动化的发展过程大致可分为以下三个阶段。

一、分立元件的自动装置阶段

20 世纪 70 年代以前，为了提高电力系统的安全与经济运行水平，各种功能的自动装置被陆续研制出来。例如自动重合闸装置、低频自动减载装置、备用电源自投装置和各种继电保护装置等。这些装置主要采用模拟电路，由晶体管等分立元件组成。各装置独立运行，互不相干，且体积大、耗电多、维修周期短、缺乏智能性，没有故障自诊断能力，运行中若出现故障，不能提供告警信息。因此，需要有更高性能的装置来代替。

二、微机型智能自动装置阶段

1971 年，世界上第一片微处理器在美国 Intel 公司问世，之后许多厂家纷纷开始研制，逐渐形成了以 Intel、Motorola、Zilog 公司为代表的三大系列微处理器。20 世纪 80 年代，微处理器技术开始被引入我国，并很快应用于电力系统的各个领域，由晶体管等分立元件组成的自动装置逐步由大规模集成电路或微处理器所代替，出现了微机型继电保护装置、微机监控和微机远动装置等。由微处理器构成的自动装置具有智能化和计算能力强的显著优点，且装置本身具有故障自诊断能力，大大提高了测量的准确性、监控的可靠性和自动化水平，但是仍有许多不足。例如，各装置尽管功能不同，其硬件配置都大体相同；除微机系统本身外，都具有对各种模拟量的数据采集系统和输入/输出接口电路，并且所采集的量和要控制的对象有许多也是相同的，显得设备重复设置；各装置的功能虽得到一些扩展，还不能解决变电站运行中存在的所有问题；多数装置间仍然是各自独立运行，不能相互通信与资源共享。解决这些问题的惟一途径即是研制出经过重新优化组合的、具有综合自动化功能的集合型装置，这便是变电站综合自动化装置的由来。

三、变电站综合自动化装置阶段

国外变电站综合自动化的研究工作始于20世纪70年代。英国、法国、意大利等国家于20世纪70年代末装设的远动装置都是微计算机型的。日本在微处理器应用于电力系统方面的工作虽然晚于欧美，但后来居上，于1975年在关西电子公司和三菱电气有限公司的协助下开始研究用于配电变电站的数字控制系统，1979年通过现场试验，1980年开始商品化生产。20世纪80年代以后，研究变电站综合自动化系统的国家和大公司越来越多。例如，德国西门子公司、ABB公司、美国西屋公司、法国阿尔斯通公司等都有自己的综合自动化系统产品。

我国变电站综合自动化的研究工作开始于20世纪80年代中期。最初的变电站自动化系统实际上是在RTU基础上加上以一台微机为中心的当地监控系统（见图1-1），不但未涉及继电保护，就连原有的传统的控制屏台也都还保留。这是国内变电站自动化技术的初级阶段。

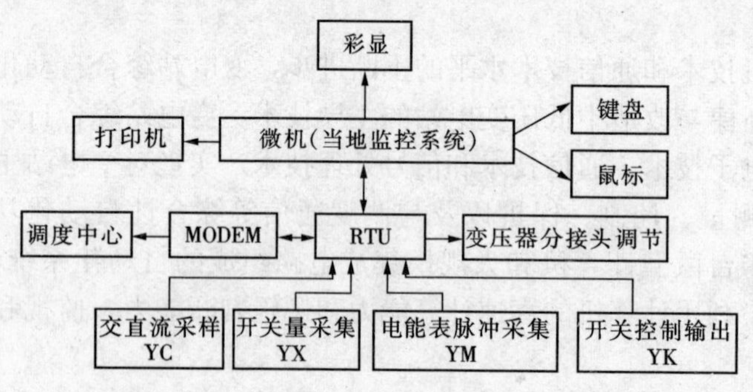

图1-1　以RTU为基础的变电站自动化系统

20世纪80年代后期，进行变电站综合自动化技术研究的高等学校、科研单位、生产厂家逐渐增加。进入20世纪90年代，由于数字保护技术（即微机保护）的广泛应用，使变电站自动化技术取得实质性进展。20世纪90年代初研制的变电站自动化系统是在变电站控制室内设置计算机系统作为变电站自动化的核心，另设置一数据采集和控制部件，用以采集数据和发出控制命令。微机保护柜除保护部件外，每柜有一管理单元，其串行口与变电站自动化系统的数据采集及控制部件相连，传送保护装置的各种信息和参数，整定和显示保护定值，投/停保护装置。此类集中式变电站自动化系统与初级阶段相比有了很大的进步。图1-2所示即是此类系统的典型框图。

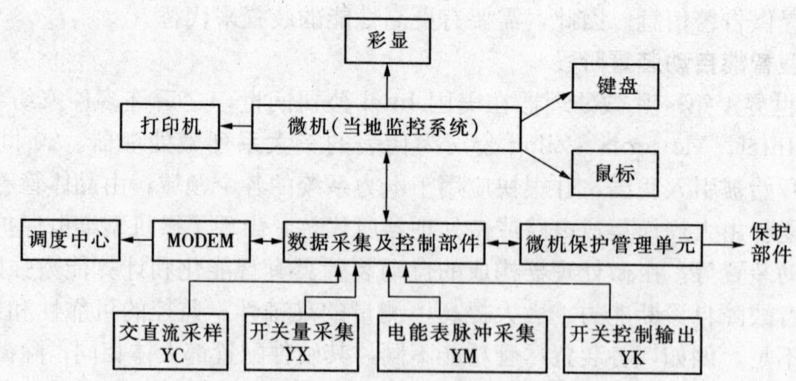

图1-2　集中式变电站自动化系统典型框图

20世纪90年代中期，随着计算机技术、网络技术及通信技术的飞速发展，同时结合变电站的实际情况，各类分散式变电站自动化系统相继研制成功和投入运行。分散式变电站自动化系统的特点是，现场单元部件分别安装在中低压开关柜或高压一次设备附近。这些部件可以是集保护和测控功能为一体的综合性装置，用以处理各开关单元的继电保护和测控功能，也可以是现场的微机保护和测控部件分别保持其独立性。在变电站控制室内设置计算机系统，对各现场单元部件进行通信联系。通信方式可采用串行口，近几年更多地采用了网络技术。遥信、遥测量的采集及处理，遥控命令的执行和继电保护功能等均由现场单元部件独立完成，并将这些信息通过网络送至后台主计算机，而变电站自动化的综合功能均由后台主计算机系统承担。此类分散式变电站自动化系统结构与集中式变电站自动化系统结构相比又有了一个质的飞跃。

如今，变电站综合自动化技术更加成熟。以太网的 Internet 技术、Web 技术的嵌入式应用又给综合自动化技术的提高注入了新的活力，使其技术水平上了一个新的台阶。产品的功能和性能越来越完善，有的产品涵盖了 500～35kV 电压等级的输配电线路保护、主设备保护及测量控制系统，并提供了各个电压等级的变电站自动化的完整解决方案。各厂家生产的综合自动化装置迅速更新换代，不断有更先进的产品问世。变电站综合自动化技术已经逐渐成为我国电力工业推行技术进步的重点之一。实现变电站综合自动化是科学技术进步和发展的必然结果。

第二节 实现变电站综合自动化的优越性

变电站是电力系统中的一个重要组成部分，担负着电能转换和电能重新分配的重要任务，对电网的安全和经济运行起着举足轻重的作用。随着电力系统的发展，电网结构越来越复杂，各级调度中心需要获得更多的信息，以准确掌握电网和变电站的运行状况。同时，为提高电力系统的可控性，要求更多地采用远方集中监视和控制，并逐步采用无人值班管理模式。显然，传统变电站已远远不能适应现代电力系统管理模式的需求。

传统变电站一般都采用常规设备。二次设备中的继电保护和自动装置、远动装置等采用电磁式或晶体管式，体积大，设备笨重，因此主控室、继电保护室占地面积较大。常规装置结构复杂，可靠性低，维护工作量大。例如电磁式继电器易发生触点粘连，晶体管式保护装置工作点易受环境温度影响等，且装置本身没有故障自诊断能力，只能靠一年一度的整定值校验或等到继电保护装置发生拒动或误动后才能发现问题。随着国民经济的持续发展，人民的生活质量和生活水平不断提高，家用电器越来越多地进入千家万户，各工矿企业和居民用户对保证供电质量的要求越来越高。衡量电能质量的主要指标是电压和频率，另外还应考虑谐波污染问题。频率主要由发电厂来调节，而合格的电压则需要发电厂和各变电站共同来保证，变电站也应该通过调节变压器分接头位置和控制无功补偿设备进行调节，但传统的变电站大多数不具备自动调压手段。对于谐波污染造成的危害，更没有引起足够的重视和采取有力措施，且缺乏科学的电能质量考核办法。电力系统要做到优质、安全、经济运行，必须及时掌握系统的运行工况，以便采取一系列的自动控制和调节手段。但传统变电站由于远动功能不全，一些遥测、遥信量无法实时送到调度中心，不能满足向调度中心及时提供运行参数的要求。变电站本身又缺乏自动控制和调控手段，因此无法进行实时控制，不利于系统的安全、稳定运行。

由于传统变电站存在上述缺点，采用更先进的技术改造变电站是一种必然趋势。最初我国对变电站监控技术的研究主要有两个方面：一是在220kV及以下中低压变电站中采用综合自动化技术，全面提高变电站的技术水平和运行管理水平；二是对高压变电站采用全新的保护技术和控制方式，以促进各专业在技术上的协调，提高自动化水平和运行的可靠性。但随着变电站综合自动化技术的不断完善和成熟，一些厂家已生产出可应用于高压变电站的综合自动化系统。总体来看，实现变电站综合自动化的优越性主要有以下几个方面。

（1）提高供电质量。由于变电站综合自动化系统的功能中包括电压、无功自动控制功能，故对于具备有载调压变压器和无功补偿电容器的变电站，可根据实际运行工况进行实时调整与控制，大大提高电压合格率，且可使无功潮流更合理，降低网络中的电能损耗。

（2）提高变电站的安全、可靠运行水平。传统的变电站二次设备专业分工过细，不利于综合监视运行情况和及时发现隐患，一旦发生事故，恢复供电的时间较长。实现综合自动化后，传统的专业框框完全被打破，利用计算机对统一收集到的数据和信号进行全面的分析与处理，这样可以尽早地发现问题和处理事故，尽快地恢复供电。变电站综合自动化装置都是由微机组成的，其配置灵活、灵敏度和可靠性高、调试方便，可用计算机在线监视继电保护运行参数及其工作状况，必要时可以从远方对某套保护参数重新进行整定。微机保护除了能迅速发现被保护对象的故障并将其切除外，还具有故障自诊断功能，使得变电站一次设备和二次设备的工作可靠性大大提高。

（3）提高电力系统的运行管理水平。变电站实现综合自动化后，监视、测量、记录等工作都由计算机自动进行，既提高了测量的准确度，又避免了人为的主观干预，运行人员通过观看CRT屏幕便可掌握变电站主要设备和各输、配电线路的运行工况和运行参数。变电站综合自动化系统可以收集众多的数据和信号，利用微机的高速计算和逻辑判断能力，及时将综合结果反映给值班人员并送往调度中心，各种实时数据与历史数据均可在计算机上随时查阅，各种操作都有事件顺序记录，调度员不仅能及时掌握各变电站的运行情况，还可对它进行必要的远距离调节和控制，大大提高了运行管理水平。

（4）降低造价，减少总投资。由于采用微计算机及通信技术，可以实现资源共享和信息共享，变电站综合自动化系统大大减轻电压互感器、电流互感器的负担，降低了电能损耗，并节省大量的控制电缆。综合自动化装置硬件电路多采用大规模集成电路，结构紧凑，体积小，与常规二次设备相比占用空间减少数倍，可以大大缩小变电站的占地面积。随着技术水平的不断进步，微计算机的性能价格比不断上升，综合自动化系统的功能和性能会逐渐更加完善和提高，造价会越来越低，最终可以大大减少变电站的总投资。

（5）促进无人值班变电站管理模式的实行。变电站综合自动化装置均有故障自诊断能力，系统内部有故障时能自检出故障部位；微机保护和自动装置的定值可在线读出检查，或远距离重新整定；监控系统的抄表、记录等工作自动化进行。因此，变电站实现综合自动化后减少了许多维护工作量和维修时间以及值班人员的劳动，为实现无人值班提供了可靠的技术条件。采用常规的二次设备，只要装有RTU远动装置同样可实现无人值班，但变电站综合自动化系统可以适应更高的要求，显著提高无人值班变电站运行的可靠性和技术水平。自动化系统内部各单元间通过网络连接，实现资源共享，可以向调度中心提供更丰富的信息。调度中心也可远距离修改各微机保护子系统和各自动装置的定值，检查各子系统的运行状态，这是常规变电站无法达到的。因此，无人值班变电站采用综合自动化方式是今后的发展方向。综合自动化促进了无人值班变电站管理模式的实行，无人值班变电站也为综合自动化的实现和发展提供了广阔的空间。

当然，变电站实现综合自动化也会带来一些新的问题。例如，对长期从事传统监控装置维护、运行的人员来说技术较难掌握，一旦出现问题就不得不依靠供货商来解决；综合自动化装置的硬件更新换代非常快，所选用的设备可能很快就变成落后产品；监控软件有时会存在难以发现的缺陷等。随着综合自动化技术的不断进步和运行维护人员素质的不断提高，这些问题会逐步得到解决，相信变电站综合自动化技术必将发挥越来越大的作用。

第三节　变电站综合自动化系统的基本功能

实现变电站综合自动化的目标是全面提高变电站的技术水平和管理水平，提高供电质量和经济效益，促进配电系统自动化的发展。变电站综合自动化是一门多专业性的综合技术，它以微型计算机为基础，实现了对变电站传统的继电保护、控制方式、测量手段、通信和管理模式的全面技术改造，实现了电网运行管理的一次变革。

仅从变电站自动化系统的构成和所完成的功能来看，它是将传统变电站的监视控制、继电保护、自动控制和远动等装置所要完成的功能组合在一起，用一个以计算机硬件、模块化软件和数据通信网构成的完整系统来代替。变电站综合自动化的内容较广，目前基本认为应包括：完成电气量的采集和电气设备的状态监视、控制和调节；实现变电站正常运行的监视和操作，保证其运行的安全性和可靠性；发生故障时完成瞬态电气量的采集和故障记录，并迅速切除故障和完成恢复运行的正常操作；将变电站采集的各种信息和数据实时传送至远方调度中心或当地监控中心。在变电站综合自动化系统的研究与开发过程中，对其应包括哪些功能和要求曾经有不同看法。经过几年来的实践和发展，目前这些看法已趋于一致，归纳起来有以下几种功能：

（1）控制、监视功能；

（2）自动控制功能，如VQC、备用电源自动投入、故障隔离、网络重组等；

（3）测量表计功能；

（4）继电保护功能；

（5）保护相关功能，如接地选线、低频减载、故障录波和故障测距等；

（6）接口功能，如微机防误、GPS、站内空调、火警等其他系统的接口；

（7）系统功能，如当地监控、调度端通信等功能。

从长远来看，变电站综合自动化系统的功能还包括高压电气设备本身的信息监视，如断路器、变压器、避雷器等设备的绝缘和状态监视等。

结合我国的情况，具体来说变电站综合自动化系统的基本功能体现在以下几方面。

1. 继电保护功能

变电站综合自动化系统中的继电保护主要包括输电线路保护、电力变压器保护、母线保护、电容器保护、小电流接地系统自动选线、自动重合闸等。微机保护是变电站综合自动化系统的关键环节，它的功能和可靠性如何，在很大程度上影响了整个系统的性能，因此设计时必须给与足够的重视。

2. 测量、监视、控制功能

变电站综合自动化系统应取代常规的测量装置，如变送器、录波器、指针式仪表等；取代常规的告警、报警装置，如中央信号系统、光字牌等。

变电站的各段母线电压、线路电压、电流、有功及无功功率、温度等参数均属模拟量，将其通过模拟量输入通道转换成数字量，由计算机进行识别和分析处理，最后所有参数均可在自动化装置的面板上或当地监控主机上随时进行查询。在变电站的运行过程中，监控系统对采集到的电压、电流、频率、主变压器油温等参数不断地进行越限监视，如有越限立即发出告警信号，同时记录和显示越限时间和越限值。出现 TV 或 TA 断线、差动回路电流过大、单相接地、控制回路断线等情况时也发出报警信号，另外还要监视自控装置本身工作是否正常。

变电站综合自动化系统应能取代常规的操动机构，如操作盘、模拟盘、手动同期及手控无功补偿等装置；取代常规的电磁式和机械式防误闭锁设备；取代常规远动装置等。无论是无人值班还是少人值班变电站，操作人员都可通过 CRT 屏幕对断路器和隔离开关进行分、合操作，对变压器分接头位置进行调节控制，对电容器组和电抗器组进行投、切控制；同时要能接受遥控操作命令，进行远方操作。为防止计算机系统故障时无法操作被控设备，在设计上还应保留人工直接跳、合闸功能。

3. 自动控制智能装置的功能

变电站综合自动化系统必须具有保证安全、可靠供电和提高电能质量的自动控制功能。为此，典型的变电站综合自动化系统都配置了相应的自动控制装置，变电站的自动控制功能有小电流接地选线、备用电源自投、低频减负荷、同期检测和同期合闸、电压和无功综合控制。

（1）电压、无功综合控制功能。变电站综合自动化系统必须具有保证安全、可靠供电和提高电能质量的自动控制功能。电压和频率是电能质量的重要指标，因此电压、无功综合控制也是变电站综合自动化系统的一个重要组成部分。在电力系统中，电压和无功功率的调整对电网的输电能力、安全稳定运行水平和降低电能损耗有极大影响。因此，要对电压和无功功率进行综合调控，使电力系统的总体运行技术指标保持在最佳水平。

（2）低频减负荷控制功能。变电站综合自动化系统还应具有低频减负荷控制功能。电力系统的频率是电能质量的重要指标之一，当发生有功功率严重缺额的事故时，变电站综合自动化系统应能够迅速断开部分负荷，减少系统的有功缺额，使系统频率维持在正常水平或允许范围内。同时，应尽可能做到有次序、有计划地切除负荷，以尽量减少切除负荷后所造成的经济损失。

（3）备用电源自投控制功能。随着国民经济的迅猛发展，用户对供电质量和供电可靠性的要求日益提高。备用电源自动投入是保证配电系统连续可靠供电的重要措施。因此，备用电源自投已成为变电站综合自动化系统的基本功能之一。因电力系统故障或其他原因使用户的工作电源被断开后，综合自动化系统应迅速将备用电源或备用设备或其他正常工作的电源自动投入工作，使工作电源被断开的用户能迅速恢复供电。

（4）小电流接地选线控制功能。小电流接地系统中发生单相接地时，接地保护应能正确地选出接地线路（或母线）及接地相，并予以报警。

4. 事件顺序记录与故障录波和测距功能

事件顺序记录（Sequence of Events，SOE）包括断路器合跳闸记录、保护动作顺序记录。微机保护或监控系统采集环节必须有足够的内存，以确保当后台监控系统或远方监控主站通信中断时不丢失事件信息，并应记录事件发生的时间。变电站的故障录波和测距可采用两种方法实现：一种是由微机保护装置兼做故障记录和测距；另一种是配置专用的微机故障录波仪，并能与监控系统通信。对于大量中、低压变电站没有配置专门的故障录波装置，如果出线数量大、故障率高，还可在监控系统中设置简单的故障记录功能。

5. 远动及数据通信功能

变电站综合自动化系统的通信功能包括系统内部的现场级间通信和自动化系统与上级调度通信两部分。

（1）综合自动化系统的现场级间通信，主要解决自动化系统内部各子系统与上位机（监控主机）和各子系统间的数据和信息交换问题，它们的通信范围是变电站内部。对于集中组屏的综合自动化系统来说，实际是在主控室内部；对于分散安装的自动化系统来说，其通信范围扩大至主控室与子系统的安装地，最大的可能是开关柜间，即通信距离加长了。通信方式有串行通信、并行通信、局域网络和现场总线等多种。

（2）综合自动化系统必须兼有 RTU 的全部功能，应该能够将所采集的模拟量和状态量信息以及事件顺序记录等远传至调度端；同时应该能够接收调度端下达的各种操作、控制、修改定值等命令，即完成新型 RTU 等全部“四遥”（遥控、遥测、遥信、遥调）功能。所使用的通信规约必须符合部颁标准，最常见的规约有 POLLING 和 CDT 两类。

6. 人机联系功能

变电站采用微机监控系统后，操作人员或调度员只要面对 CRT 显示器的屏幕，通过操作鼠标或键盘，就可观察和了解全站的运行供况和运行参数，对全站的断路器或隔离开关等进行分、合操作，彻底改变了传统的监控方式。人机联系的主要内容有显示画面与数据、输入数据、控制操作等。对于无人值班变电站也必须设置必要的人机联系功能，以便当巡视或检修人员到现场时，能通过液晶显示或 CRT 显示器观察到站内各设备的运行状况和运行参数。对断路器的控制应具有人工当地紧急操作的设施。

第四节 变电站综合自动化系统的特点

变电站综合自动化系统的特点主要有以下几个方面。

一、功能综合化

变电站综合自动化系统是一个技术密集、多种专业技术相互交叉、相互配合的系统，是以微电子技术、计算机硬件和软件技术、数据通信技术为基础发展起来的。传统变电站内全部二次设备的功能均综合在此系统中。监控子系统综合了原来的仪表屏、操作屏、模拟屏和变送器柜、远动装置、中央信号系统等功能；保护子系统代替了电磁式或晶体管式继电保护装置；还可根据用户的需要，将微机保护子系统和监控子系统结合起来，综合故障录波、故障测距、自动低频减负荷、自动重合闸和小电流接地选线等自动装置功能。这种综合性功能是通过局域通信网络中各微机系统硬、软件的资源共享来实现的。

需要指出的是，对于中央信号、测量和控制操作等功能的综合是通过监控系统的全面综合，而对于一些重要的微机保护及自动装置则可能只是接口功能综合。例如在中、高压变电站中，微机保护装置一般仍然保持其功能的独立性，但通过对保护状态及动作信息的远方监视及对保护整定值的查询修改、保护的退投、录波远传和信号复归等远方控制来实现对外接口功能的综合。这种监控方式既保证了一些重要保护和自动装置的独立性和可靠性，又提高了整体的综合自动化水平。

二、分层、分布化结构

综合自动化系统内各子系统和各功能模块由不同配置的单片机和微型计算机组成，采用分布式结构，通过网络、总线将各子系统连接起来。一个综合自动化系统可以有多个微处理器同时并行工作，实现各种功能。另外，按照各子系统功能分工的不同，综合自动化系统的总体结构又按分层原则来组成。典型的分层原则是将变电站自动化系统分为两层，即变电站层和间隔层。由此，构成了分层、分布式结构。

三、操作监视屏幕化

变电站实现综合自动化后，不论有人值班还是无人值班，操作人员不是在变电站内就是在主控站或调度室内，面对彩色大屏幕显示器进行变电站的全方位监视与操作。常规方式下的指针表读数，被屏幕数据所取代；常规庞大的模拟屏，被CRT屏幕上的实时主接线画面取代；常规在断路器安装处或控制屏上进行的合、跳闸操作，被CRT屏幕上的鼠标操作或键盘操作所取代；常规的光字牌报警信号，被CRT屏幕画面闪烁和文字提示或语言报警所取代。通过计算机的CRT显示器可以监视全变电站的实时运行情况和控制所有的开关设备。

四、运行管理智能化

变电站综合自动化的另一个最大特点是运行管理智能化。智能化不仅表现在常规的自动化功能上，如自动报警、自动报表、电压和无功自动调节、不完全接地系统单相接地选线、事故判别与记录等方面，更重要的是能实现故障分析和恢复操作智能化，以及自动化系统本身的故障自诊断、自闭锁和自恢复等功能。这对于提高变电站的运行管理水平和安全可靠性是非常重要的，也是常规的二次系统无法实现的。常规的二次系统只能监视一次设备，而本身的故障必须靠维护人员去检查和发现。综合自动化系统不仅检测一次设备，还每时每刻都在检测自身是否有故障，充分体现了系统的智能化。

五、通信手段多元化

计算机局域网络技术和光纤通信技术在综合自动化系统中得到了普遍应用。因此系统具有较高的抗电磁干扰能力，能够实现高速数据传送，满足了实时性要求，组态灵活，易于扩展，可靠性高，大大简化了常规变电站繁杂量大的各种电缆。

六、测量显示数字化

变电站实现综合自动化后，微机监控系统彻底改变了传统的测量手段，常规指针式仪表全被CRT显示屏上的数字显示所代替，而原来的人工抄表记录则完全由打印机打印、制表所代替。这不仅减轻了值班员的劳动，而且大大提高了测量准确度和管理的科学性。

总之，实现综合自动化可以全面提高变电站的技术水平和运行管理水平，必然成为新建和改造变电站的主导技术。

思 考 题

1. 什么是变电站综合自动化系统？它具有哪些主要特点？
2. 常规变电站自动化系统存在着哪些缺点？
3. 变电站综合自动化系统具有哪些优越性？
4. 变电站综合自动化系统的主要功能有哪些？
5. 为什么变电站综合自动化系统具有较高的可靠性？

第二章　变电站综合自动化系统的设计原则及结构形式

自变电站综合自动化技术得到应用以来，从8位单板机到32位单片机，从串行口到现场总线和以太网技术，从RTU式到集中式和分布分散式，已经发生了翻天覆地的变化，综合自动化系统的设计原则及结构形式始终在不断改变和完善之中。本章将阐述变电站综合自动化系统的基本设计原则及其在发展过程中的几种主要结构形式。

第一节　变电站综合自动化系统的基本设计原则

变电站综合自动化技术以微计算机技术和通信技术为基础，逐步地进行发展和提高。许多高校、研究单位和制造厂投入到变电站综合自动化系统的研究和制造工作中，针对它所应包括的内容以及设计原则和要求，观点已逐渐趋于一致。一般认为，变电站综合自动化系统的设计应满足以下要求。

（1）变电站综合自动化系统应能全面代替常规的二次设备。变电站综合自动化系统应能替代常规的继电保护、仪表、中央信号、模拟屏、控制屏和运行控制装置，完成保护、测量、监视、运行控制和通信等所有任务，并且全面提高变电站的技术水平和可靠性。

（2）微机保护的软、硬件设置既要与监控系统相对独立，又要相互协调。在变电站综合自动化系统中，微机保护是很重要的关键环节。因此，其软、硬件配置要相对独立，不依赖于监控系统的其他环节，在保证其功能的独立性基础上，与监控系统保持紧密联系。若保护装置兼有其他一些功能，应以不降低保护装置可靠性为前提。

（3）保护与测控单元设备的接口可采用串行口、现场总线或以太网等多种接口形式兼容性设计，应采用合理的通信网络和标准的通信规约，向计算机监控系统提供保护动作或保护定值等信息。监控系统可实现定值查询修改、保护退投、开关操作、有载调压等各种远方控制。

（4）变电站综合自动化系统的功能和配置应满足无人值班的总体要求。

（5）变电站综合自动化系统应具备可靠性高和抗干扰能力强的特点。安全运行是变电站设计的基本要求，因此，在系统的总体结构中应注意主、次分清，对关键环节应有一定的冗余。综合自动化系统中的各子系统要相对独立，一旦系统中某部分出现故障，应尽量缩小故障影响的范围并能尽快消除故障。因此，各子系统应具有独立的故障自诊断和自恢复功能。任一部分发生故障，应立即通知监控主机，发出告警指示，并迅速将自诊断信息送往控制中心。为提高系统的抗干扰能力，设计中应充分考虑系统的电磁兼容性能。

（6）系统应有良好的可扩展型和适应性。许多新建变电站需要技术先进、功能齐全、性能价格比高的自动化系统供选用。此外，每年还要有大量各式各样的传统变电站需要改造。这些老变电站的投资水平，以及在系统中的地位和原来设备等基础情况各不相同。因此，要求自动化设备应能根据变电站的不同要求，组成不同规模和不同技术等级的系统。

（7）系统应有良好的标准化程度和开放性能。研究、设计和制造新产品均应符合国家或行业标准，使系统有良好的开放性能，除保持其自身的系统性和完整性外，还能够与其他智能设备互相连接，与不同厂商的产品具有互操作性。

(8) 系统应充分利用数字通信的优势，实现数据共享。数据共享是综合自动化系统发展的必然趋势。只有实现数据共享，才能简化自动化系统的结构，减少设备的重复，才能降低造价。

(9) 变电站综合自动化系统的研究和开发工作必须统一规划和进行。这是一项技术密集、涉及面广、综合性很强的基础自动化工程。在研究、开发和应用过程中，应有统一规划和指挥，各专业应相互配合、协调工作，对系统的信息进行集中管理和共享，避免不必要的重复和相互干扰。只有这样才有利于变电站综合自动化技术不断得到发展和提高。

上述几条原则和要求可作为设计变电站综合自动化系统时的参考。

第二节 变电站综合自动化系统的结构形式

自从 1987 年我国第一套变电站综合自动化系统投入运行以来，随着集成电路技术、微计算机技术、通信技术和网络技术的不断发展，综合自动化系统的体系结构也不断改进，其性能和功能以及可靠性等不断提高。根据综合自动化系统的设计思想和安装的物理位置的不同，其硬件结构可以分成很多种类。但从国内外变电站综合自动化系统的发展过程来看，其结构形式大致可分为集中式、分层分布式系统集中组屏、分散与集中相结合和分布分散式等几种结构形式。

一、集中式结构形式

集中式结构的变电站综合自动化系统采用不同档次的计算机，扩展其外围接口电路，集中采集变电站的模拟量、开关量和数字量等信息，集中进行计算和处理，分别完成微机监控、微机保护和一些自动控制等功能。集中式结构也并非指由一台计算机完成保护、监控等全部功能，多数集中式结构的微机保护、微机监控和与调度等通信的功能也是由不同的微型计算机完成的。于是系统中具有多个子系统，监控子系统承担数据采集、数据处理、开关操作、人机联系等任务；保护子系统负责变压器、线路、母线和电容器等的保护及一些自动控制。这种结构形式主要出现在变电站综合自动化系统问世的初期，其结构示意图如图 1-2 所示。国内早期的产品，如 1987 年清华大学研制出的我国第一套变电站综合自动化系统，以及后来南京自动化研究院的 BJ-2 型，南京自动化设备厂的 WBX-261 型，许昌继电器厂的 XWJK-1000 型等都属于这种集中式结构。这种集中式结构是根据变电站的规模，配置相应容量、功能的微机保护装置和监控主机及数据采集系统（也有的采用集中式的微机型 RTU），将它们安装在变电站中央控制室内；主变压器和各进出线及站内所有电气设备的运行状态，通过电流、电压互感器经电缆传送到中央控制室的保护装置或监控主机（或远动装置），并与调度控制端的主计算机进行数据通信；监控主机完成当地显示、控制和制表打印等功能。

集中式结构综合自动化系统的主要功能及特点如下：

(1) 能及时采集变电站中各种模拟量、开关量，完成对变电站的数据采集、实时监控、制表、打印、事件顺序记录等功能；

(2) 能完成对变电站主要设备和进、出线的保护任务；

（3）系统具有自诊断和自恢复功能；

（4）结构紧凑，体积小，可大大节省占地面积；

（5）造价低，实用性强，适合小型变电站的新建和改造。

集中式结构存在的缺点如下：

（1）每台计算机的功能较集中，如果一台计算机出现故障，影响面大，因此必须采用双机并联运行的结构才能提高可靠性；

（2）所使用的软件复杂，修改工作量大，系统调试麻烦；

（3）组态不灵活，对不同主接线或不同规模的变电站，软、硬件都必须另行设计，工作量大，不利于批量生产；

（4）集中式保护与传统式保护相比不直观，调试和维护不方便，程序设计麻烦，只适合于保护算法比较简单的情况。

尽管集中式结构存在诸多缺点，但在20世纪80年代中期我国计算机技术和集成电路技术与国外相比有很大差距的状况下，我国科技工作者用很有限的条件能够研制出这种可在变电站投入运行的综合自动化系统，已经是很大的进步，在技术上缩短了与国际上的距离，展示出变电站实现综合自动化后的优越性，使人们认识到我国变电站技术改造的方向，对我国变电站综合自动化技术的发展，起到了极大的推动作用。

二、分层分布式系统集中组屏结构形式

随着微机技术和通信技术的发展，单片机于20世纪80年代后期被引入我国，其性能价格比越来越高，给变电站综合自动化系统的研究和开发工作带来了新的活力，使研制者有条件将微机保护单元和数据采集单元按回路进行设计。到了20世纪90年代，出现了多种不同的结构形式，但归纳起来，其实质属于分层（级）分布式的多CPU的体系结构。所谓分布式结构，是指在结构上采用主、从CPU协同工作方式，各功能模块（通常是各个从CPU）之间采用网络技术或串行方式实现数据通信。多CPU系统提高了处理并行多发事件的能力，解决了集中式结构中计算处理的瓶颈问题，方便系统扩展和维护，局部故障不影响其他模块的正常运行。

整个变电站的一、二次设备可分为三层，即变电层、单元层（或间隔层）和设备层，如图2-1所示。每一层完成不同的功能，每一层由不同的设备或不同的子系统组成。变电站层称为2层，单元层为1层，设备层为0层。

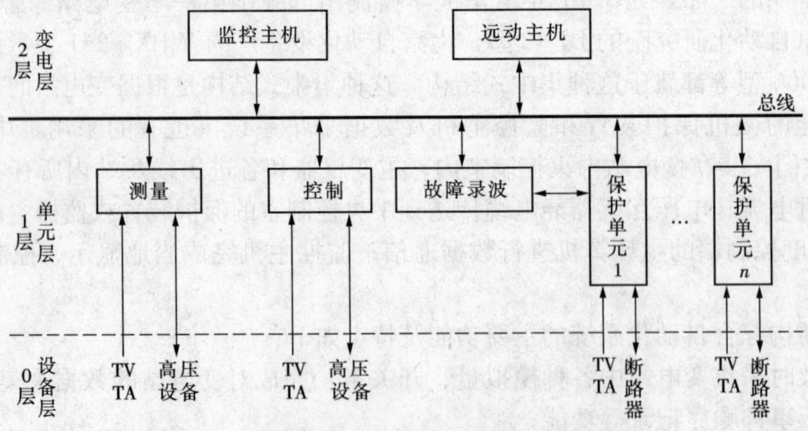

图2-1 变电站的一、二次设备分层结构示意图

设备层主要指变电站内的变压器、断路器、隔离开关、电压互感器和电流互感器等一次设备。变电站综合自动化系统主要位于单元层和变电站层。

单元层一般按断路器的间隔划分，具有测量、控制部件和继电保护部件。测量、控制部件负责该单元的测量、监视、断路器的操作控制和连锁及事件顺序记录等；继电保护部件负责该单元线路或变压器或电容器的保护、故障录波等。因此，单元层本身是由各种不同的单元装置组成，通常把继电保护、自动重合闸、故障录波、故障测距等功能综合在一起的装置称为保护单元，而把测量和控制功能综合在一起的装置称为控制单元，两者统称为间隔级单元。这些独立的单元装置直接通过局域网络或串行总线与变电层联系；也可设有数采管理机或保护管理机，分别管理各测量、监视单元和保护单元，然后集中由管理机与变电层通信。因此，单元层本身实际上就是两级系统的结构。管理机承担着上传下达的重要任务，对下它可以管理各种间隔单元装置，如收集各种数据，发出控制命令，完成对保护单元的自适应调整等；对上则通过设立开放式结构的站级网络接口，将数据传送给监控主机或调度端。

变电层包括全站性的监控主机、工程师机、通信控制机等。该层设现场总线或局域网，供各主机之间和监控主机与间隔层之间交换信息。变电层的监控主机或称上位机，在无人值班的变电站主要负责与调度中心的通信；在有人值班的变电站，除了仍然负责与调度中心通信外，还负责人机联系，通过监控机完成当地显示、控制操作、制表打印等任务。大型变电站的综合自动化系统则在变电层可能设有通信控制机，专门负责与调度中心通信，并设有工程师机，负责软件开发与管理工作。

由于通信技术的不断发展，不同时期研制的综合自动化系统，其设备结构和安装条件也不尽相同。如 20 世纪 90 年代中、前期多采用集中组屏结构，后期才逐步发展为分散与集中相结合和全分散式结构。

分层分布式系统集中组屏的结构是把整套综合自动化系统按不同的功能组装成多个屏（或称柜），如主变压器保护屏、线路保护屏、数采屏、出口屏等。一般这些屏都集中安装在主控制室内。我们把这种结构简称为“分布集中式结构”，其系统结构框图如图 2-2 所示。图中保护单元用的微机大多数为 16 位或 32 位单片机。保护单元是按对象来划分的，即一回线或一组电容器各用一台单片机，再把各保护单元和数据采集单元分别安装于各保护屏和数据采集屏上，由监控主机集中对各屏（柜）进行管理，然后通过调制解调器与调度中心联系。

为了提高综合自动化系统整体的可靠性，图 2-2 所示的系统采用按功能划分的分布式多 CPU 系统，每个功能单元基本上由一个 CPU 组成，多数采用单片机；也有一个功能单元由多个 CPU 组成的，例如主变压器保护，有主保护和多种后备保护，往往由 2 个或 2 个以上 CPU 完成不同的保护功能。这种按功能设计的分散模块化结构具有软件简单、调试维护方便、组态灵活、系统可靠性高等特点。在综合自动化系统的管理上，采取分层（级）管理的模式，即各保护功能单元由保护管理机直接管理。一台保护管理机可以管理 32 个单元模块，它们之间可采用双绞线用 RS-485 接口连接，也可以通过现场总线连接；而模拟量和开入/开出单元，由数采控制机负责管理。保护管理机和数采控制机是处于变电层和单元层间的第二层结构。正常运行时，保护管理机监视各保护单元的工作情况，一旦发现某一单元本身工作不正常，立即报告监控机，并报告调度中心。如果某一保护单元有保护动作信息，也通过保护管理机将保护动作信息送往监控机，再送往调度中心。调度中心或监控机也可通过保护管理机下达修改保护定值等命令。数采控制机则将各数采单元所采集的数据和开关状态

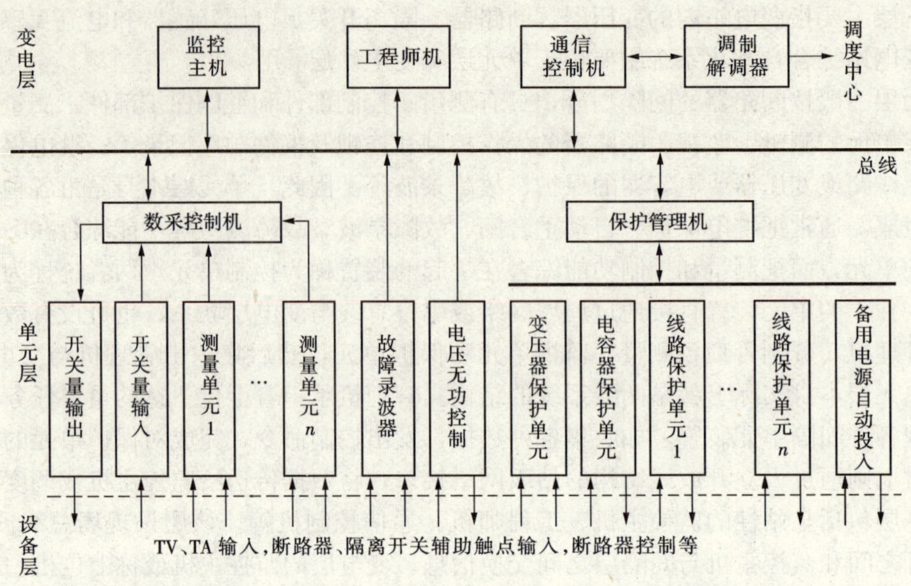

图 2-2　分层分布式系统集中组屏的综合自动化系统结构框图

送给监控机和送往调度中心，并接收由调度中心或监控机下达的命令。显然，第二层结构的存在明显减轻了监控机的管理负担，它与监控机共同承担对单元层的管理任务。

图 2-2 所示的分层分布式综合自动化系统只是一种典型的形式，各个厂家的产品在系统结构上有所差别，但没有本质的区别。例如，有的用于中、小型变电站的综合自动化系统是由数采控制机直接完成与调度通信的任务；大型变电站的综合自动化系统则在变电层设有通信控制机，专门负责与调度中心通信，并设有工程师机，负责软件开发与管理，在功能单元层可能还有故障录波仪等。

分层分布式集中组屏结构的主要特点有以下几方面。

(1) 由于分层分布式结构的配置在功能上采用可以下放尽量下放的原则，凡是可以就地完成的功能绝不依赖通信网，任一部分设备出现故障只影响局部，因此大大提高了系统的整体可靠性；同时，软件相对简单，可扩展性和灵活性强，节约投资，减少维护工作量。

(2) 继电保护相对独立。继电保护装置是电力系统中对可靠性要求非常严格的设备，因此在综合自动化系统中，继电保护单元宜相对独立，其功能不依赖于通信网络或其他设备。分层分布式结构即满足了这些要求，各保护单元均设置独立的电源，保护的输入仍由电流互感器和电压互感器通过电缆连接，输出跳闸命令也要通过常规的控制电缆送至断路器的跳闸线圈，保护的启动、测量和逻辑功能独立实现，不依赖通信网络交换信息，保护装置通过通信网络与保护管理机传输的只是保护动作信息或记录数据，也可通过通信接口实现远方读取和修改保护定值。

(3) 具有与系统控制中心通信功能。综合自动化系统本身已具有对模拟量、开关量、电能脉冲量进行数据采集和数据处理的功能，也具有收集继电保护动作信息、事件顺序记录等功能，因此不必另设独立的 RTU 装置，不必为调度中心单独采集信息，而将综合自动化系统采集的信息直接传送给调度中心；同时也接受调度中心下达的控制、操作命令和在线修改保护定值命令，并且为实现电力系统的潮流、电压和稳定控制功能提供了技术上的支持，为变电站综合自动化系统的发展奠定了一定的基础。

(4) 工作环境良好，管理维护方便。分层分布式系统采用集中组屏结构，全部屏（柜）安放在室内，工作环境好，电磁干扰相对开关柜附近较弱，而且管理维护方便。

分层分布式集中组屏结构的主要缺点是安装时需要的控制电缆相对较多。但对于35～110kV中、低压变电站，一次设备都比较集中，有不少是组合式设备，分布面不广，所用信号电缆不太长，采用该结构较为适合。前些年这种结构形式的产品较多，如DISA-3型、BSJ-2200型、FZY-JB型分布式变电站综合自动化系统。

三、分散与集中相结合和分布分散式结构形式

随着单片机技术和通信技术的发展，特别是现场总线和局部网络技术的应用，以及变电站综合自动化技术的不断提高，科技工作者有条件考虑全微机化的变电站二次系统的优化设计问题。一种发展的趋势是按每个电网元件，如一条线路、一台变压器、一组电容器等为对象，集测量、控制、保护为一体，设计在同一机箱中。可以将这个一体化的保护和测控单元分散安装在各个开关柜中，然后由监控主机通过光纤或电缆网络对它们进行管理和交换信息。开始只是将电压等级较低的配电线路的保护和测控单元分散安装在各个开关柜中，对于高压线路保护装置和变压器保护装置，以及备用电源自投和电压、无功综合控制等装置，仍采用集中组屏的形式安装在控制室或保护室内。这种将配电线路的保护和测控单元分散安装在开关柜内，而高压线路保护和主变压器保护装置等仍采用集中组屏的系统结构，称为分散与集中相结合的结构，如图2-3所示。

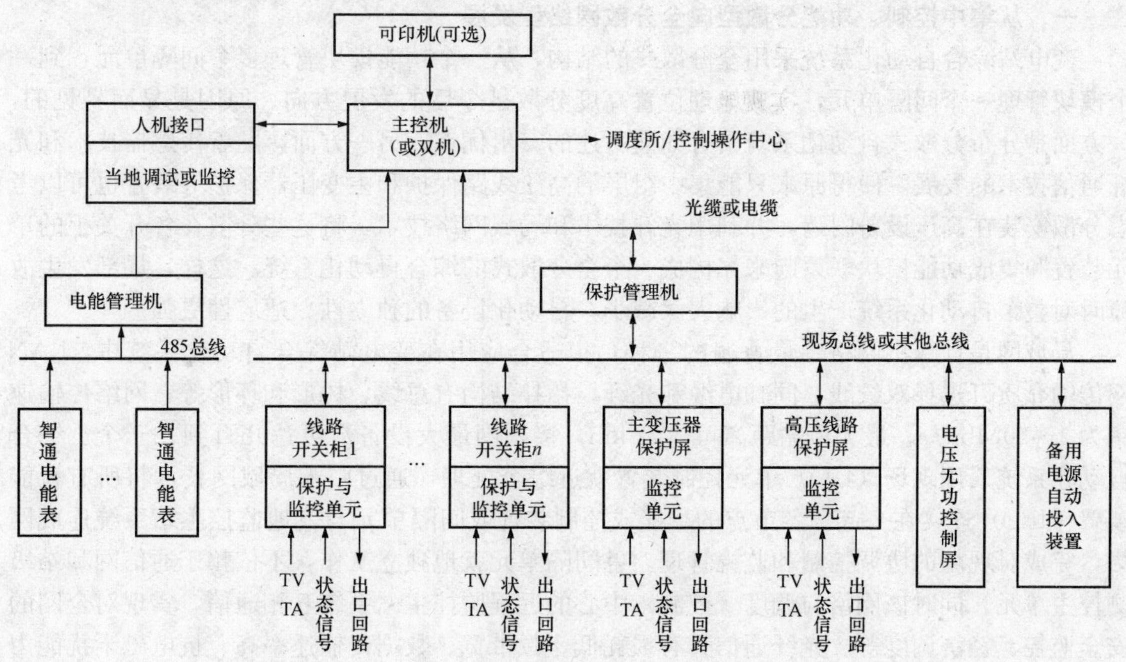

图2-3　分散与集中相结合的变电站综合自动化系统结构框图

近几年，又逐渐出现了全分布分散式的结构形式，其主要特点有以下几方面。

(1) 变电站间隔层在站内按间隔分布式配置。间隔层的设备均可直接下放到开关场就地，减少大量的二次接线，各间隔设备相对独立，仅通过通信网互联，并同变电层的设备通信，也有利于实现无人值班。

（2）由于安装在开关柜的保护与测控单元在开关柜出厂前已由厂家安装和调试完毕，加之敷设电缆的数量大大减少，因此简化了现场施工、安装和调试的工作。

（3）由于分布分散式结构的各单元分散安装，减小了电流互感器的负担，各模块与监控主机之间通过局域网络或现场总线连接，组态灵活，可靠性高，抗干扰能力强。

以上几点说明，采用分布分散式结构可以提高综合自动化系统的可靠性和降低总投资，因此，分布分散式结构必将成为实际应用中的主要结构形式。

第三节　变电站综合自动化技术的发展方向

目前国内各厂家不断推出性能更完善、技术水平更高的综合自动化装置。例如，国电南京自动化股份有限公司生产的PS6000型变电站综合自动化系统，涵盖了500～35kV电压等级的输配电线路保护、主设备保护及测量控制系统，并提供了各个电压等级的变电站自动化的完整解决方案。该系统从间隔层的单元设备即采用以太网的通信方式，加之单元设备内部采用了高效率的平衡式通信方式，使系统在信息的采集、传输、响应等各个环节都较以往的分布式系统有了质的飞跃。开放性的设计思想，人性化的设计理念，高性能的通用平台，高标准的电磁兼容性能，体现在从单元设备到监控系统的各个环节中，从根本上提升了整个变电站自动化系统的技术水平。总体上看，变电站综合自动化技术的发展方向大致有以下几个方面。

一、从集中控制、功能分散型向全分散网络型发展

变电站综合自动化系统采用全分散式的结构，从一个功能模块管理多个间隔单元，到一个模块管理一个间隔单元，实现地理位置高度分散是今后的发展方向。原因是显而易见的，一方面是分布分散式自动化系统具有如前所述的突出优点；另一方面，随着传感器技术和光纤通信技术的发展，使得原来只能集中组屏的高压线路保护和主变压器保护等装置也可以考虑分散安装在高压设备附近，并利用光纤技术和局域网络技术，将这些分散在各开关柜的单元装置和集成功能模块联系起来，构成一个全分散式的综合自动化系统。这样，局部发生故障时对整个自动化系统产生的影响大大减小，自动化设备的独立性、适应性更强。

局域网是计算机网络中最普遍的一种，很适合应用在变电站综合自动化系统中。LAN网传输介质可选择双绞线、同轴电缆和光纤，拓扑结构有总线、树形和环形等，网络传输速率为1～20Mbit/s，最大传输距离可达25km，接入网最大设备数可达几百到几千个。综合自动化系统采用现场（I/O）单元控制装置就近综合处理，通过引入局域网技术将所有智能装置（IED）连接在一起。各节点的智能或控制装置或间隔单元与就地监控主站系统连成网络，完成对现场的协调控制和监视管理。各间隔单元就地独立工作，不依赖于通信网和站级测控主单元。同时该网络与调度（控制）中心的远程监控主站系统互相通信，实现对全网的安全监控、经济调度等。光纤通信具有损耗低、频带宽、数据传输速率高、抗电磁干扰能力强等优点，很适合作为传输介质。现有两种规格之一的光纤1300nm系统，光散作用几乎为零，全部频带均可利用。采用光纤局域网作为变电站计算机网络结构已被越来越多的人所认识，它可以使计算机网络抗电磁干扰和射频干扰的能力大大提高，同时满足大容量数据传输要求。

传统技术中变电站的控制、监测和保护装置均由电缆连接，功能受到限制或重复，扩展

困难，而且采用的标准各不相同。现代技术中数字式设备的功能是可编程的，采用光缆通信，硬连线很少，具有安装工艺简单、调试灵活、修改扩充方便、软硬件标准统一的优点。各种标准组件的设备综合在一起协调工作，发挥综合的保护和控制系统的作用。

二、开发标准型的软、硬件平台

传统方式中，每种控制或保护功能都要有专用设备与其相对应，种类繁多。现在计算机技术的发展使设备的功能仅由软件决定，硬件因I/O所要求的数量而异。因此，科技工作者将逐步开发出通用标准型的、灵活的硬件与软件平台，以适用于所有保护和控制功能。系统将具有开放性和数据一致性的特点，统一遵循国际标准，便于不同厂家相互接口和维护操作。

保护功能可由算法实现且可以由用户任意设置，各种保护算法经过优化设计并综合在一起，达到更好的选择性，更高的冗余度，实现数字保护多功能化；可使保护装置具有各种录波功能，可按间隔分散录波，做到备用冗余，可靠性更高；分散采集的数据可随时由就地监控主站系统或远方监控主站系统调用；可使控制装置具有控制与监测的分散数据处理功能，可编程逻辑提供诸如定向间隔、监视指令、连锁和切换操作自动装置等复杂功能；当然也包括遥测计算、事件时间记录、干扰记录及通信接口等功能。

随着技术的飞速发展和应用要求的不断提高，硬件系统的升级和软件系统的改进是非常快的。因此，变电站自动化系统的硬件与软件平台要相互独立，以保证在不影响使用者的应用方式和应用习惯的前提下有计划有步骤地提高在运行设备的性能，不断扩展在运行设备的适用范围，实现装置甚至整个系统的轻松升级。

三、从计算机控制向综合智能控制发展

从计算机控制向综合智能控制发展，主要表现为电气设备的小型化向机电一体化方向发展，以及控制与保护的整体化，将控制、保护系统与一次设备就近安装在一起，向着智能型装置发展。在新型电力系统保护和控制系统中，智能技术包括专家系统，如专家系统在一次系统在线检测中的应用，模糊逻辑保护及控制，基于神经网络的自适应保护及控制等。未来的发展和研究将向着混合系统的方向发展，如模糊神经网络及模糊专家系统等，使自动化系统成为应用综合智能技术的综合自动化系统。在机电一体化进程中，开关（断路器）与保护和控制装置高度综合化和智能化的应用将日益加快。其优点显而易见，如紧凑的设计降低了空间要求；多功能和智能技术的应用使保护、控制易于实现最优协调；功能自由设置使之更具灵活性；优化测点可以降低成本和尽可能消除数据的不一致性；增强了抗干扰能力，提高了数据采集和控制的准确性。

在应用方面，数字式多功能保护装置已是国际各主要继电器厂商推出的新一代产品，功能由软件实现，人工任意设置，具有很强的采集、存储、数据处理及通信能力，成为保护与控制设备的一体化产品。如GEC-ALSTHOM的K系列配电线路综合保护装置，可提供配电线路的各种保护和断路器合、跳闸功能，还利用保护的测量功能向监控系统协调提供电压、电流、有功、无功等模拟量以及各种状态量数据。其设计思想是将一条配电线路的所有二次功能全部完成。ABB公司推出的REL500系列超高压输电线路保护装置更是一个高度综合的装置，它包括了间隔单元要求的所有功能。西门子公司也推出了用于综合自动化变电站的保护与控制一体化产品TSJ531，其性能价格比已使其能够得到广泛应用并取代原来的保护、控制单元分离设置的系统配置。

但是要将保护和控制很好地综合在一起，且各种技术指标满足运行需要，还需经受时间

和实际使用的考验。在实际工程中，目前更普遍的还是采用保护与控制设备各自独立，尤其在高压和超高压系统中的应用，这一观点国内外基本上一致。可以预料，随着硬件制造水平的不断提高，综合性装置将得到越来越多的应用。

四、保护与控制装置向户外型演变

由于一次设备多在户外，因此保护与控制装置逐步向户外型发展，按一次间隔单元分散安装或现场安装。这就是通常所指的户外型 RTU（F - RTU）和间隔级 I/O 单元，以及分散型单元保护装置。户外型 RTU 的应用范围和特点如下。

（1）户外型 RTU 在变电站主要用于以下几种场合：一是分散式变电站综合自动化系统，以 RTU（间隔级 I/O）作为现场数据采集及控制部件，分散设置在高压断路器、中压开关柜上或者附近，而不需要另建小室；二是相对集中式（分散集中组屏）综合自动化系统，主要用于变电站扩建与改造工程，配置灵活，减少工作量和总投资；三是配电自动化系统，可进行线路遥控，如接受调度（控制）中心的遥控命令，开合 10kV 线路断路器，并将电量和断路器状态传送到调度（控制）中心。

（2）户外型 RTU 主要特点。

1）适应苛刻环境条件。户内和户外型 RTU 适应的温、湿度比较见表2 - 1。

表 2 - 1 户内、户外型 RTU 适应的温、湿度比较

类型	环境温度（℃）	相对湿度（%）
户内型	5～50	5～95
户外型	－20～70	15～95（不结露）

另外，户外型 RTU 对抗震和抗电磁干扰性能也有很高的要求。

2）交流直接采样，所需电源亦采自电压互感器，经变换成为 RTU 所需电压。

3）硬件模块化，外形尺寸紧凑。户外 RTU 应用范围适用于从低压配电线路到大型变电站，因此容量可满足不同要求，且因安装位置的现场化，必须结构紧凑和标准化。

4）多功能化，包括系统容量可伸缩可选配。模拟量输入（AI）和数字量输入（DI）最小分别为 4 路和 8 路，最大分别为 1600 路和 2400 路；输出量最小为 8 路，最大可达 1600 路；规约适应广，户外 RTU 可以提供多种通信规约以适应各厂家的监控产品；多通信接口，最多可达 16 个，可同时采用不同通信规约与多个主站通信；结构灵活，可以满足分布式体系的要求，既可以在监控系统中作为一个点对点的远动终端，也可以在当地网络中作为一个节点，还能作为集控站系统控制 25 个下一级子站的 RTU；具备向下发送上级指令和向上转发下级数据的功能，还可建立继电逻辑操作来实现特定的自动化功能等。

五、从屏幕数据监视向多媒体监视发展

计算机控制、信息处理及通信技术的发展，将使计算机监控从静、动态实时数据向声、像辅助监控等多方位发展，以适应电力系统的需要，特别是电力市场的需要。其中利用工业电视提供的视觉信息，应用计算机图像识别技术，将有可能迅速地辨别图像或将多个相关图像进行综合判断，及时发出处理指令，进一步扩大与提高电力系统自动化的功能和水平。如一种用于电力系统自动化的视觉信息辨识监视方法的基本构思是，利用 CCD 摄像机，摄入现场图像（视频信号），经通信系统传送至控制端，在控制端进行图像的高速数字采集，计算机处理后输出监视信号（包括打印报警），构成视觉信息辨识监视系统。其核心是将系统各部门采集的实时监视视觉信息输入计算机，与事先存入计算机中的系统各部分的正常工作或极限状态的基准视觉信息进行比较辨识，并进行各相关信息的逻辑判断。可以看出，采用视觉信息构成的自动化功能不同于现行自动化系统，它们之间可以互补。

这种应用摄像技术和计算机构成的视觉自动化系统，无需在设备上直接连接传感器，也无需从传感器上连接大量的电缆，不仅可以代替值班人员进行巡视，还可以做到准确的定期巡视。它不受恶劣天气的影响，自动记录文字和图像，可及时捕捉事故全过程的录像。除了独立发挥作用外，这一系统还可以作为现行自动化系统的补充和备用。用不同的信息源描绘出的实时运行方式接线图，比用同一信息源的双重化要好得多。视觉信息可以跟踪人的某些行为，必要时给予提醒或告警，可以发挥重要的监护作用，除电力系统外也可以广泛应用于其他行业。直接输出数字信息的CCD摄像镜头，这将更加有利于此项工作的开展。

目前国内有单位已开始进行视觉信息自动化应用研究，并取得了可喜的进展。可以预料，此项技术将显示广阔的前景和强大的生命力。

六、实现纵向和横向综合

（1）纵向综合。变电站自动化系统的纵向综合包括开关装置和调度（控制）中心的数据交换，如控制功能的上下通信；所有层次上的协调和统一的数据库，包括数据的一致性；所有层次上的功能的自由分配，如保护的下放与集中设置等。在电网体系中，变电站自动化系统如前所述那样像一台标准的RTU，各厂家在不同层次上的设备满足开放系统原理，包括应用层相互之间可任意交换所需数据。

（2）横向综合。变电站自动化系统的横向综合包括设备及功能的综合和系统的横向综合，表现在变电站内提供保护和控制及其他智能设备之间频繁而高效的数据体系，以及在不同变电站控制系统和其他控制系统，如在发电厂控制系统甚至用户市场控制系统之间建立联系等。

有人说，计算机的能力只受到人们想象力的限制。一个综合自动化的变电站，一旦建立起计算机网络，并且有了对站内所有状态量和模拟量的采集能力，以及对各种设备的控制能力，这个站在运行管理方面就有了极大的潜力。也许在不远的将来，变电站综合自动化系统还会实现许多目前我们尚无法想象的功能。

思　考　题

1. 变电站综合自动化系统的结构形式有哪些？各有何特点？
2. 什么是分层分布式变电站综合自动化系统？它是怎么构成的，各部分的作用如何？
3. 什么是全分散式变电站综合自动化系统？
4. 变电站综合自动化系统发展的方向是什么？

第三章　模拟量输入/输出系统

本章重点介绍模拟量输入/输出通道组成、采样方式及采样保持电路、多路转换开关、模/数（A/D）转换器及数/模（D/A）转换器、VFC 转换等基本知识，使读者对变电站综合自动化系统中的模拟量输入/输出系统的结构及原理有一定的了解。

第一节　模拟量输入/输出通道的组成

变电站的电流、电压、有功功率、无功功率、温度等都属连续变化的量，均属模拟量。由于计算机只能识别数字量，故模拟信号必须通过模拟量输入通道，转换成相应的数字信号才能输入到计算机中进行处理。另外，有时还需要输出模拟信号，去驱动模拟调节执行机构工作，这就需要模拟量输出通道。

模拟量输入系统（数据采集系统）分为采用 A/D 芯片的 A/D 式和采用 V/F 芯片的 VFC（电压/频率变换）式，下面分别介绍。

一、变电站综合自动化系统的微机系统结构

变电站综合自动化系统中，微机保护子系统、监控子系统等都是由若干模块组成的。它们的硬件结构大同小异，所不同的是软件及硬件模块化的组合与数量不同，不同的功能用不同的软件来实现，不同的使用场合按不同的模块化组合方式构成。变电站综合自动化系统中各子系统（如微机保护子系统）的典型硬件结构主要包括模拟量输入/输出回路、微型机系统、开关量输入/输出回路、人机对话回路、通信回路和电源，如图 3-1 所示。

1. 模拟量输入/输出回路

模拟量输入回路的作用是将来自变电站的模拟信号转换成微机系统能处理的数字信号。模拟量输出回路的作用是把微型计算机输出的数字量转换成模拟量，去驱动某些执行机构。

2. 微型机系统

微型机系统是变电站综合自动化装置硬件系统的数字核心部分，一般由 CPU、存储器、定时器/计数器、WATCHDOG 等组成。

3. 开关量输入/输出回路

开关量输入/输出回路一般由并行接口、光电耦合电路及有触点的中间继电器等组成，以完成各种保护的外部触点输入、出口跳闸、信号告警等功能。

4. 人机对话回路

人机对话回路主要包括打印、显示、键盘及信号灯、音响或语言告警等，用于人机对话，如调试、定值整定、工作方式设定、动作行为记录、与系统通信等。

5. 通信回路

变电站综合自动化系统可分为多个子系统，如监控子系统、微机保护子系统，各子系统之间需要通信，如微机保护动作跳闸，监控子系统需要知道，即需要它们之间相互通信。同

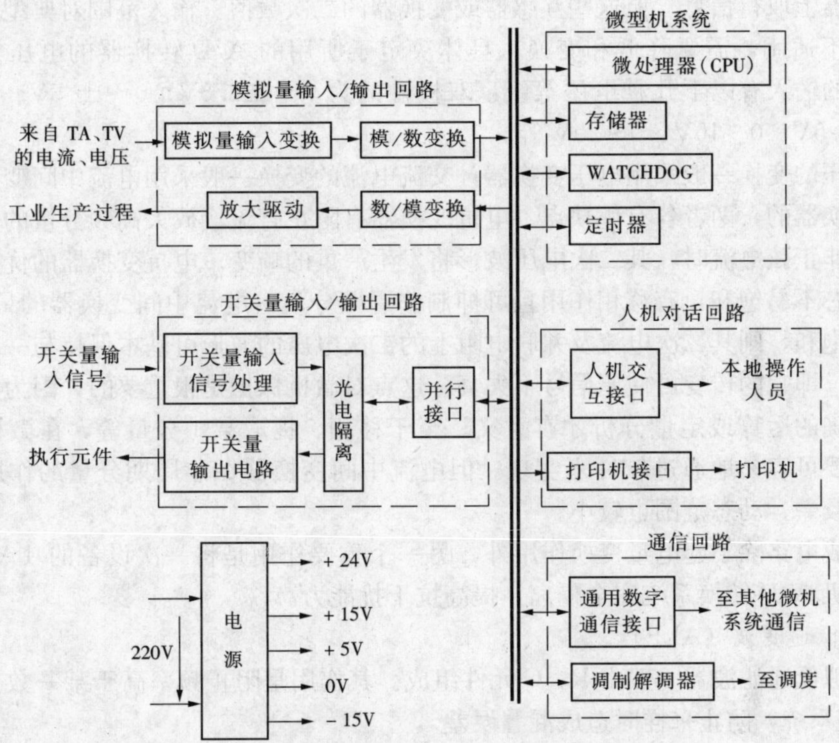

图 3-1 变电站综合自动化系统中各子系统的典型硬件结构图

时，各子系统的动作情况还要远传给调度（控制）中心。

6. 电源

供电电源回路提供了整个系统所需要的直流稳压电源，以保证整个系统的可靠供电。

二、模拟量输入通道组成

模拟量输入通道一般主要包括电压形成、模拟低通滤波（ALF）、采样保持（S/H）、多路转换（MPX）以及模/数转换（A/D）等功能块。图 3-2 为 A/D 式数据采集系统结构框图。

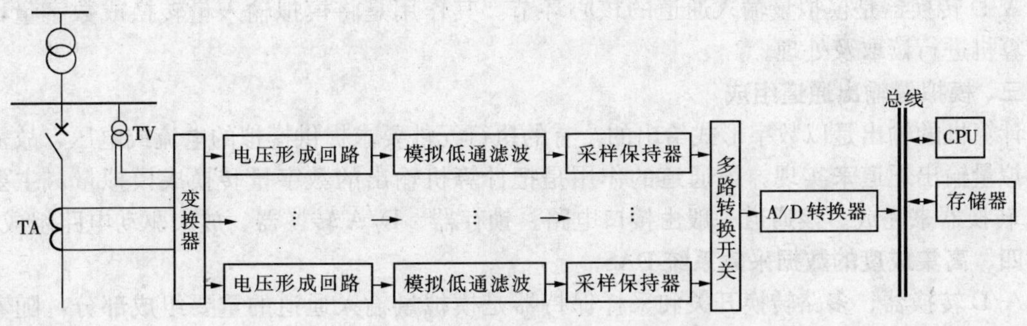

图 3-2 A/D 式数据采集系统结构框图

1. 电压形成回路

综合自动化装置要从被保护的电力线路或设备的电流互感器（TA）、电压互感器（TV）

或其他变换器上取得信息。但这些互感器或变换器的二次数值、输入范围对典型的微机继电保护电路却不适用，需要降低和变换，具体决定于所用的 A/D 转换器的电压等级。通常 A/D转换器的输入有以下几种电压等级：双极性的为 0～±2.5V、0～± 5V、0～±10V；单极性为 0～5V、0～10V、0～20V 等。

交流电压的变换一般采用电压变换器；交流电流的变换一般采用电流中间变换器，也有采用电抗变换器的，两者各有优缺点。电抗变换器有阻止直流、放大高频分量的作用，因此当一次存在非正弦电流时，其二次电压波形将发生严重的畸变。电抗变换器的优点是线性范围较大，铁芯不易饱和，有移相作用且可抑制非周期分量。电流中间变换器的最大优点是，只要铁芯不饱和，则其二次电流及并联电阻上的二次电压的波形可基本保持与一次电流波形相同且同相，即它的传变可使原信号不失真。这点对微机保护是很重要的，因为只有在这种条件下作精确的运算或定量分析才有意义。至于移相、提取某一分量等，在微机继电保护中，根据需要可容易地通过软件来实现。但电流中间变换器在非周期分量的作用下容易饱和，线性度较差，动态范围也较小。

电压形成电路除了起电量变换作用外，另一个重要作用是将一次设备的 TA、TV 的二次回路与微机 A/D 转换系统完全隔离，提高抗干扰能力。

2. 模拟低通滤波（ALF）

前置模拟低通滤波器一般由 R、C 元件组成。其作用是阻止频率高于某一数值的信号进入 A/D 转换系统，防止采样时造成混叠误差。

3. 采样保持器（Sample Holder）

由于输入的模拟信号是连续变化的，而 A/D 转换器要完成一次转换是需要时间的。采样保持电路的作用就是在 A/D 进行采样期间，在一个极短时间内测量模拟信号在该时刻的瞬时值，并在 A/D 转换器转换为数字量的过程内保持不变，以保证转换准确度。

4. 多路转换开关（Multiplexer）

在变电站中，要监测或控制的模拟量不止一个，例如变电站有多条线路要采集电流、电压信号，为了节省投资，可以用多路转换开关，使多个模拟信号共用一个采样保持器和 A/D 转换器进行采样和转换。

5. A/D 转换器（Analog to Digit Converter）

A/D 转换器是模拟量输入通道的核心环节。其作用是将模拟输入量转换成数字量，以便计算机进行读取及处理。

三、模拟量输出通道组成

计算机的输出是以数字形式给出的，有的执行元件要求提供模拟的电流或电压，故需通过模拟量输出通道来实现。该通道的作用是把计算机输出的数字量转换成模拟量，主要由 D/A 转换器来完成。该通道一般由接口电路、锁存器、D/A 转换器、放大驱动电路组成。

四、高集成度的数据采集系统 DAS

A/D 转换器、多路转换开关和采样保持器是模拟量输入通道的重要组成部分，随着大规模集成电路技术的发展，可将采样保持器和 A/D 转换器。或多路转换开关和 A/D 转换器集成在一个芯片上。例如，常用的芯片 ADC0809 是带 8 路多路转换开关的 8 位 A/D 转换芯片，不加任何扩展，其本身可以具有 8 路模拟量的输入通道。又如 AD1674，是与 AD574A 管脚兼容的 12 位 A/D 转换芯片，其内部有采样保持器，且转换速度只需 10μs。因此

AD1674 的性能价格比更高，可以是 AD574A 的替换产品。

美国 Maxim Integrated Products 公司更进一步提高集成度，把多路转换开关、采样保持器和 A/D 转换器这三大环节集成在一个芯片中，并把这种高集成度的芯片称为数据采集系统（Data-Acquisition System，DAS）。例如 MAX197 系列芯片就是其中的一种。MAX197 是多量程的 12 位 DAS，只需要一个＋5V 的单一电源供电，片内包括 8 路的模拟输入通道和一个 5MHz 宽频带的采样跟踪/保持器与 12 位的 A/D 转换器，可应用于工业控制系统、数据采集系统和自动测试系统。

第二节　采样及采样保持电路

电力系统中的模拟量有三种形式：一是快速变化的交流电流、交流电压等交流量；二是变化缓慢的控制母线及操作母线直流电压量；三是变化缓慢的非电量。

对这些不同类型的模拟量可采用不同的采样方式。一般说来，采样方式可分为直流采样和交流采样两种类型。直流采样是指将现场不断连续变化的模拟量先转换成直流电压信号，再送至 A/D 转换器进行转换。目前广泛采用交流采样，下面对其进行介绍。

一、采样及采样方式

（一）采样

计算机只能对数字信号进行处理，故对输入的模拟信号应进行采样，以获得用数字量表示的时间序列，此过程即为量化过程。量化包括两个过程：第一个过程是把时间的连续信号按一定的时间间隔变成时间的离散序列，称之为时间取量化；第二个过程是逐一将这些离散时间信号电平转换为二进制数表示的数字量，称之为幅值取量化。

时间取量化的过程称之为采样，即在给定的时刻对连续信号进行测量。采样是将一个连续的时间信号 $x(t)$ 变成离散的时间信号。从信号处理的观点看，采样的过程可以看成用采样序列 $s(t)$ 与连续信号 $x(t)$ 相乘后得到的一个新的信号 $x_s(t)$，即

$$x_s(t) = x(t)s(t) \tag{3-1}$$

采样过程是将模拟信号 $x(t)$ 首先通过采样保持器，每隔 T_s 采样一次（定时采样）输入信号的即时幅度，并把它存放在保持电路里，供 A/D 转换器使用。经过采样以后的信号称为离散时间信号，它只表达时间轴上一些离散点（0，T_s，$2T_s$，…，nT_s，…）上的信号值 $[x(0), x(T_s), \cdots, x(nT_s), \cdots]$，从而得到一组特定时间下表达数值的序列。

（二）采样方式

下面简略介绍在数字采集中采用的等时间间隔采样的方式。假设输入信号为带限信号（已通过理想低通滤波），使用采样频率满足采样定理的要求。

1. 单一通道的采样方式

根据采样点的位置以及采样间隔时间与输入波形在时间上的对应关系，采样方式可以分为异步采样和同步采样。

（1）异步采样，也称定时采样。等间隔采样周期 T_s 永远保持固定不变，即 T_s＝常数。采样频率 f_s 不随模拟输入信号的基波频率 f_1 变化而调整，人为地认为模拟输入信号的基波频率不变。此种情况下，采样频率 f_s（$=1/T_s$）通常取为电力系统工频 f_0 的整数倍 N，但是电力系统运行中，基波频率 f_1 可能发生变化而偏离工频，事故状态下偏离甚至很严重，

采样频率 f_s 相对于基频 f_1 不再是整数倍数关系，这使得 N 个采样值不再是模拟输入信号的一个完整的周期采样，即采样脉冲和输入信号时间位置发生异步。这将给许多算法带来误差。当电力系统运行频率偏离 50Hz 较小时，可以采用此种采样方式，因其实现方法较简单。

（2）同步采样。它又分为两种方式，即跟踪采样和定位采样。目前微机保护主要采用跟踪采样。

跟踪采样的采样周期 T_s 不再恒定，而是使采样频率 f_s 跟踪系统基频 f_1 的变化，始终保持 $f_s/f_1=N$ 为不变的整数。这种采样方式通常是通过硬件或软件测取基频周期 T_1 的变化，然后动态调整采样周期 T_s 来实现的。采用跟踪采样技术后，数字滤波以及一些算法能彻底消除基波频率变动引起的计算误差，从而能在基频偏离工频很大时准确地取出当时系统的基频分量、谐波分量或序分量，这是模拟保护装置难以做到的。

2. 多通道间的采样方式

在变电站综合自动化中，绝大多数的算法都是基于多个模拟输入信号（如三相电压和三相电流、零序电压和零序电流等）电气量采样值进行计算的。按照对各通道信号采样的相互时间关系，可以采用以下三种采样方式。

（1）同时采样。在每一个采样周期对所有采样的各个通道的量在同一时刻一起采样，叫同时采样。一般情形，保持各个（或某些个）输入信号离散化的同时性对数字保护的计算才有意义。

同时采样的实施技术有两种（见图 3-3）。一种是每一通道都设置 A/D 转换器，同时采样后同时进行 A/D 转换。由于 A/D 转换器价格较贵，功耗较大，这样做很不经济。另一种是全部通道合用一个 A/D 转换器，同时采样，依次 A/D 转换。目前此种方式较流行。

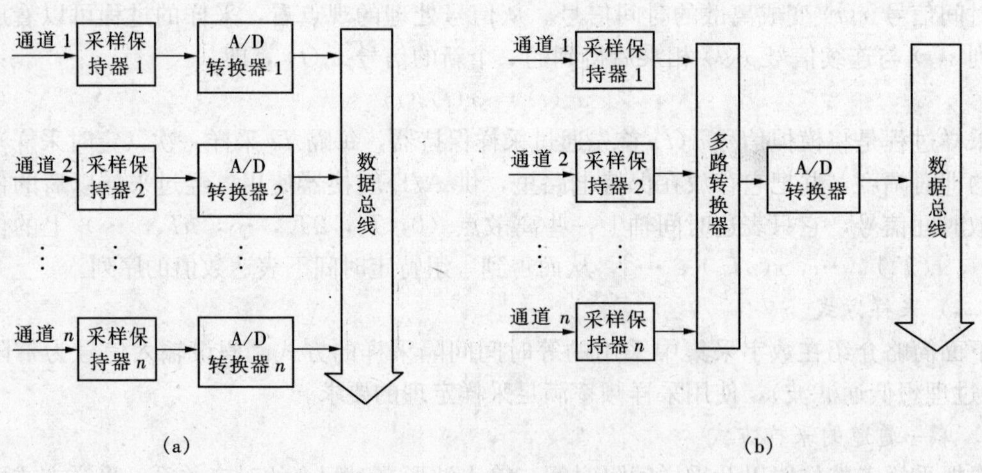

图 3-3　同时采样

（a）同时采样，同时 A/D 转换；（b）同时采样，依次 A/D 转换

为了保证对各通道的模拟输入信号进行同时采样，可将各通道上采样保持器的口地址设置为同一个口地址。而对于同时采样，分时依次 A/D 转换方式，A/D 转换器的数量可以增设至两个或两个以上，以此来提高 A/D 转换过程的速度，缩短数据采集时间。

(2) 顺序采样。在每一个采样周期内，对上一个通道完成采样及 A/D 转换后，再开始对下一个通道进行采样，称为顺序采样。其结构示意图如图 3-4 所示。

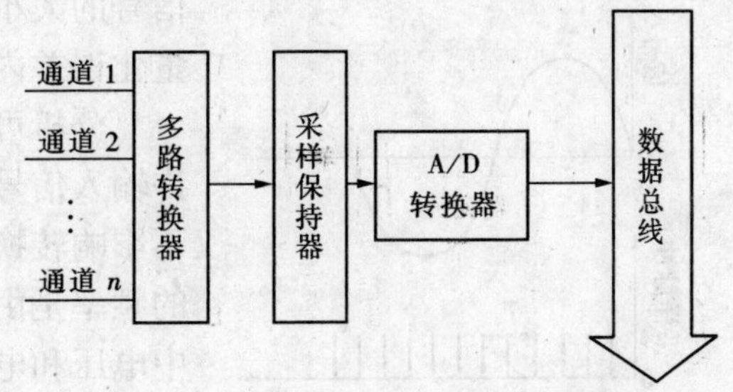

图 3-4 顺序采样，依次 A/D 转换

顺序采样必然会给各通道采样值带来时间差。由于目前采用的采样器与 A/D 转换器的速度远大于系统基波变化速度（20ms/周波），所以顺序采样利用这种快速性来近似地满足同时性要求。当然，这只适合采样及 A/D 转换速度快，并且对同时性要求不高的场合。顺序采样的优点是只需一个公用的采样保持器，并且技术要求较低。

3. 分组同时采样

将所有输入通道分成若干组，在组内各通道同时采样，各组间人为地增加一时延，在完成同一组的模拟输入信号采样后，再对其他组的模拟输入信号进行采样，称为分组同时采样。

二、采样保持器

(一) 采样保持器的工作原理

把在采样时刻上所得到的模拟量的瞬时幅度完整地记录下来，并按需要准确地保持一段时间，称为采样保持。采样保持的功能是由采样保持器实现的，即把采样功能和保持功能综合在一个电路，即采样保持电路。

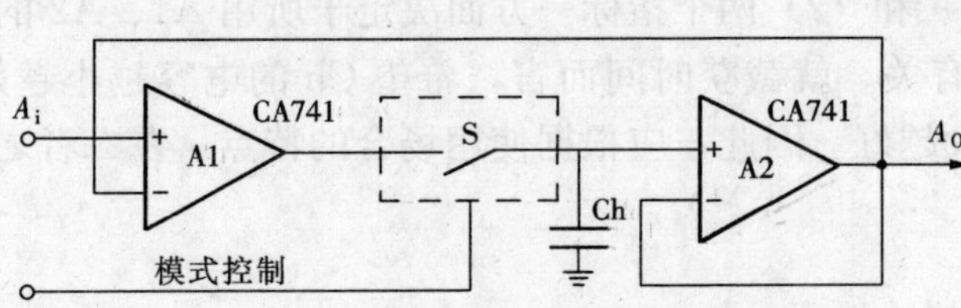

图 3-5 采样保持器的基本组成电路

采样保持器的基本组成电路如图 3-5 所示。它由保持电容器 Ch 和输入/输出缓冲放大器 A1、A2 和控制开关 S 组成。它有采样模式和保持模式两种工作模式，可由模式控制信号选择。

采样模式期间，模式控制开关 S 闭合。A1 是高增益放大器，它的输出通过开关 S 给保持电容器 Ch 快速充电，使采样保持器的输出随输入变化。S 接通时，要求充电时间越短越好，以使 Ch 迅速达到输入电压值。S 的闭合时间应满足使 Ch 有足够的充电或放电时间。显然希望采样时间越短越好，因此应用 A1，其输入阻抗很大，而输出阻抗很低，使 Ch 上的电压能迅速跟踪输入端电压的变化。

保持模式期间，模拟控制开关 S 断开。为了提高保持能力，应用 A2，其输入阻抗高，输出阻抗很低，理想情况下，电容器将保持充电时的最高值。

采样保持过程示意图如图 3-6 所示。

(二) 采样保持器的作用

A/D 转换器完成一次转换过程是需要时间的，这段时间称转换时间。不同类型的 A/D 转换芯片，其转换时间不同。因此，对变化较快的模拟信号来说，如不采取措施，将引起转换误差。显然，A/D 转换器的转换时间越慢，对同样频率的模拟信号的转换准确度的影响就越大。为了保证转换准确度，可采用采样保持器，以便在 A/D 转换期间，保持采样输入信号的大小不变。为了保证转换时的误差在A/D转换器的量化误差内，则模拟信号的频率不能过高。

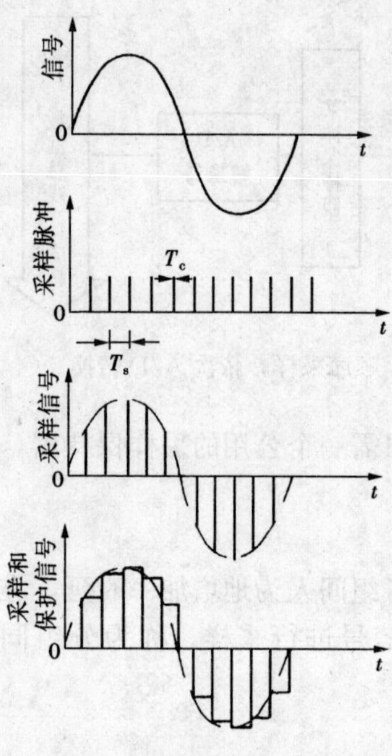

图 3-6　采样保持过程示意图
T_c—采样脉冲宽度；T_s—采样周期（或采样间隔）

分析可知，若 A/D 转换器的转换时间为 100μs，则允许输入信号的最高频率只能是 0.4Hz，A/D 转换时间越长，不影响转换准确度所允许的最高频率就越低。但模拟信号的频率是由生产的物理量的性质决定的，例如，电力系统中电压和电流的变化频率为 50Hz，因此，为了在满足转换准确度要求的条件下，提高信号允许的工作频率，可以采用采样保持器，在 A/D 转换期间，保持采样输入信号大小不变。

（三）对采样保持电路的要求

（1）使电容器 Ch 上电压按一定的准确度跟踪上 A_i 所需的最小采样宽度 T_c（或称截获时间），对快速变化的信号采样时，要求 T_c 尽量短，以便可用很窄的采样脉冲，这样才能得到准确地反映某一时刻的输入值。

（2）保持时间要长。

（3）模拟控制开关的动作延时、闭合电阻和开断时的漏电流要小。

（1）和（2）两个指标一方面决定于所用 A1、A2 的质量，另一方面也和电容器 Ch 的电容量有关。就截获时间而言，希望 Ch 的电容越小越好；但就保持时间而言，希望 Ch 的电容越大越好。因此，应根据使用场合的特点，在二者之间权衡后选择合适的 Ch 的电容值。

（四）常用的采样保持器集成芯片

目前，采样保持电路大多集成在单一芯片中，但其中不包括电容器 Ch（一般由用户根据需要选择并外接）。这一方面是因为用集成电路构成电容器困难；另一方面是为增加设计的灵活性，可根据不同的应用场合选用不同电容量的电容器。保持电容器一般选用聚苯乙烯或聚四氟乙烯电容器，其电容值的选择应综合考虑准确度、采样频率、下降误差、采样/保持偏差等参数（具体可参考有关手册）。

采样保持芯片可分为通用型芯片、高速型芯片和高分辨率芯片三类。常用的通用型芯片有 LF198、LF398、AD582K、AD583K 等。下面介绍综合自动化中常用的 LF398 采样保持芯片的原理。其原理图及实际接线图如图 3-7 所示。

LF398 采样保持芯片的电路主要由两只高性能的运算放大器 A1、A2 构成的跟随器组成。其中 A2 是典型的跟随器接法，其反相端直接与输出端相连。由于运算放大器的开环放大倍数极高，两个输入端之间的电位差实际上为零，所以输出端对地电压能跟踪输入端对地电压，也就是保持电容器 Ch 两端的电压。在采样模式时，S 接通，A1 的反向输入端从输出端经电阻器 R 获得负反馈，使输出跟踪输入电压。在保持模式时，S 断开，A2 的输出电压不再变化，但模拟量输入却仍在变化，A1 不再能从 A2 的输出端获得负反馈，为此在 A1 的输出端和反相输入端之间跨接了两个反向并联的二极管，配合电阻器 R 起到隔离第二级输出与第一级的联系，而直接从 A1 的输出端经过二极管获得负反馈，以防止 A1 进入饱和区。

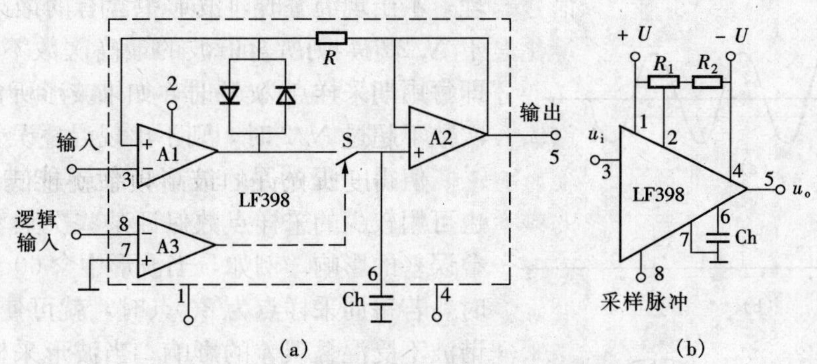

图 3-7　LF398 采样保持芯片原理图和实际接线图

(a) 原理图；(b) 实际接线图

在保持结束后，S 闭合后，重新进入采样模式。

电容器 Ch 的电容 C_h 大小选择取决于维持时间的长短，当选用 $C_h = 0.01\mu F$ 时，信号达 0.01%准确度的获取时间为 25μs，保持器电压下降率为 3mV/s。若 A/D 转换时间为 100μs，则保持器电压下降率为 300μV/s。

无论采用何种采样方式，一般来说采样保持器是必需的。对于顺序采样方式和同时采样方式中的 A/D 变换器方案，采样保持器的保持时间不需要很长，仅为保证 A/D 对该通道完成变换的时间。但在顺序采样方式中，采样次数频繁，且往往是在 A/D 变换完毕后立刻开始下一通道的采样，所以希望最小采样时间尽量短。对于同时采样方式中单 A/D 变换器方案，要求保持时间较长，尤其对于最末一个通道，它要保持到所有通道 A/D 变换完毕，故应特别注意保持准确度。

三、采样频率的选择

图 3-6 中，采样间隔 T_s 的倒数称为采样频率 f_s。采样频率的选择是微机系统硬件设计中的一个关键问题，应综合考虑，合理选择。采样频率越高，要求 CPU 的速度越高。因变电站综合自动化系统是一个实时系统，数据采集系统以采样频率不断地向 CPU 输入数据，CPU 必须要来得及在两个相邻采样间隔时间 T 内处理完每一组采样值所必须做的各种操作和运算，否则 CPU 将跟不上实时节拍而无法工作。相反，采样频率过低将不能真实反映被采样信号的情况。

采样信号 $x_s(t)$ 怎样才能正确反映原始信号 $x(t)$ 呢？或者说，要具备什么样的条件才能利用 $x_s(t)$ 恢复原始信号 $x(t)$，采样定理回答了这个问题。

根据采样定理，如果被采样信号中所含最高频率成分为 f_{max}，则采样频率 f_s 必须大于 $2f_{max}$；否则将造成频率混叠，即由于采样频率不高，当被采样的信号中有较高频率的信号，进行频谱分析时，高频信号的一部分叠回或混淆到分析频率内造成了混叠误差。

设被采样信号 $x(t)$ 中含有的最高频率为 f_{max}，若将 $x(t)$ 中这一频率成分 $X_{fmax}(t)$ 单独画在图 3-8（a）中，从图 3-8（b）可以看出，$f_s = f_{max}$ 时，采样所看到的为一直流成分；而从图 3-8（c）看出，当 f_s 略大于 f_{max} 时，采样所看到的是一个低频信号。可见，采样频率过低，采样时所得到的信息不能反映原信号中所包含的所有信息。为了避免混叠误差，波形采样时必须满足采样定理。

假设波形每周期采样 N 点，则采样频率为 N/T_1（T_1 为基波形的周期）。根据采样定

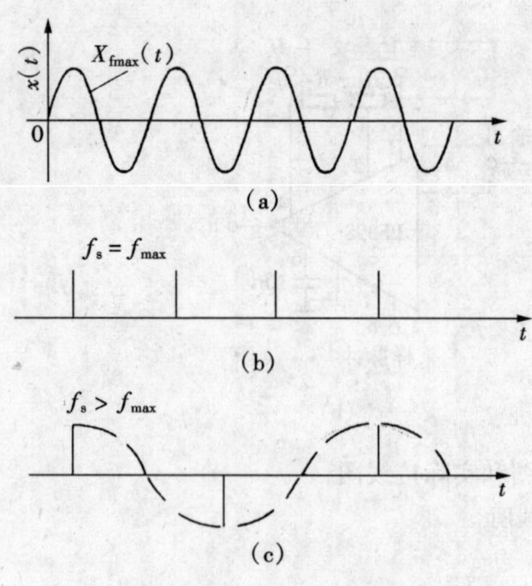

图 3-8 频率混叠示意图

(a) $x(t)$ 中最高频率成分 X_{fmax} (t)；

(b) $f_s = f_{max}$时的采样；

(c) $f_s > f_{max}$时的采样

理，不出现混叠时，波形中含有的最高频率不应大于 $N/2T_1$，则所含谐波的最高次数不得超过 $N/2$，即每周期采样点为 N 时，如果波形所含谐波的最高次数不超过 $N/2$ 时，则不出现混叠误差。

值得一提的是，波形即使不能满足采样定理，也可用较少的采样点数保证某些次频率的波不受混叠误差的影响。例如，当波形中含 60 次以下的谐波时，若每周采样点为 80 点时，就可使 20 次以下的谐波不受混叠误差的影响；当波形采样时，满足了采样定理的最低要求，再增大采样频率，对谐波分析的准确度影响很小。

四、模拟低通滤波

对变电站综合自动化系统来说，在故障初瞬，电流、电压中可能含有相当高的频率信号（2kHz 以上），为了防止混叠误差，要求 f_s 很高，势必增加对硬件的要求。实际上目前大多数微机保护原理多是反映工频量的或反映某些高次谐波，故可以在采样之前将最高信号频率分量限制在一定频带内。一般在采样前用一个模拟低通滤波器（ALF）将高频分量滤掉，这样可降低 f_s，从而降低对硬件的要求；另外，也可减少谐波分量对某些算法的影响。一般仅用模拟低通滤波器（ALF）滤掉 $f_s/2$ 以上的分量，以消除频率混叠。

模拟低通滤波器的幅频特性的最大截止频率，一般根据采样频率 f_s 的值来确定。例如，根据采样定理，当采样频率为 1000Hz 时，即交流工频 50Hz 每周期采 20 点，则要求模拟低通滤波器必须滤除输入信号大于 500Hz 的高频分量。

采用模拟低通滤波器消除混叠误差后，采样频率的选择在很大程度上取决于保护原理和算法的要求，同时考虑硬件速度问题。

第三节 多路转换开关

一、多路转换开关（Multiplexer）的作用

在实际的数据采集模块中，被测量或被控制量往往可能是几路或几十路。对于反应两个量以上的继电保护，例如，阻抗保护要求对电流、电压模拟量同时采样，以准确地获得各个量之间的相位关系进行保护计算，可以利用多路转换开关实现同时采样，依次 A/D 转换。

在模拟输入通道中，其各路开关是“多选一”，即其输入是多路待转换的模拟量，每次只选通一路，输出只有一个公共端接至 A/D 转换器。当然，多路转换开关可移至 A/D 转换器前，此时每个模拟输入信号前面应有一个采样保持器。模拟量输出通道中，其多路转换开关应是“一到多”，此时每个模拟量输出信号回路都要有一个保持器，如图 3-9 所示。

二、多路转换开关的类型和特点

多路转换开关有两种类型：一类是机械式的，如干簧继电器、水银继电器和机械振子式继电器等；另一类是电子式的，如晶体管、场效应管和集成电路开关等。

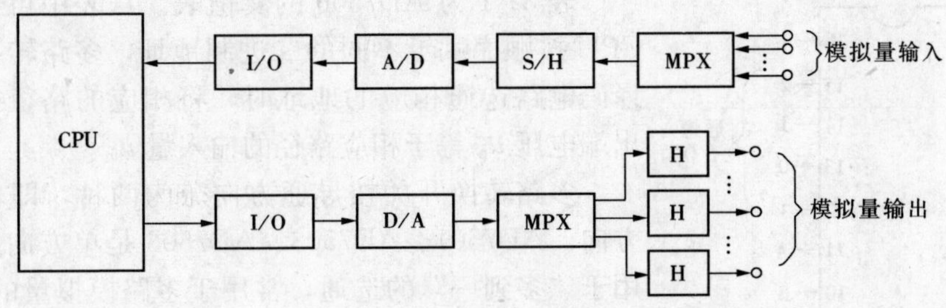

图 3-9 多回路分时共用 A/D、D/A 转换器

干簧继电器是较为理想的有触点式开关。其优点是接触电阻小，触电断开时阻抗高，工作寿命长，工作频率可达 400Hz 左右，适合于小信号中速度（10～400 点/s）的采样单元使用；缺点是工作频率相对较低，而且体积比电子开关大，受剩磁的影响有时继电器触点会发生吸合不放的现象。

电子式开关优点速度高（工作频率可达 1000 点/s 以上）、体积小、寿命长；缺点是导通电阻较大、驱动部分与开关元件不独立，影响小信号的测量准确度。

三、几种常用的多路转换开关芯片

集成电路的多路转换开关有许多类型，常用的有双四选一多路转换开关，如美国 RCA 公司的 CD4052，AD 公司的 AD7502；有 8 选一多路转换开关，如 CD4051、AD7051、AD7053 等；有 16 路选一多路转换开关，如 CD4067 和 AD7506 等。

多路转换开关包括选择接通路数的二进制译码电路和由它控制的各路电子开关，被集成在一个集成电路芯片中。下面以常用的 16 路多路转换芯片 AD7506 为例，说明多路转换开关的工作过程。AD7506 的内部结构见图 3-10。

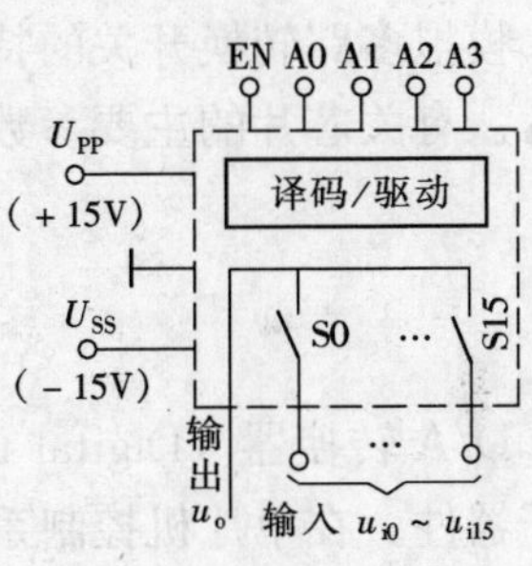

图 3-10 多路转换开关芯片 AD7506 内部结构

A0、A1、A2、A3：四个路数选择线，CPU 通过并行接口芯片或其他硬件电路给它们赋以不同的二进制码，选通 S0～S15 中相应的一路电子开关闭合，将此路接通到输出端。

EN：使能端。只有在 EN 端为高电平时，AD7506 才工作。设置该端是为了可以用两片（或更多片）AD7506，将其输出端并联以扩充多路转换开关的路数。

u_{i0}，…，u_{i15}：共 16 路输入端，可以接入 16 个输入量。

u_o：输出端。

表 3-1 **AD7506 真 值 表**

E_N	A0	A1	A2	A3	选通通道	选通开关	输出 u_o
1	0	0	0	0	0	S0	$u_o=u_{i0}$
1	0	0	0	1	1	S1	$u_o=u_{i1}$
⋮			⋮		⋮	⋮	⋮
1	1	1	1	1	15	S15	$u_o=u_{i15}$
0	×	×	×	×	禁止	无	无输出

注 ×表示任意值。

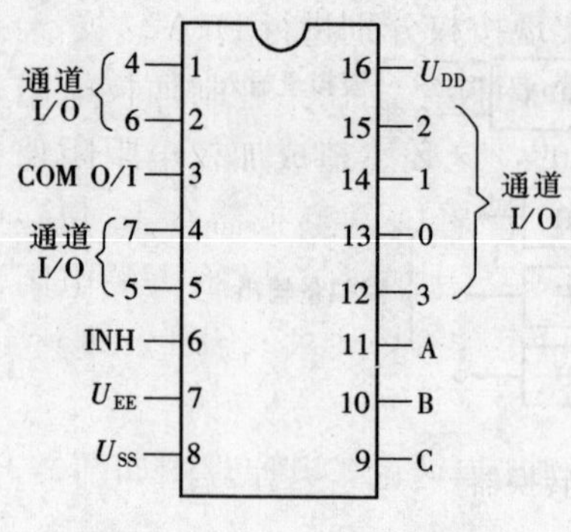

图 3-11 CD4051B 功能引脚图

表 3-1 为 AD7506 的真值表。从表中可以看出，当 CPU 按顺序赋予不同的二进制地址，多路转换开关通过译码电路选通相应的地址时，将相应的路径接通，使输出端电压 u_o 等于相应路径的输入量 u_{in}。

多路转换开关按导通方向分为两种，即单方向和双方向。AD7501、AD7503、AD7506 是单方向的，即只能用于“多到一”的选通，常用于多路模拟量的输入通道；而 CD4051B、CD4067B 是双向的模拟多路转换开关，其模拟通道即可作为输入，也可作为输出。

图 3-11 给出了 CD4051B 的功能引脚图。其公共端 COM 只有 1 个，也相应可作为输出/输入（管脚为 3）。当芯片的使能端 INH＝0 时，芯片才能进行有效操作。其真值表见表 3-2。

表 3-2 **CD4051B 真 值 表**

C	B	A	INH	“ON”	C	B	A	INH	“ON”
×	×	×	1		1	0	0	0	4
0	0	0	0	0	1	0	1	0	5
0	0	1	0	1	1	1	0	0	6
0	1	0	0	2	1	1	1	0	7
0	1	1	0	3					

模拟多路转换开关的特性直接影响输入/输出模拟量的准确度，实际应用中应合理选择芯片。有关芯片的主要参数可参考有关手册。

第四节 数/模（D/A）转换器

D/A 转换器（Digital to Analog Converter，DAC），是一种能把数字量转换成模拟量的电子器件。在单片机控制系统中，经常用到 D/A 转换器。

一、D/A 转换器的工作原理

D/A 转换器输出的模拟量能随输入数字量正比的变化，以便使输出模拟量 u_o 能直接反映数字量 D 的大小，即

$$u_o = DU_R \tag{3-2}$$

式中 U_R——常量，由参考电压决定；

D——数字量，常为二进制。

数字量 D 的位数由 D/A 转换器芯片型号决定，通常为 8 位、12 位等。D 为 n 位时的通式为

$$D = \mathrm{B1} \times 2^{-1} + \mathrm{B2} \times 2^{-2} + \cdots + \mathrm{B}n \times 2^{-n} \tag{3-3}$$

式中 B1——D 的最高位；

Bn——D 的最低位。

D/A 转换器的原理很简单，可以总结为“按权展开，然后相加”几个字。换句话说，D/A 转换器要能把输入数字量中每位都按权值分别转换成模拟量，并通过运算放大器求和

相加。因此，D/A 转换器内部必须要有一个解码网络，以实现按权分别进行 D/A 转换。

解码网络通常有两种，即二进制加权电阻网络和 T 形电阻网络。在二进制加权电阻网络中，每位二进制的 D/A 转换是通过相应位加权电阻实现的，这必然造成加权电阻阻值差别极大，尤其在 D/A 转换器位数较大时更不能容忍。例如，若某 D/A 转换器有 12 位，则最高位加权电阻为 10kΩ 时的最低位加权电阻应当是 $10k\Omega \times 2^{11} = 20M\Omega$。这么大的电阻在 VLSI 技术中是很难制造出来的，即便制造出来，其准确度也很难符合要求。因此，现代 D/A 转换器几乎毫无例外地采用 T 形电阻网络进行解码。

为了说明 T 形电阻网络原理，现以 4 位 D/A 转换器为例加以讨论，其原理图如图 3-12 所示。

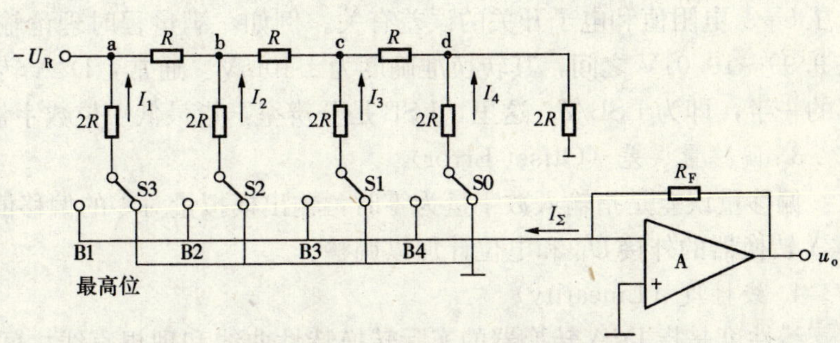

图 3-12　4 位数模转换器的原理图

图 3-12 中电子开关 S0～S3 分别受控于输入的 4 位数字量 B1～B4，在某一位为“0”时其对应开关导向右侧，即接地；而为“1”时，开关导向左侧，即接至运算放大器 A 的反相输入端。流向运算放大器反相输入端的总电流 I_Σ 反映了 4 位数字量的大小，它经过带负反馈电阻 R_F 的运算放大器，变换成电压 u_o 输出。运算放大器 A 的反向输入端的电位实际上也是地电位，因此不论开关导向哪一侧，对图 3-12 中电阻网络的电流分配是没有影响的。另外，这种电阻网络有一个特点，即从图 3-12 中的 a、b、c、d 四点分别向右看，网络的等值电阻都是 R，因而 b 点电位必定为 $U_R/2$，c 点电位为 $U_R/4$，d 电点位为 $U_R/8$。

相应地图 3-12 中各电流分别为

$$I_1 = \frac{U_R}{2R},\ I_2 = \frac{1}{2}I_1,\ I_3 = \frac{1}{4}I_1,\ I_4 = \frac{1}{8}I_1$$

而流入放大器的反向端的电流 I_Σ 为

$$\begin{aligned} I_\Sigma &= B1I_1 + B2I_2 + B3I_3 + B4I_4 \\ &= \frac{U_R}{R}(B1 \times 2^{-1} + B2 \times 2^{-2} + B3 \times 2^{-3} + B4 \times 2^{-4}) = \frac{U_R}{R}D \end{aligned} \tag{3-4}$$

而输出电压为

$$u_o = I_\Sigma R_F = \frac{U_R R_F}{R} D \tag{3-5}$$

当 $R_F = R$ 时，有

$$u_o = U_R D \tag{3-6}$$

由此可见输出模拟电压 u_o 正比于输入的数字量 D，比例常数为 $\frac{U_R R_E}{R}$ 或 U_R，而幅度大小可通过选择基准电压 U_R 和比例来调整。

典型的 D/A 转换器芯片很多，如美国 NS 公司的 DAC0832、DAC1210，美国 AD 公司的 AD588、AD7522 等。

二、D/A 转换器的性能指标

D/A 转换器性能指标是选用芯片型号的依据，也是衡量芯片质量的重要参数。D/A 转换器性能指标颇多，主要有以下几个。

1. 分辨率（Resolution）

分辨率是 D/A 转换器对微小输入量变化的敏感程度的描述，通常用数字量的位数来表示，如 8 位、10 位。一个 n 位的转换器，能够分辨满刻度的 2^{-n} 输入信号。

2. 转换准确度（Conversion Accuracy）

转换准确度和分辨率是两个不同的概念。转换准确度是指满量程时 D/A 转换器的实际模拟输出值和理论值的接近程度。对于 T 形电阻网络的 D/A 转换器，其转换准确度和参考电压 U_R、电阻值和电子开关的误差有关。例如，满量程时理论输出值为 10V，实际输出值在 9.99～10.01V 之间，其转换准确度为±10mV。通常，D/A 转换器的转换准确度为分辨率的一半，即为 LSB/2。这里，LSB 是分辨率，指最低一位数字量变化引起幅度的变化量。

3. 偏移量误差（Offset Error）

偏移量误差是指输入数字量为零时，输出模拟量对零的偏移值。这种误差通常可以通过 D/A 转换器的外接 U_R 和电位计加以调整。

4. 线性度（Linearity）

线性度是指 D/A 转换器的实际转换特性曲线和理想直线之间的最大偏差。通常，线性度不应超出±LSB。

5. 温度系数

在规定的范围内，相应地温度每变化 1℃，增益、线性度、零点及漂移（对双极性 D/A）等参数的变化量。温度系数直接影响转换准确度。

6. 稳定时间

稳定时间指 D/A 转换器加上满刻度的变化（如全“0”变为全“1”）时，其输出达到稳定（一般稳定到与±1/2LSB 相当的模拟量范围内）所需的时间，一般为几十毫微秒到几微秒。

三、D/A 转换器芯片

随着集成电路技术的发展，已可将精密电阻、模拟开关、数据锁存器，甚至包括基准电源和运算放大器集成在同一芯片上，可以和 8 位或 16 位微处理机兼容。这些集成电路芯片是由大规模集成电路技术（LSI）实现的，有 TTL、CMOS 等不同的逻辑和工艺制造的产品。

目前，一般使用两种芯片：一类在电子电路中使用，不带使能端和控制端，只有数字量和模拟量输出线；另一类是专为微型计算机设计的，带有使能端和控制端，可以直接和微型计算机接口。

能和微机接口的 DAC 芯片也有很多种，可参考有关手册。下面介绍一种集成电路 D/A 芯片 DAC1210。

1. DAC1210 内部结构

DAC1210 是一种 12 位的 D/A 转换芯片，内部由三部分电路组成，如图 3-13 所示。它有两个数据输入寄存器，一个是 8 位输入寄存器，存放 12 位数字量中高 8 位，一个是 4 位输入寄存器，用于存放 12 位数字量中的低 4 位，使输入数字量得到缓冲和锁存；此外，还有一个 12 位 DAC 寄存器用于存放待转换数字量。12 位 D/A 转换器由 12 个电子开关和 12

位 T 形电阻网络组成，用于完成 12 位 D/A 转换。

$\overline{XFER}$和$\overline{WR2}$用来控制 12 位 DAC 寄存器，$\overline{CS}$和$\overline{WR1}$控制输入寄存器。两个输入寄存器的输入允许控制都要求$\overline{CS}$和$\overline{WR1}$为低电平，但是为了区分 4 位还是 8 位输入寄存器，用 B1/$\overline{B2}$来控制，8 位输入寄存器的数据输入时要求端 B1/$\overline{B2}$为高电平。

2. 引脚功能

DAC1210 共有 24 条引脚，双列直插式封装。其引脚连接和命名如图 3-13 所示。

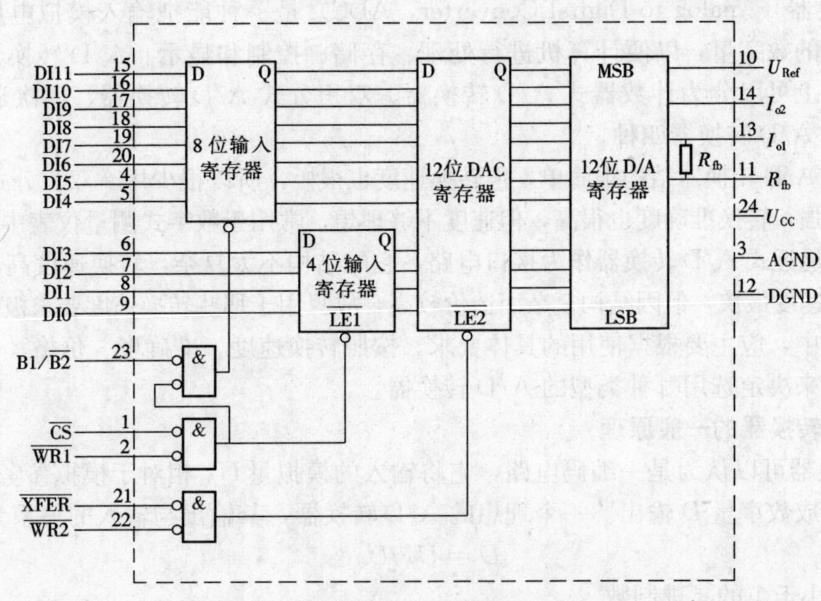

图 3-13　DAC1210 逻辑结构框图

（1）数据量输入线 DI11～DI0（12 条）：DI11～DI0 常和 CPU 数据总线相连，用于输入 CPU 送来的带转换数字量，DI11 位最高位。

（2）输出线（3 条）：R_{fb}为运算放大器反馈电阻接线端，常常接到运算放大器输出端。I_{o1}和 I_{o2}为两条模拟电流输出线。$I_{o1}+I_{o2}$为一常数，若输入数字量为全“1”，则 I_{o1}为最大，I_{o2}为最小；若输入数字量为全“0”，则 I_{o1}为最小，I_{o2}为最大。为了保证额定负载下输出电流的线性度，I_{o1}和 I_{o2}引脚线上电位必须尽量接近地电平。为此，I_{o1}和 I_{o2}通常接运算放大器输入端。

（3）控制线（5 条）：

$\overline{CS}$：片选信号。低电平时本片被选中工作；当为高电平时，本片不被选中工作。

$\overline{WR1}$：写控制信号 1，低电平有效。此信号为高电平时，两个输入寄存器都不接收新数据。当此信号有效时，与 B1/$\overline{B2}$配合起控制作用。

$\overline{WR2}$：写控制信号 2，低电平有效。此信号有效时，$\overline{XFER}$信号才起作用。

B1/$\overline{B2}$：字节控制。此端为高电平时，12 位数字同时送入输入锁存器。此端为低电平时，只将 12 位数字量的低 4 位输入寄存器中。

$\overline{XFER}$：数据转换控制信号，低电平有效，与$\overline{WR2}$配合使用。

（4）电源线（4 条）：

U_{cc}：电源输入线，可在＋5～＋15V 范围内。

U_{Ref}：参考电压，一般在＋10～－10V 范围内，由稳压电源提供。

DGND：数字量地线。

AGND：模拟量地线，通常两条地线接在一起。

第五节　模/数（A/D）转换器

A/D 转换器（Analog to Digital Converter，ADC）是一种能把输入模拟电压或电流变成与它成正比的数字量，以便计算机进行处理、存储、控制和显示。A/D 转换器的种类很多，但从原理上可以分为计数器式 A/D 转换器、双积分式 A/D 转换器、逐次逼近式 A/D 转换器、并行 A/D 转换器四种。

计数器式 A/D 转换器结构很简单，但转换速度也很慢，所以很少用。双积分式 A/D 转换器抗干扰能力强，转换准确度也很高，但速度不够理想，常用于数字式测量仪表中。计算机中广泛采用逐次逼近式 A/D 转换器作为接口电路，它的结构不太复杂，转换速度高。并行 A/D 转换器的转换速度最快，但因结构复杂而造价较高，故只用于那些转换速度要求极高的场合。

实际应用中，应主要根据使用的具体要求，按照转换速度、准确度、价格、功能以及接口条件等因素来决定选用哪种类型的 A/D 转换器。

一、A/D 转换器的一般原理

A/D 转换器可以认为是一编码电路，它将输入的模拟量 U_A 相对于模拟参考量 U_R 经一编码电路转换成数字量 D 输出。一个理想的 A/D 转换器，其输出与输入的关系为

$$D = U_A / U_R \tag{3-7}$$

式中　D——小于 1 的二进制数。

对单极性的模拟量，小数点在最高位前，即要求输入 U_A 必须小于 U_R，D 可表示为

$$D = \mathrm{B1} \times 2^{-1} + \mathrm{B2} \times 2^{-2} + \cdots + \mathrm{B}n \times 2^{-n} \tag{3-8}$$

于是式（3-7）可写成

$$U_A \approx U_R(\mathrm{B1} \times 2^{-1} + \mathrm{B2} \times 2^{-2} + \cdots + \mathrm{B}n \times 2^{-n}) \tag{3-9}$$

式中　B1——其最高位，常用英文缩写 MSB 表示；

Bn——最低位，英文缩写为 LSB。

B1～Bn 均为二进制码。

由于编码电路的位数总是有限的，例如式（3-9）中有 n 位，而实际的模拟量公式 U_A/U_R 可能为任意值，因而对连续的模拟量用有限长位数的二进制数表示时不可避免地舍去比最低位（LSB）更小的数，从而 A/D 转换编码的位数越多，即数值越细，所引入的量化误差就越小，或称为分辨率越高。

二、逐次逼近式 A/D 转换器

1. 逐次逼近式 A/D 转换器原理

逐次逼近式（也称逐位比较式）A/D 转换器，比积分型应用更为广泛。其原理框图如图 3-14（a）所示。它主要由逐次逼近寄存器 SAR、D/A 转换器、比较器、时序及控制逻辑等部分组成。它的实质是逐次把设定的 SAR 寄存器中的数字量经 D/A 转换后得到的电压 U_c，与待转换的电压 U_x 进行比较。比较时，先从 SAR 的最高位开始，逐次确定各位的数码应是“1”还是“0”。其工作过程如下。

如逼近步骤采用二分搜索法，对于4位转换器来说，最大可能的转换输出为1111，第一步试探可先试最大值的1/2，即试送1000，如果比较器的输出为“1”，即偏小，则可以肯定最终结果最高位必定为1，第二步应当试送1100。如果第一步试送1000后比较器的输出为“0”，则可以肯定最终结果最高位必定是“0”，则第二步应试送0100。如此逐位确定，直到最低位，全部比较完成。图3-14（b）表示4位A/D转换器的逐次逼近过程。转换结果能否准确逼近模拟信号，主要取决于SAR的位数和D/A的位数。位数越多，越能准确逼近模拟量，但转换时间也越长。

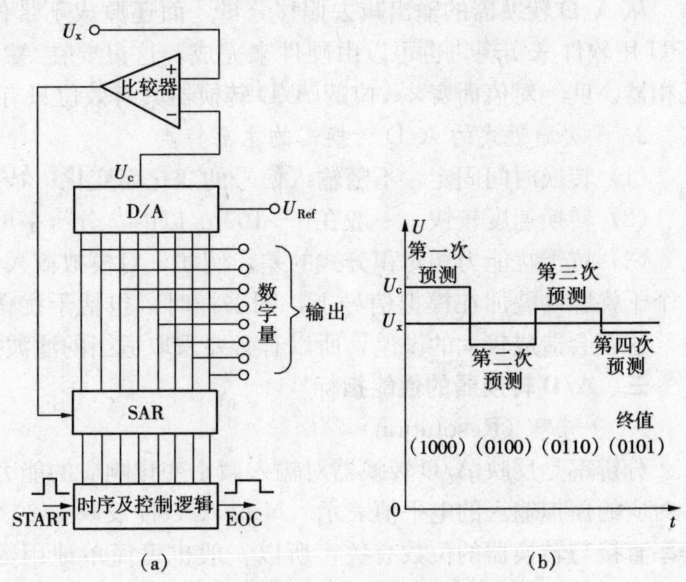

图3-14　逐次逼近式A/D转换器工作原理
（a）原理框图；（b）逐次逼近过程

从上述工作原理可以看出，图3-14（a）中输入模拟电压的允许最大值等于对D/A转换器输入最大数字量（11111111）时D/A转换器的输出电压。由式（3-5）可见，它取决于参考电压U_R以及电阻R和R_F。大多数D/A转换器的R和R_F采用相同的阻值，因而输入电压的最大值通常就是参考电压值，一般为10V。如果输入电压超过这个最大值，则A/D转换结果将保持在最大值（11111111），从而造成平顶波，这种现象叫溢出。此外，这种原理原则上只适用于单极性输入电压。对图3-14（a）所示的接法，输入电压必须为正，如果为负，则不论负值多大，比较结果必然是00000000。但交流电流、电压都是双极性的，为了实现对双极性模拟量的模数转换，需要设置一个直流偏移量，其值为最大允许输入量的一半；将此偏移直流量同交变的输入量相加变成单极性模拟量后再接到比较器，接法如图3-15所示。显然，双极性接法时允许的最大输入电压幅值将比单极性时缩小一半。如单极性时允许电压范围为0～＋10V，接成双极性时偏置电压取＋5V，而输入双极性电压的最大允许范围为±5V。这可以从图3-16清楚地看出，加上偏置电压后，A/D转换器的数字量输出实际反映的是u_i和偏置电压U_b之和。只要减去U_b所相当的数字量就能还原成用补码形式表示的同双极性输入对应的数字量输出。

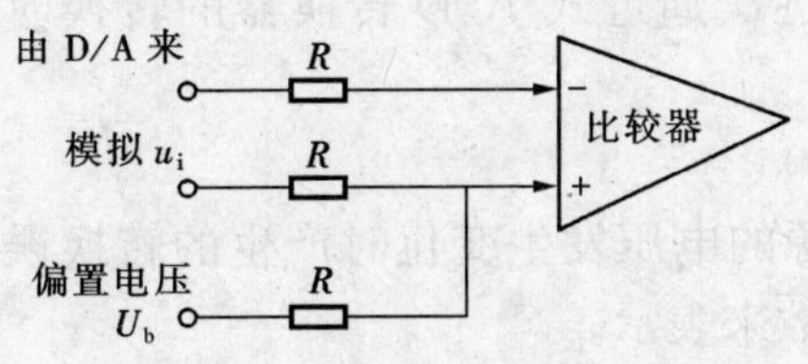

图3-15　A/D转换器双极性连接图

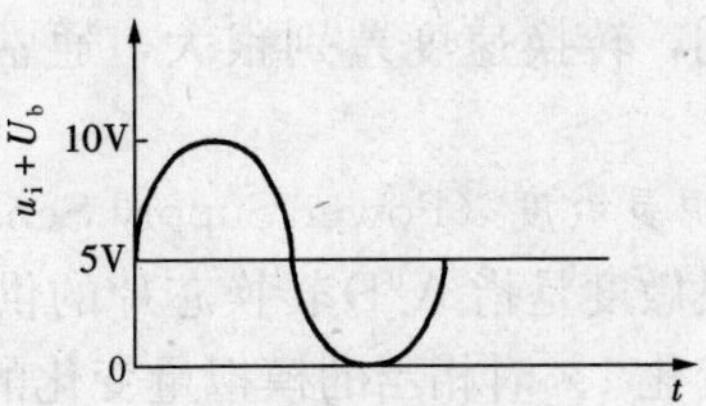

图3-16　加偏置电压后输入双极性波形

从 A/D 转换器的输出减去偏移分量，而还原成不带偏移量的补码形式的操作，可以由 CPU 用软件来实现，也可以由硬件来完成，这只要在 A/D 转换器输出的 MSB 处加接一个反相器。就绝对值而言，8 位的 A/D 转换器其有效位只有 7 位，最高位是符号位。

2. 逐次逼近式的 A/D 转换器的主要特点

（1）转换时间固定，不随输入信号的变化而变化。

（2）转换速度较快，一般在 1～100μs 以内，分辨率可达 18 位，特别适用于工业系统。

（3）抗干扰能力相对积分式的差。例如，对模拟输入信号采样过程中，若在采样时刻有一个干扰脉冲叠加在模拟信号上，则采样时，包括干扰信号在内，都被采样和转换为数字量，这就会造成较大的误差，所以有必要采取适当的滤波措施。

三、A/D 转换器的性能指标

1. 分辨率（Resolution）

分辨率是反映 A/D 转换器对输入微小变化响应的能力，通常用数字输出最低位（LSB）所对应的模拟输入的电平值表示。N 位 A/D 能反映 $1/2^N$ 满量程的模拟量输入电压。由于分辨率直接与转换器的位数有关，所以一般也可简单地用数字量的位数来表示分辨率，即 N 位二进制数最低位所具有的权值就是它的分辨率。

2. 转换准确度（Conversion Accuracy）

A/D 转换器的转换准确度由模拟误差和数字误差组成。模拟误差是比较器、解码网络电阻值以及基准电压波动等引起的误差。数字误差主要包括丢失码误差和量化误差，前者属于非固定误差，由器件质量决定，后者和 A/D 转换器输出数字量的位数有关，位数越多误差越小。

在 A/D 转换过程中，模拟量是一个连续变化的量，数字量是断续的量。因此，A/D 转换器位数固定以后，并不是所有的模拟电压都能用数字量精确表示。对于一个数字量的实际模拟输入电压和理想的模拟输入电压之差并非是一个常数，而是一个范围。通常以数字量的最小有效位（LSB）的分数值来表示绝对准确度，如 ±1LSB、$\pm\frac{1}{2}$LSB、$\pm\frac{1}{4}$LSB 等。绝对误差包括量化误差和其他所有误差。

整个转换范围内，任一数字量所对应的模拟输入量的实际值与理论值之差，用模拟电压满量程的百分比表示，即为相对准确度。例如，满量程为 10V 的 10 位 A/D 芯片，若其绝对准确度为 $\pm\frac{1}{2}$LSB，则其最小有效位的量化单位 $\Delta E=9.77\text{mV}$，其绝对准确度为 $\frac{1}{2}\Delta E=4.88\text{mV}$，其相对准确度为 $\frac{4.88}{10\times10^3}\times100\%=0.048\%$。

3. 转换速度（Conversion Rate）

转换速度是指完成一次 A/D 转换所需的时间的倒数，是一个很重要的指标。A/D 转换器型号不同，转换速度差别很大，通常 8 位逐次逼近式 A/D 转换器的转换时间为 100μs 左右。

4. 电源灵敏度（Power Supply Sensitivity）

电源灵敏度是指 A/D 转换芯片的供电电源的电压发生变化时产生的转换误差，一般用电源电压变化 1% 时相当的模拟量变化的百分数来表示。

5. 输出逻辑电平

多数 A/D 转换器的输出逻辑电平与 TTL 电平兼容。在考虑数字量输出与微处理器的数据总线接口时，应注意是否要三态逻辑输出，是否要对数据进行锁存等。

6. 工作温度范围

由于温度会对比较器、运算放大器、电阻网络等产生影响，故只在一定的温度范围内才能保证额定准确度指标。一般A/D转换器的工作温度范围为0～70℃，军用品的工作温度范围为－55～＋125℃。

7. 量程

量程是指所能转换的模拟输入电压的范围，分单极性、双极性两种类型。例如，单极性量程为0～＋5V、0～＋10V、0～＋20V，双极性量程为－2.5～＋2.5V、－5～＋5V、－10～＋10V。

四、常用的A/D转换芯片AD574

(一) AD574的结构特点

AD574A是美国Anolog Device公司的产品，是常用的综合性能较高的A/D芯片。它是12位逐次逼近式A/D转换器，28脚双列直插式标准封装。

(1) AD574A的转换时间为25μs，这和ADC0809的100μs相比显然要小得多，但和同系列3μs的AD578相比还是逊色不少。

(2) AD574A内部集成有转换时钟、参考电压源和三态输出锁存器，故使用方便，也可和微机直接接口，而且无需外接CLOCK时钟。

(3) AD574A的输入模拟电压既可以单极性也可以双极性，单极性输入数为0～＋10V或0～＋20V，双极性输入时为±5V或±10V之间。

(4) AD574A的数字量位数可以设定为8位，也可设定为12位。

(二) AD574的引脚功能

AD574的引脚图如图3-17所示。各引脚功能如下：

(1) 模拟量输入线（3条）。$10U_i$为10V量程的模拟电压输入线，单极性时为0～＋10V，双极性时为±5V；$20U_i$为20V量程模拟电压输入线，单极性时为0～＋20V，双极性时为±10V。AC为模拟电压公共线。

(2) 数字输入线（12条）。D0～D11为数字量输出线，D11为最高位；DGND为数字量公共接地线，常和AGND相连后接地。

(3) 控制线（6条）。$\overline{CS}$为片选线，低电平有效；CE为片选使能线，高电平有效。$\overline{CS}$和CE共同用于片选控制：当$\overline{CS}$为0时和CE为1时，选中本片工作；否则，本片处于禁止状态。

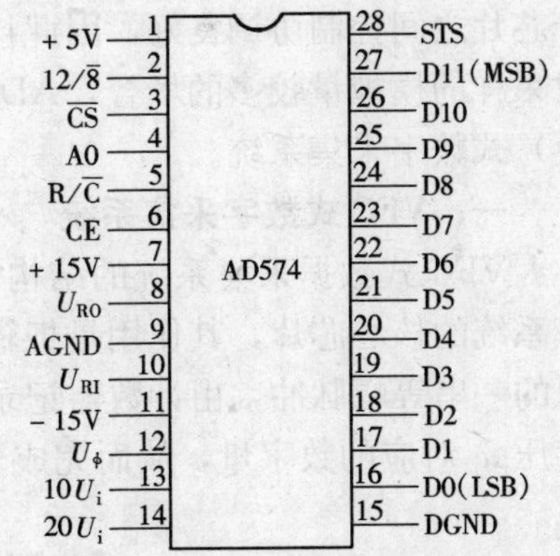

图3-17　AD574芯片引脚图

R/$\overline{C}$为读出/转换控制输入线。若使R/$\overline{C}$为0，则本片启动工作；若使R/$\overline{C}$为1，则本片处于允许读出数字量状态。

A0和12/$\overline{8}$这两条控制线能决定进行12位还是8位A/D转换，操作功能见表3-3。应强调，在启动AD574A进行A/D转换时，应先使R/$\overline{C}$为低电平，然后再使$\overline{CS}$和CE分别变为有效值。这样可以避免启动A/D转换前出现不必要的读操作。

STS为转换状态输出线。STS为高电平，表示AD574A正处于A/D转换状态；若STS

变为低电平，则 A/D 转换已完成。因此，STS 线可供 CPU 查询，也可作为外中断请求输入线。

（4）测试/调零线（3 条）。U_{RI}为内部解码网络所需参考电压输入线；U_{RO}为内部参考电压输出线。通常，U_{RI}和U_{RO}之间可以跨接一个 100Ω 金属陶瓷电位计，用来调整各量程增益。U_{ϕ} 为补偿调整线，用于在模拟输入为零时把 ADC 输出数字量调整为零。

（5）电源线（3 条）。1 引脚为＋5V 电源线；7 引脚为＋12V（或＋15V）电源线；11 引脚为－12V（或－15V）电源线。

表 3-3　**AD574 操作功能表**

CE	$\overline{CS}$	R/$\overline{C}$	12/$\overline{8}$	A0	完成操作
1	0	0	×	0	启动 12 位 A/D 转换
1	0	0	×	1	启动 8 位 A/D 转换
1	0	1	接 1 脚（＋5V）	×	12 位并行输出有效
1	0	1	接　地	0	高 8 位并行输出有效
1	0	1	接　地	1	低 4 位并行输出有效
0	×	×	×	×	无　操　作
×	1	×	×	×	无　操　作

第六节　VFC 式数字采集系统

一般在 A/D 的变换过程中，CPU 要使保持电路、模拟量多路转换开关 MPX、A/D 三个芯片之间控制协调良好，因此接口电路复杂、成本高。在要求转换速度快、准确度高，同时采样的模拟量较多的场合，ADC 变换方式就不很适用，这时可采用 VFC（电压/频率变换）式数字采集系统。

一、VFC 式数字采集系统

VFC 式数据采集系统的结构示意图如图 3-18 所示。电压一频率转换中，VFC 芯片是该系统的核心芯片，其作用是把输入的模拟信号 u_i 转换成重复频率、正比于输入电压瞬时值的一串等幅脉冲，由计数器记录在一个采样间隔内的脉冲个数，并根据比例关系算出输入电压 u_i 对应的数字量，从而完成了模数变换。

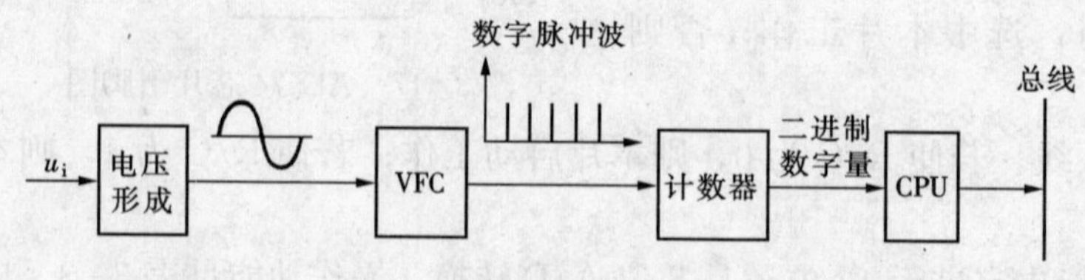

图 3-18　VFC 式数据采集系统的结构示意图

图 3-18 中 VFC 可采用 AD654 芯片；计数器可采用 8031 或内部计数器，也可采用可编程的集成电路计数器 8253。VFC 的 A/D 变换方式及与 CPU 的接口，要比采用 A/D 芯片的A/D式变换方式简单得多，CPU 几乎不需对 VFC 芯片进行控制。其优点可归纳如下：

(1) 工作稳定，线性好，电路简单。

(2) 抗干扰能力强。VFC是数字脉冲式电路，因此不受脉冲和随机高频噪声干扰，可以方便地在VFC输出和计数器输入端之间接入光隔器件。

(3) 与CPU的接口简单，VFC的工作可以不需CPU控制。

(4) 可以方便地实现多CPU共享一套VFC变换。

二、VFC芯片AD654

为了说明电压一频率转换式数据采集系统的工作原理，必须了解VFC芯片的原理。下面简要介绍一下AD654芯片的原理。

(一) AD654芯片的管脚及主要特点

图3-19(a)为AD654芯片引脚图。AD654是一种单片V/F转换器件。其内部由阻抗变换器A、压控振荡器和驱动输出级回路构成，最高输出频率为500kHz，中心频率为250kHz。压控振荡器是一种由外加电压控制振荡频率的电子振荡器件，芯片只需外接一个简单RC网络，经阻抗变换器A变换输入阻抗可达到250MΩ。振荡脉冲经驱动级输出可带12个TIL负荷或光电耦合器件，要求光隔器件具有高速光隔性能。

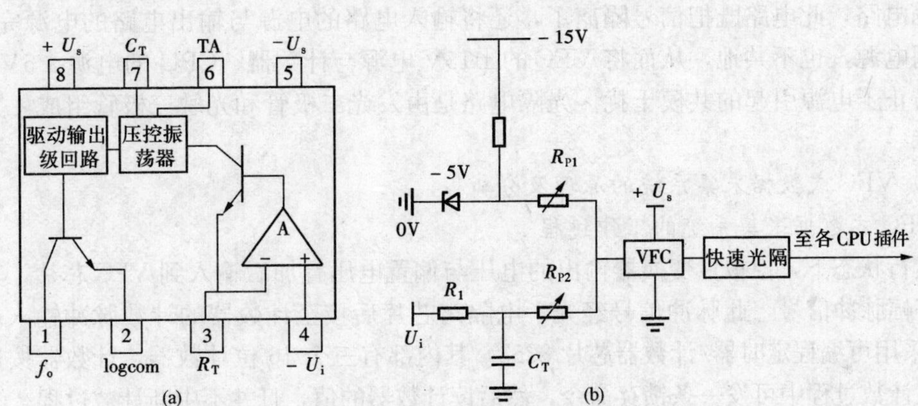

图3-19 AD654芯片引脚图及工作电路图

(a) 引脚图；(b) 工作电路图

(二) AD654芯片的工作原理

AD654芯片的电压信号输入方式有两种，即正端输入和负端输入，大多采用负端电压输入方式。因此4端接地，3端输入信号，见图3-19(b)。U_s电源为双端±15V。由于AD654芯片只能转换单极性信号，当交流电压信号输入时，在输入端叠加一个−5V偏置电压，该电压由−15V电源经稳压电路得到。

外接电容C_T(接入6、7引脚之间)的大小决定了AD654芯片的最高转换频率，但最高频率f_o不能超过500kHz。其输出的最高频率f_o与C_T及R_T的关系为

$$f_o = \frac{U_i}{10R_T C_T} \tag{3-10}$$

式中 U_i——叠加输入后的输入电压；

R_T——输入回路等值电阻；

C_T——外接电容。

可见，f_o与输入电压U_i呈线性关系，如图3-20所示。R_{P1}用来调整偏置值，当输入电

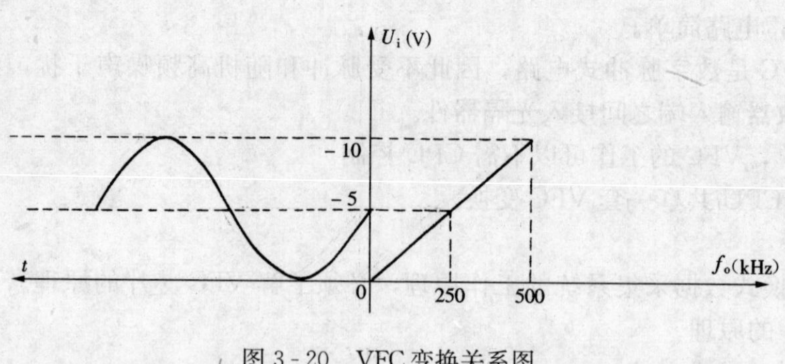

图 3-20 VFC 变换关系图

压$U_i=0$时，由于偏置电压-5V加在输入端3上，输出信号为频率为250kHz的等幅等宽的脉冲波，由于VFC的工作频率远高于工频50Hz，因此就某一瞬间而言，交流信号几乎不变，变换输出的波形是一串频率不变的数字脉冲。各通道的平衡度及刻度比可用电位器R_{P2}来调整。R_1和C_1设计为浪涌吸收回路，滤去随输入电压而来的高频浪涌，不是低通滤波器。通常整套装置的调整只有R_{P1}和R_{P2}可调，并在出厂时都已调好，一般可以不加调整，需要时也只要稍做一些调整即可。

（三）光隔处理

VFC变换后的数字脉冲信号经6N137快速光隔芯片送至计数器计数。6N137芯片内部具有光隔电路，此电路既把信号隔离了，还将输入电路的电源与输出电路的电源完全隔离，既不共用电源，也不共地，从而将VFC的±15V电源与计数器、CPU的电源±5V相隔离，有效地防止了电源引起的共模干扰。光隔电路是由发光二极管和光敏三极管组成，其原理参见第四章。

（四）VFC式数据采集系统的原理及分析

1. VFC式数据采集系统的工作过程

在运行状态下，模拟量变换器输出的电压与偏置电压叠加后输入到VFC芯片，其输出为一系列等幅脉冲信号，此脉冲信号经光—电隔离芯片后接至计数器的计数脉冲输入端（CLK端）。若采用可编程定时器/计数器芯片8253，其内部有三个16位计数器，计数器按递减方式计数，在计数过程中可发一条锁存命令，然后读计数器的值，且并不中断计数过程。

设计数器装入的初值为1000（为叙述方便且易于理解，以十进制数据表示），则每输入一个脉冲，计数器的值从初值减1，经过采样间隔T_s时间，读下计数器的值，如读得的计数器值为950，则说明在这个T_s期间，有50（1000－950）个脉冲输入到计数器，再经过一个T_s间隔，再读一次计数器的值，如为850，则说明这个T_s期间有100个脉冲输入。此过程一直进行下去，这就是采样过程。需要指出，存入循环存储区内的数是每隔T_s期读得的当时计数器的值。这些值与输入的模拟信号无对应关系。在需要进行计算时，取相邻N个采样间隔的计数器值相减，其差值为NT_s期间的脉冲数，此脉冲数与NT_s期间内模拟信号的积分值具有对应关系。

2. 计算间隔NT_s的选择

D_K为在NT_s期间内计数器计到的脉冲个数。此脉冲数对应于NT_s期间模拟信号的积分，即

$$D_K = \mathrm{INT}\left[K_f\int_{t_k-NT_s}^{t_k} u(t)\mathrm{d}t\right] \tag{3-11}$$

式中 INT——取整；

K_f——VFC芯片的转换常数；

$u(t)$——输入芯片的模拟电压信号。

当 K_f 变化时，式（3-11）是对输入电压的移动积分，每一次相当于一个宽度为 NT_s 高为 1 的矩形函数 $H(t)$ 与输入电压 $u(t)$ 进行卷积分。由数字信号处理的知识可知，时间函数 $H(t)$ 的频谱 $H(f)$ 如图 3-21 所示。

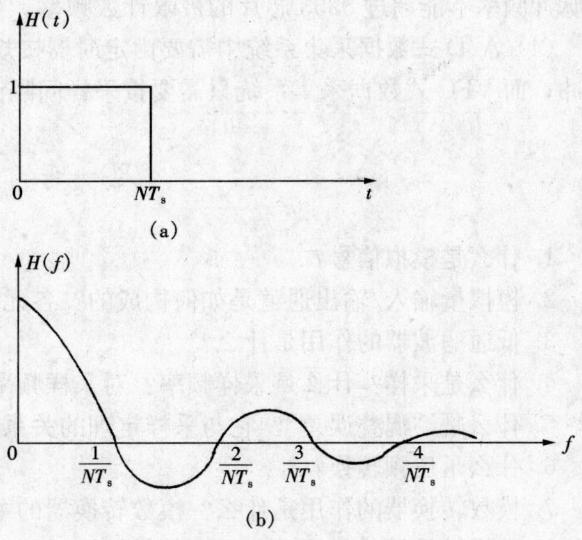

图 3-21　$H(t)$ 与 $H(f)$ 的对应函数图像

可见，它具有模拟低通滤波器的特性，其截止频率为 $1/NT_s=f_s/N$。由以上分析可知，尽管 VFC 式数据采集系统中没有像 A/D 式数据采集系统中那样设置模拟低通滤波器，但 VFC 数据采集系统中相当于有一个等效模拟低通滤波器。

根据采样定理，模拟低通滤波器的截止频率应小于等于采样频率的一半，即

$$\frac{1}{N}f_s \leqslant \frac{1}{2}f_s \tag{3-12}$$

可见，N 应选取大于等于 2 的值。

式（3-12）表明，为使 VFC 式数据采集系统得到的数字信号不失真地代表模拟信号，在用于各种算法时，至少要用 $2T_s$ 期间的脉冲数计算。

3. VFC 式数据采集系统的分辨率

VFC 式数据采集系统的分辨率决定于两个因素：一是 VFC 芯片输出的最高频率；二是计算间隔 NT_s 的大小。在 NT_s 期间计数值的大小为

$$D_K = F_{max}NT_s \tag{3-13}$$

设 $T_s=5/3$ms，$F_{max}=500$kHz，考虑符号后为 ±250kHz，则 $F_{max}T_s=\pm416$，$N=2$，$D_K=\pm833$，相当于常规 10.5 位的 A/D 芯片。当 $N=4$ 时，$D_K=\pm1666$，相当于常规 A/D 芯片的位数为 11.5 位。

可见，欲提高 VFC 式数据采集系统的分辨率，一是选择最高转换频率高的芯片，这要增加硬件开销；二是增大计算间隔 NT_s 的值，这只需要在软件中改变即可实现，但代价是增加了计算的延时。实际应用上应合理选择 NT_s 的值。

三、A/D 式数据采集系统与 VFC 式数据采集系统的比较

（1）数据采集系统中，经过 A/D 芯片的转换结果可直接用于保护的有关算法；而 V/F 转换芯片每个 T_s 时间读得的计数值不能直接用于算法，必须取相隔 NT_s 的计数值相减后才能用于各种算法。

（2）A/D 芯片选定后，其数字输出位数不可改变，即分辨率不可改变；而 VFC 式数据采集系统中，可通过增大计算间隔提高分辨率。

（3）对 A/D 式数据采集系统，A/D 芯片的转换时间必须小于 T_s/n（n 为通道数）；而 VFC 式数据采集系统是对输入脉冲不断计数，不存在转换速度问题，但应注意到 8253 芯片

的脉冲频率不能超过 8253 芯片的极限计数频率。

（4）A/D 式数据采集系统中需要由定时器按规定的采样间隔给采样/保持芯片发出采样脉冲；而 VFC 式数据采集系统只需要按采样间隔读取计数器的值就可以了。

思 考 题

1. 什么是模拟信号？
2. 模拟量输入/输出通道是如何构成的？各元件起什么作用？
3. 低通滤波器的作用是什么？
4. 什么是采样？什么是采样频率？对采样频率有何要求？
5. 什么是“混叠误差”？它与采样定理的关系是什么？
6. 什么是压频转换？
7. 模数转换器的作用是什么？模数转换器的主要技术指标有哪些？
8. 数模转换器的作用是什么？数模转换器的主要技术指标有哪些？
9. 多路转换开关的作用是什么？
10. 逐次逼近型 A/D 转换器原理是什么？

第四章 数字量输入/输出系统

本章主要介绍数字量输入/输出接口的作用、数字量输入/输出信息的组成、CPU 对输入/输出数据的控制方式，并介绍输入/输出接口常用的芯片、开关量的隔离和检测识别、开关量输入/输出及电路、脉冲量计数输入电路。

第一节 输入/输出（I/O）接口

在变电站综合自动化系统中，需采集的信息很多，但从它们的性质来说，可分为模拟量、开关量、脉冲量和广义读表数（如数字频率计或脉冲电能表等仪表通过串行口输出的数字量）等四大类。实质上，无论何种类型的信息，在计算机内部都是以二进制的形式（即数字形式）存放在存储器中。可见，数字量的输入、输出是计算机的基本操作之一。

对模拟量的处理，必须先转换成数字量 CPU 才能进行处理；断路器、隔离开关、继电器的触点、按钮和普通的断路器、隔离开关等都具有分、合两种工作状态，可以用 0、1 表示。因此，对它们的工作状态的输入和控制输出信号，可以表示为数字量的输入和输出。

计算机的输入（Input）/输出（Output）接口，简称 I/O 接口。I/O 接口是 CPU 和外设间信息交换的桥梁，通过接口电路计算机直接与外界设备进行信息交换。外部设备分为输入和输出设备，输入设备用于向计算机输入信息，输出设备用于输出程序和运算结果。A/D 转换器和键盘属于输入设备，CRT（阴极射线管）和 D/A 转换器属于输出设备。由于 CPU 和外设间所传信息的性质、传输方式、传输速度和电平各不相同，因此 CPU 和外设间不是简单地直接相连，而必须借助 I/O 接口这个过渡电路才能协调起来。

一、I/O 接口的作用

1. 实现和不同外设的速度匹配

不同外设的工作速度差别很大，但大多数外设的速度很慢，无法和微秒级的 CPU 相比，故在数据传送的过程中常常需要等待。这就要求 I/O 接口电路中设置缓冲器，用以暂存数据。

2. 信号变换

计算机使用的是数字信号，而有些外围设备需要提供的是模拟信号，两者必须通过接口进行变换。另外，计算机通信时，信号常以串行方式进行传送，而计算机内部的信息都是以并行方式进行传送的，I/O 接口电路必须具有能把串行数据变换成并行传送（或把并行数据变换成串行传送）的本领。

3. 电平转换

通常，CPU 输入/输出的数据和控制信号是 TTL 电平，而外部设备的信号电平类型较多。为了实现 CPU 和外设间的信号传送，I/O 接口电路也要具备信号电平的这种自动转换功能。

二、输入/输出信息的传送方式

CPU 的数据总线都是并行的，但由于输入/输出设备有并行和串行之分，或为了远距离传输的需要，输入/输出数据的传送除了有并行传送方式外，还有串行传送方式，这两种传送方式各有各的特点和不同的应用场合。

1. 串行传送方式

串行传送方式是将要传送的数据的字节（或字）拆开，然后以位（bit）为单位，一位一位地进行传送。串行传送方式的接口所需的传输电缆少、硬件投资少，但传输速度相对并行传送慢，适合于远距离传送。

配置串行接口的目的是为了适应远距离传送数据和交换信息的需要。串行接口传送信息是按位传送的，它的速度虽然不如按字节传送的并行接口快，但可节省许多引线，这对远距离通信是十分重要的。详细内容见第十章。

2. 并行传送方式

并行传送方式是以字节（或字）为单位同时进行传送。这种传送方式要求 I/O 接口的数据通道为 8 位（字节传送）或 16 位（字传送），各位数据同步收、发，传送速度快，但需要传输电缆数量多，硬件投资大，适合于较近距离的传送。

并行接口主要传送数字量，例如微机之间的近距离通信就可以采用并行接口，又如微机与某些外设（如打印机）也可以用并行接口传送数据和命令。并行接口传送速度较快，但线路较复杂，因为每一位信息必须用一根导线来传送。

三、输入/输出信息的组成

计算机直接与外界联系进行信息交换，这些信息可分为如下三种。

（1）数据信息。继电器触点、断路器和隔离开关的状态或模拟量/数字量转换的结果，按一定的编码标准（如二进制数的格式或 ASCⅡ码标准）输入至计算机，每若干位（一般为 8 位、16 位或 32 位）组合表示为一个数字或符号，这是数字量输入的主要内容。

（2）状态信息。状态信息反映外部设备工作状态，CPU 在传送数据前必须先输入这些外设的状态信息，并逐位进行测试和判断它们的工作状态，以确定能否传送数据。例如，要通过打印机输出数据，必须了解打印机是否“忙”、打印纸是否准备好等，只有在外设各种状态都处于“准备好”的情况下，才能可靠地传送数据信号。对于每一种两值的工作状态，都可用 1 位二进制表示，如输入字节的 D0＝1 表示打印机“忙”，D0＝0 表示不忙；D1＝1 表示纸已用完，D1＝0 表示有纸，只有在 D1D0＝00，即打印机不忙且有纸时，才可给打印机传送数据。

（3）控制信息。控制信息用于控制外部设备的工作，如外部设备的“启动”和“停止”。在设备传送过程中，CPU 发出命令给输入/输出设备，一个输出字节的每一位可以定义为一个控制命令。例如当 D7＝1 时，控制设备启动；则当 D7＝0 时，表示不启动设备。

四、输入/输出的典型接口

从接口完成的工作看，CPU 和外设间交换的信息有三类，即数据信息、状态信息、控制信息。因此，I/O 接口必须能把外设送来的三种信息加以区分，所以在 I/O 接口内部必须用不同的寄存器来存放，并赋以不同的地址（端口地址），以便确定当前经数据总线传送的信息是哪一类信息。因而，一个外围设备所对应的接口电路可能需要分配几个端口地址。CPU 寻址的是端口，而不是笼统的外围设备。

图 4-1 所示为 I/O 接口电路的基本结构示意图。I/O 接口与在其基础上编制的 I/O 程序，就构成了 I/O 技术。

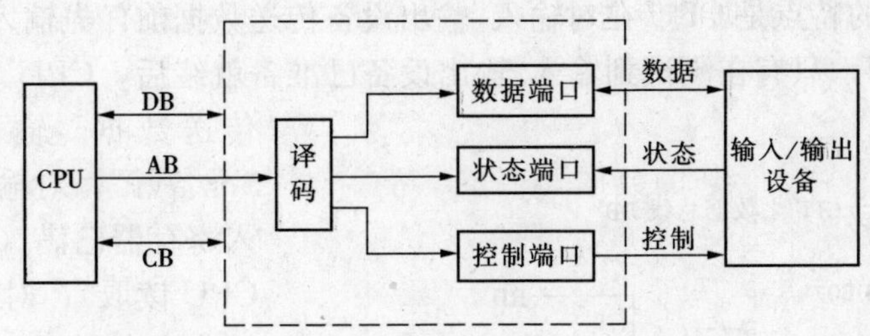

图 4-1 I/O 接口电路的基本结构示意图

第二节 CPU 对输入/输出数据的控制方式

由于综合自动化系统中要输入/输出的参量如模拟量、开关量、脉冲量等，各种量性质不同，对速度、可靠性要求也不一样，所以输入/输出控制方式也不同。通常 CPU 与外设交换数据有四种控制方式，即同步传送、异步传送、中断传送、DMA 传送。I/O 接口必须根据不同外设选择恰当的输入/输出数据传送方式。

一、同步传递方式

同步传递方式也称为无条件程序控制方式，比较简单，常在以下两种情况中使用。

1. 外设工作速度非常快

当外设工作速度能和 CPU 速度比拟时，常常采用同步传送方式。例如，CPU 和 A/D 或 D/A 间传送数据时，CPU 可在任何时候从 A/D 芯片采集经 A/D 变换后的数字量或者把处理后的信息送到 D/A 芯片，以控制被控对象工作。

2. 外设工作速度非常慢

当外设工作速度非常慢或变化速度是固定的，以致人们任何时候都认为它已处于“准备好”状态时，也可以采用同步传送方式。例如，七段数码显示器、开关、接地开关、继电器、断路器、隔离开关、发光二极管、机械传感器等，属于数据状态变化缓慢的外设。这类设备作输入时，其数据保持时间相对于 CPU 的处理速度慢得多，因此可以认为其数据是准备好的，CPU 要读其状态数据时，只要随时对其执行输入指令，就可以把状态数据读入，不必事先查询其工作状态。

当 CPU 要输出数据给数据状态变化缓慢的外设时，由于 CPU 的数据总线变化速度快，因此要求输出的数据应该在接口电路的输出端保持一段时间，外设才能接收到稳定的数据，保持时间的长短应该与外部接受设备的动作时间相适应。因此，同步传递中，输出的接口电路往往需要通过锁存器。

二、异步传送方式

异步传送方式，又称查询传送或条件传送方式。同步传送方式程序简单、硬件接口简单、可节省端口，但必须确保执行输入指令时，外设一定是准备好的；而且执行输出操作时，外设一定是空的，即 CPU 与外设传送数据时必须保证同步。这对于许多外设来说，是比较难实现的，尤其是一些数据状态变化不规则的外设。如果传送数据时，CPU 不与外设同步，则传送数据便要出错。为了解决此问题，使CPU能与各种速度的外设配合工作，可以采用异步传送方式。

异步传送方式的特点是CPU在对输入/输出设备传送数据前，先输入外设的状态，并测试其是否“准备好”，只有在测试到输入/输出设备已准备就绪后，CPU才对输入/输出设备传送数据。输入/输出设备所谓“准备好”，对输入设备来说，即输入寄存器已满（已准备好新数据供CPU读取）；对输出设备而言，即输出寄存器已空（原有数据已被使用），可以接收CPU送新的数据。

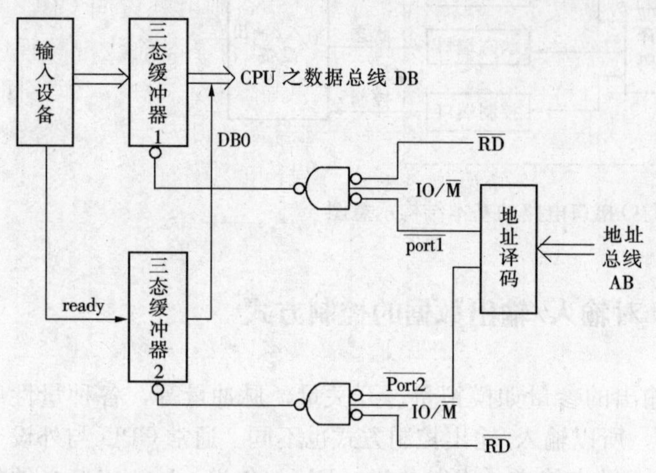

图4-2　异步传送方式输入接口电路

图4-2为异步传送方式输入接口电路，接口电路除了要有数据传送的端口（三态缓冲器1）外，还必须有传送状态信息的端口（三态缓冲器2）。当输入设备的数据准备好后，一方面把数据送入三态缓冲器1，另一方面把准备好的“Ready”状态信号送三态缓冲器2。异步传送方式输入程序的流程图如图4-3所示。读入的数据可以是8位或16位，而读入的状态往往是1位的，因此不同的外设可使用同一状态端口，只要使用不同位即可。

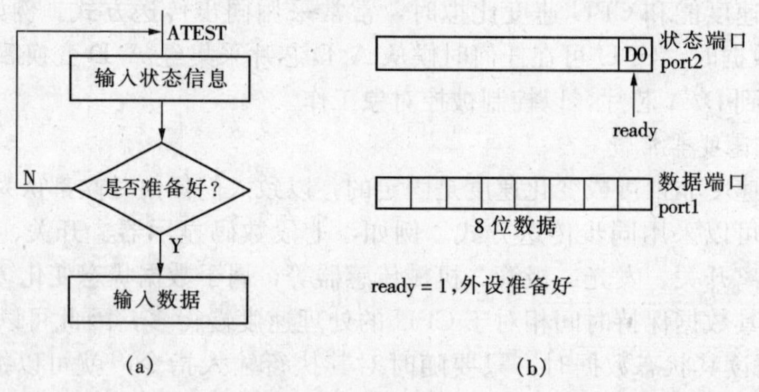

图4-3　异步传送方式输入程序流程图

异步传送方式传送数据的优点是在简化硬件接口情况下，比无条件程序传送更容易实现数据的准确传送，控制程序也比较容易编制；缺点是CPU需要不断查询外设的状态，这就占用了CPU的工作时间，尤其是在与中、慢速的外设交换信息时，CPU真正用在传送数据的时间相对是很少的，大部分时间消耗在查询上。所以这种异步传送方式，大多数用于CPU与单个或较少外设交换信息的情况。

三、中断传送方式

中断是通过硬件来改变CPU程序运行的方向。微机系统在执行程序的过程中，由于CPU以外的某种原因，有必要尽快中断当前程序的执行，而执行相应的处理程序，待处理结束后，再回来继续执行被中止了的原程序。这种程序在执行过程中由于外界的原因而被中间打断的情况称为中断。

为了提高前两种传送方式CPU的工作效率和及时处理外设的请求，可采用中断控制传送方式，即当CPU需要与外设交换信息时，若外设要输入CPU的数据已准备好，存放于输入寄存器中，或在输出时，若外设已把数据取走，即输出寄存器已空，则由外设向CPU发出中断申请，CPU接到外设的申请后，若没有更重要的处理，CPU就暂停当前执行的程序（即实现中断），转去执行输入或输出操作（称中断服务），待输入或输出操作完成后即返回，CPU再继续执行原来的程序。这样就大大提高了CPU的效率，同时使外设发生的事件能及时得到处理。因此，有了中断控制方式后，CPU就可以与多个外设同时工作。

图4-4为中断传送方式示意图。由图可见，打印机的BUSY信号是送到I/O接口的$\overline{\text{STB}}$控制端，I/O接口的$\overline{\text{STB}}$控制端收到BUSY后可向CPU的$\overline{\text{INT1}}$线发出中断请求。CPU响应$\overline{\text{INT1}}$上中断请求便可进入打印机中断服务程序中完成一个打印数据的传送。当然。打印机的第一个打印数据必须在主程序中送给打印机，以后才能利用中断传送打印数据。

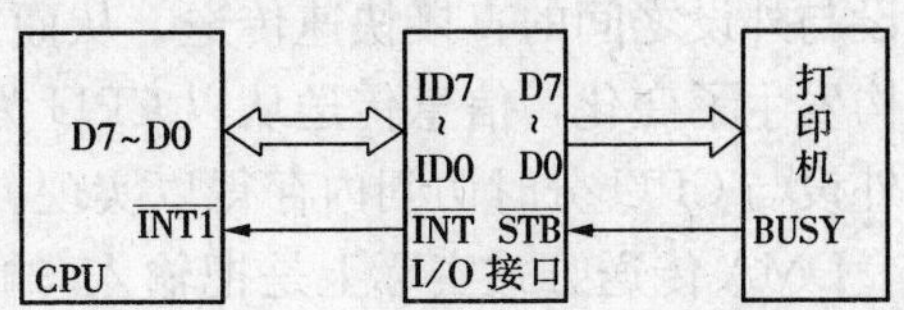

图4-4　中断传送方式示意图

四、DMA传送方式

在上述三种数据传送方式中，不论是从外设传送到内存的数据，还是从内存传送到外设的数据，都要转道CPU才能实现。因此，尤其在I/O数据的批量传送时，数据传送效率较低。为了提高数据传送的效率，I/O数据能不能不经过CPU而直接在外设和内存之间传送呢？回答是肯定的。数据的这种传送方式称为DMA传送方式。

DMA（Direct Memory Access）传送的含义是直接存储器存取，这是一种由硬件来执行数据传送的工作方式。DMA传送必须依靠带有DMA功能的CPU和专用DMA控制器实现。

图4-5为DMA控制器原理框图。现以输入数据的情况为例，简述DMA传送I/O数据的工作原理。

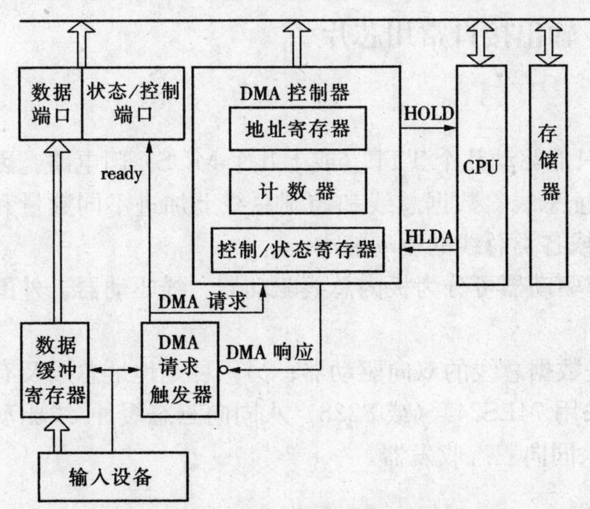

图4-5　DMA控制器的原理框图

当输入设备输入一个数据后，选通信号一方面把输入数据通过数据缓冲寄存器器送入数据端口，另一方面又通过DMA请求触发器的置位（置1）向DMA控制器发出“DMA请求”，同时向“状态、控制端口”输入ready信号，于是DMA控制器向CPU发出HOLD信号。当CPU在现行的指令执行结束后，发出请求答应HLDA信号，这时DMA控制器就接管3组总线，向地址总线发出地址信号，在数据总线上给出数据，并给出存储器写的命令，于是外设输入的数据在DMA控制器的控制下，就直接写入存储器，然后DMA控制器修改地址指针，修改计数器，并检查传送是否结束；若未结束，便循环直至全部数据传送完。在全部数据传送完后，DMA控制器撤除总线请求信号（HOLD变低），在下一个CPU时钟周期的上升沿，CPU的HLDA认可信号变低，DMA操作全部结束。

虽然中断控制方式可以在一定程度上实现了CPU与外设并行工作，但是在外设与内存之间或外设与外设之间进行数据传送时，还是要经过CPU中转（即经过CPU的累加器读进和送出），这使高速外设（如磁盘）在进行大批量数据传送时，会造成中断次数过于频繁，这样不仅传送速度上不去，而且耗费大量CPU的时间。为此，采用直接存储器存取方式，使CPU不参加数据的传送工作，由直接存储器存取方式DMA控制器来实现内存与外设或外设与外设之间的直接快速传送，从而也减轻了CPU的负担。这种方式使微机系统的硬件结构发生了变化，信息传送从以CPU为中心变为以内存为中心。若采用高速存储器，则可使外设与CPU分时访问内存得以实现。

DMA传送方式实际上是把输入/输出过程中外设与内存交换信息的那部分操作及控制给了DMA控制器，简化了CPU对输入/输出的控制。这对高速度大批量数据传送特别有用。但这种方式要求设置DMA控制器，电路结构复杂，硬件开销大。

在变电站综合自动化系统中，DMA传送方式也是常采用的传送方式之一。例如，在双CPU的微机保护模块中，可以由一个CPU负责采集数据，另一个CPU负责数据处理，计算和判断被保护对象是否发生故障或异常情况，并进行故障处理等。利用DMA技术，将采样CPU存入存储器中的最新数据，直接传送给数据处理的CPU的存储器。由于两台CPU间数据的传送是由DMA控制器控制的，因此两台机完全可以并行工作，既不影响采样机的连续采样，也不影响数据处理机的数据处理和故障处理，保证了保护动作的快速性。

在变电站自动化系统中，模拟量、开关量和脉冲量的输入或输出是基本的功能之一。由于综合自动化系统中要输入/输出的量很多，各种量性质不同，对速度、可靠性要求也不一样，因此，实际应用中应根据不同的硬件结构及接口功能来合理选择CPU对I/O数据的传送方式。

第三节　输入/输出接口常用芯片

一、三态缓冲器和锁存器

CPU本身的驱动能力是有限的，通常只能驱动几个TTL（或十几个MOS）门电路。因此，人们常需要根据不同情况在CPU的地址总线、数据总线和控制总线上加进不同数量和类型的驱动电路，以增进CPU对板内元件或各类总线的驱动能力。

驱动器类型很多，使用场合各异。通常驱动器可分为板内总线驱动器、线驱动器、外围驱动器、显示驱动器、译码器/驱动器等。

板内总线驱动器通常分为两种：一种是数据总线的双向驱动器；另一种是地址总线及有关控制总线的单向驱动器。单向驱动器常采用74LS244（或8228）八同向三态缓冲/线驱动器，双向驱动器采用74LS245（或8215）八同向三态收发器。

1. 三态缓冲器工作原理

为减少信息传输线的数目，大多数微机系统中信息输出均采用总线形式，即凡要传输的同类信息都走同一组传输线，且信息是分时传送的。在微机系统中一般有三组总线，即数据总线、地址总线和控制总线。为防止信息相互干扰，要求凡挂在总线上的寄存器或存储器等，它的输出端不仅能呈现0、1两个信息状态，而且还应能呈现第三种状态——高阻抗状态（又称高阻状态），即此时好像它们的输出被开关断开，对总线状态不起作用，此时总线可由其他器件占用。三态门即可实现上述功能，它除具有输入/输出端以外，还有一控制端，如图4-6（a）所示。

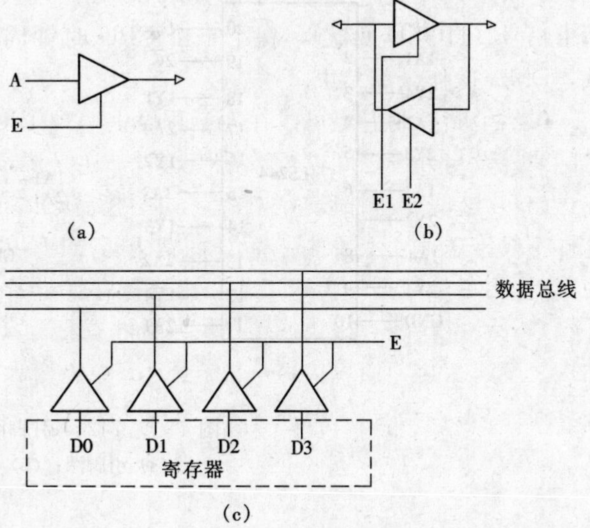

图4-6 三态缓冲器

(a) 单向三态门；(b) 双向三态门；(c) 三态输出缓冲寄存器

当控制端E=1时，输出等于输入，此时总线由该器件驱动，总线上的数据由输入数据决定；当E=0时，输出端呈高阻抗状态，该器件对总线不起作用。当寄存器输出端接至三态门，再由三态门输出端与总线连接起来，就构成三态输出的缓冲寄存器。图4-6（c）所示即为一个4位的三态输出缓冲寄存器。由于这里采用的是单向三态门，所以数据只能从寄存器输出至数据总线。如果要实现双向传送，则要用双向三态门，如图4-6（b）所示。

2. 常用的三态缓冲器

在输入接口电路中，应用最多的三态缓冲器是74LS244（包括74F244、74HC244、74S244等）。它采用8个同相的三态缓冲器/线驱动器，有两个独立的使能端1$\overline{G}$和2$\overline{G}$，低电平有效。1$\overline{G}$可控制1A1～1A4的三态门，而2$\overline{G}$控制2A1～2A4的三态门，因此74LS244也可作为两个独立的四同相三态缓冲器/线驱动器。其输出端1Y1～1Y4和2Y1～2Y4分别与1A1～1A4和2A1～2A4相对应。当门控信号1$\overline{G}$=0时，输出端1Y1～1Y4便等于1A1～1A4；2$\overline{G}$=0时，2Y1～2Y4便等于2A1～2A4。74LS244的引脚图及常用接法见图4-7。

一般应用是将74LS244作为8线并行I/O接口器件，因此，将1$\overline{G}$和2$\overline{G}$连在一起，并接地电平，此时74LS244始终处于门通状态。

三态缓冲器经常用于输入回路，作为外设与计算机系统总线的接口，一方面起输入缓冲作用，另一方面对计算机的系统总线来说，起提高总线驱动能力的作用。

3. 锁存器

微机输出的数据在系统总线上只能存在很短的时间，接口电路必须及时将数据接收并保持，因此常使用锁存器。

最简单的锁存器为D触发器，1位D触发器可以作1位锁存器，D端为输出端，当来一个时钟脉冲CLK时，D端的信号便锁存到Q端上。

常用的锁存器芯片有74LS273、74LS373、74LS374、74LS377等，是由8个D触发器组成的，简称D触发器。下面以74LS373为例进行介绍。74LS373芯片引脚图及常用连接方法见图 4-8。

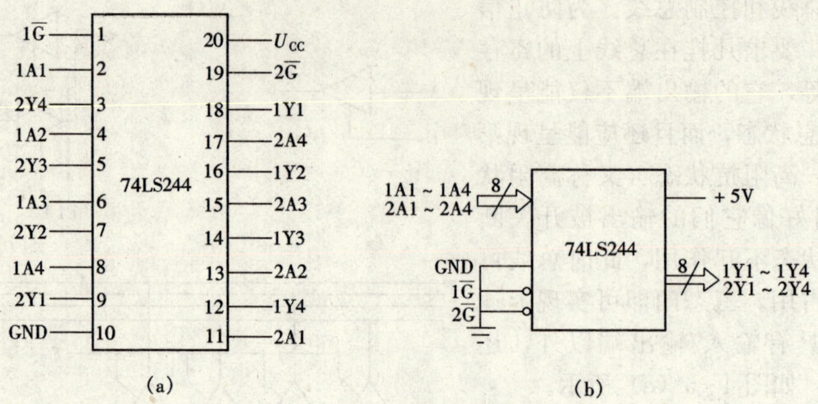

图 4-7　74244 引脚图及常用接法

（a）引脚图；（b）常用接法

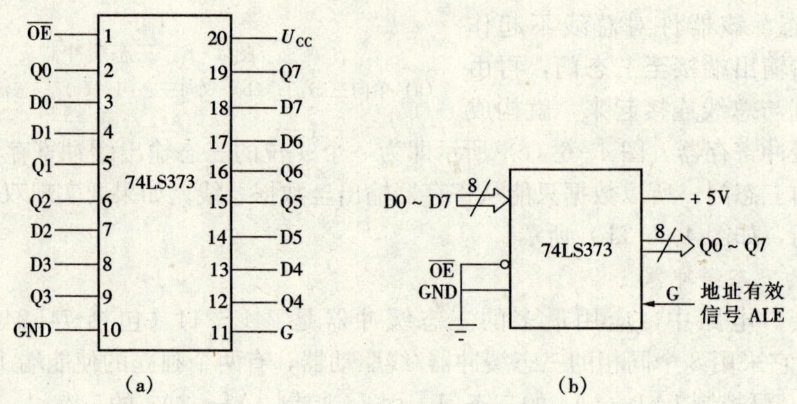

图 4-8　74373 芯片引脚图及常用连接方法

（a）引脚图；（b）常用连接方法

图 4-8 中$\overline{OE}$为使能控制端。当$\overline{OE}$为低电平时，8 路全导通；当$\overline{OE}$为高电平时，输出为高阻态。G（有些书中使用 LE）为锁存控制信号。74LS373 有三种工作状态：

（1）当$\overline{OE}$为低电平、G 为高电平时，输出端状态和输入端状态相同，即输出跟随输入。

（2）当$\overline{OE}$为低电平、G 由高电平降为低电平（下降沿）时，输入端数据锁入内部寄存器中，内部寄存器的数据与输出端相同。当 G 保持为低电平时，即使输入端数据变化，也不会影响输出端状态。

（3）当$\overline{OE}$为高电平时，锁存器缓冲三态门封闭，即三态门输出为高阻态。74LS373 的输入端 D0～D7 与输出端四 Q0～Q7 隔离，则不能输出。

当 74LS373 用单片机低 8 位地址线/数据线地址锁存器时，将$\overline{OE}$置成低电平，锁存允许信号 G 受控于单片机地址有效锁存信号 ALE。这样，当外部地址锁存有效信号 ALE 使 G 变为高电平时，74LS373 内部寄存器便处于直通状态；当 ALE 下降为低电平时，立即将锁存器的输入 D0～D7 即总线上的低 8 位地址锁入内部寄存器中。

二、地址译码器

1. 地址译码器的作用

多数CPU的I/O指令可以用16位有效地址AB0～AB15，可寻址0～65 535个地址单元，简称64KB的地址范围，例如MCS－51系列和MCS－96系列单片机都采用16位多路复用地址总线。对生产厂家已经保留的地址，用户不应该使用。

当微处理器内部各功能部件不能满足应用系统的要求时，在片外连接相应的外围芯片，对微处理器的功能扩展，以满足应用要求。微机系统扩展主要有程序存储器、数据存储器、并行I/O口、串行口及串行总线扩展等。在变电站综合自动化系统中，往往需要扩展多块I/O接口电路，因此就存在一个地址译码问题。常用的译码器芯片有74LS138、74S138、74F138、74HCT138、74HC138、74HC139等。各芯片的工作性能有差异，例如74LS138、74S138、74F138、74HCT138等芯片的管脚和逻辑关系相同，但工作性能有差异。74F138是高速的3—8译码器，74LS138为低功耗肖特基，74HC138为CMOS工作电平的3—8译码器。另外，还有板选地址译码电路。

2. 74LS138译码器简介

图4-9所示为74LS138的引脚图及其逻辑功能图。

74LS138是3—8译码器，具有3个选择输入端，可组合成8种输入状态；输出端有8个，每个输出端分别对应8种输入状态中的1种，0电平有效。换句话讲，对应每种输入状态，仅允许一个输出端为0电平，其余全为1。74LS138还有三个使能端G1、$\overline{G2B}$和$\overline{G2A}$，必须同时输入有效电平译码器才能工作，也就是仅当输入电平为100时，才选通译码器，否则译码器的输出全无效。

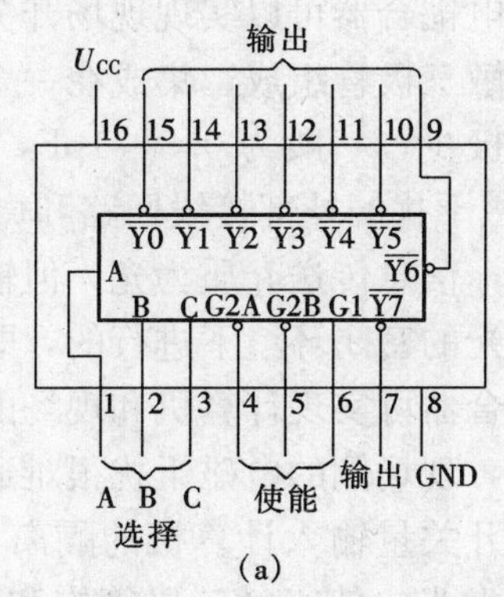

(a)

G1	$\overline{G2B}$	$\overline{G2A}$	C	B	A	输出
1	0	0	0	0	0	$\overline{Y0}$
1	0	0	0	0	1	$\overline{Y1}$
1	0	0	0	1	0	$\overline{Y2}$
1	0	0	0	1	1	$\overline{Y3}$
1	0	0	1	0	0	$\overline{Y4}$
1	0	0	1	0	1	$\overline{Y5}$
1	0	0	1	1	0	$\overline{Y6}$
1	0	0	1	1	1	$\overline{Y7}$
0	×	×	×	×	×	×
×	1	1	×	×	×	×

(b)

图4-9　74LS138译码器引脚图和逻辑功能图
(a) 引脚图；(b) 逻辑功能图

3. 板选地址译码

变电站综合自动化系统是一个复杂系统，往往数字量和模拟量的输入、输出量比较多，需要由多块功能相同或不同的输入/输出模板组成，这时在每个模板内部需要端口译码，在各模板间也有板选译码问题。因此，有时单靠一片3—8译码器还不够，通常采用74LS139（2—4译码器）和74LS688（8位数值比较器）共同组成板选译码和端口译码。

随着集成电路技术的不断发展，出现了集成度较高的可编程逻辑阵列，如GAL。目前又有多种集成度更高的可编程逻辑系列器件。例如美国ALTERA公司生产的MAX7000系列器件，可替代GAL、74LS244、74LS273等，不仅可以缩小印刷电路板的面积，而且还可提高抗干扰能力，使用也很方便。

第四节　开关量的隔离和检测识别

变电站的开关量有断路器、隔离开关的状态，继电器和按键触点的通断等。断路器和隔离开关的状态一般通过辅助触点给出信号，继电器和按键则由本身的触点直接给出信号。

对开关量的检测有以下几个主要问题，即隔离、抗干扰（硬件、软件）、采集方式、动作检测和变位识别，分述如下。

一、开关量的隔离

变电站的断路器和隔离开关的辅助触点距离主控室一般都比较远（十几米至几十米）。同时为了克服辅助触点的接触电阻，作为开关信号的电压一般都比较高（110～220V），这种高电压是不能直接进入微机接口电路的，因此必须加以隔离。同时，断路器、隔离开关和继电器等常处于强电场中，电磁干扰比较严重。若没有采取适当措施，则当断路器或隔离开关动作时，可能会干扰程序的正常执行，产生所谓“飞车”的软故障，甚至损坏接口电路芯片或损坏 CPU。因此，现场开关与逻辑电路之间要采用电隔离技术。

1. 隔离的作用

使低压输入电路与大功率的电源隔离；外部现场器件与传输线同数字电路隔离，以免计算机受损；限制地回路电流与地线的错接而带来的干扰；多个输入电路之间的隔离。

2. 开关量的隔离方法

常用的开关量的隔离方法主要有以下几种。

（1）光电隔离。利用光电耦合器可以实现现场开关量与计算机总线之间的完全隔离。光电耦合器由发光二极管和光敏三极管组成，集成在一个芯片内，发光二极管和光敏三极管之间是绝缘的，其间分布电容极少，一般为 0.5～1pF，而绝缘电阻又非常大，通常在 10^{11}～$10^{13}\Omega$ 之间，使可能带有电磁干扰的外部接线回路和微机的电路部分之间无电联系，可大大削弱干扰。在光电耦合器里，信息传送介质为光，但输入和输出都是电信号，由于信息的传送和转换的过程都是在不透光的密闭环境下进行的，既不会受电磁信号的干扰，也不会受外界光的影响。因此，光电耦合器可实现计算机和现场的光电隔离，去掉它们之间公共地线的电气联系，隔离效果比较好，现场侧的电磁干扰很难通过它影响到计算机的总线上。

当利用光电耦合器作为开关量输入计算机的隔离器件时，其原理接线如图 4-10 所示。开关 S 合下时，二极管导通发光，使光敏三极管饱和导通，于是输出 U_{o1} 或 U_{o2} 便有电位的变化。图 4-10（a）中，S 打开时，U_{o1} 输出电平与 U_c 相同；当 S 闭合时，输出 U_{o1} 为低电平。

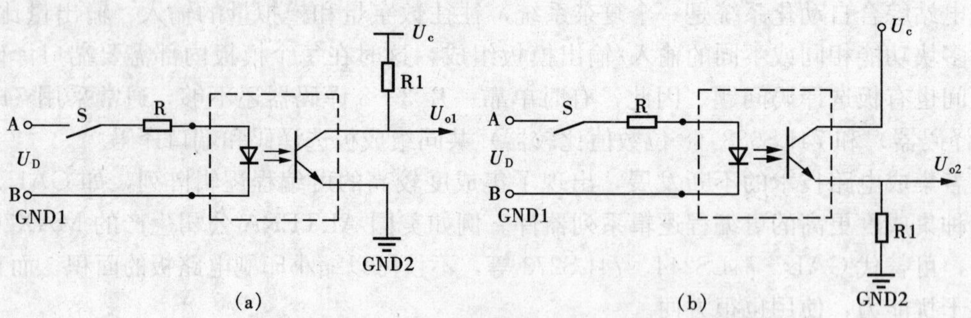

图 4-10　采用光电耦合器作为开关量隔离的原理接线图

（a）输出为低电平；（b）输出为高电平

图 4-10（b）的情况则相反，S 打开时，输出低电平；S 闭合时，输出 U_{o2} 为高电平

(即等于U_c)。这两种接线方式，输出电平不同，可以灵活选用。实际设计电路时，A端接电源U_D的正极，B端接U_D的负极(即GND1)，而发光管输出端电源U_c和其地为GND2。必须注意GND1和GND2不能共地。

(2) 继电器隔离。对于发电厂、变电站现场的断路器、隔离开关、继电器的辅助触点和主变压器分接开关位置等开关信号，输入至计算机时，也可通过继电器隔离。采用中间继电器作隔离器件时，若继电器长期带电会影响继电器的寿命。为了提高继电器的寿命，可以利用继电器的保持电压低于启动电压的特点，在动作线圈上串接一定的电阻。平时，利用继电器本身的动断触点将它短接，当继电器动作后动断触点断开，将电阻串入，这样就实现了降压保持的目的。其原理接线如图4-11所示(仅示出两路)。

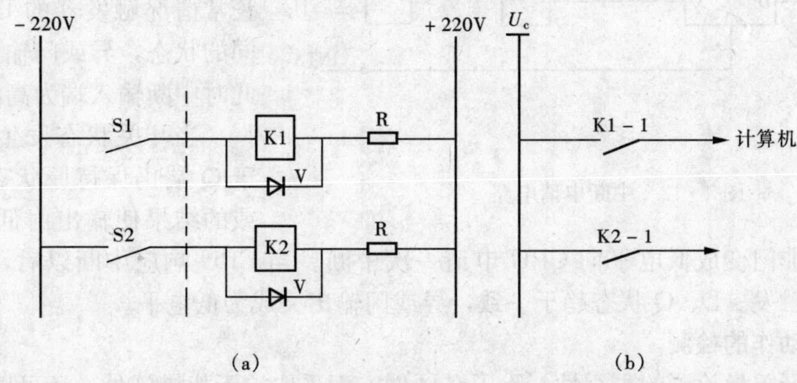

图4-11 采用继电器隔离开关量的原理接线图

(a) 现场开关辅助触点输入电路；(b) 继电器触点输出电路

利用现场断路器或隔离开关的辅助触点S1、S2接通，去启动小信号继电器K1、K2，然后由K1、K2的触点K1-1和K2-1等输入至计算机，这样做可起到很好的隔离作用。输入至计算机的继电器触点，可采用与计算机输入接口板配合的弱电电源。

(3) 继电器和光电耦合器双重隔离。为了提高抗干扰的能力，同时又能消除抖动，在线路比较长、干扰比较严重的场合，还可以同时采用继电器和光电耦合器双重隔离，以加强隔离的效果，即将现场的开关辅助触点先经过继电器隔离，继电器的辅助触点再经过光电耦合器隔离，然后再输入至计算机。这样双重隔离对提高抗干扰能力、消除开关动作时的抖动具有很好的效果。

二、抗干扰

开关量采集的抗干扰有硬件和软件两种措施。硬件措施称为去抖电路，是为了排除开关操作时产生的抖动。去抖电路有多种形式，最常用的是采用双稳态触发电路，利用其正反馈作用使状态迅速翻转达到去抖的目的。软件抗干扰措施主要是适当增加延时，以躲开触点抖动的影响。

开关信号经隔离去抖以后就可以进入微机接口。如果开关量数目不多，可以采用一对一的方式输入，即一个开关量占一个I/O通道。这种方式软件最简单，只要检测到有变位，就可以直接转入相应的服务子程序。当开关量数目较多时，为了节省通道和接口，可以采用矩阵输入方式，这样有N个通道就可以输入($N^2/2$)个开关量。但采用矩阵输入方式时，必须用扫描的方法将矩阵的行与列的键值读入，经过处理和识别才能确定开关的运行状态，这要增加一些软件。

三、开关量的采集方式

微机采集开关量可以采用定时查询方式，也可以采用中断方式。前者电路比较简单，但响应速度比较慢；后者电路比较复杂，但响应比较及时。究竟采用哪一种方式，要根据具体情况确定。隔离开关的状态变化比较慢，同时其重要程度也不高，因此完全可以采用定时（如 1s）查询方式输入。对于断路器和继电器的状态，则既可采用查询方式输入，又可采用中断方式输入，可根据其重要程度来确定。

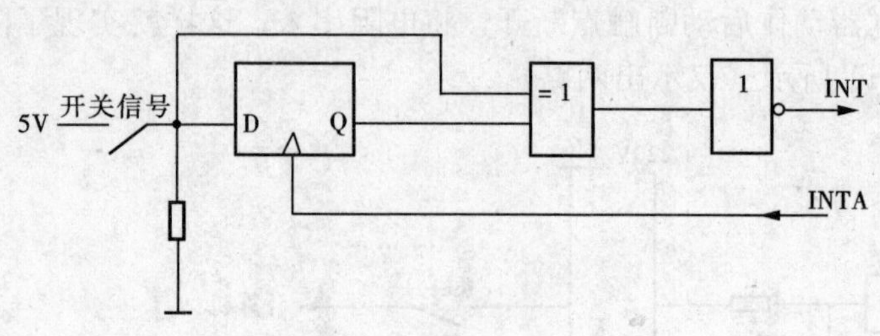

图 4-12 中断申请电路

利用 D 触发器和异或门构成的中断申请电路如图 4-12 所示。正常情况触发器的 D、Q 端有相同的状态，异或门输出为低电平，此时中断输入端为高电平。

当开关状态发生变化时，由于 Q 端仍保持原状态，D、Q 异或的结果使输出由低电平跳变为高电平，通过非门变成低电平向 CPU 申请一次中断。当 CPU 响应中断以后，发出 INTA 信号使触发器触发。D、Q 状态趋于一致，异或门输出又成为低电平。

四、开关动作的检测

为了提高开关量检测的可靠性，除了在硬件方面采取抗干扰措施外，还可以进一步采用表决的方式来确定开关的状态。具体的做法是对一个开关量连续采集 3 次，然后进行表决处理，就可以排除偶然的干扰。表决方式可以用硬件来实现，也可以用软件来实现。下面介绍一下算法。

把 3 次采样的开关量用 A、B、C 三个布尔数来表示，从中任取出两个进行“与”运算，如果其中有两个或两个以上为“1”，则运算结果必定有一个为“1”；反之，若有两个或两个以上为“0”，则运算结果必定全为“0”。另外，再根据“或”运算的规则，在 N 个数中只要有一个是“1”，则运算结果必定是“1”；只有当 N 个数全为 0 时，结果才为“0”。可以把三取二表决的算法用逻辑算式来处理，即

$$A \cdot B + B \cdot C + C \cdot A \tag{4-1}$$

五、开关变位的识别

开关量的状态通常用 1 位二进制数来表示，如用“1”代表闭合，用“0”代表断开。变电站的开关量数目很多，为了简化分析，只对用一个字节的二进制数表示的 8 个开关状态进行分析，但所得到的结论具有普遍的意义。

开关变位的识别是建立在对原来的状态和现在的状态进行某些逻辑运算的基础上而取得的。例如原来的开关状态是 10011010，现在的开关状态是 10001101，将它们对比如下：

	D7	D6	D5	D4	D3	D2	D1	D0		
原状	1	0	0	1	1	0	1	0	…	A
现状	1	0	0	0	1	1	0	1	…	B

可以看出，D4 和 D1 由 1 变为 0，D2 和 D0 由 0 变为 1，这是一目了然的。但对于微机来说，它必须依靠逻辑运算的结果才能作出判断。

根据逻辑运算的基本知识可知，“异或”运算的规律是两数相同结果为“0”，两数相异结果为“1”。分析一下开关变位的状态可以发现，变位状态的运算正好就是“异或”运算。例如，将上例两数进行“异或”运算，则有

1	0	0	1	1	0	1	0	…	A
⊕1	0	0	0	1	1	0	1	…	B
0	0	0	1	0	1	1	1		C
			D4		D2	D1	D0		

结果是 D4D2D1D0 变了位，需进一步分析是由 0→1，还是由 1→0。在已经确定变了位的开关量中，若原来的状态是 1，则必定是由 1→0 的开关。这表明，只要把异或的结果（状态 C）与原状（状态 A）进行一次“与”运算，就可以找到由 1→0 的开关。例如：

0	0	0	1	0	1	1	1	…	C
∧1	0	0	1	1	0	1	0	…	A
0	0	0	1	0	0	1	0		D
			D4			D1			

可见，D4＝D1＝1，这正是由 1→0 的开关。

另外，在已经确定变了位的开关量中若现在的状态为 1，则必定是由 0→1 的开关。这个结论表明只要将异或的结果和现在的状态进行一次“与”运算就可找到由 0→1 的开关。

归纳起来可以得出以下结论：

（1）现状⊕原状，若有变位则该位为 1；若无变位，则该位为 0。

（2）（现状⊕原状）∧原状，若为 1，则该位由 1→0。

（3）（现状⊕原状）∧现状，若为 1，则该位由 0→1。

以上就是开关变位识别的基本原理，根据上述原理进行程序设计是比较容易的。

第五节　开关量输入/输出电路

发电厂、变电站监控系统中，检测断路器、隔离开关的工作（开或合）和有载调压变压器的分接头位置，是其基本功能之一。断路器和隔离开关的开、合状态是通过检测其专门设计的辅助触点的位置得知的。如何把这些辅助触点的位置输入至计算机中，这是大家关心的问题。下面便介绍开关量输入/输出电路的原理。

一、开关量输入电路

开关量输入电路包括断路器和隔离开关的辅助触点、跳合闸位置继电器触点、有载调压变压器的分接头位置等输入，外部装置闭锁重合闸触点输入，装置上连接片位置输入等回路。这些输入电路可分成两大类。

（1）装在装置面板上的触点。这类触点包括在装置调试时用的或运行中定期检查装置用的键盘触点，以及切换装置工作方式用的转换开关等。

（2）从装置外部经过端子排引入装置的触点。例如需要由运行人员不打开装置外盖而在运行中切换的各种连接片、转换开关以及其他装置和操作继电器等。

对于装在装置面板上的触点，可直接接至微机的并行口，如图 4－13（a）所示。只要在

可初始化时规定图中可编程的并行口的 PA0 为输入端，则 CPU 就可以通过软件查询，随时知道图 4-13（a）中外部触点 K1 的状态。

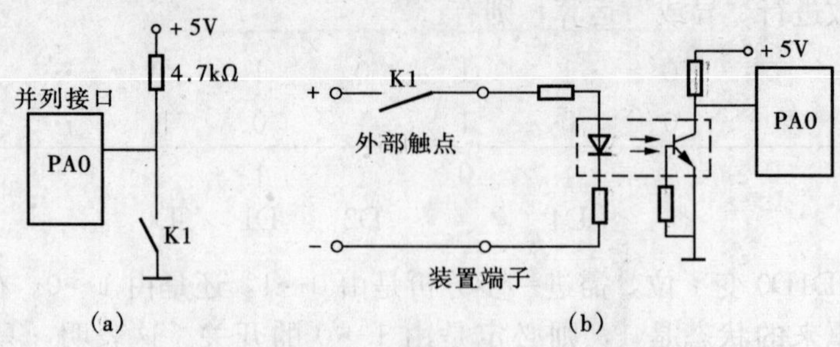

图 4-13 开关量输入电路原理图

（a）装置内触点输入回路；（b）装置外触点输入回路

对于从装置外部引入的触点，如果也按图 4-13（a）接线将给微机引入干扰，故应经光电隔离，如图 4-13（b）所示。图中虚线框内是一个光电耦合器件，集成在一个芯片内。

二、开关量输出电路

在变电站中，计算机对断路器、隔离开关的分、合闸控制和对主变压器分接开关位置的调节命令，以及告警及巡检中断都是通过开关量输出接口电路去驱动继电器，再由继电器的辅助触点接通跳、合闸回路或主变压器分接开关控制回路而实现的。不同的开关量输出电路可能不同。

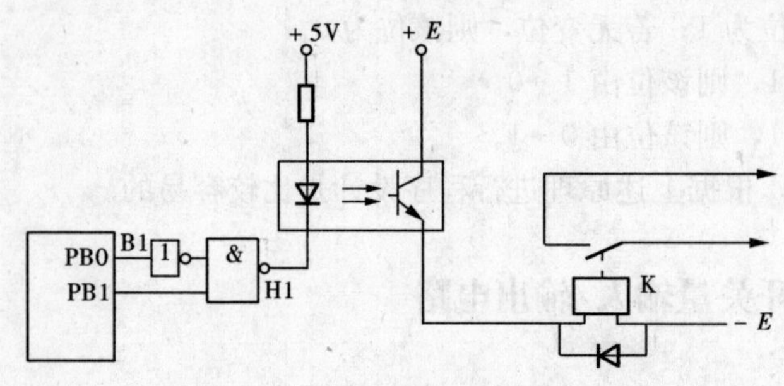

图 4-14 装置开关输出回路接线图

图 4-14 所示为开关量输出电路，一般都采用并行接口的输出来控制有触点继电器（干簧或密封小中间继电器）的方法，但为提高抗干扰能力，最好也经过一级光电隔离。只要通过软件使并行口的 PB0 输出“0”，PB1 输出“1”，便可使与非门 H1 输出低电平，光敏三极管导通，继电器 K 被吸合。在初始化和需要继电器 K 返回时，应使 PB0 输出“1”，PB1 输出“0”。

设置反相器 B1 及与非门 H1 而不将发光二极管直接同并行口相连，一方面是因为并行口带负荷能力有限，不足以驱动发光二极管；另一方面是因为采用与非门后要满足两个条件才能使 K 动作，增加了抗干扰能力。为了防止拉合直流电源的过程中继电器 K 的短时误动，将 PB0 经一反相器输出，而 PB1 不经反相器输出。因为在拉合直流电源过程中，当 5V 电源处于某一个临界电压值时，可能由于逻辑电路的工作紊乱而造成保护误动作。特别是保护装置的电源往往接有大量的电容器，所以拉合直流电源时，无论是 5V 电源还是驱动继电器 K 用的电源 E，都可能相当缓慢地上升或下降，从而完全可能来得及使继电器 K 的触点短时闭合。由于采用上述接法后，两个反相条件的互相制约，可以可靠地防止误动作。

下面介绍由 8255B 口驱动的 6 路开关量输出电路，如图 4-15 所示。

开关量输出电路的设计具有如下特点：

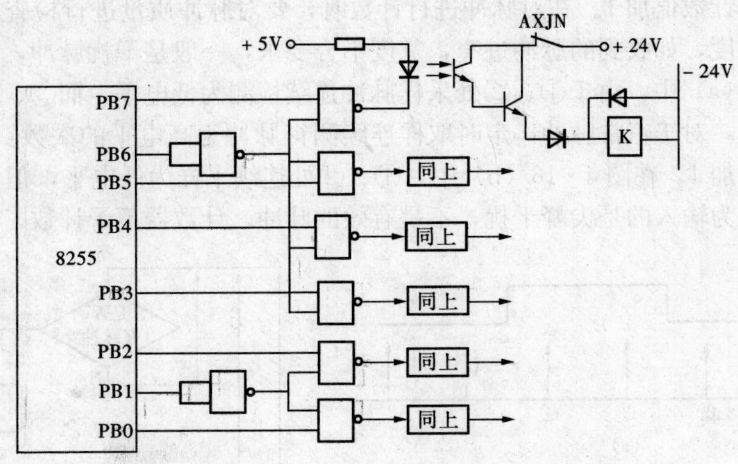

图 4-15　由 8255B 口驱动的 6 路开关量输出电路

(1) 采用编码方案，即每一路开关量输出驱动都由两根口线控制；

(2) 设有光电隔离芯片，以提高抗干扰能力；

(3) 光隔芯片的输出驱动一个 NPN 三极管，以增加电路的负载能力；

(4) 设有自检反馈电路，在正常运行时可以对开关量输出电路的状态进行监视，一旦发现问题立即报警，且由报警继电器动断触点断开开关量驱动电路的正电源，防止出口继电器误动。

该开关量输出电路的工作原理为：在正常运行时，使 8255B 口内容为 42H（01000010），此时各个光电隔离器件的二极管均不导通，因此，光电隔离器的三极管及驱动三极管均截止，各继电器不动作。

当系统发生故障后，由软件执行各种算法，求出故障参数与整定值比较。若为保护范围内的故障时，则通过 CPU 控制 8255B 口的编码，使之驱动跳开出口继电器。由于 8255B 各口都是带锁存的，因此当判断断路器确实跳闸后应收回跳闸命令。整组复归时应重新闭锁各开关量输出回路。

在调试方式下，可以通过往 8255B 口写入不同的编码检查这部分电路是否完好。

第六节　脉冲量计数电路

一、电能脉冲计量法

对电能量的计量，可以采用电能脉冲计量法、软件计算法或采用专门的微机电能计量仪表。电能脉冲计量法有两种常用类型的仪表可供选用：①脉冲电能表；②机电一体化电能计量仪表。

电能脉冲计量法，是指使电能表转盘每转动一圈便输出一个或两个脉冲，用输出的脉冲量代替转盘转动的圈数，并将脉冲量通过计数器计数后输入微机系统，由 CPU 进行存储、计算。

转盘式脉冲电能表发送的脉冲数与转盘所转的圈数即电能量成正比，将脉冲量累计，再乘以系数就得到相应的电能量。为了对脉冲量进行累计，综合自动化系统中设有计数器，每收到一个脉冲，计数值加1。在对脉冲进行计数时，要对脉冲质量进行检查。正常情况下的脉冲有一定的宽度，如收到的脉冲过窄，宽度不合要求，一般是干扰脉冲，应予以舍弃。

在图4-16（a）中，由于①、②处采样脉冲连续检测为低电平，而③、④处采样脉冲连续检测为高电平，对于正常脉冲，定时取样连续测得脉冲为高电平的次数≥2，就确定为有效脉冲，计数器加1。在图4-16（b）中，①、②处连续采样为低电平，但③、④处的采样值不同，因而认为输入的是尖峰干扰，不是有效的脉冲，计数器不予计数。

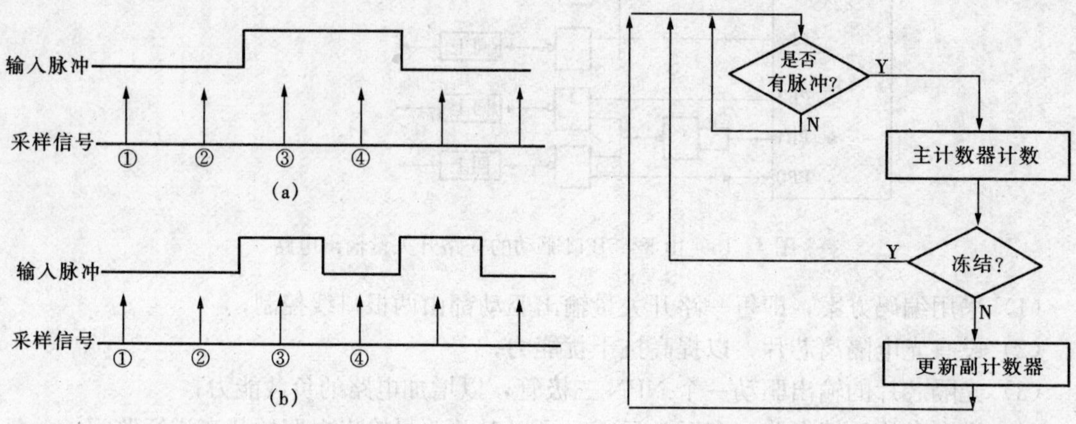

图4-16 脉冲质量检查
（a）脉冲正常；（b）脉冲过窄不计数

图4-17 脉冲计数器工作流程图

在综合自动化系统中，电能脉冲的到来是随机的，计数器可能随时要计数。读取计数器的累计值时不应妨碍正常的计数工作，因而一般采用两套计数器。主计数器对输入的脉冲进行计数，副计数器平时随主计数器更新，两者的数据保持一致。在收到统一读数的“电能冻结”命令时，副计数器就停止更新，保持当时的数据不变，而主计数器仍照常计数。因此，数据可从副计数器读取，反映的是“冻结”时的数据。等“解冻”命令到达时，副计数器又重新计数，保持与主计数器的数据一致。脉冲计数器的工作流程图如图4-17所示。

二、脉冲量计数电路实例

图4-18所示为某公司的PWS型综合自动化系统脉冲量计数电路，下面说明该计数电路的工作原理。

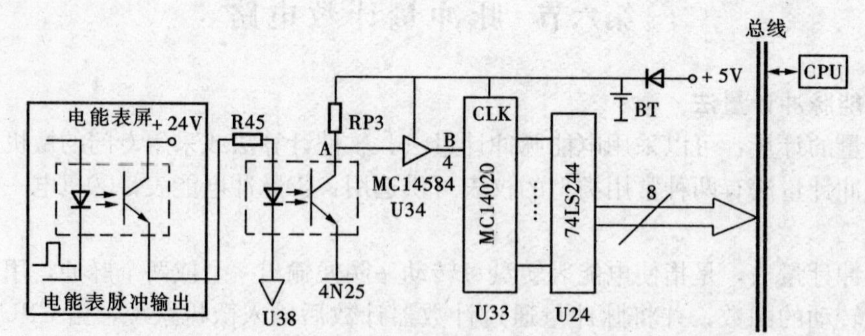

图4-18 PWS型综合自动化系统脉冲量计数电路原理图

脉冲电能表所产生的脉冲上升沿，使脉冲电能表内部光电隔离器的二极管发光，三极管导通。此时，电能表+24V 电源通过该三极管及微机系统模块中的电阻器 R45 使光电隔离器 U38 的二极管发光，三极管饱和导通，A 点由高电平变为低电平。在脉冲电能表输出过去以后，U38 无电流通过，A 点由低电平变为高电平。在这一过程中 A 点得到一个低电位脉冲，该脉冲通过 U34（MC14584）整形并反相输出，B 点的脉冲波形与脉冲电能表的相一致。此脉冲接入计数器 U33（MC14020），在 MC14020 的输出端得到脉冲累计数。CPU 控制 U24（74LS244）的选通端，将计数值开放到数据总线，CPU 读入计数值后进行记录、计算和存储。

U33、U34 及 U38 三个芯片的电源可由电池 BT 供给，保证在系统失去+5V 电源时电能表计数值不丢失，而且还可继续对脉冲电能表的脉冲进行计数。

思 考 题

1. 输入/输出接口的作用是什么？
2. CPU 对输入/输出数据的控制方式有哪些？各有何特点？
3. 常用的开关量输入信息有哪些？
4. 开关量输入/输出回路的作用是什么？
5. 开关量的隔离方法有哪几种？
6. 简述开关量输出回路的构成与基本工作原理。
7. 开关量输出回路中为什么要设置反相器及与非门？
8. 光电耦合器的作用是什么？

第五章　保护和监控常用的算法

本章主要介绍变电站综合自动化系统中常用的算法、保护及监控对算法的不同要求，以及对算法的评价和选择，并介绍数字滤波特点及原理等基本知识。

第一节　保护和监控常用算法概述

一、算法的基本概念

微机保护和微机监控是根据采样数据进行分析、运算和判断的，以实现保护和监控功能，其软件方法称为算法。

微机保护和微机监控的基本原理有类似之处，都是把经过电流互感器（TA）和电压互感器（TV）变换后的电流、电压等模拟信号转为数字信号，然后通过某些运算求出电流、电压的有效值或峰值、相位、比值以及有功功率、无功功率等量，或者算出它们的序分量，或者线路和元件的视在阻抗，或者某次谐波的大小和相位等。

目前在微机保护和微机监控装置中采用的算法很多，各种快速、精确的算法不时被提出并广泛应用，这些算法各有千秋。可见，对微机保护和微机监控来说，采用何种算法求出所需的值，是值得研究的问题。

二、算法的发展

最初从简单情况出发，即从电流、电压为纯正弦变化的情况出发，提出了许多算法，其中有半周内找最大值的算法、半周内采样值累计的算法、导数的算法、采样值积的算法和解方程组的算法等。实际电力系统发生故障时，往往是在基波的基础上叠加有衰减的非周期分量和各种高频分量。所以，微机保护要求对输入的电流、电压信号进行预处理，尽可能地滤掉非周期分量和高频分量，否则计算结果将出现较大的误差。

后来，由假设输入量是由非周期分量、基波和倍频分量组成，研究了相应的解方程组算法、富氏算法等。由于这些算法本身带有滤去高次谐波的功能，所以一般不再另外采用数字滤波；但算法本身不能滤去衰减的非周期分量，后又提出一些相应的算法。

由于电力系统中铁磁元件的非线性特性，输电线路的分布电容和串联、并联电容的使用，以及电流互感器、电压互感器二次侧的暂态过程等因素的影响，使得电压、电流输入信号中除存在非周期分量外，还有许多随机的高频分量。这些高频分量的存在，将产生干扰或噪声，除采用较完善的滤波措施外，还提出了一些减少误差的算法。例如，对计算结果采取平滑措施，采用最小二乘法曲线拟和算法等。

算法的选择不仅与装置要实现的具体功能有关，而且与采样方式选择密不可分。本章将介绍基于交流采样基础上的一些最常用的算法。

三、微机保护和微机监控对算法的不同要求

虽然微机保护和微机监控的基本原理是一致的，但在具体的算法要求和两者的计算目的上，还有许多不同之处。

首先，保护和监控所需计算的量值不同。监控需要计算得到的是反映正常运行状态（稳态时）的有功功率 P、无功功率 Q、电压 U、电流 I 等物理量，进而计算出 $\cos\varphi$、有功电能量和无功电能量；而保护算法更关心的是反映故障特征的量，故要求算法应能对含有的直流分量及衰减的谐波分量进行处理等。保护的算法大体可归为两类：一类是要求计算 U、I、$\cos\varphi$ 等，有时还会要求计算反映信号特征的一些其他量，如频谱、突变量、负序或零序分量，以及谐波分量等；另一类，是不计算出具体量值，而是根据若干采样点值与整定值相结合直接建立动作判据方程式的方法。

其次，保护和监控所要求的计算准确度不同。监控在算法的准确度上要求更高一些，希望计算出的结果尽可能准确；而保护则更看重算法的速度及灵敏性，必须在故障后尽快反应，以便快速切除故障。

第二节　数　字　滤　波

一、数字滤波的概念

从含有噪声的信号中提取有用信号的过程称为滤波。滤波器就广义来说是一个装置或系统，用于对输入信号进行某种加工处理。

滤波器分为模拟滤波器和数字滤波器。模拟滤波器是由物理器件构成的。模拟滤波器按构成滤波器的物理器件来划分，可分为两类：一类是无源滤波器，由 R、L、C 元件构成；一类是有源滤波器，由运算放大器和 R、C 等元件构成。模拟滤波器按滤波器的频率响应来划分，可分为低通滤波器、高通滤波器、带通滤波器和带阻滤波器。数字滤波器不需要任何物理器件，实质上只是一段计算程序，由计算机执行该程序来达到滤波的目的。

二、数字滤波的作用和优点

线路的电压和电流经过 TV 和 TA 引至保护装置，再经过变换器（小型 TV、小型 TA）变换并转换成电压信号后，一般要经过一级模拟低通滤波器进行滤波处理，然后对滤波后的连续型信号进行采样、量化和计算，设置在采样前的模拟低通滤波器主要作用是为了防止频率混叠，其截止频率一般较高。

保护装置对输入信号进行采样保持和 A/D 转换后，一般还需经过一级数字滤波。数字滤波，则是直接对输入信号的离散采样值进行滤波计算，形成一组新的采样序列，然后根据新采样值进行参数计算。采用数字滤波器可以抑制数据采集系统引入的各种噪声，例如模数转换的量化噪声、中间变换器励磁电流引起的波形失真；此外，微机保护子系统都工作在故障发生后的最初瞬变过程中，这时的电压和电流信号由于混有衰减直流分量和复杂的成分而发生严重的畸变。目前大多数保护装置的原理是建立在反映正弦基波或某些整次谐波基础之上，采用数字滤波器可以极大限度地抑制各种非工频分量，以提高计算准确度。实际上，数字滤波器和算法的有机结合可以使微机保护的性能得到提高。所以微机保护几乎毫无例外地采用了数字滤波器。

数字滤波器与模拟滤波器相比具有如下优点：

（1）滤波准确度高。通过加大计算机所使用的字长，可以很容易地提高滤波准确度。

（2）灵活性高。数字滤波器只是按数学公式编制的一段程序，实现起来比模拟滤波器要容易得多。只要改变算法或某些滤波系数，可灵活调整数字滤波器的滤波特性，易于适应不同应用场合的要求。

（3）可靠性高。不存在元件老化、温度变化对滤波器特性的影响。

（4）调试方便。数字滤波器没有像模拟滤波器那样存在着元件特性的差异，一旦程序设计完成，每台装置的特性就完全一致，无需逐台调试。

（5）不存在阻抗匹配的问题。

正因为数字滤波器具有上述优点，故一般的微机保护和微机监控中，都只在采样前设置一较简单的模拟低通滤波器，而在程序中选用合适的数字滤波方案。

三、数字滤波器的基本知识

所谓数字滤波器通常是指一种程序或算法，在微机保护子系统中，数字滤波器的运算过程可用下述系数线性差分方程来描述，即

$$y(n)=\sum_{k=0}^{m}a_k x(n-k)+\sum_{k=0}^{N}b_k y(n-k) \tag{5-1}$$

式中 $x(n),y(n)$——滤波器的输入值和输出值序列；

a_k，b_k——滤波器系数。

通过选择滤波器系数 a_k 和 b_k，可滤除输入信号序列 $x(n)$ 中的某些无用频率成分，使滤波器的输出序列 y（n）能更明确地反映有效信号的变化特征。

1. 递归型与非递归型数字滤波器

数字滤波器根据其输出与输入信号之间的关系可以划分为两类，即递归型与非递归型。

递归型数字滤波器的输出信号不仅与输入信号有关，还与前几次的输出值有关。递归滤波器由于有了递归（或称反馈），就有了记忆作用，所以除了个别特例外，都是无限冲击响应滤波器，简称 IIR（Infinite Impulse Response）。在式（5-1）中，若系数 b_k 不全部为 0，即过去的输出对现在的输出有直接影响。

非递归型数字滤波器是将输入信号和滤波器的单位冲击响应作卷积而实现的一类滤波器，它的输出信号仅与输入信号有关。用非递归方式实现滤波器，其单位冲击响应必须是有限长的，否则意味着无限的运算量。非递归滤波器必定是有限冲击响应滤波器，简称 FIR（Finite Impulse Response）。在式（5-1）中，系数 b_k 均全部为 0 时，称之为非递归型滤波器。此时，当前的输出 $y(n)$ 只是过去和当前的输入值 $x(n-k)$ 的函数，而与过去的输出值 $y(n-k)$ 无关。

两种型式的滤波器各有优缺点，选择哪一种型式，在很大程度上取决于应用场合的不同。就微机保护来说，不同的保护原理、不同的算法、不同的软件安排等都会对滤波器有不同的选择。此外，在滤波器的选型和滤波特性的设计时，还应充分考虑后续所使用的参数计算算法的基本特点和要求。不同的参数计算方法，对滤波器的要求也会有所不同，两者应综合考虑。继电保护是实时系统，要求保护能快速对被保护对象的故障作出反应，就这一点来说，非递归型好，因为它是有限冲击响应的，而且设计比较灵活，易于在频率特性和冲击响应之间，也就是滤波效果和响应时间之间作出权衡；但是，由于继电保护是实时数据处理系统，数据采集单元将按照采样速率源源不断地向微机系统输入数据，微机处理的速度必须跟上这一实时节拍，否则将造成数据积压，无法工作，就这一点来说，用递归型较好，因为它的运算量要小得多。

2. 数字滤波器的滤波特性

数字滤波器的滤波特性通常可用它的频率响应特性来表征，包括幅频特性和相频特性。

幅频特性反映的是不同频率的输入信号经过滤波计算后，引起幅值的变化情况。而相频特性反映的则是输入和输出信号之间的相位的变化大小。例如，频率为 f_1、幅值和相位分别为 X_m 和 φ_x 的正弦函数输入序列 $x(n)$，经过由式（5 - 1）所示的线性滤波计算后，输出序列 $y(n)$ 仍为正弦函数序列，并且频率与输入信号频率相同，只是幅值相位发生了变化。假设输出序列 $y(n)$ 的幅值为 Y_m，相位为 φ_y，则滤波器的幅频特性定义为

$$H(f) = Y_m/X_m \tag{5-2}$$

相频特性定义为

$$\varphi(f) = \varphi_y - \varphi_x \tag{5-3}$$

在实际应用中，数字滤波器的响应特性通常是采用频域上的频率响应曲线来描述。该曲线直观反应了滤波器对不同频率的信号的滤波能力。

对于大多数的微机保护来说，由于保护原理只用到基频或某次谐波，因此，最关心的是滤波器的幅频特性，即使需要进行比相，只要参加比相的各量采用相同的滤波器，它们的相对相位总是不变的。因此，对滤波器的相频特性一般不作特殊要求，只有在某些特殊场合，才考虑相频特性的影响。电力系统作为一具体的特定系统，其信号的变化有着自身的特点，有些传统的滤波器设计方法并不完全适用。微机保护作为实时性要求较高的自动装置，对滤波器的性能也有一些特殊要求。

四、几种常用的数字滤波器

关于数字滤波器的具体设计方法及实例，在各种数字信号处理的教材里都有介绍，在这里不作介绍，只列举出一些常用数字滤波器的系统函数及滤波特性。对于简单的数据采集和保护模块，利用这些方法已经可以得到满意的结果。如需要得到特殊的滤波效果，可以自行设计相应的滤波器。

1. 差分滤波器

在非递归型滤波器中，最简单的一种常用滤波器是所谓的差分（相减）滤波器，其系统传送函数为 $H(z)=1-z^{-k}$。在计算机中实现差分滤波的计算式，即差分方程为

$$y(n) = x(n) - x(n-k) \tag{5-4}$$

式中　x——输入信号；

y——输出信号；

$x(n)$ 和 $x(n-k)$——相隔 k 个采样间隔的采样值；

k——差分步长，$k\geqslant 1$。

将 $H(z)$ 中的 Z 用 $e^{j\omega T_s}$ 代替，分析该滤波器的幅频特性及相频特性。

幅频特性为

$$\begin{aligned} |H(e^{j\omega T_s})| &= \sqrt{(1-\cos k\omega T_s)^2 + \sin^2 k\omega T_s} \\ &= \left|2\sin\frac{k\omega T_s}{2}\right| = 2\left|\sin\frac{\pi k f}{f_s}\right| \end{aligned} \tag{5-5}$$

相频特性为

$$\varphi(\omega T_s) = \arctan\frac{\sin k\omega T_s}{1-\cos k\omega T_s} = \frac{\pi}{2}(1-2fkT_s) \tag{5-6}$$

式中　ω——信号角频率，$\omega=2\pi f$；

f——信号频率；

f_s——采样频率；

T_s——采样周期。

下面分析所能滤除的谐波次数与 k、f_s 的关系。由式（5-5）得

$$|H(e^{j2\pi fT_s})| = 2\left|\sin\frac{kmf_1\pi}{f_s}\right| \quad \left(m = \frac{f}{f_1}\right)$$

令其值为 0，则有

$$\frac{kmf_1}{f_s} = 0,1,2\cdots$$

考虑到 $\frac{f_1}{f_s} = \frac{1}{N}$，则有

$$\frac{km}{N} = 0,1,2\cdots \quad （N\text{为每周波采样点}）$$

当 $m=0$ 时，无论 k、N 取何值，都有 $\frac{km}{N}=0$，可见差分滤波器一定能够滤除直流分量。

设 $k=1$，$N=12$，$m=12$，24，36…时，滤波器的输出为零。

设 $k=2$，$N=12$，$m=6$，12，18…时，滤波器的输出为零。

图 5-1 所示为 $k=2$、$N=12$ 时差分滤波器的幅频特性。

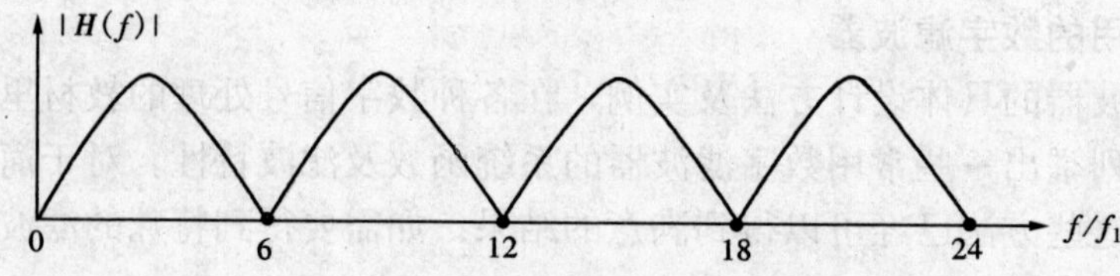

图 5-1 $k=2$、$N=12$ 时差分滤波器的幅频特性

2. 加法滤波器

加法滤波器的传送函数为 $H(z)=1+z^{-k}$，在计算机中实现加法滤波的计算式为

$$y(n) = x(n) + x(n-k) \tag{5-7}$$

其幅频特性为

$$H(e^{j\omega T_s}) = 1 + e^{-jk\omega T_s} = 1 + \cos k\omega T_s - j\sin k\omega T_s$$

所以

$$\begin{aligned} H(e^{j\omega T_s}) &= \sqrt{(1+\cos k\omega T_s)^2 + \sin^2 k\omega T_s} \\ &= 2\left|\cos\frac{k\omega T_s}{2}\right| = 2\cos\left|\frac{k\times 2\pi mf_1 T_s}{2}\right| = 2\left|\cos\frac{km\pi}{N}\right| \end{aligned} \tag{5-8}$$

相频特性为

$$\varphi(\omega T_s) = \arctan\frac{\sin k\omega T_s}{1+\cos k\omega T_s} \tag{5-9}$$

令式（5-8）的值为零，则应有

$$\frac{km}{N} = \frac{1}{2}(2P-1), P = 1,2,3\cdots$$

从而有

$$m = \frac{N}{2k}(2P-1), P = 1,2,3\cdots$$

可见，无论 P 取何值，m 都不为零，说明加法滤波器不能滤出直流分量。

设 $k=2$，$N=12$，则 $m=3\ (2P-1)$，$P=1, 2, 3\cdots$。可见，这个滤波器可滤除 3、9、15 次等各次谐波。

图 5-2 所示为 $k=2$、$N=12$ 时加法滤波器的幅频特性。

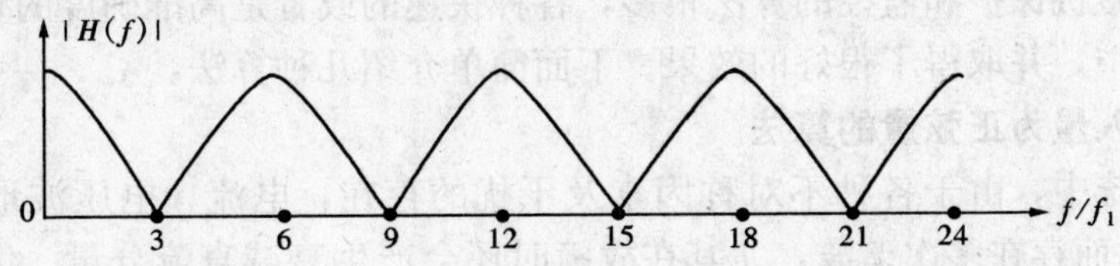

图 5-2　$k=2$、$N=12$ 时加法滤波器的幅频特性

3. 加减滤波器

若加减滤波器的传递函数为

$$H(z)=1+z^{-1}-z^{-3}-z^{-4} \tag{5-10}$$

用 $e^{j\omega T_s}$ 代替式（5-10）中的 z，则

$$\begin{aligned}H(e^{j\omega T_s}) &= 1+e^{-j\omega T_s}-e^{-j3\omega T_s}-e^{-j4\omega T_s}\\ &= 1+\cos\omega T_s-\cos3\omega T_s-\cos4\omega T_s+j(\sin3\omega T_s+\sin4\omega T_s-\sin\omega T_s)\end{aligned}$$

$$|H(\omega)|=\sqrt{(1+\cos\omega T_s-\cos3\omega T_s-\cos4\omega T_s)^2+(\sin3\omega T_s+\sin4\omega T_s-\sin\omega T_s)^2}$$

当 $\omega=0$ 时，$|H(\omega)|=0$。

当 $\omega=2\pi f_1=314$ 时，$|H(\omega)|=2.732$。

当 $\omega=8\pi f_1$、$12\pi f_1$、$16\pi f_1$ 时，$|H(\omega)|=0$。

可见，该滤波器能滤掉直流分量和 4、6、8 次谐波，而对基波分量放大了 2.732 倍。

4. 积分滤波器

积分滤波器系统函数为

$$H(z)=1+z^{-1}+\cdots+z^{-k}=\frac{1-z^{-(k+1)}}{1-z^{-1}} \tag{5-11}$$

$$y(n)=x(n)+x(n-1)+\cdots+x(n-k) \tag{5-12}$$

其幅频特性为

$$|H(e^{j\omega T_s})|=\left|\frac{\sin\dfrac{(k+1)\omega T_s}{2}}{\sin\dfrac{\omega T_s}{2}}\right|=\left|\frac{\sin\dfrac{\pi(k+1)f}{f_s}}{\sin\dfrac{\pi f}{f_s}}\right| \tag{5-13}$$

相频特性为

$$\varphi(\omega T_s)=-\pi\frac{kf}{f_s} \tag{5-14}$$

可滤掉的谐波次数为

$$m=p\frac{f_s}{(k+1)f_1}=p\frac{N}{k+1}=pm_0$$

$$m_0=\frac{N}{k+1},p=0,1,2\cdots$$

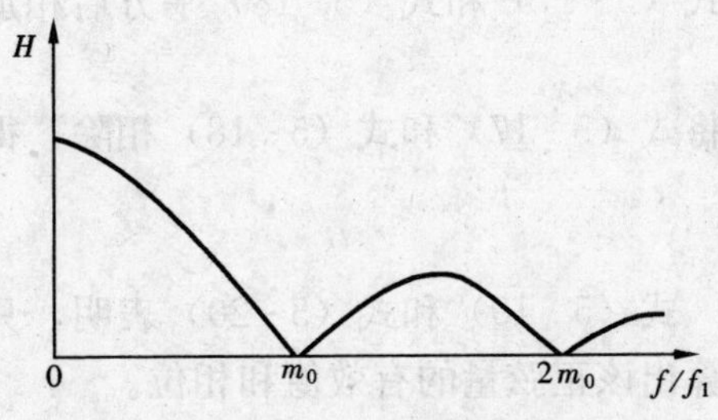

图 5-3　积分滤波器幅频特性

其幅频特性如图 5-3 所示。

第三节　变电站综合自动化系统中常用的算法

在综合自动化系统中，采用交流采样法后，算法是决定微机保护和监控装置性能的重要因素。目前关于微机保护和监控的算法很多，各种快速的或者是高准确度的算法不断提出并应用于实际装置中，并取得了很好的效果。下面简单介绍几种算法。

一、假设输入量为正弦量的算法

实际电力系统中，由于各种不对称因素及干扰的存在，电流、电压波形并不是理想的50Hz正弦波形，而存在多次谐波，尤其在故障时还会产生衰减直流分量。但对于一些较粗略的算法，考虑到交流输入回路中设有RC滤波电路，为了减少计算量，增加计算速度，往往假设电流、电压为理想的正弦波，既不含有非周期分量，又不含有高频分量。这样可利用正弦函数一系列特性，从采样值中计算出电压、电流的幅值、相位及功率等。这类算法要获得精确的结果，必须和数字滤波器配合使用。

以电流为例，可以表示为

$$i(nT_s)=\sqrt{2}I\sin(\omega nT_s+\alpha_{0I}) \tag{5-15}$$

式中　ω——角频率；

I——电流有效值；

T_s——采样间隔；

α_{0I}——电流的初相角。

1. 两点乘积算法

利用相差为$\pi/2$角度的两点互为正余弦的特点，设i_1和i_2分别为两个相隔$\pi/2$的采样时刻n_1和n_2的采样值，如图5-4所示，即

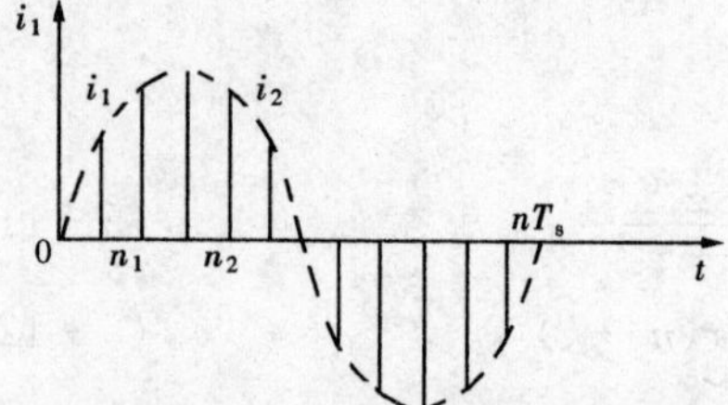

图5-4　两点乘积算法采样示意图

$$\omega(n_2T_s-n_1T_s)=\frac{\pi}{2} \tag{5-16}$$

根据式（5-15）有

$$i_1(n_1T_s)=\sqrt{2}I\sin(\omega n_1T_s+\alpha_{0I})=\sqrt{2}I\sin\alpha_{1I} \tag{5-17}$$

$$i_2(n_2T_s)=\sqrt{2}I\sin(\omega n_2T_s+\alpha_{0I}+\pi/2)=\sqrt{2}I\cos\alpha_{1I} \tag{5-18}$$

式中　$\omega n_1T_s+\alpha_{0I}$——$n_1$采样时刻电流的相角，可能为任意值。

将式（5-17）和式（5-18）平方后相加，即得

$$2I^2=i_1^2+i_2^2 \tag{5-19}$$

再将式（5-17）和式（5-18）相除，得

$$\tan\alpha_{1I}=\frac{i_1}{i_2} \tag{5-20}$$

式（5-19）和式（5-20）表明，只要知道任意两个相隔$\pi/2$的正弦量的瞬时值，就可计算出该正弦量的有效值和相位。

如欲构成距离保护，只要同时测出n_1和n_2时刻的电流和电压u_1、i_1和u_2、i_2。

同理，电压的有效值U及n_1时刻的相角α_{1U}为

$$2U^2 = u_1^2 + u_2^2 \tag{5-21}$$

$$\tan\alpha_{1U} = \frac{u_1}{u_2} \tag{5-22}$$

可求出阻抗值 Z 和幅角 α_Z 为

$$Z = \frac{U}{I} = \frac{\sqrt{u_1^2 + u_2^2}}{\sqrt{i_1^2 + i_2^2}} \tag{5-23}$$

$$\alpha_Z = \alpha_{1U} - \alpha_{1I} = \arctan\left(\frac{u_1}{u_2}\right) - \arctan\left(\frac{i_1}{i_2}\right) \tag{5-24}$$

或直接得到视在阻抗的实部 R 和虚部 X，即

$$R = \frac{u_1 i_1 + u_2 i_2}{i_1^2 + i_2^2} \tag{5-25}$$

$$X = \frac{u_1 i_2 - u_2 i_1}{i_1^2 + i_2^2} \tag{5-26}$$

由于式（5-25）和式（5-26）中用到了两个采样值的乘积，因此称为两点乘积法。$\dot{U}$、$\dot{I}$ 之间的相角差可由下式计算

$$\tan\theta = \frac{u_1 i_2 - u_2 i_1}{u_1 i_1 + u_2 i_2} \tag{5-27}$$

2. 半周积分算法

当被采样的模拟量是交流正弦量时可使用半周积分算法，如稳态短路电流的采样或后备保护的采样时可采用半周积分算法。利用正弦函数在任意半个周期内绝对值的积分是一常数，并且积分值和起始点初相角无关的特点，可以构成半周积分算法。以电压为例，可求出该积分常数 S 为

$$S = \int_0^{T/2} U_m \mid \sin(\omega t + \alpha) \mid \mathrm{d}t = \frac{2\sqrt{2}U}{\omega} \tag{5-28}$$

式中　T——电流周期。

另外，上述积分又可通过矩形或梯形积分法近似求出为

$$S = \sum_{K=0}^{(N/2)-1} \mid u_K \mid T_s \quad 或 \quad S = \left[\frac{1}{2} \mid u_0 \mid + \sum_{K=0}^{(N/2)-1} \mid u_K \mid + \frac{1}{2} \mid u_{N/2} \mid\right] T_s$$

式中　u_K——第 K 点采样值；

N——每周波的采样点数。

由上两式可求出电压有效值 U 为

$$U = S\frac{\omega}{2\sqrt{2}} \tag{5-29}$$

半周积分法的数据窗长度为半个周期，即 10ms，比前面算法长。但它运算量非常小，把式中的常数归入定值后，半周算法只涉及加减法运算。另外，它有一定的滤除高频分量的能力，因为叠加在基频成分上的幅度不大的高频分量，在半周积分中与其对称的正负半周互相抵消，剩余的未被抵消的部分所占的比重就减小了；但它不能全部滤除谐波分量，也无法抑制直流分量。

由于半周积分算法要用求和代替积分，故也会带来误差，误差可达到 3.5%。因此，半周

积分算法不能满足监控系统测量精度的要求。但在微机保护中，利用其运算量少的特点，可将其作为微机保护的启动算法，必要时可配一个简单的差分滤波器来抑制电流中的非周期分量。

3. 导数算法

利用正（余）弦函数的导数是余（正）弦的特点，可以构成导数算法。这种算法只需要知道输入正弦量在某一个时刻 t_1 的采样值及在该时刻采样值的导数，即可算出有效值和相位。

设 t_1 时刻的电流 i_1 为

$$i_1=\sqrt{2}I\sin(\omega t_1+\alpha_{0I})=\sqrt{2}I\sin\alpha_{1I} \tag{5-30}$$

则 t_1 时刻电流导数为

$$i'_1=\omega\sqrt{2}I\cos\alpha_{1I} \tag{5-31}$$

$$I^2=\frac{i_1^2+(i'_1/\omega)^2}{2} \tag{5-32}$$

$$\tan\alpha_{1I}=\frac{i_1}{i'_1}\omega \tag{5-33}$$

同样，可得到电压有效值 U 和阻抗 Z 及其实部 R 和虚部 X 为

$$U^2=\frac{u_1^2+(u'_1/\omega)^2}{2} \tag{5-34}$$

$$Z=\frac{U}{I}=\sqrt{\frac{u_1^2+(u'_1/\omega)^2}{i_1^2+(i'_1/\omega)^2}}=\sqrt{\frac{\omega^2u_1^2+u'^2_1}{\omega^2i_1^2+i'^2_1}} \tag{5-35}$$

$$R=\frac{\omega^2u_1i_1+u'_1i'_1}{(\omega i_1)^2+(i'_1)^2} \tag{5-36}$$

$$X=\frac{\omega(u_1i'_1-u'_1i_1)}{(\omega i_1)^2+(i'_1)^2} \tag{5-37}$$

为求导数，可取 t_1 为两个相临采样时刻 n 和 $n+1$ 的中点（见图 5-5），然后用差分近似求导（见图 5-6），则有

$$i'_1=\frac{i_{n+1}-i_n}{T_s},\ u'_1=\frac{u_{n+1}-u_n}{T_s} \tag{5-38}$$

而 t_1 时刻的电流、电压瞬时值则用平均值

$$i_1=\frac{i_{n+1}+i_n}{2},\ u_1=\frac{u_{n+1}+u_n}{2} \tag{5-39}$$

可见，导数法需要的数据窗较短，仅为一个采样间隔，算式和乘积法相似也不复杂。采用导数法，要求数字滤波器有良好的滤去高频分量的能力（求导数将放大高频分量），要求较高的采样频率。

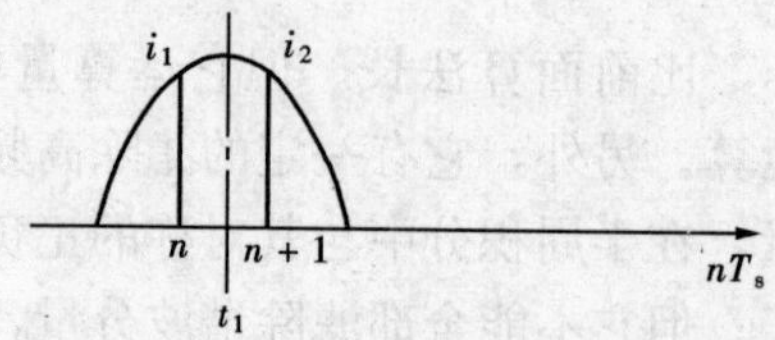

图 5-5 导数算法采样示意图

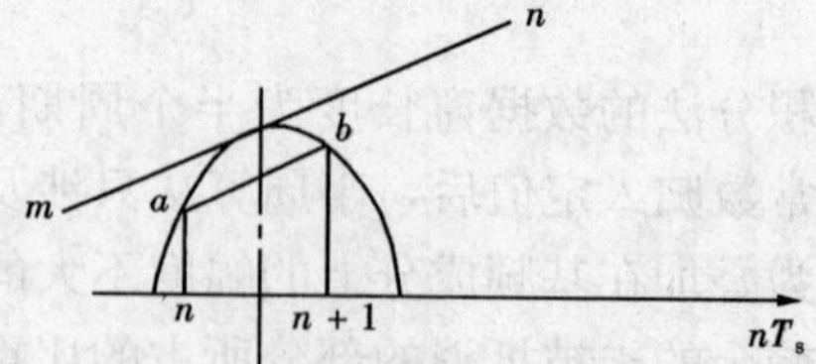

图 5-6 用差分方程近似求导示意图

4. Prodar—70 算法

Prodar—70 算法是在导数算法的基础上作了修正，采用一阶导数值和二阶导数值，代替用采样值和一阶导数值计算的导数算法。

设
$$\left.\begin{aligned} u &= U_{\mathrm{m}}\sin\omega t \\ i &= I_{\mathrm{m}}\sin(\omega t-\theta) \end{aligned}\right\} \tag{5-40}$$

则
$$\left.\begin{aligned} u' &= \omega U_{\mathrm{m}}\cos\omega t \\ i' &= \omega I_{\mathrm{m}}\cos(\omega t-\theta) \end{aligned}\right\} \tag{5-41}$$

$$u^2+\left(\frac{u'}{\omega}\right)^2 = U_{\mathrm{m}}^2 \tag{5-42}$$

$$i^2+\left(\frac{i'}{\omega}\right)^2 = I_{\mathrm{m}}^2 \tag{5-43}$$

$$u'' = -\omega^2 U_{\mathrm{m}}\sin\omega t \tag{5-44}$$

$$i'' = -\omega^2 I_{\mathrm{m}}\sin(\omega t-\theta) \tag{5-45}$$

推导可得

$$\left(\frac{u'}{\omega}\right)^2+\left(\frac{u''}{\omega^2}\right)^2 = U_{\mathrm{m}}^2$$

$$\left(\frac{i'}{\omega}\right)^2+\left(\frac{i''}{\omega^2}\right)^2 = I_{\mathrm{m}}^2$$

而且有

$$\frac{ui''-u'i'}{ii''-i'^2} = \frac{U_{\mathrm{m}}}{I_{\mathrm{m}}}\cos\theta = R \tag{5-46}$$

$$\frac{u'i-ui'}{ii''-i'^2} = \frac{U_{\mathrm{m}}}{\omega I_{\mathrm{m}}}\sin\theta = \frac{X}{\omega} = L \tag{5-47}$$

二、周期函数/模型的算法——傅氏算法

由于故障时的电流、电压波形畸变很大，此时不能假设它们为单一频率的正弦函数，而应是包含各种频率分量的周期函数。对这种模型，最常用的算法是傅氏算法和沃尔什函数算法。

1. 傅氏算法的基本原理

傅氏算法的基本思路来自傅里叶级数，即一个周期性函数可以分解为直流分量、基波及各次谐波的无穷级数，表示为

$$x(t) = \sum_{n=0}^{\infty}(b_n\cos n\omega_1 t + a_n\sin n\omega_1 t) \tag{5-48}$$

式中　n——自然数，n=0，1，2…；

ω_1——基波角频率；

a_n，b_n——各次谐波的正弦项和余弦项的幅值，其中 b_0 表示直流分量，a_1、b_1 表示基波分量正、余弦项的幅值。

如果要从信号 $x(t)$ 中求出某次谐波分量，依据三角函数的正交性可知

$$a_n = \frac{2}{T}\int_0^T x(t)\sin n\omega_1 t\,\mathrm{d}t \tag{5-49}$$

$$b_n = \frac{2}{T}\int_0^T x(t)\cos n\omega_1 t\,\mathrm{d}t \tag{5-50}$$

而
$$x_n(t)=a_n\sin n\omega_1 t+b_n\cos n\omega_1 t \tag{5-51}$$

当 $n=1$ 时即为基波分量
$$x_1(t)=a_1\sin\omega_1 t+b_1\cos\omega_1 t \tag{5-52}$$

将式（5-52）变为
$$x_1(t)=\sqrt{2}X\sin(\omega_1 t+\alpha_1) \tag{5-53}$$

式中 X——基波分量有效值；

α_1——基波分量初相角。

当 x_1（t）是电流信号时，可表示为
$$i_1(t)=\sqrt{2}I\sin(\omega_1 t+\alpha_1) \tag{5-54}$$

展开式（5-54）得
$$i_1(t)=\sqrt{2}I\sin\omega_1 t\cos\alpha_1+\sqrt{2}I\cos\omega_1 t\sin\alpha_1$$

所以
$$a_1=\sqrt{2}I\cos\alpha_1 \tag{5-55}$$
$$b_1=\sqrt{2}I\sin\alpha_1 \tag{5-56}$$

于是根据 a_1、b_1 可计算出电流 i 的有效值及相角为
$$I=\sqrt{a_1^2+b_1^2}/\sqrt{2} \tag{5-57}$$
$$\alpha_1=\arctan\frac{b_1}{a_1} \tag{5-58}$$

在用微机计算 a_1 和 b_1 时，通常都采用有限项方法算得，即将 i_1（t）用各采样点数值代入，通过梯形法求和代替积分法。考虑到 $N\Delta t=T_1$，$\omega_1 t=2\pi k/N$ 时用式（5-49）、式（5-50）求 a_1、b_1 可得
$$a_1=\frac{1}{N}\left(2\sum_{k=1}^{N-1}i_k\sin k\frac{2\pi}{N}\right) \tag{5-59}$$
$$b_1=\frac{1}{N}\left(i_0+2\sum_{k=1}^{N-1}i_k\cos k\frac{2\pi}{N}+i_N\right) \tag{5-60}$$

式中 N——周期采样点数；

i_k——第 k 次采样值；

i_0，i_N——$k=0$、N 时的采样值。

对于基波，若每周采样点 12 点（$N=12$），采样间隔 T_s 为 5/3ms，每个采样间隔所对应的角度为 30°。表 5-1 和表 5-2 列出了正弦函数和余弦函数的滤波系数。

表 5-1 正弦函数滤波系数（N=12）

k	0	1	2	3	4	5	6	7	8	9	10	11	12
sin（k×30°）	0	$\frac{1}{2}$	$\frac{\sqrt{3}}{2}$	1	$\frac{\sqrt{3}}{2}$	$\frac{1}{2}$	0	$-\frac{1}{2}$	$-\frac{\sqrt{3}}{2}$	−1	$-\frac{\sqrt{3}}{2}$	$-\frac{1}{2}$	0

表 5-2 余弦函数滤波系数（N=12）

k	0	1	2	3	4	5	6	7	8	9	10	11	12
cos（k×30°）	$\frac{1}{2}$	$\frac{\sqrt{3}}{2}$	$\frac{1}{2}$	0	$-\frac{1}{2}$	$-\frac{\sqrt{3}}{2}$	−1	$-\frac{\sqrt{3}}{2}$	$-\frac{1}{2}$	0	$\frac{1}{2}$	$\frac{\sqrt{3}}{2}$	$\frac{1}{2}$

可以注意到，对余弦函数滤波系数，$k=0$ 与 $k=N$ 时的系数不是1，而取$\frac{1}{2}$。式（5-59）和式（5-60）可以简化为

$$6a_1=(x_3-x_9)+\frac{1}{2}(x_1+x_5-x_7-x_{11})+\frac{\sqrt{3}}{2}(x_2+x_4-x_8-x_{10}) \tag{5-61}$$

$$6b_1=\frac{\sqrt{3}}{2}(i_1-i_5-i_7+i_{11})+\frac{1}{2}(i_0+i_2-i_4-i_8+i_{10}+i_{12})-i_6 \tag{5-62}$$

同理，a_n、b_n 可以用梯形积分法近似求出为

$$a_n=\frac{1}{N}\left(2\sum_{k=1}^{N-1}i_k\sin k\frac{2n\pi}{N}\right) \tag{5-63}$$

$$b_n=\frac{1}{N}\left(i_0+2\sum_{k=1}^{N-1}i_k\cos k\frac{2n\pi}{N}+i_N\right) \tag{5-64}$$

从而计算 I_n 为

$$I_n=\sqrt{\frac{a_n^2+b_n^2}{2}} \tag{5-65}$$

傅氏算法本身具有一定的滤波作用，能完全滤掉各种整次谐波和直流分量；对非整次高频分量和按指数衰减的非周期分量包含的低频分量也有一定的抑制作用。辅以前级差分滤波的傅氏算法准确度很高，计算量也不大，是一种很常用的微机保护和监控算法。

2. 基于傅氏算法的功率算法

利用傅氏算法求出的电流、电压相量的实部和虚部相差一个系数$\sqrt{2}\left(\frac{u_a}{\sqrt{2}}、\frac{u_b}{\sqrt{2}}、\frac{i_a}{\sqrt{2}}、\frac{i_b}{\sqrt{2}}\right)$，这一突出的优点，来计算有功功率、无功功率和功率因数是非常方便的，计算式为

$$\begin{aligned}P&=UI\cos\varphi=UI\cos(\varphi_u-\varphi_i)=UI(\cos\varphi_u\cos\varphi_i+\sin\varphi_u\sin\varphi_i)\\&=U\cos\varphi_u\times I\cos\varphi_i+U\sin\varphi_u\times I\sin\varphi_i\end{aligned} \tag{5-66}$$

式中　φ_u，φ_i——分别为电流、电压波形的初相角。

$$P=\frac{u_b}{\sqrt{2}}\times\frac{i_b}{\sqrt{2}}+\frac{u_a}{\sqrt{2}}\times\frac{i_a}{\sqrt{2}}=\frac{1}{2}(u_bi_b+u_ai_a) \tag{5-67}$$

$$Q=UI\sin\varphi=UI\sin(\varphi_u-\varphi_i)=UI(\sin\varphi_u\cos\varphi_i-\cos\varphi_u\sin\varphi_i) \tag{5-68}$$

$$Q=\frac{1}{2}(u_ai_b-u_bi_a) \tag{5-69}$$

$$\cos\varphi=\frac{P}{UI}=\frac{u_bi_b+u_ai_a}{2\sqrt{u_a^2+u_b^2}\sqrt{i_a^2+i_b^2}} \tag{5-70}$$

3. 基于傅氏算法的滤序算法

在微机保护中，有时除了要计算电流、电压的正序分量，还需要计算出负序或零序分量。在利用傅氏算法分别计算出三相电流或电压基波分量的实部和虚部 a_{1A}、b_{1A}，a_{1B}、b_{1B}，a_{1C}、b_{1C}（差系数$\sqrt{2}$）以后，可以方便地得到负序和零序分量。

（1）负序分量与三相电量的关系为

$$3\dot{X}_2=\dot{X}_A+a^2\dot{X}_B+a\dot{X}_C,\ a=e^{j\frac{2\pi}{3}} \tag{5-71}$$

将其实部和虚部分开，得到

$$3a_2 = a_{1A} - \frac{1}{2}(a_{1B} + a_{1C}) + \frac{\sqrt{3}}{2}(b_{1B} - b_{1C}) \tag{5-72}$$

$$3b_2 = b_{1A} - \frac{1}{2}(b_{1B} + b_{1C}) - \frac{\sqrt{3}}{2}(a_{1B} - a_{1C}) \tag{5-73}$$

（2）零序分量与三相电量的关系为

$$3\dot{X}_0 = \dot{X}_A + \dot{X}_B + \dot{X}_C$$

将其实部和虚部分开，得到

$$3a_0 = a_{1A} + a_{1B} + a_{1C} \tag{5-74}$$

$$3b_0 = b_{1A} + b_{1B} + b_{1C} \tag{5-75}$$

三、解微分方程算法

解微分方程仅用于计算阻抗。以应用于线路的距离保护为例，假设被保护线路的分布电容可以忽略，而从故障点到保护安装处的线路可以用电阻和电感串联电路来表示，于是短路时下述微分方程成立

$$u = R_1 i + L_1 \frac{\mathrm{d}i}{\mathrm{d}t} \tag{5-76}$$

式中 R_1，L_1——故障点至保护安装处线路段的正序电阻和电感；

u，i——保护安装处的电压和电流。

若用于反映线路相间短路保护，则方程中的电压、电流的组合与常规保护相同，例如 AB 相间短路时，取 u_{ab}、$i_a - i_b$。对于单相接地取相电压及相电流加零序补偿电流。

式（5-76）中的 u、i 和 $\mathrm{d}i/\mathrm{d}t$ 都是可以测量、计算的，未知数为 R_1 和 L_1。如果在两个不同的时刻 t_1 和 t_2 分别测量 u、i 和 $\mathrm{d}i/\mathrm{d}t$，就可以得到如下两个独立的线性方程

$$u_1 = R_1 i_1 + L_1 D_1 \tag{5-77}$$

$$u_2 = R_1 i_1 + L_2 D_2 \tag{5-78}$$

其中，D 表示 $\mathrm{d}i/\mathrm{d}t$；下标“1”、“2”分别表示测量时刻 t_1 和 t_2。

联立式（5-77）、式（5-78）可求得两个未知数 R_1 和 L_1 为

$$L_1 = \frac{u_1 i_2 - u_2 i_1}{i_2 D_1 - i_1 D_2} \tag{5-79}$$

$$R_1 = \frac{u_2 D_1 - u_1 D_2}{i_2 D_1 - i_1 D_2} \tag{5-80}$$

在用计算机处理时，电流的导数可以用差分来近似计算，最简单的方法是取 t_1 和 t_2 分别为两个相邻的采样间隔的中间值，如图 5-7 所示，于是近似有

$$D_1 = \frac{i_{n+1} - i_n}{T_s},\ D_2 = \frac{i_{n+2} - i_{n+1}}{T_s}$$

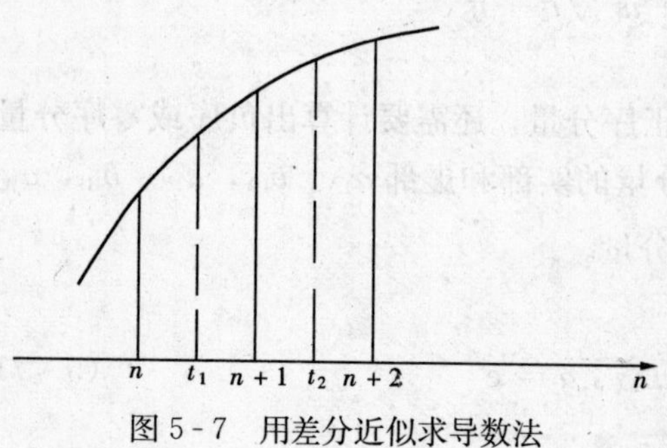

图 5-7 用差分近似求导数法

电流、电压则取相邻采样的平均值，有

$$i_1 = \frac{i_n + i_{n+1}}{2},\ i_2 = \frac{i_{n+1} + i_{n+2}}{2} \tag{5-81}$$

$$u_1 = \frac{u_n + u_{n+1}}{2},\ u_2 = \frac{u_{n+1} + u_{n+2}}{2} \tag{5-82}$$

从上述的方程可以看出，解微分方程法实际上解的是一组二元一次代数方程，带微分符号的

量 D_1 和 D_2 是测量计算得到的已知数。此法所依据的式（5-76）中忽略了输电线路分布电容，由此带来的误差值用一个低通滤波器预先滤除电压和电流中的高频分量就可以基本消除。因此，分布电容的容抗只有对高频分量才是不可忽略的。有的文献称这种方法为 *RL* 串联模拟法。

第四节　算法的评价和选择

一、算法的评价

算法是微机保护和监控理论研究的重点之一。分析和评价各种算法优劣的标准是准确度和速度。一个好的算法应该是运算准确度高，所用数据窗（需要的采样点数）短，运算工作量小。就微机保护而言，运算准确度高可使保护装置对区内、区外故障判断准确，而算法所用数据窗短、运算工作量小则有利于提高保护装置的动作速度。然而这两者之间是相互矛盾的。研究算法的实质是如何在速度与准确度之间进行权衡。

解决计算速度和计算准确度的矛盾主要从两方面着手：一是寻找更好的算法；二是在微机系统的硬件上改进，而硬件的改进又存在着经济、技术的矛盾，以及可靠性问题。这些问题则依赖微机硬件技术本身的进步而逐步得到解决。例如，随着 DSP（数字信号处理）芯片的推出，关于计算速度的问题将不再是影响算法选择的因素。DSP 由于采用硬件乘除法，使得乘除运算与加减运算具有几乎同样的速度，因而逐渐被广泛应用于需要快速精确计算的微机保护装置系统中。在硬件能力许可的条件下，装置所实现的功能将成为影响算法选择的主要因素。

二、算法的选择

微机监控和微机保护中对算法的要求有所不同。微机监控中不仅需要计算电流、电压的有效值，还需要计算有功功率和无功功率等，因此辅以差分滤波器的傅氏算法往往被采用。对于微机保护则需要根据对象保护类型、电压等级等的不同来选择不同的算法。

就要求输入信号为纯基波分量的一类算法来说，由于算法本身所需的数据窗很短（如最少只要两三点采样）、计算量很小，因此常可用于输入信号中暂态分量不丰富或计算准确度要求不高的保护中。例如直接应用于低压网络的电流、电压后备保护中，或者将其配备一些简单的差分滤波器以削弱电流中衰减的直流分量作为电流速断保护，加速出口故障时的切除时间。另外，还可作为复杂保护的启动元件的算法，如距离保护的电流启动元件就可采用半周积分算法来粗略地估算，以判别是否发生故障。但是，如将这类算法用于复杂的保护，则需配以良好的带通滤波器，这样将使保护总的响应时间加长，计算工作量大。

全周傅氏算法、最小二乘法算法和解微分方程算法都有用于构成高压线路阻抗保护的实例，各有其特点。一般在采用傅氏算法时需考虑衰减直流分量造成的计算误差，以及采取适当的补偿措施。应用最小二乘法算法，在设计、选择拟合模型时要顾及到准确度和速度两方面，否则可能造成准确度虽然很高，但响应速度太慢、计算量太大等不可取的局面。解微分方程算法一般不宜单独应用于分布电容不可忽略的较长线路，但若将它配以适当的数字滤波器而构成的高压、超高压长距离输电线的距离保护，还是能得到满意的效果的。

值得指出的是，解微分方程算法只能用于计算阻抗，因此多用于线路保护中。而全周傅氏算法、最小二乘法算法还常应用于元件保护（如发电机、变压器的差动保护等）和后备电流、电压保护以及一些相序分量组成的保护中。

思考题

1. 算法的含义是什么？微机保护和微机监控对算法有何不同要求？
2. 什么是数字滤波？数字滤波有何优点？
3. 变电站综合自动化系统中常用的算法有哪些？
4. 傅氏算法是否具有滤波功能？
5. 对算法如何进行评价？

第六章　变电站综合自动化微机保护子系统

本章主要介绍微机保护的优越性、变电站综合自动化微机保护子系统的功能及要求输电线路的微机保护、电力变压器微机保护、电力电容器微机保护的实现原理，以及微机继电保护技术的新发展。

第一节　微机保护的优越性

一、微机保护的发展

微机保护的发展大体经历了三个阶段，即理论研究阶段、实验室研究阶段和工业化应用阶段。1965 年人们就提出用计算机构成继电保护装置。20 世纪 70 年代初，计算机继电保护的研究工作主要是作理论探索（采样技术、算法研究、数字滤波等）及在试验室做样机试验，只有个别单位做了一些现场试验。当时限于计算机硬件水平以及价格问题，还不具备生产商业性计算机继电保护装置的条件。在 20 世纪 70 年代末期，计算机本身出现了重大突破，大规模集成电路技术飞速发展，微处理器和微型计算机进入了实用阶段，而且价格大幅度下降，可靠性又大为提高，这就促使计算机保护的研究出现了热潮。20 世纪 70 年代末 80 年代初，微机保护装置已趋于实用，并在电力系统中得到了应用。

计算机保护的硬件是从小型计算机开始的，后发展为由微处理器构成的微型计算机，到目前的单片微型计算机。利用单片微型计算机实现继电保护装置不仅可使硬件电路简单、体积小、价格低，而且便于构成多种微机系统，有利于提高微机继电保护的可靠性。

我国对计算机继电保护的研究从 20 世纪 70 年代后期开始，起步较晚，但发展迅速。1984 年，原华北电力学院研制的第一套以 6809（CPU）为基础的距离保护样机投入试运行。之后便不断有各种型号的微机保护装置被研制出来并投入使用。目前，微机保护的研究工作已深入到传统保护的各个方面。近些年变电站综合自动化迅速发展，微机保护作为其中的一个子系统，完成了更多的功能。

二、微机保护的优越性

微机保护比常规的继电器型或晶体管型保护装置有不可比拟的优越性，突出表现在以下几方面。

1. 易于解决常规保护装置难于解决的问题，使保护功能得到改善

由于微机保护的应用，许多常规保护存在的技术问题，找到了新的解决办法。例如，常规距离保护应用在短距离输电线路上其允许接地点过渡电阻能力差；在长距离重负荷输电线路上躲负荷能力差；在振荡过程中，为了防止距离保护Ⅰ、Ⅱ段误出口，通常是故障后短时开放Ⅰ、Ⅱ段，之后立即闭锁Ⅰ、Ⅱ段，这样在振荡过程中再发生Ⅰ、Ⅱ段范围内的故障时，只能依靠距离保护Ⅲ段切除故障。对于这些问题，在微机保护中可以采用一些新原理，或利用微机的特点找到新的解决方法。

2. 灵活性强，可以缩短新型保护的研制周期

由于微机保护装置是由软件和硬件结合来实现保护功能的，因此在很大程度上，不同原理的微机保护的硬件可以是一样的，配以不同的软件即可实现不同的保护功能。这是常规保护很难做到的。

3. 综合判断能力强

利用微型计算机的逻辑判断能力，很容易解决当常规继电保护遇到要考虑的因素太多时，用模拟电路很难实现的问题，可以使继电保护的动作规律更合理。

4. 性能稳定，可靠性高

微机保护的功能主要取决于算法和判据，也即由软件决定，对于同类型的保护装置，只要程序相同，其保护性能必然一致，所以性能稳定。电磁式继电器运动机构可能失灵，触点性能不良，接触不好；晶体管型继电器的元器件受温度影响大；而微机保护采用了大规模集成电路，所以装置的元件数目、连接线等都大大减少，因而可靠性高。利用软件实现在线故障自诊断、自闭锁和自恢复，这是常规保护装置所不能比拟的。

5. 保护的灵敏性高

微机保护利用微机的记忆功能，可明显改善保护性能，提高保护的灵敏性。例如，由微机软件实现的功率方向元件，可消除电压死区。

6. 体积小、功能全

微机保护装置由软件可实现多种保护功能，可大大简化装置的硬件结构；配置一台打印机或液晶显示器，在系统发生故障后，除了完成保护功能外，还可提供多种信息。

7. 运行维护工作量小，现场调试方便

微机保护的功能及特性都是由软件实现的，只要微机保护的硬件电路完好，保护的特性即可得到保证；运行人员只需作几项简单的操作，即可证明装置完好性，比传统的保护调试维护更为方便；可在线修改或检查保护定值，不必停电校验定值。

由于微机保护具有这些突出的优越性，因此，变电站综合自动化系统中采用微机保护是必然的。

第二节 变电站综合自动化微机保护子系统的功能及软件结构

微机保护是综合自动化系统的关键环节，它的功能和可靠性如何，在很大程度上影响了整个系统的性能，因此设计时必须给予足够的重视。微机保护子系统中的各保护单元，除了具有独立、完整的保护功能外，一般还须具备一些附加功能。

微机保护装置应满足快速性、选择性、灵敏性和可靠性的要求，它的工作不受监控系统和其他子系统的影响。为此，按被保护的电力设备单元（间隔）分别独立设置保护，要求保护子系统的软、硬件结构要相对独立，而且各保护单元，如变压器保护单元、线路保护单元、电容器保护单元等，必须由各自独立的CPU组成模块化结构；主保护和后备保护由不同的CPU实现，重要设备的保护，最好采用双CPU的冗余结构，保证在保护子系统中一个功能部件模块损坏，只影响局部保护功能而不能影响其他设备的保护。

一、微机保护子系统完成的主要功能

微机保护子系统完成的主要功能应包括全变电站主要设备和输电线路等的全套保护，对

不同规模、型式的变电站保护子系统的设置可能不完全相同，一般包括如下内容：

（1）进线和馈电线路的主保护和后备保护及自动重合闸；

（2）主变压器的主保护和后备保护；

（3）无功补偿电容器组的保护；

（4）母线保护；

（5）小电流接地系统的单相接地选线。

二、微机保护子系统完成的附加功能

（1）通信功能。各保护单元必须设置有通信接口，除了与微机监控系统通信外，还包括通过监控系统与控制中心的数据通信。具体内容主要有以下几方面。

1）接受监控系统查询。若返回正确应答信号，则表明保护装置及通信接口完好；若超时无应答或应答错误，则表明通信接口或保护装置本身出现故障。

2）向监控系统传送事件报告，包括跳闸时间（分辨率 2ms）、跳闸元件、相别、测距、故障波形等，且失电后信息能保留。

3）向监控系统传送自检报告，包括装置内部自检和对输入信号的检查。

4）修改时钟及与监控系统对时。

5）修改保护定值。定值要经过系统上传、下装、返校、确认等环节后，保护装置才予以修改。

6）接受监控系统查询定值并送出定值。

7）接受监控系统投退保护命令，保护信号应具有失电自保持，能够被远方或就地复归。

8）实时向监控系统传送保护主要状态，如功能投入情况、输入量值以及保护动作信号。

（2）具有故障记录功能。当被保护对象发生事故时，能自动记录保护动作前后有关的故障信息，包括短路电流、故障发生时间和保护出口时间等，以利于分析故障。对于电压等级较高或非常重要的变电站还单独设置故障录波装置。

（3）具有与统一时钟对时功能，以便准确记录发生故障和保护动作的时间。

（4）存储多种保护整定值。

（5）当地显示与多处观察和授权修改保护定值。除了在各保护单元上要能显示和修改保护定值外，考虑到无人值班的需要，通过当地的监控系统和远方调度端，应能观察和修改保护定值。

（6）故障自诊断、自闭锁和自恢复功能。每个保护单元应有完善的故障自诊断功能，发现内部有故障，能自动报警，并能指明故障部位，以利于查找故障和缩短维修时间，对于关键部位故障，例如 A/D 转换器故障或存储器故障，则应自动闭锁保护出口。如果是软件受干扰，造成“飞车”的软故障，应有自启动功能，以提高保护装置的可靠性。

（7）自动重合闸功能。其功能设置在输电线路保护内。

值得一提的是，有的变电站综合自动化系统中设置保护管理机或通信控制机，负责对各保护单元的管理。它们把保护子系统与监控系统联系起来，向下负责管理和监视保护子系统中各保护单元的工作状态，并下达由调度或监控系统发来的保护类型配置或整定值修改等信息；如果发现某一保护单元故障或工作异常，或有保护动作的信息，应立刻上传给监控系统或上传至远方调度端。目前，也有的变电站综合自动化系统中，不单独设置保护管理机和通信管理机。

三、微机保护的基本原理

微机保护与传统继电保护的最大的区别就在于前者不仅有实现微机保护的硬件电路，而且还必须有实现保护和管理功能的软件即程序；而后者则只有硬件电路，即主要由各种类型的继电器构成不同的保护。

微机保护与传统保护的相同点，都是利用电力系统发生故障或不正常工作状况时，会有一些电气量或非电气量发生变化，利用正常运行与故障时各物理量间的差别来构成不同原理的保护。如电力系统发生故障时，电流增大、电压降低、电流与电压间的相位角也会发生变化，根据上述各种电气量的不同，可构成电流保护、距离保护等。值得注意的是，由于微机的功能强大，可以将自动控制理论的一些成果引入继电保护，如自适应控制、随机控制、模糊控制等，出现了一些新原理的保护。

一般根据被保护元件的重要程度，可设置主保护、后备保护和辅助保护。主保护是指满足系统稳定及设备安全要求，有选择性地切除被保护设备和全线路故障的保护。后备保护是指主保护或断路器拒动时，用以切除故障的保护。后备保护可分为远后备或近后备两种方式。辅助保护是为补充主保护和后备保护的不足而增设的简单保护。

四、微机保护的软件基本结构

微机保护的硬件分为人机接口和保护两大部分，相应的软件也就分为接口软件和保护软件两大部分。

1. 接口软件

接口软件是指人机接口部分的软件，其程序可分为监控程序和运行程序，可由接口面板的工作方式或显示器上显示的菜单选择执行。

监控程序主要就是键盘命令处理程序，是为接口插件（或电路）及各CPU保护插件（或采样电路）进行调节和整定而设置的程序。

接口的运行程序由主程序和定时中断服务程序构成。主程序主要包括完成巡检（各CPU保护插件）、键盘扫描和处理及故障信息的排列和打印。定时中断服务程序包括以下几部分：软件时钟程序，以硬件时钟控制并同步各CPU插件的软时钟，检测各CPU插件启动元件是否动作的检测启动程序。

2. 保护软件

保护软件分为两个部分：其一是监控程序，作用是调试和检查微机保护装置的硬件电路，输入、修改、固化保护装置的定值；其二为运行程序，这是微机保护程序的主要部分，作用是完成不同原理的保护功能，主要包括初始化、循环自检及传送报告程序和采样中断服务程序、故障处理程序三大部分。

中断服务程序有定时采样中断服务程序和串行口通信中断服务程序。在不同的保护装置中，采样算法是不相同的；另外，保护装置如有些特殊要求，采样中断服务程序部分也不尽相同。不同保护的通信规约不同，也会造成程序的很大差异。

保护软件有三种工作状态，即运行、调试和不对应状态。不同状态时程序流程也就不相同。有的保护没有不对应状态，只有运行和调试两种工作状态。当保护插件面板的方式开关或显示器菜单选择为“运行”，则该保护就处于运行状态；当选择为“调试”时，复位CPU后就工作在调试状态；当选择为“调试”但不复位CPU并且接口插件工作在运行状态时，就处于不对应状态，也就是说保护CPU插件与接口插件状态不对应。

第三节 输电线路的微机保护

一、输电线路微机保护的配置

根据输电线路的电压等级及重要程度，可选用如下保护：

(1) 反映相间短路故障的电流保护；

(2) 反映接地故障的保护；

(3) 反映阻抗变化的距离保护；

(4) 反映被保护线路两侧电气量的高频保护、光纤纵差保护。

35kV 及以下的小接地电流系统中，线路上应装设反映相间故障和单相接地故障的保护装置。当发生相间故障或接地故障时，保护装置应保证动作。对相间故障，一般装设电流保护；对于双侧电源供电，还可设置方向电流保护。

110～220kV 的中性点直接接地系统中，线路上应装设反映相间故障和接地故障的保护装置。根据不同情况可能设置不同的保护，如单电源辐射型电网中反映相间故障，可装设无时限和带时限的电流保护作主保护，带阶段时限的过流保护作后备保护；当选择性、灵敏性及速动性不满足要求时，则装设距离保护。双电源线路上，如要求全线速动切除故障时，应装设高频保护或光纤纵差保护作主保护，距离保护作后备保护；对于单相和多相接地短路故障，一般装设带方向性的或不带方向性的零序电流保护等。

二、输电线路的相间短路的电流保护

与常规保护相同，根据保护的动作电流整定原则和保护动作时限的不同，微机保护可设置三段式电流保护，即无时限电流速断保护、带时限电流速断保护、定时限过电流保护。三段均可选择为带方向的保护或不带方向的保护。

（一）三段式电流保护

三段式电流保护的保护动作值和动作时限的整定原则在此不再叙述，请参考有关继电保护教材。

线路 TA 二次侧的电流经数字采集系统传至 CPU，CPU 实时计算并进行三段电流判断。为了躲开线路避雷器的放电时间，装置的Ⅰ段设有可以独立整定的延时时间。Ⅰ、Ⅱ、Ⅲ段电流保护的逻辑程序十分相似，各段判别逻辑一致，其动作条件如下：

(1) 相电流 $I_{ph}>n$ 段电流定值 $I_{n\cdot set}$；

(2) 动作时间 $t>n$ 段时间定值 $t_{n\cdot set}$；

(3) 相应于过流相的方向条件及低电压条件满足（若需要）。

（二）方向元件软件原理

三段方向电流保护的方向元件，可以由软连接片选择正方向、反方向动作方式。这里仅以正方向为例说明线路保护方向元件的软件原理。

为了保证在各种相间短路故障时，方向元件能可靠而灵敏动作，微机线路保护方向元件的“接线方式”（指软件的接线方式）仍然采用 90°接线方式，按相启动。各相方向元件的对应关系见表 6-1。为了消除死区，方向元件带有记忆功能。采用 90°接线的优点是：适当选择方向元件内角，对线路发生的预定由它反映的一切故障，都能正确判定短路功率方向，且灵敏度较高；各种两相短路均无电压死区。

表 6-1　方向元件的对应关系

方向元件	电流 $\dot{I}_r$	电压 $\dot{U}_r$
A	$\dot{I}_a$	$\dot{U}_{bc}$
B	$\dot{I}_b$	$\dot{U}_{ca}$
C	$\dot{I}_c$	$\dot{U}_{ab}$

由表 6-1 可见，A 相方向元件（称 DA 元件）电流量 $\dot{I}_r$ 取 $\dot{I}_a$，电压量 $\dot{U}_r$ 取 $\dot{U}_{bc}$，电流量与电压量的相位差为 φ_r。图 6-1 所示为 A 相方向元件相量图。为了使方向元件在线路故障时，具有较高的灵敏度，方向元件可调整内角 α，类似模拟电路型方向保护，引入转移矢量 $\dot{K}=e^{-j\alpha}$。把 $\dot{I}_a e^{-j\alpha}$ 称为 $\dot{A}$ 相量，$\dot{U}_{bc}$ 称为 $\dot{B}$ 相量，相位比较方向元件的动作方程式为

$$-90° \leqslant \arg(\dot{A}/\dot{B}) \leqslant 90° \tag{6-1}$$

改写为通式，就有正方向动作方程式为

$$-90° \leqslant \arg(\dot{I}_r e^{-j\alpha}/\dot{U}_r) \leqslant 90° \tag{6-2}$$

即

$$-90° \leqslant \varphi_r - \alpha \leqslant 90° \tag{6-3}$$

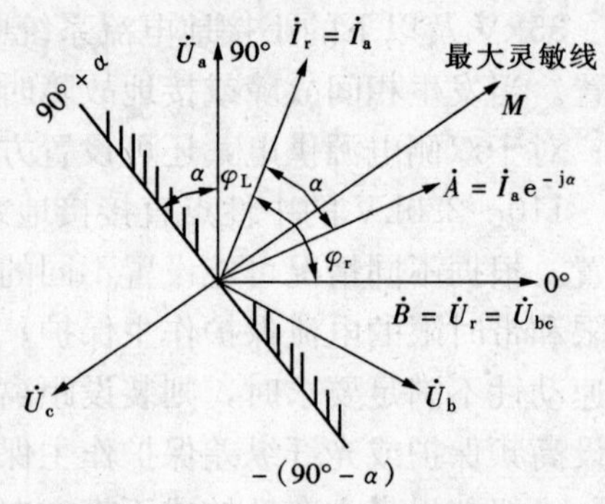

图 6-1　A 相方向元件相量图

当线路阻抗角 $\varphi_L=60°$，如果 $\alpha=30°$时，方向元件获得最大灵敏度。当方向元件动作时，φ_r 取值范围是 $-60°\sim120°$。

由于微机保护可利用软件十分方便地完成移相和相位比较，因此在微机保护中采用相位比较式方向元件要比绝对值比较方式简单得多。相位比较式方向元件，就是利用采样计算结果，比较方向元件电流相量 $\dot{I}_r$ 和电压相量 $\dot{U}_r$ 的相位角，检查其相位差角是否在正方向的取值范围内。

在微机保护中为了调试的方便，通常选用某相电压为基准相量并约定按顺时针旋转为角度增加方向。例如选 A 相电压为基准相量，$\dot{U}_A$ 方向为 0°，则三相方向元件的动作范围（见图 6-2）表示为：

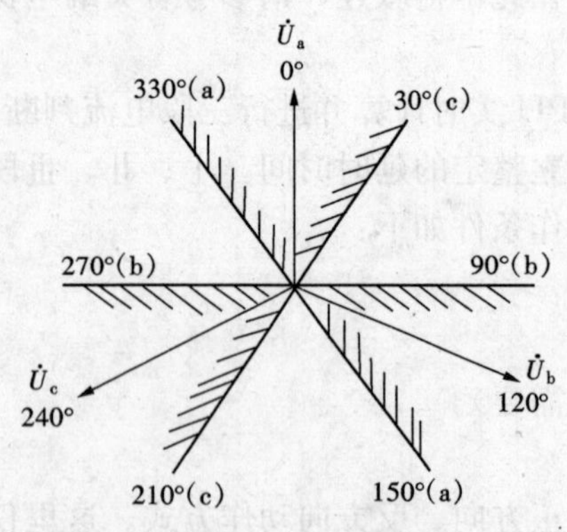

图 6-2　三个方向元件的动作范围

A 相方向元件的动作范围 φ_{ra} 为 330°～150°；

B 相方向元件的动作范围 φ_{rb} 为 90°～270°；

C 相方向元件的动作范围 φ_{rc} 为 210°～30°。

微机保护调试时均可在液晶显示屏上显示动作范围的角度数值。在微机保护中实现一些特殊功能也显得十分方便。例如，在方向元件判断正方向后，置 DA 标志位为“1”，而在方向状态记忆后，可用软件方式控制其有效时间，例如 3s 后置 DA 标志位为“0”，其记忆作用就“消失”了。这样，对反方向的故障（如故障未能切除），装置就可能动作。如此安排正好可以使保护有反方向的后备保护功能。

（三）低电压闭锁元件

为了提高过电流保护的灵敏度及提高整套保护动作的可靠性，线路的电流保护可经低电压元件闭锁，低电压元件在三个线电压中的任一个低于低电压定值时动作，开放被闭锁的保护元件。利用低电压元件，可以保证装置在非故障情况下不出现误动作。在常规保护中通常很少这样配置，但对微机线路保护设置采用软件很容易实现。

（四）三段式方向电流保护程序逻辑原理

一般微机保护装置可通过设置决定各段保护或其他功能的投切。图 6-3 所示为低压闭锁方向限时电流Ⅱ段速断保护逻辑框图。

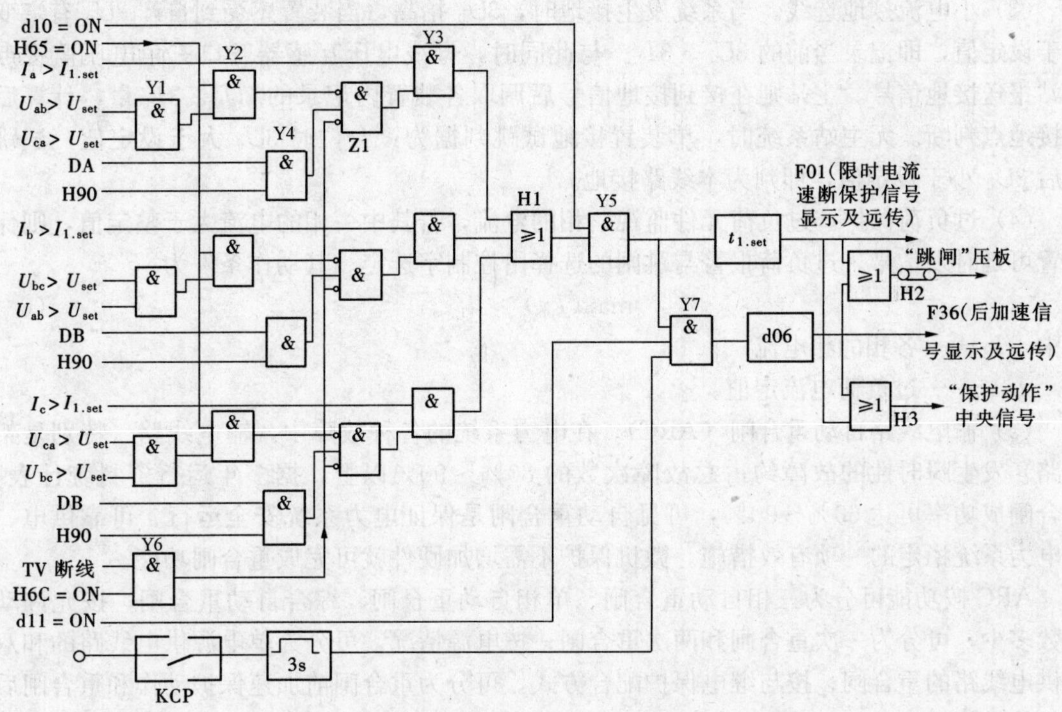

图 6-3　低压闭锁方向限时电流Ⅱ段保护逻辑框图

在微机保护中有两种定值，一种是开关型定值，一种是数值型定值。开关型定值常用定值字符表示，如 d10＝ON 表示限时电流速断投入，H90＝OFF 表示Ⅱ段电流保护方向元件退出。其中 ON 和 OFF 为开关型定值，在逻辑图中输入分别表示为“1”态和“0”态。数值型定值 $I_{1.set}$ 是限时速断定值，$I_a > I_{1.set}$ 表示 I_a 超定值，超定值时对应输入表示为“1”态。U_{set} 是低电压闭锁定值，当 $U_{ab} > U_{set}$ 对应输入表示为“1”态；当 $U_{ab} < U_{set}$ 低电压动作时，对应输入表示为“0”态。

如图 6-3 所示，在低电压闭锁 H65＝ON 和 TV 断线闭锁 H6C＝ON 均投入时，当正常运行时 $U_{ab} > U_{set}$ 及 $U_{ca} > U_{set}$，或 TV 断线，则逻辑门 Z1 被闭锁而输出“0”态，与门 Y3 也就输出“0”态，即 A 相Ⅱ段不动作。故障情况下 $U_{ab} < U_{set}$ 或 $U_{ca} < U_{set}$，与门 Y1、Y2 均输出“0”态，Z1 闭锁解除，如 DA＝1 正方向元件动作，此时只要满足 $I_a > I_{1.set}$ 和 d10＝ON，H1 和 Y5 输出“1”态，限时电流速断延时启动并经整定时间 $t_{1.set}$ 延时，保护动作发出 F01 信号，经或门 H2 发出跳闸命令。

一般线路保护装置还具有以下功能：

（1）TV 断线检测。当 TV 断线时，装置中方向元件、电压元件均可能误动作，装置在检测到 TV 断线后，可根据预先设定的控制字选择退出带方向元件、电压元件的各段保护，或者退出方向、电压元件。TV 断线检测功能可以通过“模拟量求和自检”控制字来投退。

（2）低频元件。一般线路保护装置上还设有低频减负荷功能，利用低频元件，可以实现分散式的频率控制。当系统频率低于整定频率时，此元件就能自动判断是否切除负荷。低频减负荷功能逻辑中可设有滑差闭锁元件以区分故障情况和真正的有功缺额（其原理参见第九章。）

（3）小电流接地选线。当系统发生接地时，$3U_0$ 抬高，当装置感受到自产 $3U_0$ 有突变且大于设定值，即记录当前的 $3U_0$、$3I_0$。与此同时，母线电压互感器开口三角电压监视点向主站报送接地信号。主站则在接到接地信号后调取各装置内记录的 $3U_0$、$3I_0$ 量，计算后给出接地点判断。无主站系统时，单装置接地试跳判据为：合位时 $3U_0$ 大于设定值，试跳分位后 $3U_0$ 小于设定值，即判为本线路接地。

（4）过负荷保护。过负荷元件监视三相的电流，若其中一相的电流大于整定值，则保护装置可延时发信号。过负荷报警与跳闸的选择由控制字选定。其动作条件为

$$\max(I_{ph}) > I_{L.set} \tag{6-4}$$

式中 I_{ph}——各相的相电流；

$I_{L.set}$——过负荷电流定值。

（5）输电线路自动重合闸（ARC）。在电力系统的各种故障中，输电线路（特别是架空线路）发生瞬时性的故障约占总故障次数的80%～90%以上，据多年运行资料统计表明，重合闸成功率可达60%～90%，可见自动重合闸是保证电力系统安全运行、可靠供电、提高电力系统稳定的一项有效措施。微机保护不需增加硬件就可完成重合闸功能。

ARC按功能可分为三相自动重合闸、单相自动重合闸、综合自动重合闸；按允许动作次数多少，可分为一次重合闸和两次重合闸；按电源情况，可分为单电源供电线路的和双电源供电线路的重合闸；按与继电保护配合方式，可分为重合闸前加速保护动作和重合闸后加速保护动作。

重合闸的构成一般包括启动回路、闭锁条件。一般保护装置的重合闸功能可由连接片投退。

1）启动回路。重合闸有两种启动方式，即开关位置不对应启动方式和保护启动方式。不对应启动方式中，一般利用跳闸位置继电器触点监视断路器位置。考虑许多新设计的变电站，尤其是综合自动化站，可能没有手动操作把手，装置在设计中避免使用手动操作把手的触点。一般利用操作回路的手合、手跳双位置继电器的合后动合触点，取代常规的操作把手的合后位置触点。

2）闭锁条件。断路器合位时重合充电时间一般为15s。重合闸“放电”条件有：①控制回路断线后，重合闸延时自动“放电”；②弹簧未储能端子高电位，重合闸延时自动“放电”；③闭锁重合闸端子高电位，重合闸立即“放电”；④手动跳闸、遥控跳闸，重合闸立即“放电”；⑤低频动作，重合闸立即放电。

三、中性点直接接地系统的零序电流（方向）保护

（一）保护电流元件配置及整定原则

微机型零序电流方向保护在许多基本原则上与常规的零序电流方向保护一致。零序电流方向保护是反映中性点直接接地系统的线路发生接地故障时零序电流分量大小和方向的多段式电流方向保护。保护的零序电流元件可如下配置：全相时设置四个灵敏段，即Ⅰ段、Ⅱ段、Ⅲ段、Ⅳ段；非全相时设置两个不灵敏段，即瞬时动作的不灵敏Ⅰ段和带延时的不灵敏Ⅱ段。

下面介绍灵敏Ⅰ、Ⅱ、Ⅲ段的整定原则。零序Ⅰ段：其动作电流躲过下一条线路出口处单相接地或两相接地短路时可能出现的最大零序电流 $3I_{0.\max}$。零序Ⅱ段：其启动电流先考虑和下一条线路零序电流Ⅰ段相配合，并带有一个动作时延 Δt，以保证动作的选择性。零序Ⅲ段：其启动电流原则上是按躲过下一条线路出口处相间短路时所出现的最大不平衡电流 $I_{\text{unb}\cdot\max}$整定，同时还必须要求各保护之间在灵敏系数上要逐级配合，即本保护零序Ⅲ段不超过相邻线路上零序Ⅲ段的保护范围。上述三段式保护，当有分支时还应计及分支系数。

当三段式零序电流方向保护不满足灵敏度要求时，可设置一个附加零序电流元件和时间元件，实际上零序Ⅳ段的保护整定值一般整定得较小。在后备保护以及保证本线路经较大的过渡电阻接地仍有足够灵敏度，非全相运行时零序电流可能超过其整定值而引起保护动作，因此零序Ⅳ段时间元件的整定必须使保护躲过重合闸周期。由于零序Ⅳ段保护定值低，有足够高的灵敏度，在微机保护中常将该段整定值作为保护的零序辅助启动元件，它与相电流差突变量元件一起担负启动的功能。

（二）零序电流方向保护的软件

下面简单介绍零序电流方向保护软件的主要几个模块。

1. 采样中断服务程序

该程序包括电压求和自检、电流求和自检、相电流差突变量启动元件 DI1。

采样中断服务程序中需通过 $3U_0$ 突变量元件来完成 TA 断线时闭锁保护，由于线路接地故障和 TA 断线都将使保护采样到 $3I_0$ 超定值，为了区分两者，可以利用 TA 断线时无零序电压 $3U_0$ 这一特征。但仅利用 $3U_0$ 来区分是接地故障还是 TA 断线，是不可靠的，因为在正常运行时 $3U_0$ 的工频不平衡分量较大，故在保护采样中断服务程序中采用了 $3U_0$ 突变量元件来鉴别，设有动作门槛值。在 $3U_0$ 超定值时置标志位 VQDB=1，以便在保护故障处理程序中用于开放零序功率方向元件，如 $3U_0$ 未超定值置 VQDB=0 并闭锁零序功率方向元件，则保护进入全相循环流程中进一步判断是否 TA 断线。

2. 零序保护专用自检程序

零序保护专用自检程序中分为零序辅助启动元件及 TA 二次断线检测两部分。零序保护不设静稳破坏检测元件，因为系统振荡总是三相对称的，对零序保护不会产生影响。

在专用自检程序中电压求和自检正常情况下，标志位 YHCB=0，以后的程序流程中功率方向元件均用自产 $3U_0$；在电压求和自检异常后置标志位 YHCB=1，则改用来自开口三角形的 $3U_0$，可使保护免受断线影响。零序保护的启动，除在采样中断服务程序中设置 DI1 元件作为相电流突变量启动元件外，在专用自检程序中还设置了零序电流启动元件，它的判据是 $3I_0$ 大于保护定值，启动时 QDB=1。

3. 零序保护故障处理程序

零序保护逻辑程序可分为三块模块，即快速动作部分、全相循环、非全相循环程序模块。任何一种高压线路保护都要求快速处理Ⅰ段范围内的严重故障，所以零序保护与距离保护一样配有快速动作部分程序模块。对于元件的Ⅰ段，一般装置的出口跳闸时间不大于 40ms（包括继电器的固有动作时间），这就要求采用快速动作程序判断出故障是否处于Ⅰ段。如果故障不在Ⅰ段范围内就首先进入全相循环程序模块。当保护与综合重合闸相配合，在单相重合闸期间程序才有可能进入全相循环模块。如果保护采用三相重合闸方式，则程序只在全相循环程序中循环处理。

四、线路距离保护

下面以 WXB—11 型微机线路保护为例，介绍距离保护软件的几个基本部分。

（一）启动元件

距离保护的启动元件要求在正常负荷状态下不启动，但在故障时则要求具有较高的灵敏度。常规保护常用负序电流启动元件，微机保护则通常采用电流突变量启动元件，或者将负序电流突变量和相电流突变量组成与门后输出，以保证纯振荡时不会启动。以图 6-4 所示相电流突变量为例，其算法为

$$\Delta i_k = |i_k - i_{k-N}| - |i_{k-N} - i_{k-2N}| \quad (6-5)$$

式中　i_k——电流在某一时刻的采样值；

i_{k-N}——比 i_k 早 1 个工频周期前的采样值；

i_{k-2N}——比 i_k 早 2 个工频周期前的采样值；

Δi_k——k 时刻电流的突变量；

N——每周波采样次数。

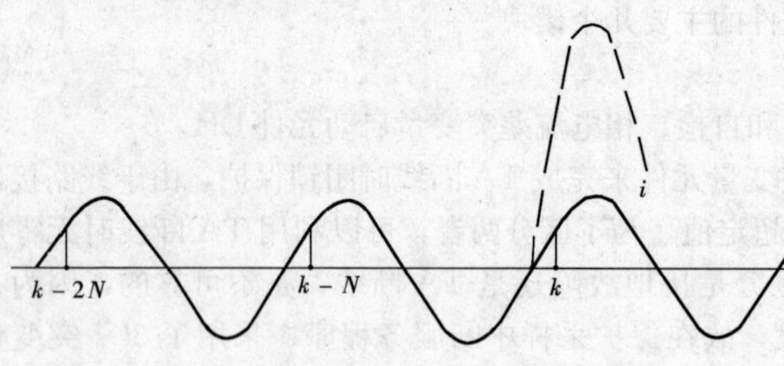

图 6-4　突变量启动元件原理示意图

若 k 时刻发生故障，i_k 为故障时刻电流，i_{k-N}及 i_{k-2N} 为故障前电流。从这时起 Δi_k 有输出，当大于整定值时，开始启动计数。连续启动计数超过 3、4 次时，给出启动信号，置装置启动标志。式（6-5）的后一项 $|i_{k-N} - i_{k-2N}|$ 是为了防止系统频率偏移的影响。当频率偏移时，i_k 与 i_{k-N} 间有一个相角差，然而 i_{k-N}与 i_{k-2N}之间也有几乎相同的相角差，两者相减后基本上可以消除这一差异。同时，式（6-5）对系统静稳破坏引起的不平衡也有削弱的效果，只有在振荡周期很小时才会误启动。因此，将负序电流突变 Δi_2 与之结合起来使用有很好的效果。

（二）故障处理程序

1. 故障选相元件

故障处理程序的第一步是选出故障相别，在识别出故障相别后，将相应的电压、电流量取出，送至故障判别处理程序，只有故障相的阻抗才能正确反映故障点位置，这样可以节约大量的计算时间。

故障选相判别的主要判明是接地短路（单相接地或两相接地）还是相间故障（两相短路或三相短路）。故障判断有不同的方法，下面仅介绍一种。图 6-5 所示为在发生各种故障时短路电流（仅故障分量）的相量图。

先计算三个相电流差突变量的有效值，即 $|\Delta\dot{I}_{AB}|$、$|\Delta\dot{I}_{BC}|$、$|\Delta\dot{I}_{CA}|$，并把它们分为大、中、小。如果有（大一中）≪（中一小）必定是单相接地。从图 6-5（a）看出，当 A 相单相接地时，I_A 最大，I_B、I_C 很小且接近相等，设 $|\Delta\dot{I}_{AB}|$ 为大者，$|\Delta\dot{I}_{CA}|$ 为中者，$|\Delta\dot{I}_{BC}|$ 为小者，因 $|\Delta\dot{I}_{AB}|$ 与 $|\Delta\dot{I}_{CA}|$ 相差不多，所以其差值很小，而 $\Delta\dot{I}_{CA}$ 比 $\Delta\dot{I}_{BC}$ 大得多，故 $\big||\Delta\dot{I}_{AB}| - |\Delta\dot{I}_{CA}|\big| \ll \big||\Delta\dot{I}_{CA}| - |\Delta\dot{I}_{BC}|\big|$ 一定满足，且小者的字母对应两相为

非故障相。如不满足上述条件则为相间故障，大者的字母对应的两相为故障相。当然三相故障时可能随机的选为AB相或BC相、CA相，但无论选为哪两相计算阻抗都正确。

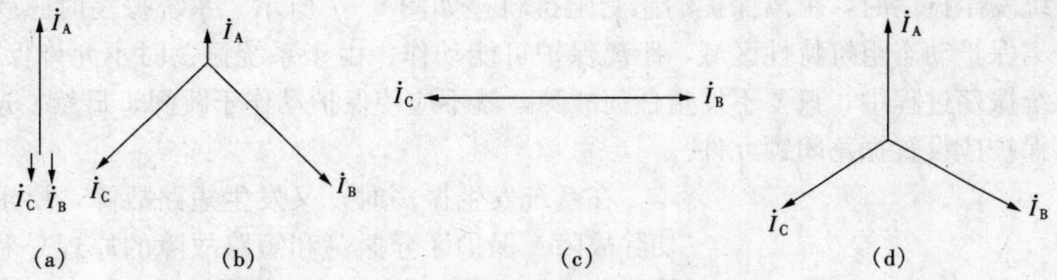

图6-5　故障相短路电流相量图

(a) 单相接地；(b) 两相接地；(c) 两相短路；(d) 三相短路

2. 阻抗元件

常规保护阻抗元件的动作特性通常以圆特性为基础，并直接按动作方程判别功能；而微机型距离保护中，充分利用微机的强记忆功能和快速计算能力，根据微分方程算法配合数字滤波器或采用傅氏算法，直接从故障参数中求出保护安装处到故障点的X，R值，再确定故障点是否处于动作区内。距离保护测量阻抗继电器采用多边形阻抗继电器。

多边形阻抗元件动作特性如图6-6所示。动作特性是在六边形图形上叠加一个包含坐标圆点在内的一个小矩形的小区域，二者构成“或”门关系，从而使动作特性包含了圆点。

图6-6中，可以独立整定的有X_s、R_s和α三个量。微机距离保护最容易实现多边形特性，因为通过阻抗计算求得X和R分量后和这样的动作特性相比较以判断是否在区内最方便。此外，X_s、R_s可以独立整定的多边形特性也容易满足长线路和短线路的不同要求。例如对短线路可以加大R_s/X_s值，以增强允许过渡电阻的能力；对于长线路则减小R_s/X_s值，以避越负荷阻抗。第二象限和第四象限的边界线均倾斜15°角，是因为$\tan15°\approx1/4$，实现最方便。为了提高线路避越负荷阻抗的能力，多边形的一边与实轴夹角选定为60°。α值的选择原则应以躲区外故障时的超越为准。阻抗计算方法可采用解微分方程法配合低通数字滤波的方法。

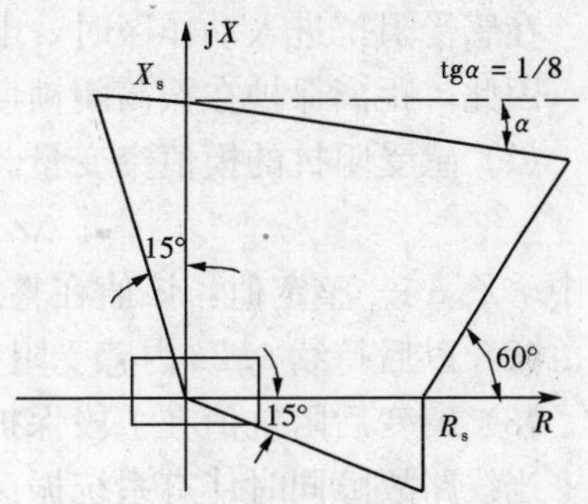

图6-6　多边形阻抗元件动作特性

设置小矩形区域的目的是为了解决正方向出口故障的死区问题。出口短路时由于电压为零，X、R的计算值均接近零，其符号正、负不能正确表达短路方向。为此在非手合情况下调用故障前一周电压同故障后电流比相来判别短路方向，如为正方向则判断是否在图6-6所示的带偏移特性（小矩形）的区内。另外，对于手动合闸到故障线路，考虑到TV可能在线路上，不能用记忆方法，必须用偏移特性判断。

（三）系统振动的判断与振荡闭锁

1. 系统振荡与断路故障的区别

电力系统正常运行时，系统各电源间同步运行，各电源电动势间的相角差不变。当系统因故障切除时间太慢或遭受较大的冲击（如输送功率超过静稳定极限；非同期自动重合闸不成功等）时，并列运行的各电源间失去同步，系统发生振荡。但通常系统振荡若干周期后，可以被拉入同步，恢复正常运行。因此，保护在系统振荡时不允许动作。

在系统发生振荡时，距离保护的感受阻抗轨迹如图 6-7 所示。系统振荡时感受阻抗可能穿过距离保护动态阻抗特性区域，距离保护可能动作。由于系统振荡时不允许保护动作，因此在系统振荡过程中，只要不发生任何故障，就不应使保护动作于跳闸。显然，这种情况下，距离保护应设置振荡闭锁元件。

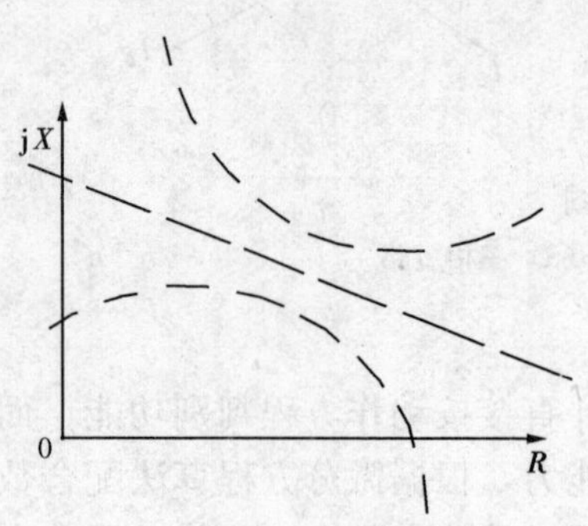

图 6-7　系统振荡时距离保护感受阻抗轨迹示意图

在系统发生振荡时，又发生短路故障，要求保护能切除故障。保护区分振荡和短路故障的原理是利用了系统振荡时保护装置的感受阻抗是不断变化的，而短路时的感受阻抗将有一个突变，此后不再变化这样一个特性。系统振荡时距离保护装置的感受阻抗轨迹，决定于两侧电源等值电动势的大小，是一条直线或圆弧。系统振荡时保护装置的感受阻抗特别是其电阻分量是不断变化的，变化速率取决于振荡周期。而被保护线路突然发生相间短路时，感受阻抗的电阻分量虽然也可能因电弧拉长而略有变化，但分析计算表明，电弧电阻变化速率远小于最大可能的振荡所对应的电阻变化速率。为了进一步提高鉴别振荡和短路的能力，还利用了短路时感受电阻分量先有一个突变，而当振荡周期很长，在感受阻抗进入动作区时，电阻变化速率虽然也可能较小，但不会有突变。

因此，距离保护在振荡闭锁期间，又发生短路故障的判据如下。

（1）感受阻抗的模值突变量。其计算式为

$$|\Delta Z| = |Z(k) - Z(k-1)| > Z_{set} \tag{6-6}$$

式中　Z_{set}——整定值，该值在整定清单上列出。

（2）以后持续 0.2s 内感受阻抗的电阻分量基本不变。

（3）突变后阻抗值在Ⅰ段保护范围内。

当线路故障同时伴有系统振荡时，应能在满足一定的条件下开放保护。目前出现了新型振荡闭锁原理的保护，在后面进行介绍。

2. 振荡停息判据

判断振荡停息的判据是以下三类元件持续 4.5s 均不动作：

（1）六种相别（AB、BC、CA、AN、BN、CN）的Ⅲ段阻抗元件；

（2）按静稳破坏整定的相电流元件；

（3）按辅助零序电流 I_{04} 整定的零序电流元件。

五、超高压线路数字保护

以 RCS—931A 型超高压线路成套保护装置为例，说明超高压线路数字保护的配置。该保护装置是由微机实现的数字式高压线路成套快速保护装置，可作为 220kV 及以上电压等级输电线路的主保护及后备保护。

保护中包括以分相电流差动和零序电流差动为主体的快速主保护，由工频变化量距离元件构成的快速Ⅰ段保护，由三段式相间和接地距离保护及两个延时段零序方向过流保护构成的全套保护。保护有分相出口，配有自动重合闸功能，对单线路或双线路接线的开关实现单相重合闸、三相重合闸和综合重合闸。

下面介绍 RCS—931A 型超高压线路成套保护装置的软件工作原理。

（一）保护程序结构

保护程序结构如图 6-8 所示。主程序按固定的采样周期接收采样中断进入采样程序，在采样程序中进行模拟量采集与滤波，开关量的采集、装置硬件自检、交流电流断线和启动判据的计算，根据是否满足启动条件而进入正常运行程序或故障计算程序。硬件自检内容包括 RAM、E^2POM、跳闸出口三极管等。

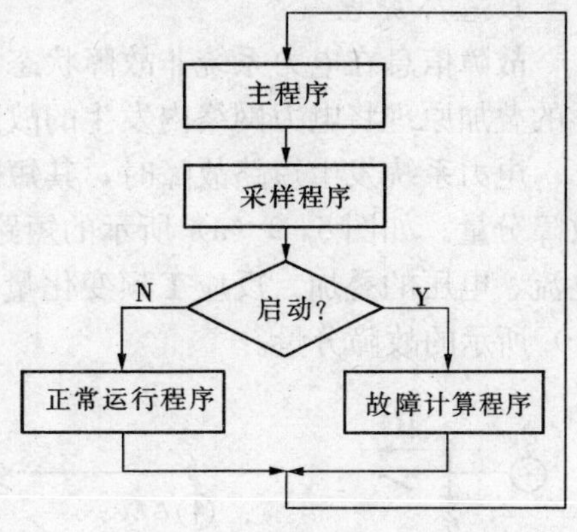

图 6-8　保护程序结构框图

正常运行程序中进行采样值自动零漂调整及运行状态检查，后者包括交流电压断线、检查开关位置状态、变化量制动电压形成、重合闸充电、通道检查、准备手合判断等。不正常时发出告警信号，信号分两种：一种是运行异常告警，这时不闭锁装置，提醒运行人员进行相应处理；另一种为闭锁告警信号，告警的同时将装置闭锁，保护退出。

故障计算程序中进行各种保护的算法计算，跳闸逻辑判断以及事件报告、故障报告及波形的整理。

（二）装置启动元件

总启动元件的主体以反应相间工频变化量的过流继电器实现，同时用配以反应全电流的零序过电流继电器互相补充。反应工频变化量的启动元件采用浮动门槛，正常运行及系统振荡时变化量的不平衡输出均自动构成自适应式门槛，浮动门槛始终略高于不平衡输出。在正常运行时由于不平衡分量很小，装置有很高的灵敏度，当系统振荡时，自动抬高浮动门槛而降低灵敏度，不需要设置专门的振荡闭锁回路。因此，启动元件有很高的灵敏度，又不会频繁启动，装置有很高的安全性。启动方式分为以下几项。

（1）电流变化量启动：其计算式为

$$\Delta I_{ph\cdot max} > 1.25\Delta I_f + \Delta I_{set} \tag{6-7}$$

式中　$\Delta I_{ph\cdot max}$——相间电流的半波积分的最大值；

ΔI_{set}——可整定的固定门槛；

ΔI_f——浮动门槛，随着变化量的变化而自动调整。

（2）零序过电流元件启动：外接和自产零序电流均大于整定值时，零序启动元件动作。

（3）位置不对应启动：用户选择投入，条件满足，总启动元件动作，开放出口继电器正电源。

（4）纵联差动或远跳启动：发生区内三相故障，弱电源侧电流启动元件可能不动作，若此时收到对侧的差动保护允许信号，则判别差动继电器动作相关相，若相间电压小于 60% 额定电压，则辅助电压启动元件动作，开放出口继电器正电源 7s。

保护启动元件与总启动元件原理一致。

（三）工频变化量距离继电器

传统的继电保护原理是建立在工频电气量的基础上，故障暂态过程所产生的有用信息被视为干扰而被滤掉，如差动继电器就是利用带速饱和变流器抑制暂态非周期分量，获取了稳态的短路故障信息。要取得快速动作的特性，必须利用故障发生瞬间的故障暂态信息，还必须正确区分内部和外部故障信息，才能获得可靠、快速又有选择性的保护特性。近年来，对继电保护影响最大的是反应故障分量的高速继电保护原理。

1. 基本原理

故障信息在电力系统非故障状态下不存在，仅在发生故障时才出现，所以可以利用电工学的叠加原理将电力网络内发生的故障视为非故障状态与故障附加状态的叠加。

电力系统发生短路故障时，其短路电流、电压可分解为故障前负荷状态的电流、电压和故障分量。如图 6-9（a）所示的短路状态，可分解为图 6-9（b）、图 6-9（c）两种状态下电流、电压的叠加。反应工频变化量的继电器不受负荷状态的影响，因此只要考虑图 6-9（c）所示的故障分量。

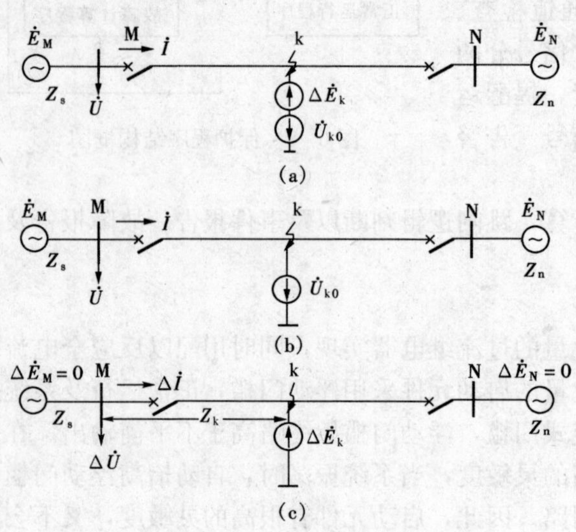

图 6-9　双侧电源线路短路时网络状态图

图 6-9 中，$\dot{U}_{k0}$ 在数值上等于短路前短路点的开路电压。故障点的附加电动势为 $\Delta\dot{E}_k=-\dot{U}_{k0}$，由故障点 k 看进去，内部的电动势均为零。所以在正向短路时附加电动势 $\Delta\dot{E}_k$ 是加在 M 端系统阻抗 Z_s 和线路阻抗 Z_k 上，在 M 端母线上产生一个附加电压 $\Delta\dot{U}=\Delta\dot{E}_k Z_s/(Z_s+Z_k)$，并在线路上产生了相应的工频电流变化量 $\Delta\dot{I}$。附加电压 $\Delta\dot{U}$ 和工频电流变化量 $\Delta\dot{I}$ 就是 M 点保护安装处的故障信息。显然，故障附加状态中所出现的 $\Delta\dot{U}$ 和 $\Delta\dot{I}$ 只包含故障信息，它们与故障前的负荷状态的电压、电流无关。

2. 故障分量的特征

（1）故障分量可由附加状态网络计算获取，相当于在短路点加上一个与该点非故障状态下大小相等、方向相反的电动势 $\Delta\dot{E}_k$，并令网络内所有电动势为零的条件下得到的。

（2）非故障状态下不存在故障分量的电压和电流，故障分量只在故障状态下才会出现，并与负荷状态无关。但是，故障分量仍受系统运行方式的影响。

（3）故障点的电压故障分量最大，系统中性点为零。由故障分量构成的方向元件可以消除电压死区。

（4）保护安装处的电压故障分量与故障分量间的相位关系，由保护至反方向侧系统中性点间的阻抗所决定，不受系统电动势和短路点电阻的影响，按其原理构成的方向元件方向性明确。

3. 故障信息的提取

（1）消除非故障分量法。根据叠加原理，电力系统网络故障可以看成是故障前的非故障状态与故障瞬时的附加状态叠加。从原理上看，发生短路时，由保护装置的实测故障时电压

($\dot{U}_k$) 减去非故障状态下的电压 ($\dot{U}_{unk}$) 就可以得到电压的故障分量 $\Delta\dot{U}$，即 $\Delta\dot{U}=\dot{U}_k-\dot{U}_{unk}$。对于快速保护，可以认为电压中非故障分量等于其故障前电气量，这种假设与实际情况相符。因此，对于快速保护而言，可以将故障前的电压先储存起来，然后从故障时测量得到的相应量中减去已储存的有关部分，就可以得到故障分量。

(2) 故障特征检出法。从对称分量法的基本原理可知，在正常工作状态下的电压和电流是正序分量的电压和电流，接地短路时会出现零序分量的电压、电流，不对称短路时会出现负序电压、电流。因此，负序分量包含有故障信息，它可用于检出故障。但是，在各种类型故障中都包含有正序分量，因此正序分量中也包含有故障信息，这一特殊的性质也应当用于检出故障。负序分量和零序分量虽然包含有故障信息，可用于判别故障，在保护技术中得到广泛应用，其缺点是不能反应三相短路。各种对称和不对称短路时都会出现正序分量，而在消除正常运行分量后，正序分量就成为一个比负序、零序分量更为完善的新的故障特征，即正序分量中包含有更丰富的故障信息。当然，故障信息中除了工频分量信息外，还有高频分量信息。如图 6-9 (c) 中的 $\Delta\dot{U}$、$\Delta\dot{I}$ 就是故障时的工频分量正序故障信息。通常用零序分量反映接地短路的故障分量，用正序和负序分量的电压或电流的综合分量反映相间短路的故障分量，目的是为了提高不对称短路的灵敏度。

(3) 门槛法和浮动门槛法。门槛法是以同一种电气量的某定值为门槛检出故障的方法。当电流增大、电压降低或阻抗降低而越过固定门槛值时，即判断为发生故障。此方法简单易行，但会因灵敏度不满足要求而得不到足够的故障信息。

浮动门槛法的定值不固定，随着非故障因素引起的故障分量不平衡输出的大小而自动浮动变化的。在正常运行的情况下，输出的不平衡量较小，在特殊情况下，如频率偏离额定值较大，或者电力系统发生振荡时就有较大的不平衡输出，为此可以设置一个浮动门槛值。微机继电保护往往设置了自适应的浮动门槛，根据短路引起的不平衡瞬间变化，而非故障因素产生的不平衡是缓慢变化的这一特点，可实测出非故障分量产生的不平衡输出值，设置门槛值。

4. 工频变化量阻抗继电器特性分析

通常情况下，阻抗继电器是通过测量短路点到保护安装处的阻抗 Z_k，并与整定阻抗 Z_{set} 比较，判断阻抗继电器是否动作，而工频变化量阻抗继电器的动作特性，用下式表示

$$|\Delta U_{op}|>U_Z \tag{6-8}$$

式中　ΔU_{op}——工作电压变化量；

U_Z——动作门槛电压。

这里工作电压 U_{op} 就是距离保护范围末端（整定值）在正常运行的工作电压。区内故障时 U_{op} 不对应于整定点电压，此时工作电压 U_{op} 仅表示为保护输入电压与电流 I 在整定阻抗 Z_{set} 上的压降之差，是一种虚拟的概念，这时它没有实际的物理意义，即有如下关系式

$$\left.\begin{aligned}\dot{U}_{op}&=\dot{U}-\dot{I}Z_{set}\\ \Delta\dot{U}_{op}&=\Delta\dot{U}-\Delta\dot{I}Z_{set}\end{aligned}\right\} \tag{6-9}$$

正方向经过渡电阻故障时的动作特性可用解析法分析。以图 6-10 所示三相短路为例，设 $U_Z=|\Delta E_k|$，有

$$\Delta E_k=-\Delta I(Z_s+Z_k) \tag{6-10}$$

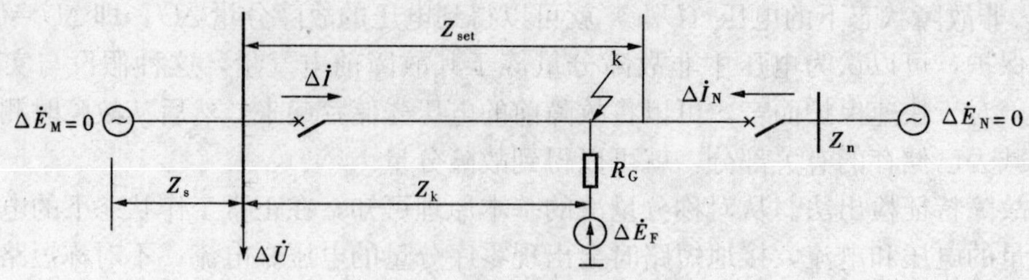

图 6-10 正方向经过渡电阻故障计算用图

$$\Delta U_{op}=\Delta U-\Delta IZ_{set}=-\Delta I(Z_s+Z_{set}) \quad (6-11)$$

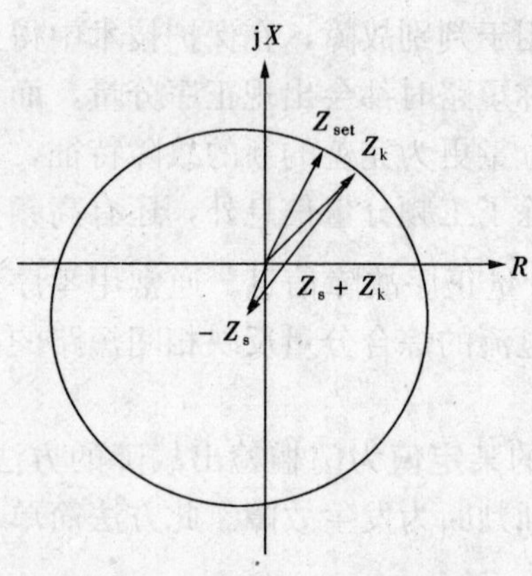

图 6-11 正方向短路动作特性

将式（6-10）、式（6-11）代入式（6-8）得

$$|\Delta I(Z_s+Z_{set})|>|\Delta I(Z_s+Z_k)|$$

$$|Z_s+Z_{set}|>|Z_s+Z_k| \quad (6-12)$$

其中，Z_k 为测量阻抗。它在阻抗复平面上的动作特性是以矢量 $-Z_s$（系统阻抗）为圆心，以 $|Z_s+Z_{set}|$ 为半径的圆，如图 6-11 所示，当测量阻抗 Z_k 矢量末端落于圆内时动作。可见这种阻抗继电器有较大的允许过渡电阻能力。当过渡电阻受对侧电源助增时，由于 $\Delta\dot{I}_N$ 一般与 $\Delta\dot{I}$ 是同相位，过渡电阻上的压降始终与 $\Delta\dot{I}$ 同相位，过渡电阻始终呈阻性，与 R 轴平行，因此，不存在对侧电流助增所引起的超越问题。

反方向短路故障时（见图 6-12），仍假设，$U_Z=|\Delta E_k|$，由

$$\Delta E_k=-\Delta I(Z'_s+Z_k) \quad (6-13)$$

$$\Delta U_{op}=\Delta U-\Delta IZ_{set}=-\Delta I(Z'_s-Z_{set}) \quad (6-14)$$

将式（6-13）和式（6-14）代入式（6-8）得

$$|Z'_s-Z_{set}|>|Z'_s+Z_k| \quad (6-15)$$

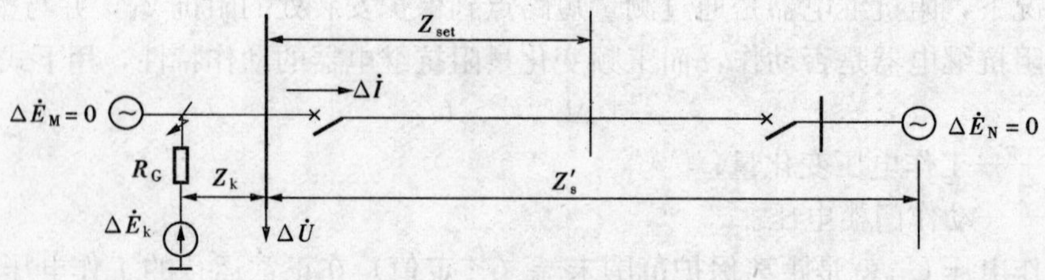

图 6-12 反方向故障计算用图

所以，反方向故障时，测量阻抗 $-Z_k$ 在阻抗复平面上的动作特性是以矢量 Z'_s 为圆心，以 $|Z'_s-Z_{set}|$ 为半径的圆（见图 6-13），动作圆在第一象限。实际上 Z_k 总是电感性的，因此 $-Z_k$ 总是在第三象限，不可能落到位于第一象限的阻抗圆内，所以距离元件不可能动作，阻抗元件有明确的方向性。同时，在反方向故障时具有很大的克服过渡电阻的能力。

（四）电流差动继电器

电流差动继电器包括变化量相差动继电器、稳态相差动继电器和零序差动继电器。

变化量相差动继电器动作方程为

$$\left.\begin{aligned}\Delta I_{\mathrm{KD\cdot ph}} &> 0.75\Delta I_{\mathrm{R\cdot ph}}\\ \Delta I_{\mathrm{KD\cdot ph}} &> I_{\mathrm{H}}\end{aligned}\right\}\qquad(6-16)$$

式中　$\Delta I_{\mathrm{KD\cdot ph}}$——工频量差动电流，即为两侧电流变化量相量和的幅值，下标“ph”可为 A、B、C；

$\Delta I_{\mathrm{R\cdot ph}}$——工频变量制动电流，下标“ph”可为 A、B、C；

I_{H}——差动电流整定值。

稳态相差动继电器动作方程与式（6-16）类似。

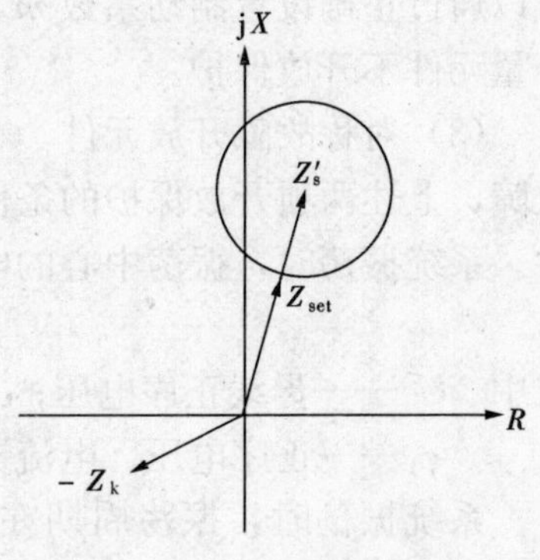

图 6-13　反方向短路动作特性

（五）距离继电器

1. 继电器动作特性的选择

设有三阶段式相间和接地距离继电器，继电器由正序电压极化，因而有较大的测量故障过渡电阻的能力；当用于短线路时，为了进一步扩大测量过渡电阻的能力，还可将Ⅰ、Ⅱ段阻抗特性向第Ⅰ象限偏移；接地距离继电器设有零序电抗特性，可防止接地故障时继电器超越。当用于长距离重负荷线路，常规距离整定困难时，可引入负荷限制继电器，负荷限制继电器和距离继电器的交集为动作区，这有效地防止了重负荷是测量阻抗进入距离继电器而引起的误动。

2. 振荡闭锁元件

振荡闭锁分四部分，任意一个动作开放保护。

（1）启动开放元件。由于距离保护的启动元件是一种反应正负序综合电流工频变化量的过电流元件，因此在单纯系统振荡而无故障时，启动元件初期不动作，其后因电流互感器的饱和而可能动作。所以按躲过最大负荷电流整定的正序过电流元件先于启动元件动作，闭锁“保护开放”的逻辑；在线路故障同时伴有振荡时，启动元件和正序过电流元件同时动作，但由于正序过电流元件经延时 10ms 输出，启动元件先于正序过电流元件动作，闭锁解除，由启动元件开放保护 160ms，即开放条件是：启动元件动作瞬间，若按躲过最大负荷整定的正序过电流元件不动作或动作时间不足 10ms，则将保护开放 160ms。

（2）不对称故障时开放元件。系统振荡中，又发生不对称短路故障时，振荡闭锁回路还可由对称分量元件开放，该元件的动作判据为

$$|\dot{I}_0|+|\dot{I}_2|>m|\dot{I}_1|\qquad(6-17)$$

根据振荡对称的特征，所以正序电流 $\dot{I}_1$ 幅值很大，而零序电流 $\dot{I}_0$ 和负序电流 $\dot{I}_2$ 较小，将保护闭锁。

系统振荡时又发生区内不对称故障，将有较大的 $\dot{I}_0$ 或 $\dot{I}_2$ 分量，此时式（6-17）是否成立，取决于短路时刻两侧系统电动势角摆开程度。如果系统电动势角不够大，振荡电流数值较小，而不对称短路时序分量电流的数值很大，式（6-17）成立，保护装置立即开放。短路时刻若系统两侧电动势角已摆开较大，则振荡闭锁将在系统角逐步减小时开放，也可能由一侧瞬时开放跳闸后另一侧相继速跳。

系统振荡中，若又发生区外不对称故障，这时相间、接地距离元件都将可能误动，但是

可以通过正确设置制动系数 m，使式（6-17）在此情况下可靠不成立，以确保振荡闭锁序分量元件不开放保护。

（3）对称故障开放元件。在启动元件开放 160ms 以后或系统振荡过程中，如发生三相故障，上述两项开放保护的条件均不成立，不能开放保护。因此必须设置专门的振荡判断条件。系统振荡时，振荡中心的电压可由保护装置算得

$$U_{os}=U_1\cos\varphi_1 \tag{6-18}$$

式中 U_1——母线正序电压；

φ_1——正序电压、电流夹角。

系统振荡时，振荡周期在 180°左右，U_{os}在 $0.05U_N$ 左右，三相短路故障电阻就是弧光电阻，该电阻上压降的幅值小于 $0.05U_N$。通过测量振荡中心的电压，作为开放保护的判据。

（4）全相运行时开放保护的条件。非全相振荡时，距离继电器可能动作，但选相区为跳开相。非全相运行发生单相故障时，距离继电器动作的同时选相区进入故障相，因此，可以以选相区不在跳开相作为开放条件。

（六）选相元件

采用工作电压变化量选相元件、差动选相元件和 $\dot{I}_0$ 与 $\dot{I}_2$ 比相选相元件。

（七）重合闸

重合闸为一次重合闸方式，可实现单相重合闸、三相重合闸或综合重合闸；可根据故障的严重程度引入闭锁重合闸。

（八）正常运行程序

（1）检查开关位置状态。三相无电流，同时跳闸位置继电器动作，则认为线路不在运行，开放准备手合于故障 400ms；线路有电流但跳闸位置继电器动作，或三相跳闸位置继电器不一致，经 10s 延时报跳闸位置继电器异常。

（2）交流电压断线。三相电压相量和大于 8V，保护不启动，延时 1.25s 发 TV 断线异常信号。三相电压相量和小于 8V，但正序电压小于 33.3V 时，若采用母线 TV 则延时 1.25s 发 TV 断线异常信号；若采用线路 TV，则当任一相有流元件动作或跳闸位置继电器不动作时，延时 1.25s 发 TV 断线异常信号。装置通过整定控制字来确定是采用母线 TV 还是线路 TV。三相电压正常后，经 10s 延时 TV 断线信号复归。

（3）交流电流断线（始终计算）。自产零序电流小于 0.75 倍的外接零序电流，或外接零序电流小于 0.75 倍的自产零序电流，延时 200ms 发 TA 断线异常信号；有自产零序电流而无零序电压，则延时 10s 发 TA 断线异常信号。保护判出交流电流断线，总启动元件中不进行零序过流元件启动判别。

（4）工频变化量距离继电器的门槛电压形成。工频变化量距离继电器的门槛电压 U_Z，取正常运行时的工作电压的半波积分值。

（5）线路电压断线。当重合闸投入且处于三重或综重方式，如果装置整定为重合闸检同期或检无压，则要用到线路电压，开关在合闸位置时检查输入的线路电压小于 40V 经 10s 延时报线路 TV 异常。如重合闸不投、不检定同期或无压时，线路电压可以不接入本装置，装置也不进行线路电压断线判别。当装置判定线路电压断线后，重合闸逻辑中不进行检同期和检无压的逻辑判别。

第四节　变压器的微机保护

电力变压器微机保护在硬件上与线路微机保护相类似，由于保护上的特殊要求，在软件上具有明显突出的特点。新型变压器微机保护的软件采用了一些新原理，如工频变化量比率差动保护、波形对称原理的差动保护，提高了变压器内部故障的监测灵敏度。多 CPU 微机保护的采用，使变压器的后备保护按侧独立配置并与变压器主保护、人机接口管理相互独立运行，改善了保护运行和维护条件，同时也提高了保护可靠性。

一、电力变压器微机保护的配置

电力变压器微机保护的配置与常规保护的配置基本相同，但由于微机保护软件的特点，一般微机保护的配置较齐全、灵活。中、低压变电所主变压器保护配置如下。

（一）主保护配置

（1）比率制动式差动保护（包含差动速断保护），由于中、低压变电所主变压器容量不大，通常采用二次谐波闭锁原理的比例制动差动保护。

（2）本体重气体、有载调压重气体和压力释放。

（二）后备保护配置

主变压器后备保护按侧配置，各侧后备保护之间、各侧后备保护与主保护之间软件、硬件均相互独立。

（1）过电流保护。可以采用三段复合电压（方向）闭锁过电流保护，Ⅰ段动作跳本侧分段断路器，Ⅱ段动作跳本侧断路器，Ⅲ段动作跳三侧断路器。

（2）接地保护。中性点直接接地系统对于高压侧中性点接地的变压器，还应考虑配置二段式零序过电流保护；中性点可接地或不接地运行，配置零序电流、零序电压保护；中性点经放电间隙接地运行，配置间隙过电流、间隙过电压保护。

另外，变压器保护一般具有三段过负荷保护和冷控失电、主变压器过温报警功能。

二、变压器微机差动保护

（一）差动保护变压器各侧电流相位补偿

常规变压器的差动保护，当采用双绕组变压器为 Yd11 接线时，高低压两侧电流相位差 30°，要求两侧电流互感器二次侧采用相位补偿接线，即变压器星形侧的电流互感器接成三角形，而变压器三角形侧的电流互感器接成星形。由于微机保护软件计算的灵活性，允许变压器各侧的电流互感器二次侧都按星形接线，也可以按常规保护的接线方式。当两侧都采用星形接线方式时，在进行差动计算时由软件对变压器星形侧电流进行相位补偿及电流数值补偿。

如变压器星形侧二次三相电流采样值为 I_{ah}、I_{bh}、I_{ch}，则软件按下式可求得用作差动计算的三相电流 I_{AH}、I_{BH}、I_{CH}，即

$$\begin{aligned} \dot{I}_{AH} &= \dot{I}_{ah} - \dot{I}_{bh} \\ \dot{I}_{BH} &= \dot{I}_{bh} - \dot{I}_{ch} \\ \dot{I}_{CH} &= \dot{I}_{ch} - \dot{I}_{ah} \end{aligned} \tag{6-19}$$

用软件实现星/三角转换后 $\dot{I}_{AH}$、$\dot{I}_{BH}$、$\dot{I}_{CH}$ 就与低压侧的电流 $\dot{I}_{aL}$、$\dot{I}_{bL}$、$\dot{I}_{cL}$ 同相位了。软件计算的星/三角转换的相量图如图 6-14 所示。

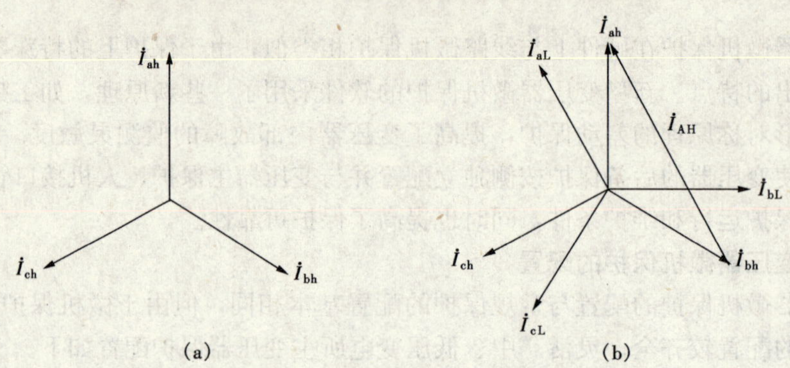

图 6-14 软件计算的星/三角转换的相量图

(a) 星形侧高压电流相量；(b) 低压侧三相电流相量

（二）电流平衡的调整系数

主变压器的电流互感器各二次侧采用星形接线，由软件进行相位补偿后，由于各侧一次额定电流不等及各侧电流互感器接差动回路的变比不等，故必须对各侧计算电流进行平衡调整，才能消除不平衡电流对变压器差动保护的影响。

一般应根据变压器各侧一次额定电流、差动保护电流互感器变比，求出电流平衡调整系数 K_b，将 K_b 值当作定值送入微机保护，由软件实现电流自动平衡调整，消除不平衡电流影响。

(1) 变压器各侧的一次额定电流 I_{1N} 为

$$I_{1N}=\frac{S}{\sqrt{3}U_N} \tag{6-20}$$

式中 S——变压器额定容量；

U_N——本侧额定相间电压，有调压分接点的，应取中间抽头电压。

(2) 变压器各侧电流互感器二次计算电流为

$$I_{2c}=\frac{I_{1N}}{K_n}K_{com} \tag{6-21}$$

式中 K_n——本侧电流互感器变比；

K_{com}——接线系数，星形侧 $K_{com}=\sqrt{3}$；三角形侧 $K_{com}=1$。

(3) 电流平衡调整系数 K_b。首先规定变压器高压侧的二次电流 $I_{2c\cdot h}$ 为基准，然后对其他各侧的 TA 变比进行计算调整，调整系数的计算式为

$$K_b=\frac{I_{2n}}{I_{2c\cdot h}} \tag{6-22}$$

式中 I_{2n}——中、低压侧二次电流。

将式 (6-20)、式 (6-21) 代入式 (6-22)，求出低压侧调整系数整定值 K_{bL} 和中压侧调整系数整定值 K_{bm}。

$$K_{bL}=\frac{U_h K_h K_{com\cdot l}}{U_l K_l K_{com\cdot h}} \tag{6-23}$$

$$K_{bm}=\frac{U_hK_hK_{com\cdot m}}{U_mK_mK_{com\cdot h}} \tag{6-24}$$

式中　下标h、l、m——分别表示高压侧、低压侧和中压侧。

由于微机保护取值是按二进制方式取值，调整系数取值不是连续的而是分级的。因此按级差取值的调整系数 K_b 不可能使差动保护完全达到平衡。

三、变压器主保护的原理

变压器保护装置型号不一，生产厂家很多，主保护的功能及原理可能不尽相同。一般采用二次谐波闭锁原理的比率制动差动保护，主要包括二次谐波制动元件（或波形对称判别元件）、五次谐波制动元件、比率制动元件、差动速断元件、差动元件和TA断线判别元件等，同时可包括过负荷等元件。现结合PST1200系列变压器保护装置为例介绍。

（一）*差动保护的启动元件*

保护启动元件用于开放保护跳闸出口继电器的电源及启动该保护故障处理程序。各保护CPU启动元件相互独立且基本相同，任一启动元件动作则保护启动。

（1）差动电流突变启动元件的判据为

$$\Delta i_{KD\cdot ph}>I_{KD\cdot st} \tag{6-25}$$

$$\Delta i_{KD\cdot ph}=|\,i_{KD\cdot ph}(t)-2i_{KD\cdot ph}(t-T)+i_{KD\cdot ph}(t-2T)\,|$$

式中　$\Delta i_{KD\cdot ph}$——差动电流突变量，下标ph代表a，b，c三种相别；

T——采样周期；

$I_{KD\cdot st}$——差动电流突变量启动值，$I_{KD\cdot st}=0.5I_{KD}$（I_{KD}为差动保护动作定值）。

当任意差动电流突变量连续三次大于启动门槛时，保护启动。

（2）差动电流越限启动元件是为了防止经大电阻故障时相电流突变量启动元件灵敏度不够而设置的辅助启动元件。该元件在差动电流大于差电流越限启动门槛并连续5ms后启动，差流越限启动门槛为差动动作定值的80%。

（二）*比率制动式差动保护*

1. 比率制动式差动保护的基本概念

电流互感器一次电流越大，其励磁电流分量越大，铁芯越饱和，二次电流误差越大，不平衡电流越大。当变压器外部故障时，变压器高、低压侧的电流互感器二次不平衡电流很大，保护整定电流动作值应躲过不平衡电流，因而整定电流动作值较大，影响了差动保护动作的灵敏度。比率制动式差动保护的原理就是保护的动作电流随外部短路电流按比率增大，既能保证变压器区外故障时差动保护有可靠的制动作用，又能保证内部短路有较高的灵敏度。这里的比率就是指差动电流与制动电流之比。在综合自动化系统中，微机变压器差动保护的制动电流一般按最大差电流相的三侧电流之最大者来选择。

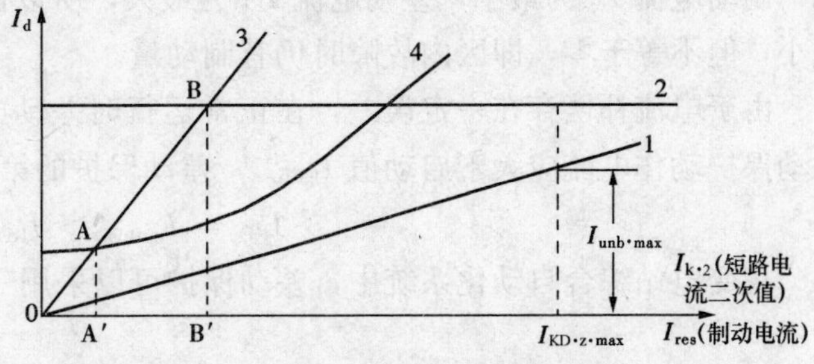

图6-15　比率式制动特性示意图

图6-15所示曲线1是差动回路中的不平衡电流，外部短路时，差动保护的不平衡电流与外部短路电流的大小成正比；直线2是无制动时差动保护的整定电流，它是按

躲过最大不平衡电流整定的，为一常数；曲线 3 为变压器差动保护区内短路时的差电流，它随短路电流的增大而线性地增大；曲线 4 为有制动特性的某种差动继电器的差动保护特性。在无制动时，曲线 3 与曲线 2 相交于 B 点，这时保护的不动作区为 OB′，即保护区内短路时短路电流必须大于 OB′所代表的电流值，保护才能动作。有制动时，曲线 3 与曲线 4 相交于 A 点，短路电流的代表值只大于 OA′，保护就能动作，不动作区只限于 OA′以左。这说明在同样的内部短路条件下，有制动特性的差动保护要比无制动特性的差动保护的灵性度高。微机保护不必通过模拟电路构成比率制动特性，只需通过正确的程序算法设计，就可以获得理想的比率制动特性，并能做到内部轻微故障时不带制动量灵敏地动作。

2. 和差式比率制动的差动保护原理

由于比率制动差动保护是分相设置的，以单相为例说明双绕组变压器比率制动的差动保护原理。

图 6-16 中，用 I_h、I_l 表示高低压侧电流，则内部短路时，差动电流为

$$I_{KD}=|\dot{I}_h+\dot{I}_l| \tag{6-26}$$

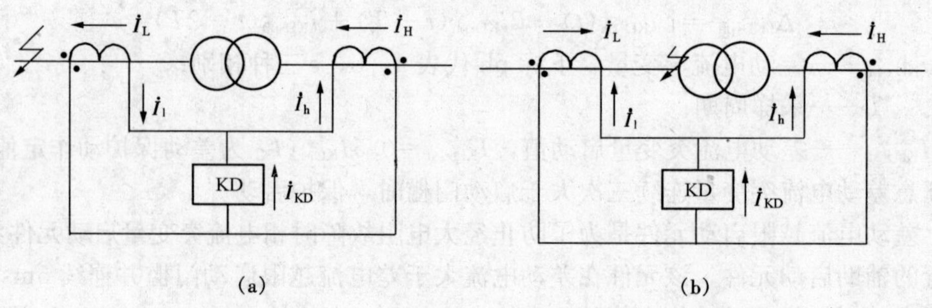

图 6-16 双绕组变压器内、外部短路的差动电流

(a) 外部短路时差动回路电流；(b) 内部短路时差动回路电流

为了使区外故障时获得最大制动作用，区内故障时制动作用最小或等于零，制动电流可表示为

$$I_{res}=|\dot{I}_h-\dot{I}_l| \tag{6-27}$$

假设 I_h 和 I_l 已由软件变换相位和电流补偿，则在区外故障时，制动电流 I_{res} 达到最大，而差动电流 I_{KD} 为最小，并等于电流互感器饱和时产生的不平衡电流 I_{unb}。相反，区内故障时，制动电流 I_{res} 为最小，差动电流 I_{KD} 为最大，所以保护灵敏度较高。虽然制动电流 I_{res} 为最小，但不等于零，即区内故障时仍有制动量。

由于电流补偿存在一定误差，在正常运行时差动电流 I_{KD} 仍然有不平衡电流 I_{unb}。所以差动保护动作电流应大于启动值 $I_{KD\cdot st}$，差动保护的第一判据应为

$$I_{KD}=I_{op\cdot min}>I_{KD\cdot st} \tag{6-28}$$

在变电站综合自动化系统中，差动保护可以采用三段式比率制动特性曲线，如图 6-17 所示。

制动定值 I_{zd} 的确定应根据制动电流 I_{res} 的计算值，按图 6-17 所示的特性来计算，有

$$I_{zd}=\begin{cases}I_{op\cdot min} & (I_{res}<I_{res\cdot 0})\\ K_1(I_{res}-I_{res\cdot 0})+I_{op\cdot min} & (I_{res\cdot 0}<I_{res}<I_{res\cdot 1})\\ K_2(I_{res}-I_{res\cdot 1})+K_1(I_{res\cdot 1}-I_{res\cdot 0})+I_{op\cdot min} & (I_{res}>I_{res\cdot 1})\end{cases} \tag{6-29}$$

式中　$I_{op\cdot min}$——不带制动时差动电流最小动作值；

K_1，K_2——第一段和第二段折线的斜率，且 $K_2>K_1$；

$I_{res\cdot 0}$，$I_{res\cdot 1}$——第一折点和第二折点对应的制动电流，且 $I_{res\cdot 0}<I_{res\cdot 1}$。

动作判据为差动电流 I_{KD} 大于制动定值 I_{zd}，即

$$I_{KD}>I_{zd} \tag{6-30}$$

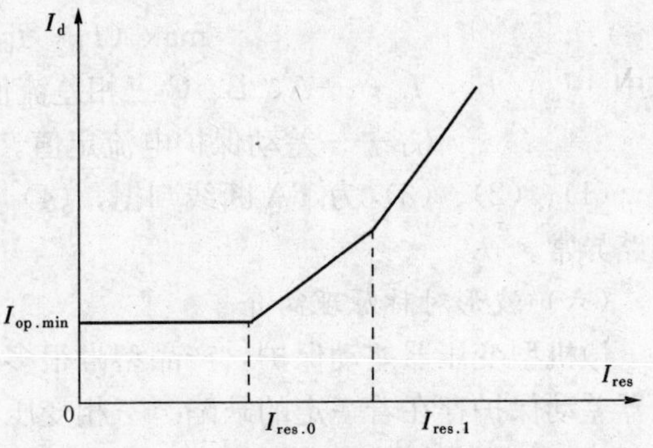

对于三绕组变压器，设高压、中压、低压侧的电流分别为 $\dot{I}_h$、$\dot{I}_m$、$\dot{I}_l$，差动电流可表示为

$$I_{KD}=|\dot{I}_h+\dot{I}_m+\dot{I}_l| \tag{6-31}$$

制动电流的计算可用下面两种方法，其表达式为

$$I_{res}=|\dot{I}_h|+|\dot{I}_m|+|\dot{I}_l|$$

$$I_{res}=\max(|\dot{I}_h|,|\dot{I}_m|,|\dot{I}_l|) \tag{6-32}$$

图 6-17　三段式比率制动特性曲线

（三）变压器励磁涌流的判断及二次谐波制动

理论分析和试验证明，变压器空载合闸或外部故障切除后电压恢复时，存在励磁涌流，励磁涌流中存在大量的二次谐波分量，而故障时短路电流中所含二次谐波分量却很小，因而可通过计算二次谐波与基波分量进行比较，其值达到一定之后，将保护可靠闭锁，从而避免保护误动作。二次谐波制动的判据为

$$I_2>I_{KD}K \tag{6-33}$$

式中　I_2——差动电流中的二次谐波含量；

I_{KD}——变压器差动电流；

K——差动保护二次谐波制动系数。

（四）变压器差动速断保护

当变压器内部严重故障时，短路电流很大，TA 严重饱和时交流暂态传递严重恶化，TA 二次侧基波电流为零，高次谐波分量很大，比率制动原理的差动保护无法反映内部短路故障，从而影响了保护的快速动作。所以变压器比率制动原理的差动保护还配有差动速断保护，作为辅助保护以加快内部严重故障时快速跳开变压器各侧开关。其动作判据为

$$I_{KD}>I_{sd} \tag{6-34}$$

式中　I_{KD}——变压器差动电流；

I_{sd}——差动速断保护定值。

由于微机保护的动作速度快，励磁涌流开始衰减很快，因此微机保护的差动速断整定值就应较电磁式保护数值大，其整定值可取正常运行时负荷电流的 5～6 倍。

（五）电流互感器（TA）异常监视

变压器正常运行时，若出现 TA 回路异常，可能引起差动保护不动作。为此在正常运行

时判别 TA 回路状态，发现异常情况发出告警信号，并可由控制字投退来决定是否闭锁差动保护。如 PST1200 系列变压器保护中，TA 异常的动作判据为：

（1）相电流突变量 $|\Delta i_{ph}| \geqslant 0.1$ 倍额定电流 I_n，且 | 当前测量电流 I_H | <前一次测量电流 $|I_Q|$，或一相稳态差流≥无电流门槛值 I_W，一般 I_W 取 0.04 倍 TA 额定电流。

（2）$I_{ph} \leqslant I_W$，且无电流相的差电流 $I_{KD} \geqslant I_W$。

（3）同侧至少一相有电流。

（4）应满足

$$\max(I_{da}, I_{db}, I_{dc}) > 0.33 I_{KD} \tag{6-35}$$

式中 I_{da}，I_{db}，I_{dc}——A、B、C 三相差流值；

I_{KD}——差动保护电流定值。

（1）、（2）、（3）为 TA 断线判据，（4）为差流越限判据。以上条件同时满足判断为 TA 回路异常。

（六）波形对称原理简介

微机型变压器差动保护，产品型号很多，多数采用二次谐波制动原理，但这种原理的变压器差动保护存在着一定的缺陷。三相变压器由于剩磁的离散性，当变压器有涌流时，发生单相或两相内部故障，差动保护因健全相的涌流制动而不动作。大型变压器时间常数都很长，一般涌流振荡过程超过 5s，在发生上述故障时，主保护等到振荡消失才能出口，实际就是拒动。二次谐波制动原理的差动保护，当合闸或切除外部故障，电压恢复时，发生变压器内部单相故障或两相匝间故障会拒动。

据分析，无论是对称涌流还是单相涌流，其导数相对于工频量来说其前半波和后半波在 90°内是完全不对称的，而故障电流导数前半波和后半波基本对称。利用这个特点，设定恰当采样频率和计算门槛，用差电流导数的前半波和后半波做对称比较，就可以区分励磁涌流和故障电流。这种原理称波形对称原理。

波形对称原理实现的变压器保护有以下特点：

（1）变压器空载合闸至内部故障或外部故障切除转化为内部故障，保护能够瞬时动作。

（2）对变压器剩磁的适应能力强，当变压器有 0.9 倍最大磁通剩磁时，不需要附加判据，装置完全正确动作。

（3）零电流的门槛值容易解决。TA 因涌流的作用饱和产生反向电流，反向电流随涌流的大小而变化。波形对称原理很容易解决此问题，可做到灵敏度高、抗干扰能力强。

（4）计算的冗余度大。波形对称原理计算，特征非常明显，无论是数据还是角度，其冗余量都很大，允许数据有一定的偏差。

四、变压器后备保护

各厂家生产的变压器后备保护装置的功能及原理可能不尽相同，一般包括过流保护和零序保护等。

（一）后备保护启动元件

不同原理的保护，后备保护启动元件可能不同，PST1200 系列一般包括五个启动元件。

（1）三个相电流突变量启动元件。

（2）零序电流越限启动元件，其动作判据为

$$3I_0 > 3I_{0.set} \tag{6-36}$$

式中　$3I_0$——本侧零序电流；

$3I_{0\cdot set}$——零序电流越限启动元件的定值，为 0.4 倍的本侧额定电流值。

（3）零序电压越限启动元件，其动作判据为

$$3U_0 > 3U_{0\cdot set} \tag{6-37}$$

式中　$3U_0$——本侧零序电压；

$3U_{0\cdot set}$——零序电压越限启动元件的定值，设定为 10V。

（4）若变压器后备保护中含有反时限过励磁保护，则当过励磁倍数大于下限定时限定值时，保护也启动。

（5）任意稳态电气量>保护定值（阻抗保护除外）。

（二）复合电压闭锁过流保护

本保护反应相间短路故障，可作为变压器主保护的后备保护。本保护主要包括以下元件，即低电压元件、负序电压元件、过流元件。

复合电压闭锁过电流保护的原理是利用低电压和负序过电压反映系统故障防止保护误动，其灵敏度比低压启动的过电流保护灵敏度高。两相短路时，存在负序分量，一般说在三相对称短路时，不存在负序分量，但在三相短路瞬间通常也是从不对称发展到对称短路，因此在短路初瞬间存在负序分量；三相短路稳定后，无负序电压，但由于母线电压较低，低压元件不返回而处于动作状态。微机保护中复合电压闭锁元件是靠软件来构成的，一般变压器的后备保护都配置复合电压闭锁的过电流保护。

（1）低压元件，电压取自本侧的电压互感器 TV 或各侧的 TV，动作判据为

$$U_L < U_{L\cdot set} \tag{6-38}$$

式中　U_L——线电压；

$U_{L\cdot set}$——低电压定值。

（2）负序电压元件，电压取自本侧的电压互感器 TV 或各侧的 TV，动作判据为

$$U_2 > U_{2\cdot set} \tag{6-39}$$

式中　U_2——负序电压；

$U_{2\cdot set}$——负序电压定值，一般为取 0.06～0.12 倍额定相电压 U_N。

（3）过流元件，电流取自本侧的 TA。动作判据为

$$I_{ph} > I_{set} \tag{6-40}$$

式中　I_{ph}——分别为 I_a、I_b、I_c；

I_{set}——各相过电流定值，各相动作条件为“或”关系。

一般保护的低电压元件和负序电压元件可通过控制字切投；若两元件退出，则本保护变为速断过流保护。复合电压闭锁过电流保护的逻辑框图如图 6-18 所示。

复合电压闭锁过电流保护有两段式或三段式两种。Ⅰ～Ⅲ段的程序逻辑框图完全相同，所不同的仅仅是开关型定值符号、数字型定值及动作时限。为了缩小故障范围通常Ⅰ段动作跳本侧分段断路器（或桥断路器），Ⅱ段动作跳本侧断路器，Ⅲ段跳三侧断路器。

（三）变压器零序保护

变压器零序保护适用于 110kV 及以上电压等级的变压器。主变压器零序保护由零序电流、零序电压、间隙零序电流元件构成。根据变压器中性点接地方式的不同，设置不同的保护形式。

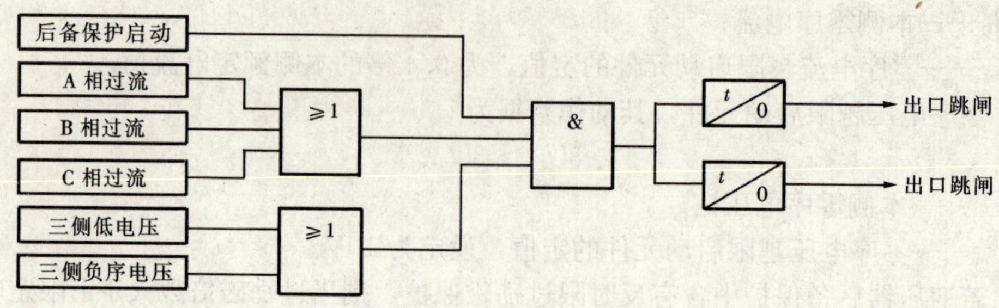

图 6-18 复合电压闭锁过电流保护逻辑框图

1. 变压器中性点直接接地时的保护

变电站单台或并列运行的变压器中性点接地运行时，其接地保护一般采用零序电流保护，可从变压器中性点处零序电流互感器上取得零序电流。正常情况下，零序电流互感器中没有电流，当发生接地短路时，有零序电流通过，使零序保护动作。

零序电流保护方式由两段构成，可由整定控制字选择经或不经零序电压闭锁，每段设一个或两个时限，分别由整定控制字控制这两段保护的投退。动作后以较短的时限断开母联（或分段）断路器，以较长的时限断开变压器高压侧断路器。零序过电流保护逻辑框图如图6-19所示。

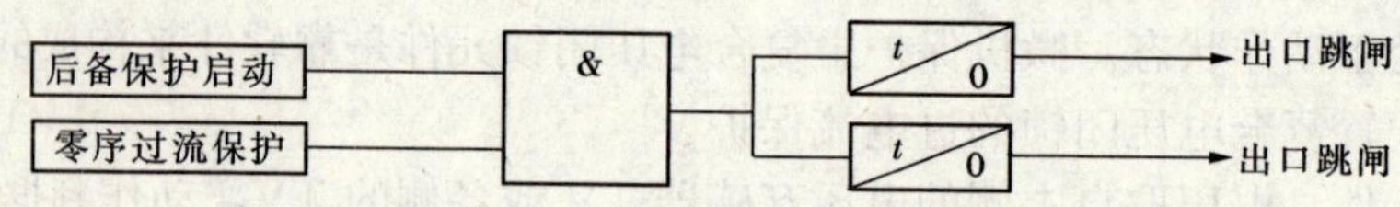

图 6-19 零序过电流保护逻辑框图

零序过电流元件动作判据为

$$3I_0 > I_{0\cdot set} \tag{6-41}$$

式中 $3I_0$——零序电流，取自本侧零序 TA；

$I_{0\cdot set}$——零序过电流的电流定值。

2. 中性点可接地也可不接地运行的变压器零序保护

为了限制短路电流并保证系统中零序电流的大小和分布不受系统运行方式变化的影响，变电站中通常只有部分变压器的中性点接地。变压器中性点不接地的运行方式有时根据需要也可以切换为中性点接地运行方式。

（1）全绝缘变压器。全绝缘变压器除了装设零序电流保护作为变压器中性点直接接地运行时的保护外，还应增设零序电压保护，作为变压器中性点不接地运行时的保护。

（2）中性点设有放电间隙的分级绝缘变压器。中性点设有放电间隙的分级绝缘变压器，除了装设零序电流保护作为变压器中性点直接接地运行的保护外，还应增设零序电流电压保护，作为变压器中性点不接地运行时的保护。

变压器中性点接地运行时，零序电流保护投入。变压器中性点如不接地运行，当电网发生单相接地故障且失去中性点时，中性点不接地的变压器中性点将出现零序电压，放电间隙击穿，间隙零序电流启动，跳开变压器，将故障切除，避免间隙放电时间过长。如果放电间隙拒动，则零序电压启动将变压器切除。图 6-20 为变压器中性点经放电间隙接地的保护程序逻辑框图。间隙零序电流保护时限也是Ⅰ段两时限方式，第一时限跳高压母联断路器（或分段断路器），第二时限跳本变压器各侧断路器。

本保护包括间隙零序过压元件和间隙零序过电流元件的动作判据。

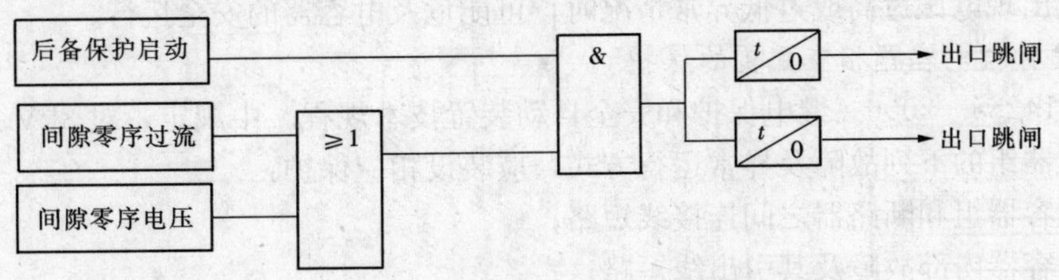

图 6-20　间隙零序保护逻辑框图

1）间隙零序过电压元件，其动作判据为

$$3U_0 > U_{0\cdot set} \tag{6-42}$$

式中　$3U_0$——零序电压，取自本侧 TV；

$U_{0\cdot set}$——间隙零序过电压定值。

2）间隙零序过电流元件，其动作判据为

$$3I_0 > I_{0\cdot set} \tag{6-43}$$

式中　$3I_0$——间隙零序电流，取自本侧中性点间隙 TA；

$I_{0\cdot set}$——间隙零序过流的电流定值。

（3）中性点不设放电间隙的分级绝缘变压器。对中性点不设放电间隙的分级绝缘变压器，其中性点绝缘水平较低。为了防止中性点绝缘在工频过电压作用下损坏，当发生接地故障时，应采用零序电压保护先断开中性点不接地的变压器，后采用零序电流保护断开中性点接地的变压器。

五、变压器过负荷保护

变压器过负荷保护功能可以由主保护（或后备保护）模块完成。过负荷保护监视变压器的过负荷情况，仅监视各侧的一相（如 A 相）电流即可，动作判据为

$$I_a > I_{L\cdot set} \tag{6-44}$$

式中　I_a——变压器各侧 A 相电流；

$I_{L\cdot set}$——变压器过负荷电流定值。

Ⅰ段用于发告警信号，Ⅱ段用于启动冷却器，Ⅲ段用于闭锁有载调压。

第五节　电力电容器微机保护

为了补充电力系统无功功率的不足，提高功率因数，改善供电质量，在各个变电站广泛采用无功补偿并联电容器组。近些年来，由于大功率晶闸管和微机控制技术的深入应用，无功补偿的静补设备开始发生质的变化。但目前电容器无功补偿装置仍然使用十分广泛。

一、电力电容器的故障原因及保护装置的配置

1. 电力电容器故障原因

电力电容器故障分内部故障和外部故障。内部故障的原因是电容器内部极板之间的绝缘介质发生过热、游离，严重时会造成局部击穿或短路。内部故障时，内部电流增大，使内部气体压力增大，轻者发生漏油或“凸肚”现象，重者会引起爆炸。外部短路故障时，使电容器失压，但在电荷尚未释放时，可能在恢复供电时再次充电，使电容器过电压；此外恢复供

电时，变压器与电容器同时投入，容易引起操作过电压和谐振过电压，从而使电容器过电压。当系统出现电压过高或过低异常情况时，可能危及电容器的安全运行。

2. 并联补偿电容器相应配置的保护

GB/T 14285—2006《继电保护和安全自动装置技术规程》中规定，对 3kV 及以上的并联补偿电容器组的下列故障及异常运行方式，应装设相应保护：

（1）电容器组和断路器之间连接线短路；

（2）电容器内部故障及其引出线短路；

（3）电容器组中，某一故障电容器切除后所引起剩余电容器的过电压；

（4）电容器组中的单相接地故障；

（5）电容器组过电压；

（6）所连接的母线失压；

（7）中性点不接地的电容器组，各组对中性点的单相短路。

对电容器组和断路器之间连接线短路，可装设带短时限的电流速断和过电流保护，动作于跳闸。

对电容器内部故障及其引出线短路，宜对每台电容器分别装设专用的保护熔断器，熔丝的额定电流可为电容器的额定电流的 1.5～2.0 倍。

当电容器组中的故障电容器被切除到一定数量后，引起剩余电容器端电压超过 110%额定电压时，保护应将整组电容器断开。为此，可采用下列保护之一：

1）中性点不接地单星形接线电容器组，可装设中性点电压不平衡保护；

2）中性点接地单星形接线电容器组，可装设中性点电流不平衡保护；

3）中性点不接地双星形接线电容器组，可装设中性点间电流或电压不平衡保护；

4）中性点接地双星形接线电容器组，可装设反应中性点回路电流差的不平衡保护；

5）电压差保护；

6）单星形接线电容器组，可采用开口三角电压保护。

对电容器组，应装设过电压保护，带时限动作于信号或跳闸。电容器应设置失压保护，当母线失压时，带时限切除所有接在母线上的电容器。并联电容器宜装设过负荷保护，带时限切除所有接在母线上的电容器。安装在绝缘支架上的电容器组可不装设单相接地故障保护。

下面介绍几种电容器组的保护原理。

二、电容器组的保护

1. 过电流保护

电容器组的过电流保护是用于保护电容器组内部短路及电容器组与断路器之间发生的相间短路，防止短路故障扩大和防止过负荷的保护装置，可作为电容器内部保护的后备保护。

装置实时计算并进行Ⅱ段过电流判断时，各段判别逻辑一致，其动作跳闸条件为

$$\left.\begin{array}{l} I_{ph} > I_{n\cdot set} \\ t > t_{n\cdot set} \end{array}\right\} \tag{6-45}$$

式中 I_{ph}——相电流；

$I_{n\cdot set}$，$t_{n\cdot set}$——为 n 段电流定值及时间定值。

当任一相电流大于Ⅰ段电流定值 1.1 倍时，装置瞬动段出口跳闸的时间不大于 30ms。

2. 过电压保护及低电压保护

电容器电压保护主要用于防止系统稳态过电压和欠电压。电容器组已安装按电压自动投切装置时，则不需要再装设过电压保护。低电压保护是在电容器组所接母线电压过低甚至失压时，使电容器组退出运行。

过电压保护动作条件如下：

(1) 三个线电压中的任一个电压高于过电压整定值；

(2) 断路器在合位；

(3) 延时时间到。

低电压保护动作条件如下：

(1) 三个线电压均低于欠电压整定值；

(2) 本线路三相电流均小于电流整定值，且无 TV 断线信号；

(3) 延时时间到；

(4) 断路器在合位。

低电压保护需经过电流闭锁，以防止 TV 断线造成低电压保护误动。

3. 不平衡电压保护

电容器组是由许多单台电容器串并联组成，个别电容器故障由其相应的熔断器切除，对整个电容器组无多大影响。但是当电容器组中多台电容器故障被熔断器切除后，就可能使继续运行的剩余电容器严重过载或过电压，因此必须考虑如下专用的保护措施。单星形接线的电容器组多采用不平衡电压，其保护方式有以下三种。

(1) 中性点电压偏移保护。中性点与大地之间连接电压互感器的一次绕组，利用二次电压的变化启动保护。当某相的电容器切除后，电容器的变化将使三相电压不平衡，中性点将发生偏移，使保护动作，将整组电容器切除。

(2) 零序电压保护。单星形接线的电容器组保护接线如图 6-21 所示，一般采用零序电压保护。保护采用电压互感器的开口三角形电压，当某相的电容器因故障切除时，三相电压不平衡，开口处出现电压，利用这个电压值启动保护，将整组电容器切除。电压互感器的一次绕组与电容器并联作为放电线圈，可防止母线失压后再次送电时因剩余电荷造成的电容器过电压。

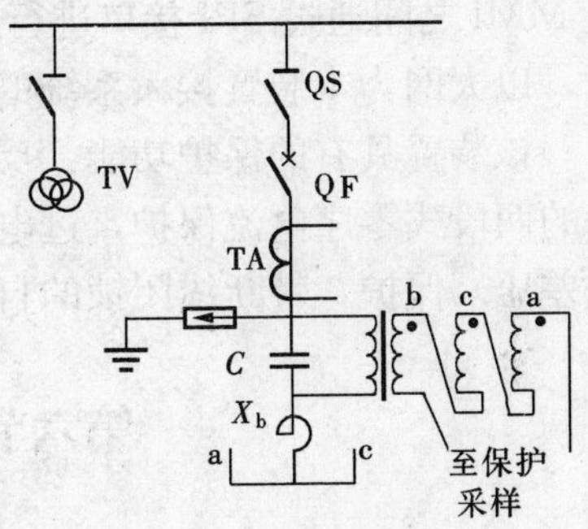

图 6-21　单星形接线的电容器组保护接线

(3) 电压差动保护。若电容器组为单星形接线，而每相为两组电容器组串联组成时，可用电压差动保护。

4. 不平衡电流保护

这种保护是利用故障相电容器容抗减小后电流增加，用增加的电流值与正常相电流值之间的差电流来启动保护，动作于断路器跳闸。常用的接线如下：

(1) 双星形接线中性点间不平衡电流保护。该保护是在两组单星形接线的电容器组（它们的容量相等）中性点之间的连线上装一台低变比的电流互感器构成的保护。在正常情况下，电容器组三相容抗均相等，中性点间电压差为零，没有电流通过中性点连线。当某组的电容器发生故障，三相容抗不平衡，中性点间有电压差，中性点连线有电流通

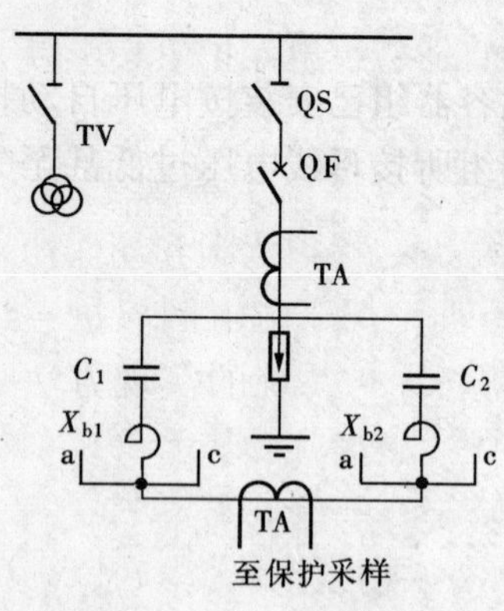

图 6-22 双星形接线的电容器组保护接线

过，当不平衡电流大于整定电流时，启动保护跳闸，将双星形接线电容器组切除。图 6-22 所示为双星形电容器组保护接线。

（2）中性点不平衡电流保护。这种保护是利用单星形接线电容器组的中性点与大地之间连接一台电流互感器，为了限制谐波有时接入一个阻抗线圈而构成的保护。当某相故障的电容器被切除，中性点产生不平衡电流，用此电流启动保护，动作于跳闸。当系统电压不平衡，一相接地或高次谐波电流影响，这种保护都可能发生误动作，所以在不接地的电力系统不宜采用。

（3）相电流差保护。这种保护利用故障相电流与正常相电流之间的差来启动保护，动作于断路器跳闸。

三、PSC640 系列数字式电容器保护装置

PSC640 系列数字式电容器保护装置是以电流、电压保护及不平衡保护为基础配置的成套电容器保护装置，适用于 66kV 及以下电压等级的电容器组。

装置由交流插件、CPU 插件、电源插件、人机对话（MMI）插件组成。配置两个 CPU 插件，其一是由 32 位微处理器构成的保护及重合闸功能单元，该单元配置了大容量的 RAM 和 Flash Memory，具有极强的数据处理、逻辑运算和信息存储能力；另一 CPU 由总线不出芯片的单片机构成通用的人机接口单元。两个 CPU 插件之间相互独立，无依存关系。CPU 与 MMI 之间通过 SPI 接口进行通信。装置内含通信速度极高、具备通用性接口的以太网芯片，以太网为本装置接入系统的主要通信接口。

该装置具有的保护功能：反映相间故障的二段式电流保护，反映小电流接地系统接地故障的两段式零序电流保护，过电压保护；经电流闭锁及断线闭锁的低压保护，不平衡（差流或差压）保护，带断线闭锁的自投切保护，TV 断线自动监测。

第六节 微机继电保护技术的新发展

近些年微机保护不断发展，一方面在利用故障分量（或称作突变量）方面得到了长足的进步，另一方面，自适应控制理论与继电保护结合而产生的自适应微机保护也得到比较大的发展。下面简单介绍自适应控制理论在微机保护中的应用。

1. 自适应控制理论基本概念

有关文献给自适应继电保护下了一个定义：“自适应继电保护是一种继电保护的基本原理，这种原理使得继电保护能自动地对各种保护功能进行调节或改变，以更适合于给定的电力系统的工况”；“除了具有常规的保护功能外，还必须具有明显的适应功能模块，只有在这种情况下，才能称为自适应保护”。

自适应保护是一种保护理论，根据这种理论，可允许和寻求对各种保护功能进行调节使它们更适应当时的电力系统工况。当电力系统因负荷变化、开关操作或故障引起变化时，通常是通过设法使继电器的整定值在电力系统可能出现的各种情况下都正确来实现保护的。

人们开始考虑自适应保护功能时，控制和保护功能之间的区别变得模糊不清。许多保护

功能已经包含了控制，如断路器的重合就是这种情况。实际上，自适应继电保护事实上就是反馈控制系统。

2. 配电网络自适应保护系统

配电网络继电保护一般以过电流保护为主，过电流保护的灵敏度、保护范围和动作速度等受电源运行方式的影响很大。在计算机网络支持下，将自适应理论用于配电网保护系统后，这种不利的影响可得到比较大的改进。图 6-23 配电网自适应保护系统的实现方法之一。整个系统分为三层，即中央控制层、变电站控制层和继电器层。变电站的控制计算机将该变电站的各开关/负荷状态上传给中央计算机；中央计算机根据电力系统电源及上层网络状态以及各变电站上传的状态信息综合分析计算出影响各种保护继电器的主要因素，以确定具体整定值，再通过网络下传至各继电器；各继电器就能以适合当前电力系统状态的整定值(包括方向继电器的投/切)，在保证选择性的前提下获得最高的灵敏度和最快的动作速度。

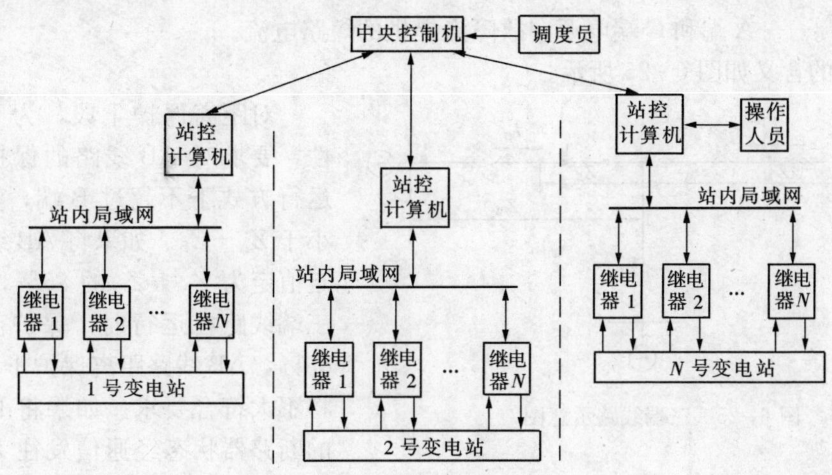

图 6-23　配电网自适应保护系统

3. 自适应保护在距离保护上的应用

(1) 分支系数。对图 6-24 所示的网络，目前传统的距离保护计算线路 A 侧的整定值时引入分支系数来适应电力系统运行方式的变化。计算 AB 线路 A 侧距离保护的分支系数公式为

$$K_b = \frac{\dot{I}_A + \dot{I}_B}{\dot{I}_A} \tag{6-46}$$

式中　K_b——分支系数；

$\dot{I}_A$，$\dot{I}_B$——A、B 电源向短路点提供的短路电流。

虽然在整定计算时引入分支系数，但对系统可能发生的意外故障以及运行方式，保护整定值并不是最好的。因为，在对 AB 线路 A 侧进行距离Ⅱ段整定计算时，为了保证保护动作的选择性，取

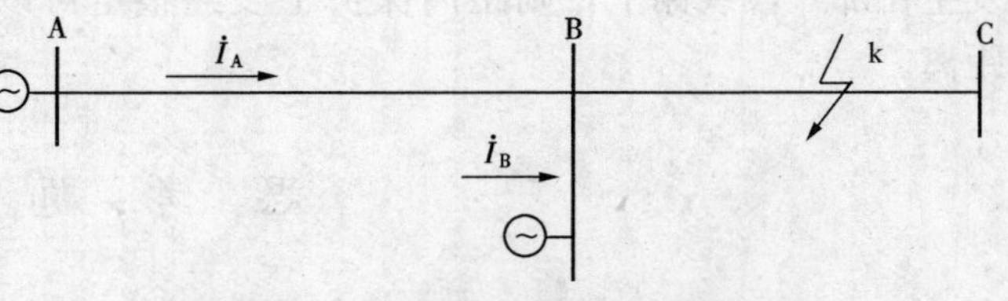

图 6-24　计算分支系数示意图

最小的分支系数进行整定。然而，如果继电器的一个整定值对系统各种故障及运行方式的改变有所准备，则它是一个有自适应性的整定值。从这个意义上看，引入分支系数的做法在某种程度上就具有自适应性，不过这种自适应性还不完善。

由于自适应继电保护的含义是继电器必须适应于正在变化的系统情况，就必须有分层配置的带有通信线路的计算机继电保护，应能与变电站的其他设备或远方变电站的计算机网络进行通信。显然，一种响应系统需求的或适应于变电站环境的自适应保护系统更为全面。

（2）输电线路自适应保护。图 6-25 所示的三端线路，若由传统保护实现，则保护需要兼顾许多方面。AB线路 A 侧的保护整定值要求不论 T 接三端线路运行工况如何，都能保证安全。若在 k 点发生故障，则母线 A 处的阻抗继电器测量的故障阻抗是

$$Z = Z_A + Z_k(\dot{I}_A + \dot{I}_C)/\dot{I}_A \tag{6-47}$$

式中 $\dot{I}_A$，$\dot{I}_C$——A 端和 C 端电源向故障点提供的短路电流。

Z_A，Z_k 的含义如图 6-25 所示。

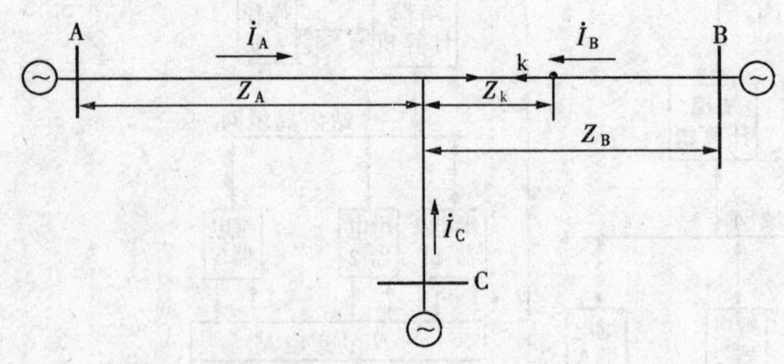

图 6-25 三端线路示意图

对距离保护Ⅰ段，为了保证选择性，要求对 AB 线路的保护区在各种运行方式下不超过 B 端，整定值必须小于 Z_A+Z_B。如果将 AB 线路 A 侧整定值定为 Z_A+Z_B 的 85%，则当 T 接三端线路在运行时，保护范围将小于 85%，AB 线路距离保护Ⅰ段的整定值将不太符合要求。如果将 B 端和 C 端的断路器状态经通信发往 A 端的继电器，当 C 端的断路器的状态为 A 端所知的时候，那么 AB 线路 A 端距离保护Ⅰ段整定值可以是 0.85（Z_A+Z_B）或 0.85（Z_A+Z_B）（$\dot{I}_A+\dot{I}_C$）/$\dot{I}_A$，这就取决于 C 端的断路器是断开还是闭合。可见，为使一个终端的信息也为其他终端所知，需要在终端之间进行数据通信，只要发生状态变化就发送状态数据（状态数据不必以实时发送）。在进行分支系数计算时可使用电流比值（$\dot{I}_A+\dot{I}_C$）/$\dot{I}_A$ 的合理值。

如果将网络每个终端的实际戴维南等效电路参数发往多端线路的每个其他终端，则引入分支系数常数值的做法引起的近似现象就可以消除。传输戴维南等效电路的参数并需要实时数据，这为提高保护动作的速度赢得时间。很显然，若 A 侧知道了其他终端的戴维南等效电路参数，就有可能自适应地确定距离保护的整定值。如果某个终端能确定故障在 T 接点和该终端之间并能把这个信息实时发送给其他终端，由于每个终端都知道故障发生在那一段线路上，则距离保护Ⅰ段经整定可以延伸到每个终端到故障部分所要求的距离。

思 考 题

1. 微机型继电保护与传统继电保护的主要区别是什么？

2. 微机保护有哪些优越性？
3. 变电站微机保护子系统完成的主要功能及附加功能有哪些？
4. 微机保护软件模块主要包括哪几部分？
5. 电力电容器一般装设哪些保护？
6. 输电线路一般装设哪些保护？

第七章　变电站综合自动化监控子系统

利用先进的电子技术、计算机技术和通信技术，改变监控的传统模式，以适应现代电力系统发展的要求，是变电站综合自动化监控子系统的重要任务。本章将阐述监控子系统的基本功能及组成、谐波分析与监视的重要意义、人机对话系统的内容及保护与测控集成系统。

第一节　监控子系统的功能及要求

在变电站综合自动化系统中，监控子系统应能取代常规的测量系统，如变送器、录波器、指针式仪表等；改变常规的操动机构，如操作盘、模拟盘、手动同期及手控无功补偿等装置；取代常规的告警、报警装置，如中央信号系统、光字牌等；取代常规的电磁式和机械式防误闭锁设备；取代常规的远动装置等等。总之，其基本功能应包括以下内容。

一、监控子系统的功能

（一）数据采集功能

变电站数据采集的对象主要包括开关量、模拟量和脉冲量。

1. 开关量的采集

变电站的开关量有断路器状态、隔离开关状态、有载调压变压器分接头的位置、同期检测状态、继电保护动作信号、运行告警信号等。这些信号都以开关量的形式，通过光电隔离电路输入至计算机，但输入的方式有所区别。对于断路器的状态，需采用中断输入方式或快速扫描方式，以保证对断路器变位的采样分辨率。对于隔离开关状态和分接头位置等开关信号，则可采用定期查询方式读入计算机进行判断。继电保护动作信息输入计算机的方式有两种情况：传统的保护装置和前期研制的微机保护装置由于不具备串行通信功能，故其保护动作信息多取自信号继电器的触点，也以开关量的形式读入计算机。近年来研制的微机保护装置大多数具有串行通信功能，因此其保护动作信号可通过串行口或局域网络通信方式输入计算机。这样可节省大量的信号电缆和数据采集系统的I/O接口量。

2. 模拟量的采集

变电站需采集的模拟量有各段母线电压，线路电压、电流和有功与无功功率，主变压器电流和有功与无功功率，电容器电流和无功功率，馈出线的电流、电压、功率以及频率、相位、功率因数等；此外还有主变压器油温、直流电源电压、站用变压器电压等。对模拟量的采集有直流采样和交流采样两种方式。直流采样即是将交流电压和电流等信号经变送器转换为适合于A/D转换器输入电平的直流信号；交流采样则是指输入给A/D转换器的是与变电站的电压、电流成比例关系的交流电压信号。交流采样响应速度快，准确度高，已逐渐被广泛采用。

3. 脉冲量的采集

变电站需采集的脉冲量是由脉冲电能表输出的电能脉冲。这种量的采集在硬件接口上与开关量的采集相同。由于脉冲的传输过程中会受到干扰，容易发生漏计或多计脉冲，故脉冲电能表的计量准确度不高。于是又出现了机电一体化电能表和微机型电能表。机电一体化电能表将感应式电能表与现代电子技术相结合，其电子电路部分主要由单片微型计算机、集成电路芯片和光电管脉冲产生电路等组成，利用单片机的智能和存储器的记忆功能，将电能表转盘转动时产生的脉冲，就地统计处理成电能量并存储起来，可供随时查看；利用单片机的串行通信功能，将电能量以数字量形式传输给监控机或专用电能计量机，还可输出脉冲量供给需要用脉冲数计量的电能计量机用。微机型电能计量仪表则彻底打破了传统机械式仪表的结构和原理，全部由单片机和集成电路组成，通过采集电流和电压量，由软件计算出有功电能和无功电能。这种仪表准确度高，不仅能保存电能值，方便地实现分时统计，还具有串行通信功能，也可同时输出脉冲量。因此，微机型电能表是今后的发展方向。

（二）操作控制功能

变电站综合自动化系统应能取代常规的操动机构，如操作盘、模拟盘、手动同期及手控无功补偿等装置；取代常规的电磁式和机械式防误闭锁设备，以及常规远动装置等。无论是无人值班还是少人值班变电站，操作人员都可通过 CRT 屏幕对断路器和隔离开关进行分、合操作，对变压器分接头位置进行调节控制，对电容器组和电抗器组进行投、切控制；同时，能接收遥控操作命令，进行远方操作。为防止计算机系统故障时无法操作被控设备，在设计上还应保留人工直接跳、合闸手段。

断路器操作应有闭锁功能，操作闭锁应包括以下内容：

（1）操作系统出口具有断路器合、跳闭锁功能；

（2）根据实时信息，自动实现断路器、隔离开关操作闭锁功能；

（3）远方和就地控制操作要相互闭锁；

（4）断路器操作时要闭锁重合闸；

（5）无论远方或就地操作，都应有防止误操作的闭锁措施。

在 CRT 屏幕上，只有输入正确的操作口令和监护口令才有权进行操作，收到返校信号后才可执行下一项；必须分对象校核、操作性质校核和命令执行三步，以保证操作的正确性。

（三）安全监视功能

在变电站的运行过程中，监控系统对采集到的电压、电流、频率、主变压器油温等量不断地进行越限监视，如有越限立即发出告警信号，同时记录和显示越限时间和越限值；出现 TV 或 TA 断线、差动回路电流过大、单相接地、控制回路断线等情况时也发出报警信号；另外，还要监视自控装置本身工作是否正常。

（四）事件顺序记录与故障录波和测距功能

事件顺序记录（Sequence of Events，SOE）包括断路器合跳闸记录、保护动作顺序记录。微机保护或监控系统采集环节必须有足够的内存，以确保当后台监控系统或远方监控主站通信中断时不丢失事件信息，并应记录事件发生的时间（应精确至毫秒级）。

变电站的故障录波和测距可采用两种方法实现：一是由微机保护装置兼作故障记录和测距，再将记录和测距的结果送监控系统存储及打印波形，或直接送调度主站。这种方法可节约投资，减少硬件设备，但故障记录的量有限。另一种方法是配置专用的微机故障录波仪，并能与监控系统通信。对于大量中、低压变电站，没有配置专门的故障录波装置，如果出线数量大、故障率高，还可在监控系统中设置简单的故障记录功能。故障记录是记录继电保护动作前后与故障有关的电流量和母线电压。如果微机保护子系统具有故障记录功能，则在该单元保护启动的同时便启动故障记录，这样可直接记录发生故障的线路或设备在故障前后的短路电流和母线电压的变化过程。若保护单元不具备故障记录功能，则可采用保护启动监控机数据采集系统，记录有关的短路电流和母线电压。

（五）数据处理与记录功能

监控系统还应具有数据处理和记录功能。历史数据的形成和存储是数据处理的主要内容。此外，为满足上级调度中心、变电站管理和继电保护专业的需要，必须进行一些数据统计。例如主变压器和输电线路有功功率及无功功率每天的最大值、最小值以及相应的时间，母线电压每天定时记录的最高值、最低值以及相应的时间，受、配电电能平衡率，断路器动作次数，断路器切除故障电流和跳闸次数的累计数，控制操作和修改定值记录等。

（六）人机联系功能

变电站采用微机监控系统后，操作人员或调度员只要面对CRT显示器的屏幕，通过操作鼠标或键盘，就可观察和了解全站的运行工况和运行参数，对全站的断路器或隔离开关等进行分、合操作，彻底改变了传统的监控方式。人机联系的主要内容如下：

（1）显示画面与数据。CRT显示器屏幕上可显示的内容非常丰富：显示实时主接线图，图上断路器和隔离开关的位置与实际状态一一对应，变位前后有明显的标记；监控系统所采集和通过采集信息所计算出来的电压、电流、有功功率及无功功率、功率因数、有功电能及无功电能、系统频率、潮流信息等，都可在主接线图中实时显示出来；还可通过菜单选择的方式查询实时数据和历史数据，如事件顺序记录、越限报警记录、值班记录、保护模块的设定值、故障录波曲线等。

（2）输入数据。变电站投入运行后，随着运行方式和送电量的变化，保护定值和越限值等常需要修改，甚至由于负荷的增长需要更换原有的设备，改变TA变比。因此，在人机联系中必须具有输入数据的功能，需要输入的数据一般有TA、TV变比，保护定值和越限报警定值，“四遥”参数的更改，告警的设置与退出，手动/自动设置以及运行人员的代码和密码等。

（3）控制操作。操作人员通过鼠标或键盘可操作断路器或隔离开关分合、控制变压器分接头位置、控制闭锁与允许、投入和退出保护装置、选择远方/就地控制和设备运行/检修的设置、信号复归等。

对于无人值班变电站也必须设置必要的人机联系功能，以便巡视或检修人员在现场，能通过液晶显示或CRT显示器观察到站内各设备的运行状况和运行参数。对断路器的控制应具有人工当地紧急操作的设施。

（七）谐波分析与处理

谐波污染已成为电力系统的公害之一。因此，在变电站综合自动化系统中，还应重视对谐波含量的分析与监视，对谐波污染严重的变电站采取适当的抑制措施。

监控系统是变电站综合自动化系统的核心部分，起着举足轻重的作用。

二、对监控子系统的基本要求

监控系统是变电站综合自动化系统的核心部分，对电力系统的安全运行起着举足轻重的作用。监控系统一般应满足以下几方面基本要求。

（一）实时性

计算机监控系统是一种实时计算机系统，实时性是区别于普通（通用）计算机系统的关键特点。实时性有下述几层含义：

（1）系统对外界激励（事件）及时作出响应的能力。

（2）系统在所要求的时间内完成规定任务的能力。

（3）实时是与分时相对应的。在分时系统中，各种操作是按预先分好的时间片来处理的；在实时系统中，各种操作（中断、任务调度等）具有不同级优先，在正常的工作情况下，如果优先的操作条件得到满足，系统将及时中断正常的运行而去执行高优先级的操作。

不同的应用系统对实时性有不同的要求。在变电站综合自动化系统中，不同的监控参数对监控系统的要求不同。例如变电站监控系统中，由于变压器油温变化的时间常数相对较大，对实时性的要求相对不高，系统响应时间一般为秒级即可；但对于故障保护，信号变化非常快，要求微机系统在几毫秒甚至几十微秒内采集一个数据，并记录保存。一般开关变位信号，也要求微机系统在几毫秒内对其相关部件发出控制信号，并记录当时时间及各相关量的状态或数值，以便分析事故发生原因。实时性与系统硬件、软件等诸多因素有关。

（二）可靠性

计算机监控系统的可靠性是指系统无故障运行的能力。变电站在连续运行，微机系统也必须同步连续运行，对其进行监测和控制。即使系统由于其他原因出现故障错误，微机系统仍能作出实时响应并记录完整的数据。可靠性与系统硬件、软件、系统组成及使用等诸多因素有关。

（三）可维护性

可维护性是指进行维护工作时的方便快捷程度。方便地维护监控系统的正常运行，在最短时间内排除故障成为微机监控系统的一个重要特点。

（四）信息采集和输出技术先进

监控系统一个突出的特点是具有强大的I/O功能，即大量的现场信息要直接从现场设备采集并送入微机。从当前已有的应用来看，有两大类信息，即数据信息和图像信息。

（五）人机交流方便

在变电站微机监控系统中，人机交互的方式比较丰富。操作人员要在短时间内接受多个信息，进行分析判断，完成有关操作。因此要求监控系统具有多种而不是单一的人机交互方式，除常规的键盘、鼠标、CRT显示器外，通常还有触摸屏、专用键盘、大屏幕显示、语音等。

（六）通信可靠

这里所说的通信，主要是指在监控系统中，计算机与计算机之间对同类型或不同类型总线之间，以及计算机网络之间的信息传输。在变电站监控系统中，往往有多种类型的多台监控计算机在一起联合工作，这时就需要在计算机之间进行通信，实时、可靠地传递信息。特别在集散型计算机监控系统、分布式计算监控系统中，通信是一个非常重要的问题。

（七）信息处理和控制算法先进

在设计计算机监控系统时，信息处理和控制算法的设计、开发、调试是最为核心的内容。信息处理和控制算法主要是软件工作，这些软件的开发编制除了和采用的操作系统、软件开发工具有关外，还和硬件（特别是接口部件）以及生产工艺要求有密切关系。正因为如此，监控系统的软件开发往往难度更大，它要求开发设计人员具有更全面和广泛的知识。

第二节 监控子系统的基本组成

变电站综合自动化系统中监控子系统的构成与变电站的类型与规模有关。例如，110kV及以下电压等级的中小型变电站，其监控子系统相对较简单。220kV及以上大中型变电站，有的本身就是枢纽变电站，对监控子系统的要求相对较高，不仅应具备第一节中提出的基本功能，对暂态过程的检测与控制、远动通信等方面都有较高的要求。因此，这类变电站的监控子系统的构成也会相对复杂些。

一、监控子系统的结构

在变电站综合自动化系统中，较简单的监控子系统则是由监控机、网络管理单元、测控单元、远动接口、打印机等部分组成。监控机也称上位机，在无人值班的变电站，主要负责与调度中心的通信，使变电站综合自动化系统具有RTU的功能，完成四遥的任务；在有人值班的变电站，除了仍然负责与调度中心通信外，还负责人机联系，使综合自动化系统通过监控机完成当地显示、制表打印、开关操作等功能。有的监控系统是由网络管理单元负责完成与调度通信的任务，监控机只负责进行人机联系；也有的监控系统不设置网络管理单元，监控机通过通信网络直接与测控终端相连。规模较大的变电站，会以工作站的形式设有当地维护工作站、工程师工作站，以及远动通信服务控制器等，专门用来完成系统维护与操作、软件开发与管理和与调度中心通信等任务。因此，监控系统可以是单机系统，也可以是多机系统。

根据完成功能的不同，变电站监控系统可分为信息收集和执行子系统、信息传输子系统、信息处理子系统和人机联系子系统，如图7-1所示。

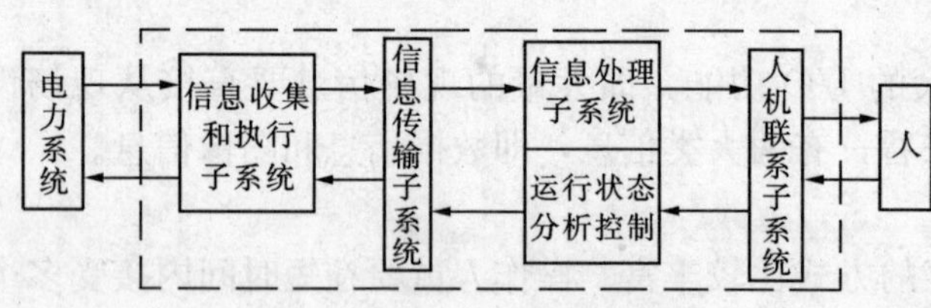

图7-1 监控系统的功能结构

信息收集和执行子系统的作用是收集各种反映电力系统运行状态的实时信息，并根据运行需要将有关信息通过信息传输子系统传送到监控主站或调度中心。这些信息既包括反映系统运行状态的各种电气量，如频率、电压、功率等，也包括某些与系统运行有关的非电气量，如反映周围环境的温度、湿度等，所传送的既可以是直接采集的原始数据，也可以是经过远方终端加工处理过的信息。

信息收集和执行子系统同时接收来自主站或上一级调度中心根据运行需要而发出的操作、调节和控制命令，并将该命令按一定规律转发给相应装置的操作或调节机构。

由信息收集和执行子系统收集到的信息，通过信息传输子系统传送给主站或上级调度中心。对该子系统进行设计时应充分考虑其经济性和可靠性，同时要保证传输信息的速度及准确率。

信息处理子系统是整个监控系统的核心，它所完成的工作主要有以下两个方面。

（1）状态估计。传输到信息处理子系统的实时信息一般不可避免地包含有各种误差，如测量误差、传输误差等，同时由于设备条件的限制，有些所需的运行参数无法收集到。这时信息处理子系统可以利用收集到的冗余信息和状态估计技术减小误差，对无法收集到的参数进行估计，从而得到精确而完整的运行参数。这些参数将被存储在电力系统实时数据库中，供系统进行监控计算时使用。

(2) 运行状态分析计算。这种计算主要是为运行人员做出控制决策提供依据，一般包括电能质量、经济运行和安全分析三大类。运行人员根据分析计算的结果，通过分析、综合、判断来决定控制策略。

除此之外，信息处理子系统还可用于工作计划编制、负荷预测及统计计算等工作。

人机联系子系统的作用是将经加工处理的信息通过各种信息输出设备提供给运行人员，由运行人员对控制设备进行操作或发出命令，来实现对电力系统的控制。常用的人机联系设备有 CRT 及其控制台和键盘、有声报警、记录仪、打印设备等。

图 7-2 所示为一个 110kV 变电站监控系统的典型配置。整个系统由变电站层与间隔层两层设备构成：变电站主站采用分布式结构，就地监控主站、工程师站、远动主站等相互独立，任一损坏不影响其他部分工作；间隔层设备按站内一次设备分布式配置，除 10kV 间隔测控与保护一体化外，其余测控装置按间隔布，而保护完全独立，维护与扩建极为方便。

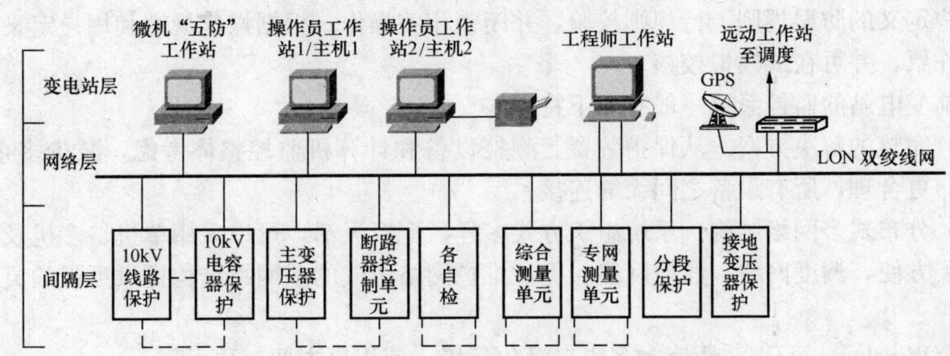

图 7-2　110kV 变电站监控系统的典型配置

图 7-1 中的信息收集和执行子系统主要由间隔层设备完成。间隔层布置了与一次设备相连的采集终端装置，以及所有智能装置（如备自投装置、微机综合保护装置、智能型直流系统和干式变压器温控仪、智能测控仪表、出线开关回路）采用的信号采集器等设备。间隔层采集各种反映电力系统运行状态的实时信息，并根据运行需要将有关信息传送到监控主站或调度中心。所传送的既可以是直接采集的原始数据，也可以是经过终端装置加工处理过的信息。同时还接收来自监控主站或上一级调度中心根据运行需要而发出的操作、调节和控制命令。

图 7-1 中的信息传输子系统主要由通信管理机硬件装置和通信管理机、通信网络、通信接入软件组成。通信管理机的任务是实现与现场智能设备的通信及与监控后台及调度主站的通信。一方面，通信管理机可独立实现对现场智能装置通信采集（如保护或测控装置），同时把采集的信息选择性的转发到与通信管理机相连的监控后台系统或远方调度系统；另一方面，把监控后台系统或远方调度主站的信息命令解释并转发到现场连接的智能设备，达到对现场智能设备的控制操作。通信管理机在整个系统中起关键枢纽的作用。通信管理机的规约接入支持能力直接影响系统的拓展能力，影响系统在工程中的应对能力。

图 7 - 1 中的信息处理子系统及运行状态分析控制部分主要由间隔层及变电层部分设备完成。间隔层可以上传直接采集的原始数据，也可以对有些信息经过终端装置加工处理后再上传。

图 7 - 1 中的人机联系子系统主要由变电站层设备完成。该部分主要完成实时采集全站的数据并存入实时数据库和历史数据库，通过各种功能界面实现实时监测、远程控制、数据汇总查询统计、报表查询打印等功能，是监控系统与工作人员的人机接口，所有通过计算机对配电网的操作控制全部在监控层进行。

操作员工作站是直接提供给操作员进行监控和各种操作的界面，可选配多屏；为调度员提供了所有功能的入口；显示各种画面（包括系统图、接线图、曲线图、地理图、曲线、棒图、饼图和仪表图）、报表、告警信息和管理信息；可以检索各种历史数据，进行遥控、遥调操作和查询各种参数。

工程师站用于监视全厂（站）继保装置的运行状态，收集保护事件记录及报警信息，收集保护装置内的故障录波数据并进行显示和分析，查询全厂（站）保护配置，按权限设置修改保护定值，进行保护信号复归，投退保护。

微机“五防”工作站可与不同厂家的“五防”设备进行接口实现操作防误和闭锁功能；根据用户定义的防误规则，行规则校验，并闭锁相关操作；根据操作规则和用户定义的模板开列操作票，并可在线模拟校核。

目前变电站的监控系统一般有如下特点。

（1）完整的解决方案。从保护装置、测控设备和计算机监控整体考虑，减少多余设备，功能分布更合理，所有设备之间无缝连接。

（2）分布式多网络结构。系统组织方式多样，配置灵活，可以采用单机、多机及网络方式，扩展方便，调度网络、监控网络、保护维护网络组成的多网络结构提供更强的灵活性和可靠性。

（3）Windows NT/98 环境，多窗口汉化环境，使用更方便，更可靠。

（4）商用数据库和标准 SQL 接口。与常用软件具有多种接口，数据管理方便可靠，有利于数据进一步处理。

（5）多媒体人机界面，画面完善、操作简单，具有语音报警，清晰明了，使用电子表格，系统生成简单、易于修改、方便统计；详实的技术及使用资料和灵活的在线帮助为使用者提供方便。

（6）系统开放，支持国际和部颁标准规约，支持不同厂家的设备，适应各种规模要求。

二、软件组成部分

在满足基本硬件条件的前提下，监控系统的功能是由各种软件功能模块决定的。例如，PS6000 监控系统的主要软件功能模块如下：

（1）数据采集处理（SCADA）模块；

（2）事件显示、打印、报警模块；

（3）图形画面、历史报警显示、打印模块；

（4）图形编辑器模块；

（5）数据库定义模块；

（6）报表编辑器模块；

(7) 规约管理器模块；

(8) 历史存档模块。

并且，监控系统还包含了变电站的一些高级应用软件模块，如电压无功控制模块、故障录波显示分析模块、小电流接地选线模块、“五防”系统模块等。各个应用模块既可与监控系统一体化运行，也可自成系统单独运行。系统采用面向对象的设计思想，软件功能模块可根据需要重新组态，使系统具有较强的可扩展性和可维护性。

数据库定义模块是一个数据库的定义和编译系统，由它生成的数据文件是监控系统在线运行的基础，也是综合自动化系统二次开发的主要工作之一。系统数据库的数据可以分成两级，即基本数据和高级数据。基本数据指遥测、遥信、脉冲的基本属性；高级数据则是指在上述基本数据基础上的电压、电流、功率、断路器、隔离开关、电量的属性。基本数据可以在数据库定义模块中进行定义，而高级数据是监控系统在线运行时产生的。数据库定义模块是离线定义系统数据库的工具，而在线监控系统运行时，则由数据采集与处理模块负责系统数据库的操作，如进行统计、计算、产生报警、处理用户命令（如遥控，遥调等）。系统采用嵌入式实时数据库与商用库 MS SQL Server 的无缝连接方式，以实时库为核心，实时数据的读写完全从内存获得。系统实时数据库采用层次加关系型结构，满足监控系统对实时性的要求。层次体现在监控系统在线运行时系统对数据库的读写访问上，由站（对应总控单元）、点类型（点所在子系统的类型，即遥测、遥信、电量等）、点（对应具体的采集点）三层形成数据库的访问层次。层次也体现在系统数据库的定义上，系统数据库的定义分为站定义、子系统定义、点定义三级进行，站和点都有一系列属性。数据库的关系型结构体现在系统中的点是有关的，如监控系统在线运行时，判断遥控是否成功要看其对应的遥信是否按要求变位。

图形编辑器模块、报表编辑器模块及事件显示、打印、报警、图形画面等模块是生成监控系统的重要工具，地理图、接线图、列表、报表、棒图、曲线等画面都是在这些模块中生成的，由图形编辑器生成的画面都能被在线系统调出显示。地理图、接线图、列表是查看数据、进行操作的主要界面，报表、曲线则主要用于打印。画面上可以制作两类图元：一类是背景图元，另一类是前景图元。背景图元在线运行时不会发生变化，如画面中的线段、字符、位图等都是背景图元。前景图元又分为两种，即数据前景图元和操作前景图元。数据前景图元根据其代表的实时或历史数据的值的变化而变化；操作前景图元则代表一个操作，当用户使用鼠标点中该图元时执行这一操作，如调出画面、修改数据、进行遥控等。对于画面中经常使用的符号，如断路器、隔离开关、接地开关、变压器等，可以使用图形编辑器制成图符，在编辑画面时直接调出使用，用来代表断路器、隔离开关的不同状态。

规约管理器模块负责管理规约库，包括部颁 POLLING、CDT、SC－1801、IEC807－5－101（102/103）等多种规约，可按透明、半透明、不透明方式进行规约转换或转发。

监控系统用于综合自动化变电站的计算机监视、管理和控制，以及集控中心对无人值班变电站进行远方监控。监控系统通过测控装置、微机保护及站内其他设备采集和处理变电站运行的各种数据，对变电站的参数自动监视，按照运行人员的指令和预先设定的条件对变电站进行控制，为变电站运行维护人员提供变电站运行和监视所需的各项功能，减轻运行维护人员的工作强度，提高系统运行的稳定性和可靠性。目前监控系统已逐渐发展为不依赖于硬件系统，独立于硬件平台的设计形式，并具有远程维护、系统调试、软件更新、故障排除等功能，在与变电站或远方其他客户互联时，监控系统支持多种标准网络通信协议，并提供防火墙机制，有效隔离广播风暴。监控系统支持双网或单网结构，在采用双网结构时，还可提供平衡网络负载的功能。在进行扰动数据传输时，此功能能更好地保证系统的实时性。

第三节 谐波分析与监视

电力系统的谐波也是电能质量的重要指标。随着国民经济的发展和人民生活水平的不断提高，用电量飞快增长，电力系统的谐波含量也显著增加，并且有越来越严重的趋势。谐波“污染”已成为电力系统的公害之一。因此，在变电站综合自动化系统中，要重视对谐波含量的分析与监视。对谐波污染严重的变电站采取适当的抑制措施，降低谐波含量。

一、谐波源分析

电力系统的变压器和高压直流输电的换流站是系统本身的谐波源；电网中的电气化铁路、地铁机车，炼钢电弧炉，大型整流设备等非线性不平衡负荷是注入电网谐波的大谐波源；此外，各种家用电器均是小谐波源。

几种重大谐波源产生谐波的原理如下。

（1）变压器。变压器是电力系统中联系不同电压等级电网的不可缺少的电气设备，广泛存在于各级电网中，其容量远大于系统的最大负荷，其励磁电流波形畸变较严重。变压器的励磁回路实际上就是具有铁芯、线圈的电路，变压器铁芯柱的设计磁密往往已超过磁化曲线的弯曲点，磁密和励磁电流的变化呈非线性关系，即使励磁电流是正弦波，磁通量变化也并非正弦波，超高压的大型变压器更是如此。变压器励磁电流的谐波含有率与它的铁芯饱和程度直接相关。正常运行时，电压接近额定值，铁芯工作在轻度饱和的区域，谐波量不大；但在一些特殊运行方式下或在夜间轻负荷时段，尤其是在一些供电边缘地区，变压器运行电压增高，铁芯饱和程度加深，励磁电流占总负荷电流的比例增加，谐波含量将明显变大，对电力系统的影响较严重，甚至成为局部系统的主要谐波源。特别是近年来为提高经济性和材料利用率，常使变压器铁芯工作在磁密较高的区段，磁化曲线特性也较陡直，更容易产生谐波。

（2）电气化铁路机车。近几年来，为了解决交通运输的紧张状况，建设了许多电气化铁路。电力机车的提速运行对促进国民经济的发展和方便广大人民群众起了很大的作用。但电力机车是大谐波源，它是流动性的大功率单相负荷，不仅会产生谐波，还会造成三相负荷不平衡，并产生负序电流。电力机车在区间运行时，随着路况的改变负荷变化甚大，平坡行驶时，两站间速度快，进出站速度慢，启动和行驶时负荷急剧变化。因此，电气化铁路机车是个不平稳的大谐波源。

（3）炼钢电弧炉。电弧炼钢炉是现代炼钢的重要设备，由于它在技术上和经济上都有显著的优越性，近年来发展很快。电弧炼钢炉是利用石墨电极和弧料之间产生的电弧的热量冶炼钢铁。电弧的游动是在电磁力、对流气流、电极移动等多种因素综合作用下形成的，具有很大的随机性。这就使得电弧炼钢炉电流不规则地急剧变化，波形产生严重畸变，引起电网电压波形严重畸变。电弧炼钢炉的谐波主要是 2～7 次谐波。

（4）整流设备。随着硅整流技术的不断发展和完善，各式各样的整流二极管、晶闸管等半导体器件在各行各业中得到了广泛的应用，大到直流输电用的整流与逆变装置以及化工、冶金工业用的整流装置，小到民用电器（如电视机电源、电池充电器等），遍布于电力系统各个电压等级的电网中。这些装置按一定的规律开闭不同的电路，从电网中取用非正弦电流，因而将产生谐波电流注入电力系统，对系统造成谐波污染。家用电器，如电视机、电风扇、空调等都会产生谐波。其中彩色电视机产生的谐波比黑白电视机更为严重，主要是 3、5、7、9 次谐波。尤其是许多高层建筑，负荷比较集中，谐波污染比较严重。

二、谐波的危害

谐波对电力系统电磁环境的污染将危害系统本身及广大电力用户，危害面十分广泛，归纳起来主要有以下及各方面。

（1）产生附加损耗，增加设备温升。与基波电流相比，尽管谐波电流的比例不大，但设备的有效电阻会因集肤效应而增大，增加输电线路的损耗。在有铁芯的电气设备中，磁滞损耗和涡流损耗也会增大。这些附加损耗还会使设备温升增加，加快设备绝缘老化速度。

（2）恶化绝缘条件，缩短设备寿命。除附加发热影响绝缘寿命外，还因为在较高频率的电场作用下，绝缘的局部放电加剧，介质损耗显著增加，致使温升提高，从而降低绝缘寿命。

（3）对自动控制装置、综合自动化装置和计算机等产生干扰，甚至造成装置误动作。这些装置通常都是按照所加电气量为工业频率和正弦波形而设计的，谐波的存在使其正常工作条件受到干扰，严重时会造成误动作。

（4）消耗电力系统的无功储备，甚至造成谐振。无功补偿电容与系统中的电感构成了局部的电感、电容电路，它们有时会对某次谐波电流起到放大作用，不仅加剧了谐波的危害，严重情况下还会造成危险的谐振过电压。

（5）引起电动机的机械振动，严重时损坏电机设备，危及人身安全。

（6）影响测量仪表的准确度，造成电能计量的误差。

（7）干扰相邻通信线路和铁道信号线路的正常工作。

总之，谐波产生的危害是多方面的，危害程度将因谐波量的大小以及设备的具体工作条件而异。因此，应对其予以足够的重视，有效地进行监督管理，尽可能将其危害限制在最小的范围内。

三、谐波检测与抑制

由于谐波对电力系统的污染日趋严重并造成危害，因此在变电站综合自动化系统中需要考虑进行谐波监视，如果超标，必须采取相应的谐波抑制措施。消除或抑制谐波主要有两种途径：一是主动型，即降低谐波源的谐波电流含量；二是被动型，即外加滤波器来消除谐波。在谐波源处装设滤波器，就地吸收谐波电流，可以使注入系统的谐波降到很低的程度，这是当前最主要的抑制谐波方法。通常滤波器有两种，即无源滤波器和有源滤波器。一般常用 LC 或 LRC 无源滤波器来抑制谐波。这种方法成本低、原理简单、技术成熟，故已被广泛采用。例如在变电站的并联无功补偿电容器组中串入部分电抗器，就是为了消除电容器投入运行时对 3、5、7 次谐波等的放大作用。但无源滤波器也有缺陷，主要是其谐振频率依赖于 L、C 元件的参数，因此只能对主要的谐波进行滤波，而且 LC 参数的漂移会影响滤波特性，使滤波性能不稳定。此外，无源滤波器的滤波特性也依赖于电网参数，而电网的阻抗和谐波频率随电力系统的运行工况而随时改变，所以 LC 滤波器的设计比较困难。更为严重的问题是，电网的参数可能与 LC 滤波器发生并联谐振，使某次谐波分量放大，反而影响供电质量。

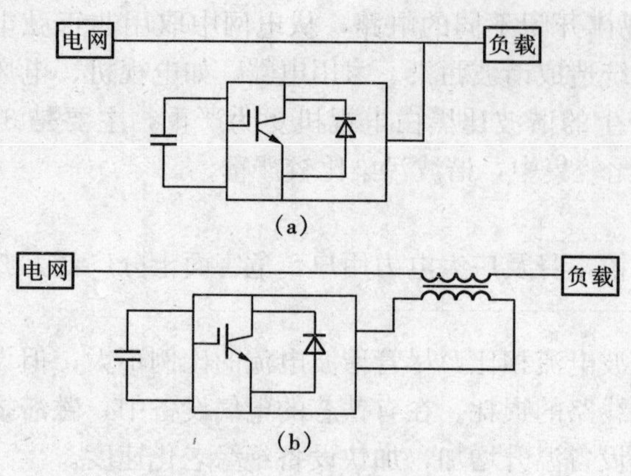

图 7-3 有源滤波器示意图

(a) 并联有源滤波器示意图；(b) 串联有源滤波器示意图

随着电力电子技术的发展，有源滤波器的研制开发取得了重大进展，并进入实用阶段。有源滤波器可以分为并联有源滤波器和串联有源滤波器两种。图 7-3（a）所示为并联有源滤波器示意图。这种滤波装置相当于一个谐波电流发生器，它跟踪负载电流中的谐波分量，产生与之相位相反的谐波电流，以抵消线路中的谐波电流，通过不同的控制作用，可以对谐波无功、不平衡分量等进行补偿。这种并联有源滤波器只适合于电感负荷的谐波补偿。图 7-3（b）所示为串联有源滤波器示意图。串联有源滤波器在系统中跟踪电源电压中的谐波分量，产生与之相反的谐波电压，使负载端交流侧的电压成为正弦波。

滤波器根据其组成形式还有多种类型。例如，并联有源滤波器与并联无源滤波器组成混合型电力滤波器，也有串联有源滤波器与并联无源滤波器组成混合型电力滤波器的方案。各种结构都有不同的优缺点。

另外，谐波源的供电电压也对谐波状况有影响。供电网的电压等级越高，短路容量越大，允许存在的谐波电流也越大。所以，对于大容量谐波源，应尽可能采用较高的电压等级供电。

第四节 人机对话系统

变电站综合自动化系统中，人机对话主要有以下内容。

(1) 显示画面与数据：包括时间日期、单线图的状态、潮流信息、报警画面与提示信息；事件顺序记录、事故记录、历史趋势记录；装置工况状态显示；保护整定值、控制系统的配置显示，包括退出运行的装置的显示以及信号流程图表、值班记录、控制系统的设定显示等。

(2) 输入数据：包括运行人员的代码和密码、运行人员密码更改、保护定值的更改、控制范围及设定的变化、报警界限、告警设置与退出、手动/自动设置、趋势控制等。

(3) 人工控制操作，包括断路器及隔离开关操作、开关操作排序、变压器分接头位置控制、控制闭锁与允许、保护装置的投入和退出、设备运行/检修的设置、当地/远方控制的选择、信号复归等。

(4) 诊断与维护：包括故障数据记录显示、统计误差显示、诊断检测功能的启动。

现代的综合自动化装置普遍采用多微处理器系统来实现其不同的监控、保护功能，同时还具有与电力系统自动化网络相联系的微机系统接口。按功能划分，人机对话系统的硬件电路主要包括键盘响应电路、显示器电路、打印机驱动电路、多机通信巡检开关及通信电路。

一、键盘响应电路

键盘响应电路如图 7-4 所示。该电路采用非编码矩阵式键盘，设有 16 个按键，按照 4 行 4 列构成，在行与列交叉处接入开关式按键。其中按键的行号由并行口 8256 的 P2 口的 P2.4～P2.7 来提供，列号由经过双向数据缓冲器与微处理器数据总线的低 4 位相连来提供。

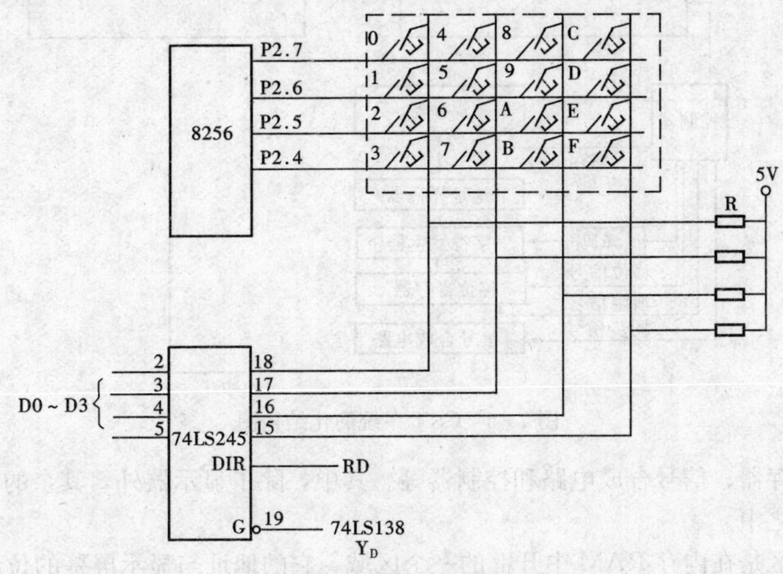

图 7-4　键盘响应电路原理图

键盘响应处理包括以下三个内容。

(1) 落键识别。判断图 7-4 中 16 个按键是否有按键落下，当有按键落下时，并行口 8256 芯片的 P2 口的四根线 P2.4～P2.7 中有一个为低电位，得到按键的行号，然后再从双向数据缓冲器 74LS245 读入按键的列号，从而确定下落按键的位置；当没有按键落下时，D0～D3 全是“1”，且并行口 8256 芯片的 P2 口的 P2.4～P2.7 全都是“1”。利用软件识别可有效地消除按键下落时的抖动问题。

(2) 键号的识别。采用行扫描和列扫描技术可确定出下落按键的位置，并利用查表技术获得该下落按键所对应的操作指令，通知给人机对话的微处理器执行相应的按键功能命令。

(3) 落键处理。利用软件来实现当按下键释放后，才能接收下一个按键对应的指令。

二、屏幕显示电路

屏幕显示器即 CRT 显示器，是微机实现人机对话的重要工具，它能够把各种数据和信息变成直观的文字和图像，帮助操作人员随时了解变电站的实时接线图以及各种运行参数等。

CRT 显示器为了得到一幅图像，必须有水平和垂直两种扫描信号。一个字符在屏幕上由点阵的光点组成，电子束自左至右和自上至下地逐行扫描，画面至少以 50 次/s 的频率重复扫描才能得到稳定的图像。所以，要使 CRT 显示出一幅稳定的图像，要有图像信号（视频）、同步信号（水平和垂直）和消隐信号，三者缺一不可。CRT 系统简化结构图如图 7-5 所示。

显示电路的简化结构包括显示器（CRT）、显示缓冲区、锁存器、地址译码器、字符发

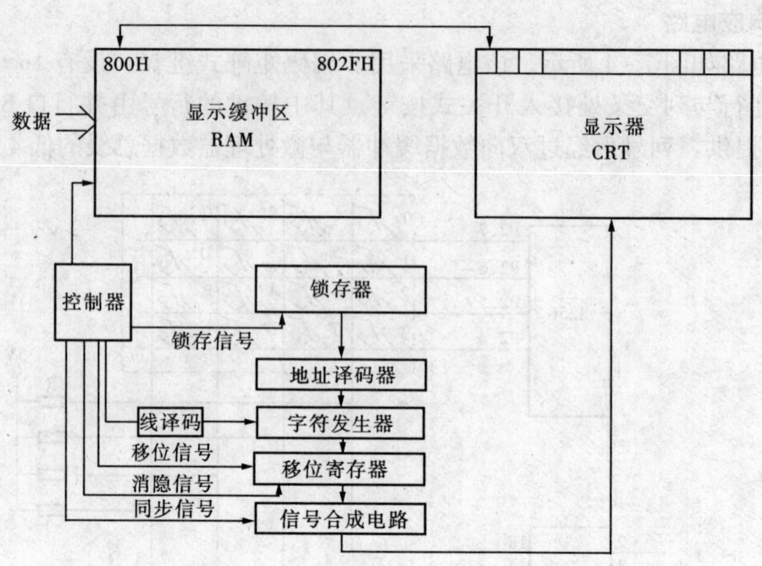

图 7-5 CRT 系统简化结构图

生器、移位寄存器、信号合成电路和控制器等。其中，除了显示器外，其余的设备全都在微机或微机接口之中。

显示缓冲区是在内存 RAM 中开辟的一个区域，它的地址与显示屏幕的位置有一一对应的关系，例如：

8000H—803FH 与屏幕第一行对应

8040H—807FH 与屏幕第二行对应

…… ……

微机中还有一个成为字符发生器的存储器，它是一个只读存储器（ROM）。这个字符发生器存放着全部需要显示的字符或图形的点阵码。所谓点阵码，通常是 8×8 的点阵，用 0（表示暗）和 1（表示亮）构成一幅图形（或字符）。根据点阵码在字符发生器中的位置（或地址），每 8 个点阵码为一组，用一个数来表示，这就是该字符的代码。字符代码与字符点阵码在字符发生器中的首地址有以下简单的关系，即

字符代码＝字符点阵码首地址/8

例如，若一组（8 个）字符点阵码的首地址为 80H，则它的代码为 80H/8＝10H。

以上关系是由显示译码电路所确定的，目的是为了简化显示程序的设计。人们只要把字符代码送到显示缓冲区，就可以在屏幕上将该字符显示出来，而不必送字符的点阵码。

三、液晶显示电路

液晶显示器也叫 LCD 显示器。在变电站综合自动化系统中，监控子系统、微机保护子系统等的装置屏上，都含有液晶显示电路，便于装置的就地操作和控制。

液晶显示电路以菜单的形式显示出各个键盘操作及执行的结果，给使用人员调试和检修微型机装置提供方便，使人机联系更加直观。液晶显示电路如图 7-6 所示。该电路主要由多功能异步通信接收发送器芯片的两个并行口控制。图 7-6 中并行口 8256 芯片的 P1 口工作在输出方式，P2.0～P2.7 提供液晶显示器的数据，而 P1.4、P1.5、P1.6 三条线作为液晶显示器的控制线。

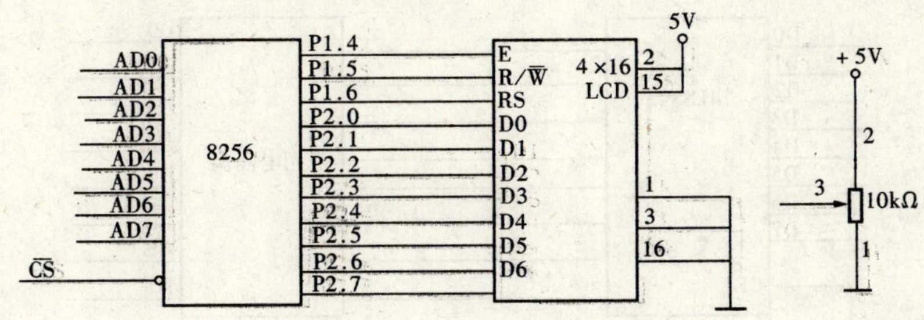

图 7-6　液晶显示电路

点阵式液晶显示器体积小、功耗小、接口简单，在许多电子仪器中得到应用。在点式液晶显示屏上可并列排放着若干点阵的字符显示位，每一位显示一个字符，根据需要将要输出的数据或信息转换成显示符代码后，再通过 8256 芯片的 P2 口将需要显示的数据输送到不同的显示位上。

四、打印机的接口电路

打印机作为一种输出设备，在人机联系构成中发挥着主要作用。在调试方式下，输入键盘操作命令，微型机装置可以通过打印机将执行结果打印出来，以便于了解装置是否正常运行；在运行方式下，电力系统发生故障后，打印机可以将有关故障的信息、保护动作行为和采样报告等打印输出，为事故分析提供参考资料。可根据需要来选择打印机型号，打印机与微处理器的联络主要有两个方面的内容：一是数据线之间联系的接口电路设计；二是打印机与微处理器之间的应答控制信号之间的接口电路设计。打印机接口电路原理图如图 7-7 所示。

微机系统的数据总线 D0～D7 经过 74LS393 锁存后，其输出端经过光电耦合隔离芯片与打印机的数据输入线相连接。打印机的选通信号由微处理器上的并行口 P1 口的输出线 P1.2 经过非门或 74LS02 及光电隔离芯片后发出。来自打印机的响应控制信号“忙”经过一光电耦合隔离芯片引入至微处理器并行口的输入线。图 7-7 中锁存器的选通信号由线和口地址译码器 74LS139 输出的信号通过非门或 74LS02 后来提供。当执行向打印机传递数据的命令时，线和口地址译码器输出信号同时为地电平，选通数据锁存器 74LS393，则数据锁存器将其锁存的数据送至打印机的数据线上。

五、多机通信和巡检开关

目前在电力系统运行的综合自动化装置，设计结构多采用多微处理器，即多 CPU 系统。人机对话微型机系统用于协调和指挥其他的微型机系统，各功能专用的微型机系统通过串行接口相互联系，与人机对话微型机系统通过串行接口相互通信，通信方式采用异步通信，如图 7-8 所示。

图 7-8 中 RXD 为微处理器串行接口数据接收端，TXD 为串行接口数据发送端。74LS151 为 8 选 1 数据选择器，用于选择图中 CPU1～CPU4 与人机联系 CPU 之间的通信端连接问题。CPU1～CPU4 的 TXD 端与 74LS151 芯片的 D0～D3 端相连接，输出端 Y 接至人机联系 CPU 的 RXD 端。怎样将 74LS151 芯片的 D0～D3 与其输出端 Y 相连通，取决于来自三个数据选择端的控制信号，即 8256 芯片的 P1 口 P1.5～P1.7＝000 时，D0 端与 Y 端接通；而当 P1.5～P1.7＝100 时，D1 端与 Y 端接通；依此类推，当 P1.5～P1.7＝110 时，

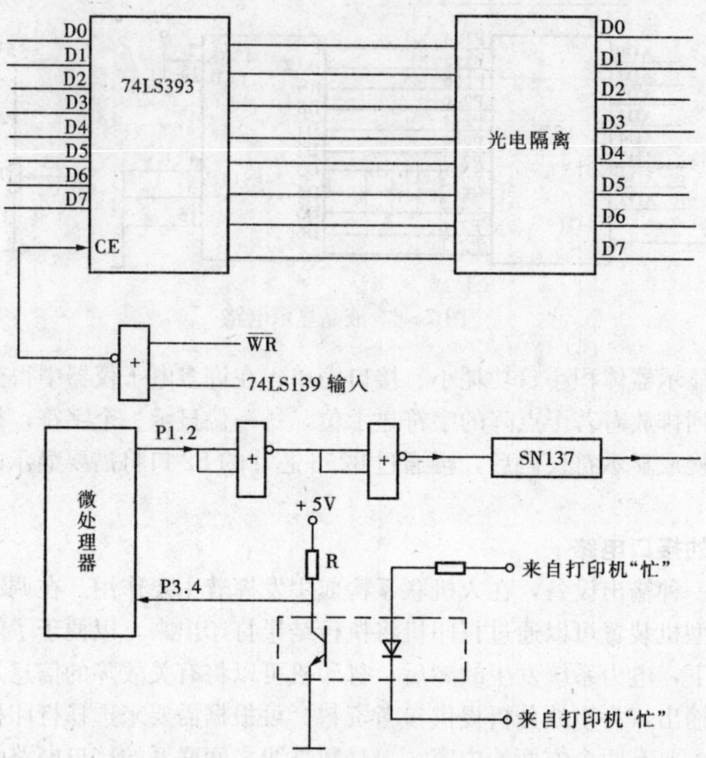

图 7-7 打印机接口电路原理图

D2 端与 Y 端接通。

串行接口的作用如下：

(1) 微机型装置工作在调试方式下，将键盘操作命令传送至各功能 CPU，CPU 再将执行的结果利用串行接口送给人机对话 CPU，并通过打印机输出。

(2) 正常运行时，轮流对功能 CPU1～CPU4 发出巡检命令。至于对哪一个 CPU 进行巡检，则根据人机对话微型机系统的操作面板巡检开关的投入或退出状态来决定。当四个 CPU 系统都投入运行位置时，应将四个巡检开关设置为“投入”位置；而当某一个系统退出运行时，则应将对应的巡检开关设置在“退出”位置，这样人机对话微型机系统不再对退出运行的 CPU 系统进行巡检。

在对某一个 CPU 系统进行巡检时，若该 CPU 系统未能发出回答信号，则此时由人机对话微型机系统上的 8256 芯片 P2 口 P2.0～P2.3 的某一位向该 CPU 系统发出外部复位脉冲，在复位脉冲发出后继续巡检，如果仍不回答则报警。

(3) 在电力系统发生故障后，还可以将故障报告通过此串行接口传递到人机对话微型机系统，再由打印机输出。

串行接口在多微型机系统中发挥着重要的作用。人机联系微型机系统与各保护及监控功能的微型机系统之间的通信是通过串行接口来实现的。人机联系微型机向各保护及监控功能模块发送通信信号时，可随意来发送；但是在接受来自各功能微型机系统发来的通信信号时，则需要 74LS151 通过 8256 并行口 P1 口的输出线 P1.5～P1.7 来轮流切换选通。

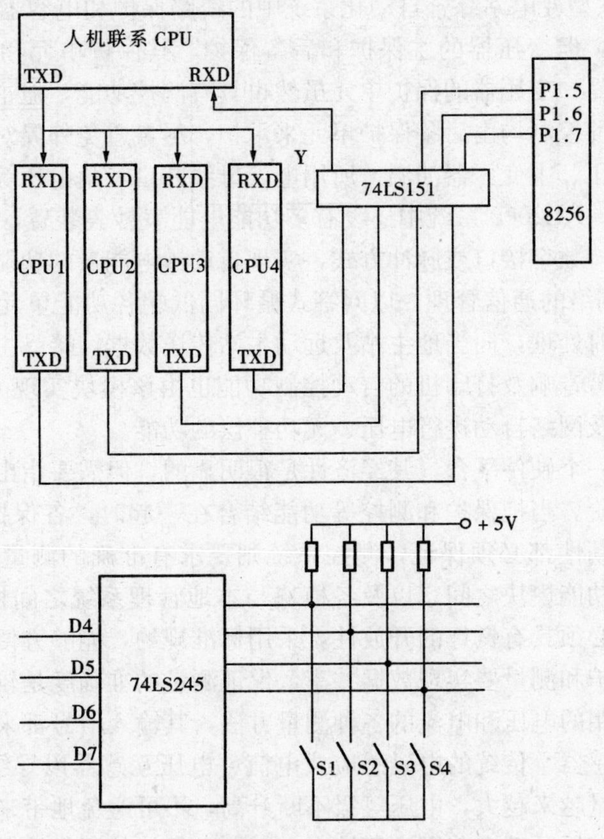

图 7-8　多机通信和巡检开关原理图

第五节　保护与测控集成系统

将保护和控制、测量等功能集成到同一装置中，实现数据的完全共享，是综合自动化装置发展的必然结果。目前已有大量 110kV 及以下电压等级变电站的综合自动化装置采用了保护、测量、通信、控制等功能的一体化设计。与传统的独立部件的结构相比，这种保护和测控集成的结构，可提供大量的保护功能和更多的监控及数据采集功能，而使性能价格比更优。例如，RL2000 型变电站综合自动化系统的 35kV 线路保护装置 RL35A 的主要功能有：

(1) 复合电压闭锁方向过电流保护；

(2) 零序电压闭锁零序方向过流保护；

(3) 三相一次重合闸；

(4) 手合加速及重合后加速功能；

(5) 过负荷保护；

(6) 单独的测量 TA 输入回路及电压采集回路，实现电压、电流及功率的测量功能；

(7) 单独的零序 TA 输入回路，配合实现小电流接地选线功能；

(8) 集成遥信、遥测、遥控、遥脉功能。

该保护装置适用于 35kV 及以下电压等级的馈出线路保护，以及 110kV 线路不配置距离保护的场合。RL2000 型变电站综合自动化系统中的线路保护和电容器保护装置都采用了这种多功能一体化设计，但变压器的主保护和后备保护，其保护单元和测控单元仍然是分开的。也有些公司的产品，变压器的保护单元虽然也具有测控功能，但主变压器高、低压侧断路器分合及有载调压的控制均由后备保护单元来承担，尽量避免外界对变压器主保护单元产生影响。对于直流电压、主变压器油温、所用电、母线开口三角电压等变电站参数，可通过公共测控单元来采集。RL2000 系统中还设有多功能电能表抄表装置，提供一种同外部电能表接口的方式，它支持数字接口或脉冲方式，实现自动抄电能量的功能。系统中的通信主模块 RM100 负责整个网络的通信管理，以问答式循环同低端各功能单元交换数据，并负责按照要求对数据进行实时处理，向当地主站及远动主站传送数据，接受主站的命令向低端装置发布。事故音响、告警音响及打印机的自动控制功能也由该模块实现。另外 RM100 装置内部还集成了网络选线及网络自动进行电压、无功补偿的功能。

保护与测控共用一个硬件平台，其经济性是很明显的，但需要指出的是，实现集成系统不能以牺牲功能为代价。当把保护和测控等功能结合在一起时，各保护功能要求的可靠性、灵敏性、选择性和速动性都必须保证，测控系统则要求有准确的测量数据和采用安全的规约，以便在分布式的功能模块之间，以及各模块与本地管理系统之间快速交换信息。同时，保护与测控集成系统必须具有良好的开放性，采用标准规约，能够方便地实现与外部其他设备或系统的连接。保护和测量要实现数据共享，保证测量的准确度是较难解决的问题。这是由于长期以来广泛使用的电压和电流的各种测量方法，其输入信号都来自传统的电磁感应式电流互感器和电压互感器。传统的电磁感应式电流、电压互感器以导线绕制在铁芯上构成，随着电力系统传输容量越来越大，电压等级不断升高，不可避免地带来绝缘结构复杂、体积庞大、磁饱和、铁磁谐振及动态范围小等缺点，对继电保护的可靠性和灵敏性构成威胁，这也是测量和保护不容易实现数据完全共享的主要根源。为寻求更理想的对电流、电压的测量方法，国内外已研究和尝试采用法拉第磁光效应的光电传感器。

光电传感器与传统的电磁型互感器相比主要有以下优越性。

(1) 绝缘性能优良，造价低，体积小，质量轻。电磁式互感器的一次绕组与二次绕组间通过铁芯耦合，它们间绝缘结构复杂，其造价随电压等级呈指数关系上升；而光电电流传感器（OTA）和光电电压传感器（OTV）绝缘结构简单，其造价一般随电压等级升高而呈现线性增加。因此，预计 OTA 和 OTV 应用于电压等级越高的变电站，其性能价格比越优。

(2) 不含铁芯，消除了磁饱和、铁磁谐振等问题。电磁型的互感器在电力系统故障时易饱和，这是继电保护装置易拒动的最大弊病所在；而光电传感器可彻底解决此问题。

(3) 动态范围大，测量准确度高。其额定电流可由几十安至几千安，过电流范围可达几十万安；一个 OTA 可同时满足计量和继电保护需要，可避免需多个 TA 的冗余投资，既减少体积，又节省投资。

(4) 频率范围宽，可测出高压线路的谐波电流；还可进行电流暂态、高频大电流与直流电流的测量，对研究新原理的继电保护装置很有好处。

(5) 抗干扰能力强。

由于光电传感器有很多优越性，多年来国内外学者对光学传感技术在电力系统中的应用进行了较多的研究，到 20 世纪 80 年代，形成研究高潮。美、日、德、英、法、俄及瑞士等国都进行了大量研究，而且取得较好的进展。我国也于 20 世纪 80 年代开始了光电传感器和光纤传感器的研究工作。当然，光电传感器要代替电磁式互感器，目前还有许多技术问题尚未解决，还需做大量的研究工作，但这是一个很有发展前途的研究方向。

光电传感器的应用对变电站综合自动化系统结构的变革和不断完善，以及技术性能的进一步提高，将起很有力地推动作用。这主要表现在，由于光电传感器具有宽阔的频率范围和不饱和特性，因此可以实现继电保护和测量控制的完全数据共享，促进保护和测控功能的集成，这样就降低了变电站平台上的装配费用，改进了数据的可利用性，并增加了功能；光电传感器响应速度快，动态范围大，可以抓住故障时瞬变过程的波形，发展新原理的继电保护装置；光电传感器的抗干扰能力强，电绝缘特性好，使得高压线路保护装置和变压器保护装置也可以方便地分散安装于高压场附近，并利用日益发展的光纤技术和局域网络技术，将这些分散在各开关柜的保护和测控集成功能模块联系起来，构成一个全分散式的综合自动化系统，这就有利于更多的变电站实现高水平、高可靠性和低造价的无人值班。

到目前为止，集测控、保护、监视于一体的装置多用于中、低压系统馈电线路、电容器、主变压器低压侧以及分段开关的保护和控制。对于 220kV 及以上电压等级的系统，保护和测控单元仍然是分开的。随着相关科学技术的不断发展，变电站综合自动化系统的结构也朝着更合理、更可靠、造价更低的方向发展，而综合自动化系统的功能和性能将更加完善。

思　考　题

1. 变电站综合自动化系统中监控子系统的基本功能有哪些？
2. 监控系统实时数据采集与处理哪些数据？
3. 变电站监控系统的 CRT 屏幕能显示哪些内容？
4. 通过 CRT 屏幕能实现变电站哪些操作？
5. 人机对话有哪些功能？
6. 监控系统的基本结构有哪些环节构成？

第八章　变电站综合自动化系统的自动控制装置

本章介绍电压、无功控制装置、备用电源自动投入装置和故障录波装置的结构原理及应用。

第一节　电压、无功自动控制装置

变电站综合自动化系统必须具有保证安全、可靠供电和提高电能质量的自动控制功能。电压和频率是电能质量的重要指标，因此电压、无功综合控制也是变电站综合自动化系统的一个重要组成部分。

一、电压、无功控制的重要性及控制目标

（一）电压和无功控制的重要性

电压是衡量电能质量的一个重要指标，保证用户的电压接近额定值是电力系统运行调整的基本任务之一。发、变电设备和各种用电设备都是按额定电压设计的，这些设备在额定电压下运行将能取得最佳的效果。电压过高或过低，偏离了合格范围，都会影响这些设备的寿命和效率，还可能使网损增大，甚至危及系统运行的稳定性。可见，改善电压质量不仅影响生产和生活，也是节能的重要措施之一，同时还是防止系统电压崩溃、提高安全稳定运行水平的重要条件。

长期的研究结果表明，造成电压下降的主要原因是系统无功不足或无功功率分布不合理，所以电压调整问题主要是无功功率的补偿与分布问题。系统的无功功率对电压水平影响极大，维持电网正常运行下的无功潮流的合理平衡，对提高供电质量，保证系统安全、可靠和经济运行有着重要意义。

（二）电压、无功综合调控的目标

电力系统中，电压和无功功率的调整对提高电网的输电能力、安全稳定运行水平和降低电能损耗有极大影响。因此，要对电压和无功功率进行综合调控，保证实现包括电力企业和用户在内的总体运行技术指标和经济指标最佳。具体的调控目标如下。

（1）维持供电电压在规定的范围内。根据原能源部颁发的SD325—1989《电力系统电压和无功电力技术导则》规定，各级供电母线电压的允许波动范围（以额定电压为基准）规定如下。

500（330）kV变电站的220kV母线：正常时，0%～+10%；事故时，−5%～+10%。

220kV变电站的35～110kV母线：正常时，−3%～+7%；事故时，±10%。

配电网的10kV母线，电压合格范围：10.0～10.7kV。

（2）保持电力系统稳定和合适的无功平衡。主输电网应实现无功分层平衡，地区供电网应实现无功分区就地平衡的原则，才能保护各级供电母线电压（包括用户入口电压）在导则规定的范围内。

(3) 保证在电压合格的前提下使电能损耗为最小。

二、变电站电压、无功综合控制的原理

(一) 电力系统电压、无功调整的方法

电力系统的调压措施有利用发电机进行调压、采用改变变压器分接头进行调压、通过改变电力网无功功率分布进行调压、通过改变输电线路参数进行调压。前两种方法是利用改变电压水平的方法来维持所需的电压，后两种方法是利用改变电压损耗的方法来达到调压的目的。

对发电厂来说，主要的调压手段是调整发电机的励磁；在变电站主要的调压手段是调节有载调压变压器分接头位置和控制无功补偿电容器。少数 220kV 以上的高压或超高压变电站装有调相机或静止无功补偿器，有的变电站既装有并联电容器也装有并联补偿电抗器。

有载调压变压器可以在带负荷的情况下切换分接头位置，从而改变变压器的变比，起到调整电压和降低损耗的作用。控制无功补偿电容器的投切，可改变网络中无功功率的分布，改善功率因数，减少网损和电压损耗，改善用户的电压质量。这两种调节控制的措施，都有调整电压和改变无功分布的作用，但它们的作用原理、作用效果有所不同。利用改变有载调压变压器的分接头位置进行调压时，调压措施本身不产生无功功率，但系统消耗的无功功率与电压水平有关。因此，在系统无功功率不足的情况下，不能用改变变压器变比的办法来提高系统的电压水平；否则电压水平调得越高，该地区的无功功率越不足，反而导致恶性循环。所以在系统缺乏无功的情况下，必须利用补偿电容器进行调压。投补偿电容器既能补充系统的无功功率，又可改变网络中的无功分布，从而有利于系统电压水平的提高。因此，必须把调分头与控制电容器组的投、切两者结合起来，进行合理地调控，才能起到既改善电压水平又降低网损的效果。

传统的调节控制方式是，运行人员根据系统调度部门下达的电压无功控制计划和运行情况，由运行人员手工操作对分接开关和电容器进行控制。为此运行人员必须经常监视变电站的运行工况，并作出如何调控的判断，这不仅增加运行人员的劳动强度，而且难以达到及时进行最优控制的效果。随着无人值班变电站的建设及对变电站自动化程度要求的提高，这种传统的调节方式显然难以适应。为了提高电压合格率和降低能耗，目前各种电压等级的变电站中普遍采用了电压、无功综合控制器，它是利用变电站中有载调压变压器和并联电容器组，根据运行情况进行本站的电压和无功自动调整，以保证负荷侧母线电压在规定范围内及进线功率因数尽可能高的一种装置。这种电压、无功综合控制器一般均以微机为核心，具有体积小、功能强、灵活可靠等一系列优点，同时又具有通信、打印等功能，便于实现全局（网）的无功优化。运行表明，这种微机综合控制装置的应用，不仅提高了变电站的电压合格率，降低了电能损耗，而且大大减少值班人员的劳动强度，避免了人为的误操作，对提高变电站的自动化水平发挥了较大的作用。

(二) 电压无功综合控制的原理

以图 8 - 1 所示变电站一次接线图为例，设变电站有载调压变压器的变比为 K，一次电压、二次电压、负荷电压分别为 $\dot{U}_1$、$\dot{U}_2$、$\dot{U}_L$，负荷视在功率为 S_L，有功功率为 P_L，无功功率为 Q_L，无功补偿容量为 Q_C，R_L、X_L 分别为负荷的电阻和电抗。

由于负荷 R_L+jX_L 的存在，当电流流过线路时，在线路上产生电压损失，同时在线路和变压器中引起功率损耗，即网损。忽略电压降的横分量时，存在如下关系

$$\Delta U_L = \frac{P_L R_L + Q_L X_L}{U_L} \tag{8-1}$$

$$U_L = U_2 - \Delta U_L \tag{8-2}$$

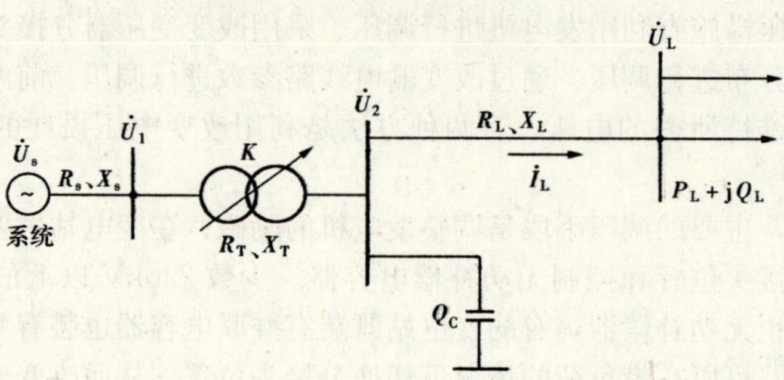

图 8-1 某变电站一次接线图

由此可见，P_L、Q_L 变化时，变电站到用户的线路电压损耗 ΔU_L 也将随之改变。为了维持用户电压 U_L 不变，必须调整 U_2，以 U_2 的变化来补偿 ΔU_L 的变化。假设负载的自然功率因数不变或变化范围不大，则

$$U_2 = U_{LN} + \frac{R_L \cos\varphi + X_L \sin\varphi}{U_{LN}} S_L \tag{8-3}$$

式中 U_{LN}——负荷要求维持的电压水平。

为了维持 U_{LN} 不变，U_2 应随负荷视在功率的变化而变化。如果真正实行按负荷（视在功率）大小进行逆调压，就能保证用户电压质量。实际的电力系统接线往往较复杂，一般变电站都有多回出线，各回出线负荷变化规律不一定相同，对变电站母线电压的要求可能不同，甚至不同的要求可能发生矛盾，因此，只能按整个变电站总负荷的变化情况进行逆调压。电压无功综合控制所要达到的目的：一是使负荷端的电压 U_L 与额定电压的偏差最小；二是使系统的功率损耗最小。要达到上述调节目的，常采用以下两种方法。

（1）调整变压器的分接头位置，改变变压器变比 K。当负荷增大，引起线路电压损失增加，从而导致负载端电压 U_L 下降时，可减小变比 K 以提高变压器低压侧电压 U_2，从而提高负载端电压 U_L；当负荷减小，导致负荷端电压 U_L 上升时，可增加变比 K 以降低变压器低压侧电压 U_2，从而降低负荷端电压 U_L。变压器变比 K 的变化一般靠调节有载调压变压器的分接头来实现，因为 $U_2 = U_1/K$。

（2）改变无功补偿。设电容器组发出的无功功率为 Q_C，系统的电压为 U_s，当无补偿电容器组，即 $Q_C = 0$ 时，负荷所需的无功功率均需通过线路传送，U_s 与 U_2 的关系为

$$U_2 = U_s - \frac{P_2(R_s + R_T) + Q_2(X_s + X_T)}{U_2} \tag{8-4}$$

当补偿电容器组发出的无功功率为 Q_C 时，则

$$U_2 = U_s - \frac{P_2(R_s + R_T) + (Q_2 - Q_C)(X_s + X_T)}{U_2} \tag{8-5}$$

这表明，增大 Q_C，可使线路（包括变压器）压降降低，同样可以提高 U_2。

投入 Q_C 以后的网损为

$$\Delta S_s = \frac{P_2^2 + (Q_2 - Q_C)^2}{U_2^2}(R_s + R_T) + j\frac{P_2^2 + (Q_2 - Q_C)^2}{U_2^2}(X_s + X_T) \tag{8-6}$$

可见，网损随（Q_2-Q_C）^{2} 而变，在输送功率一定的条件下，Q_2-Q_C 越小，网损越小。因此，对于简单的辐射形网络来说，尽量提高功率因数是降低网损的一个有效措施。

从以上分析可以得出以下几点结论：

（1）调节变压器分接头可以提高或降低变电站低压侧母线上的电压，但对无功分布和网损基本上没有什么影响。

（2）投切补偿电容器，一方面可以提高母线电压；另一方面还可以改变无功分配，改善功率因数和降低网损。

（3）对于简单的辐射形网络来说，提高功率因数是降低网损的有效途径。

（三）对电压、无功综合控制系统的基本要求

（1）应能自动对变电站的运行方式和运行状态进行监视并加以识别，从而正确地选择控制对象并确定相应的控制方法。

（2）对目标电压、电压允许偏差范围、功率因数上下限等应能进行灵活整定。

（3）变压器分接头控制和电容器组投切应能考虑各种条件的限制。

（4）控制命令发出后应能自动进行检验，以确定动作是否成功；若不成功，应能做出相应的处理。每次动作应有打印的记录。

（5）对变电站的运行情况，如各断路器状态、主接线运行方式、变压器分接头位置、母线电压、主变压器无功等参数，应能清晰地予以显示，并设置故障录波器。

（6）应具有自检、自恢复功能，做到硬件可靠、软件合理、维修方便且具有一定的灵活性和适应性。

（7）在异常条件下应能将装置闭锁。这些条件主要包括：

1）系统发生故障，变电站母线发生故障，主变压器发生故障或事故；

2）电压、无功综合控制装置的电压互感器发生故障；

3）主变压器异常运行，主变压器控制器发生异常；

4）补偿电容器本身或回路装置发生故障或事故，则应闭锁相应电容器组的控制回路；

5）主变压器或电力电容器正常退出操作时，闭锁该台主变压器或电容器控制装置；

6）每次发出动作命令后进行校验，若装置拒动，则应闭锁；

7）母线电压太低时，应闭锁调压功能；

8）变压器挡位已到达上下限、主变压器分接头日调节次数已达上限、电容器日投切次数已达上限、上一次动作后延时未达到时，均应将装置自动闭锁。

（8）具有监视、通信与记录功能。在无人值班变电站，变电站运行状态及电压、无功综合控制装置的动作情况均通过通信系统送至主站或监控中心，在主站或监控中心目前多采用CRT 显示器将有关信息进行显示。通过显示器调度人员可以及时了解变电站和电压、无功综合控制装置的运行情况，如有异常可及时作出处理。另外，主站或监控中心还可通过打印机打印控制输出的内容、时间和实测电压曲线等。

显示的内容一般应包括主变压器各侧的断路器位置、主接线母联断路器和旁路断路器状态、电容器组的断路器状态、主变压器分接头挡位，还可同时显示实时电压整定值上下限、主变压器运行方式、变电站运行状态所处区域、主变压器调挡及电容器投切动作情况、主变压器和电容器闭锁情况以及系统自检情况等。

（四）电压、无功综合控制条件和要求

1. 变压器分接头调整应遵循以下条件和要求

（1）多台主变压器并列运行时，必须保证同步调挡，且并列运行的各主变压器必须处于同一挡位时，才能参加调挡。并列运行的主变压器调挡时，必须同时升降。

（2）确保有载调压分级进行，每次只能调一挡，前后两次调挡应有一定的延时。挡位上下限应有限位措施。

（3）人工闭锁或主变压器保护动作后，调挡命令发出后经校验发现拒动或滑挡，变压器过负荷等条件下应闭锁调挡。

2. 电容器组的投切操作应满足以下条件和要求

（1）电容器组的投切应实行轮换原则，即最先投入者最先切除，最先切除者最先投入。

（2）电容器组轮换投切应考虑运行方式的影响，当多台主变压器既有关联性又有独立性时，应各自投切本身所带的电容器组。

（3）人工投切的电容器组也应参加排队。

（五）变电站运行方式的识别和运行状态的划分

1. 变电站运行方式的识别

变电站有载调压变压器可能不止 1 台，在运行过程中这些变压器可能有多种运行方式。例如在某种运行过程下，某些变压器可能处于运行状态，而另一些变压器可能处于停运状态；变压器之间可并列运行，也可独立运行。在对变电站的电压、无功进行综合控制过程中，为了确定控制对象并进一步确定控制对策，必须先对变电站中各变压器的运行方式进行识别。

若变电站有 3 台变压器，按 3 台主变压器均运行、只有 2 台主变压器运行、只有 1 台变压器运行等进行组合，共有 13 种运行方式。

目前实际采用的识别方式有人工设置和自动识别两种。人工设置就是主站的运行人员根据上传至主站的有关状态信息对变电站的运行方式进行判断，再通过通信系统将该运行方式通知电压无功综合控制系统。自动识别是电压、无功综合控制系统根据主接线的断路器状态，如变压器的高、中、低压侧断路器状态、母联断路器和旁路断路器状态等，自动进行分析判断，以确定当前的运行方式。

2. 变电站运行状态的划分

所谓变电站的运行状态是指变电站的各种电气量所处的状态。只有正确地掌握了变电站的运行状态，才能正确地选择控制对策，从而达到自动控制的目的。对电压及无功控制总的要求是在保持电压合格的条件下尽量降低损耗。装置的控制对象主要是变压器分接头和并联电容器组，控制目的是保证主变压器二次电压在允许范围内，且尽可能提高进线的功率因数，故一般选择电压和进线处功率因数（或无功功率）为状态变量。

一般来说使母线电压维持在额定电压就算合格，但这对用户来说未必是最佳选择。因为负荷是不断变化的，重负荷时线路的压降比较大，而轻负荷时压降就比较小。因此为了使用户的端电压比较稳定，变电站母线电压不应该是固定不变的，而应随着负荷的变化而变化，或者根据给定曲线进行调节。对无功来说，功率因数太低显然是不合理的，但是一般情况下向系统倒送无功，也无必要，从降低损耗来说，应尽量使 $\cos\varphi \to 1$。

为了进行适当控制，根据状态变量的大小，可将变电站的运行状态划分为九个区域，简称“九区图”，如图8-2所示。图中纵坐标为电压U，横坐标为功率因数$\cos\varphi$（或Q），U_0为运行中要求保持的目标电压。为了保证控制过程的稳定性，避免频繁调节，电压和功率因数允许存在一定的偏差。当电压处于$U_0 \pm \Delta U$之间时，不进行调压，只有当电压超出这个范围时才进行调压。同样，对进线处的功率因数也规定了一个上下限，当实际的功率因数处于上下限之间时不进行调节，只有当功率因数超出这个范围时才进行调节。图8-2中的阴影0区域表明电压与无功均合格，当运行状态落入这个区域就可以停止控制，如果越出这个区域在其他8个区域就要进行控制。

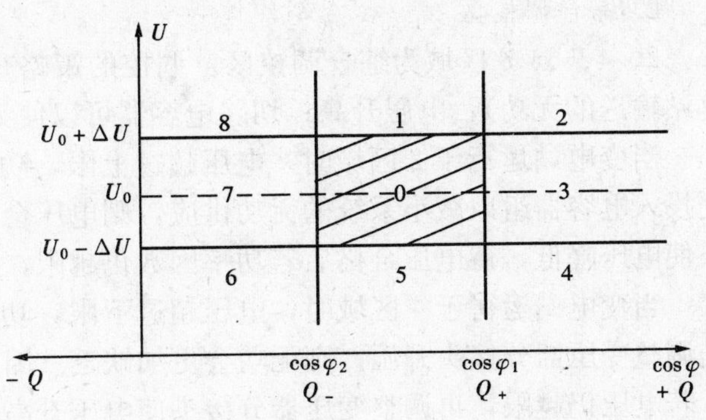

图8-2　运行状态图，简称“九区图”

以上的情况是假设该目标电压U_0为常数，实际上目标电压可采用以下两种方式确定。

（1）根据预测的日负荷曲线，按满足用户对电压的要求确定电压随时间而变化的曲线$U_0=f(t)$，将其作为控制的目标电压曲线整定值，输入至微机的存储器中。这种方法实现起来比较简单，但适应性比较差。当负荷不是按预测值变化时，控制效果会受到影响。

（2）建立负荷与目标电压的数学模型$U_0=f(S)$，微机根据实测的负荷在线实时计算出与该负荷所对应的目标电压U_0，将其作为整定值。这种方法适应性强，但要获得所需的数学模型，需进行大量的统计、分析工作。

（六）电压、无功的控制方法

电压、无功综合控制装置实质上是一个多输入多输出的闭环自动控制系统。从控制理论的角度来说，它又是一个多限值电压上下限、功率因数（无功功率）上下限、主变压器分接头和断路器调节次数、并联电容器组日投切次数及用户特殊要求等多目标（电压及功率因数合格）的最优控制问题。尽管该控制问题的目标函数是明确的，但实际上其中许多因素是难以解析描述的，因此控制规律很难用一个统一的数学模型来表示。目前实际装置多采用结合工程的实用控制法，现简单介绍如下。

1. 单纯调控区

（1）1区域及5区域为单纯调压区。

当变电站运行于1区域时，电压超过上限而功率因数合格，此时应调整变压器分接头使电压降低。如单独调整变压器分接头无法满足要求时，可考虑强行切除电容器组。

当变电站运行于5区域时，电压低于下限而功率因数合格，此时应调整变压器分接头使电压升高，直至分接头无法调整（次数限制或挡位限制）。

（2）3区域及7区域为单纯调无功区。

当变电站运行于3区域时，功率因数低于下限（无功越上限）而电压合格，此时应投入电容器组直至功率因数合格。

当变电站运行于7区域时，功率因数超过上限（无功越下限）而电压合格，此时应切除电容器组直至功率因数合格。

2. 综合调控区

2、4、6、8区域为综合调控区。调控的策略是，投电容可以使无功减小（即系统向变电站输送的无功），电压升高；切除电容器可以使无功增大，电压降低。

当变电站运行于2区域时，电压超过上限，功率因数低于下限（无功越上限），此时如先投入电容器组以减小系统的无功供应，则电压会进一步上升。因此，应先调整变压器分接头使电压降低，待电压合格后若功率因数仍越限，再投入电容器组。

当变电站运行于4区域时，电压超过下限，功率因数低于下限（无功越上限），此时如先调整变压器分接头升压，则无功会更加缺乏。因此，应先投入电容器组，待功率因数合格后若电压仍越限，再调整变压器分接头使电压升高。

当变电站运行于6区域时，电压低于下限，功率因数超过上限（无功越下限），此时如先切除电容器组，则电压会进一步下降。因此，应先调整变压器分接头使电压升高，待电压合格后若功率因数仍越限，再切除电容器组。

当变电站运行于8区域时，电压超过上限，功率因数超过上限（无功越下限），此时如先调整变压器分接头降压，则无功会更加过剩。因此，应先切除电容器组，待功率因数合格后若电压仍越限，再调整变压器分接头使电压降低。

表8-1列出了变电站运行状态和控制对策。

表8-1　变电站运行状态和控制对策

运行状态	越限参数 $-Q-U+Q+U$	越限情况	控制策略	运行状态	越限参数 $-Q-U+Q+U$	越限情况	控制策略
0	0 0 0 0	全部合格	不控制	5	0 1 0 0	电压越下限	升压
1	0 0 0 1	电压越上限	降压	6	1 1 0 0	电压越下限 无功越下限	先升压后投电容器组
2	0 0 1 1	电压越上限 无功越上限	先降压后投电容器组	7	1 0 0 0	无功越下限	切电容器组
3	0 0 1 0	无功越上限	投电容器组	8	1 0 0 1	电压越上限 无功越下限	先切电容器组后降压
4	0 1 1 0	电压越下限 无功越上限	先投电容器组后升压				

注　越限参数为0表示合格，为1表示越限。

三、电力系统的电压、无功综合控制方式

变电站中对电压、无功的综合控制，主要是自动调节有载调压变压器的分接头位置和自动控制无功补偿设备（电容器、电抗器、调相机等）的投、切或控制其运行工况。其控制方式有如下三种。

（一）集中控制方式

集中控制方式是指在调度中心对各个变电站的主变压器分接头位置和无功补偿设备进行统一的控制。理论上，这种控制方式是维持系统电压正常、实现无功优化控制、提高系统运行可靠性和经济性的最佳方案。但其要求调度中心必须具有符合实际的电压和无功实时优化控制软件，而且对各变电站要有可靠性高的通道；各变电站最好要具有智能执行单元。目前在我国各变电站的基础自动化水平层次不一的情况下，实现全系统的集中优化控制有较大的难度。

（二）分散控制方式

分散控制方式是指在各个变电站或发电厂中自动调节有载调压变压器的分接头位置或其他调压设备，以控制某地区的电压和无功功率在规定的范围内。分散控制是在各厂、站独立进行的，它可以实现局部地区的优化，对提高变电站供电范围内的电压质量，降低局部网络和变压器的电能损耗，减少值班员的操作是很有意义的。但目前实现的变电站分散控制，只能做到局部的优化，无法实现全局的优化控制。该方式是我国当前进行电压、无功调节控制的主要方式。

（三）关联分散控制方式

关联分散控制方式是指电力系统正常运行时，由分散安装在各厂、站的分散控制装置或控制软件进行自动调控。调控范围和定值是从整个系统的安全、稳定和经济运行出发，事先由电压、无功优化程序计算好的，而在系统负荷变化较大或紧急情况或系统运行方式发生大的变动时，可由调度中心直接操作控制，或由调度中心修改下属变电站所应维持的母线电压和无功功率的定值，以满足系统运行方式变化后新的要求。

电力系统是个复杂的互联系统，其潮流是互相关联的。电压水平是电力系统稳定运行的一个重要因数，在电力系统运行调度中，往往需要监视并控制某些中枢点电压和无功功率，使其维持在一个给定的范围内。要维持这些中枢点的电压水平，有多种调控决策需要选择。对不同变电站来说，也有各自的优化控制方案选择问题，同时还必须考虑许多实际问题。例如：一个220kV变电站，要使其中110kV侧母线电压调整至规定范围内，方法有多种，如调整分接头位置或投、切补偿电容器，都可以改变110kV的母线电压。到底采用何种调节措施，必须通过判断和综合分析比较变电站的运行方式、运行参数、分接头当前的位置和各组电容器的投、切历史以及低压侧母线的电压水平、负载情况等诸多因数后，才能选择最好的调节方案进行调节。这些调节方案的判断、决策，如果集中由调度中心的计算机负责，则必然导致软件复杂，而且不可能对各变电站因地制宜地考虑得那么细致。因此，最好的控制方法是采用关联分散控制方式。

关联分散控制方式最大的优点是：在系统正常运行时，各关联分散控制器自动执行对各受控变电站的电压、无功调节，做到责任分散、控制分散、危险分散；紧急情况下，执行应急任务，因而可以从根本上提高全系统的可靠性和经济性。为达此目的，就要求执行关联分散控制任务的装置除了要具有齐全的对受控站的分析、判断和控制功能外，还必须具有强的通信能力和手段；在正常运行情况下，能把控制结果向调度报告；系统需要时，能接受上级调度下达的命令，自动修改和调整整定值或停止执行自己的控制规律，而作为调度下达调控命令的智能执行单元。对调度中心而言，必须具备应急控制程序，这是今后研究发展的方向。

关联分散控制是靠安装在变电站的关联分散控制器，独立完成对该站电压、无功优化控制的。其实现方法有两种：一是通过监控系统的软件模块实现，另一种是由独立的关联分散控制装置实现。

软件实现的方法一般是在监控系统设有专用的调分接头和调电容器的控制软件。这种方法的最大优点是可以减少硬件开销（增加一些输入、输出接口电路是必要的）；缺点是对监控系统来说，功能过于集中，不容易对电压和无功控制的规律和调控决策进行优化。对110kV及以下的变电站，一般运行方式变化较少，电容组数也较少，电压、无功控制软件相对简单些，作为监控系统的一个功能还比较容易实现。对220kV变电站，可能有的运行方式和电容器组数较多，调控决策相对复杂，如果仍由监控系统中的软件实现电压、无功控制，由于此时监控主机的任务比较繁重，任务过于集中，会影响整个系统的可靠性和处理问题的实时性，对于电压、无功控制软件模块来说，也难于实现优化控制；而且控制软件的应用必须依靠监控系统的投入运行，灵活性和独立性小，显然对于没有采用计算机监控系统的变电站，就无法对电压和无功进行控制了。

硬件方面实现关联分散控制，实际上是由专门的电压、无功关联分散控制装置实现对电压、无功的优化控制。由于该类装置有独立的CPU和信息采集、控制输出电路，有专门的控制软件和通信接口，可以独立对该站的电压、无功进行控制，也可以执行来自监控系统或调度的命令。由于是专用的硬件和软件，能够根据变电站不同的运行方式和工况选择最优的调控决策，可以自动判断运行方式和计算投、切电容对谐波放大的影响及采取合适的抑制措施，同时还可考虑调控决策与保护的配合问题。总之，其独立性、灵活性和控制规律都有其突出的特点，但由于采用专门的关联分散控制装置，必然增加一些投资。

四、微机电压、无功综合控制装置原理

现以MVR-Ⅲ型微机电压、无功综合控制装置为例，介绍其硬件原理结构以及与变电站一次设备的连接关系，以使读者对如何实现变电站的电压、无功综合控制有一个具体了解。

（一）MVR-Ⅲ型微机电压、无功综合控制装置简介

MVR-Ⅲ型微机电压、无功综合控制装置（简称MVR-Ⅲ型自控装置）可适用于各种电压等级的变电站，可同时分别控制1～3台有载调压变压器分接头位置和1～12组无功补偿电容器的投、切。不论变电站采用何种接线方式和运行方式，MVR-Ⅲ型自控装置均能自动判断，并能执行正确的调控命令。

1. 结构配置主要特点

（1）MVR-Ⅲ型自控装置由以奔腾微处理器为核心的一体化工作站组成，便于软件升级和功能扩展，主机箱上有7英寸CRT显示器，可显示受控主变压器和电容器组的运行工况；人机接口界面友好，操作使用方便，可靠性高，抗干扰能力强；并配有打印机，具有召唤打印、电压不合格自动打印、电压恢复合格自动打印、谐波越限打印、日统计打印和月统计打印等6种打印功能。

（2）具有RS-232通信接口，可与监控系统或调度中心通信，并执行调度下达的调控命令或修改定值命令，满足电力系统分散控制的需求。

（3）测量精度：电压测量精度为±0.5%；无功测量精度为±2%。

2. MVR-Ⅲ型自控装置的主要特点

（1）控制规律先进、合理，能根据各地区高峰、低谷的不同时间段进行逆调压，使110kV侧的电压永远处于最佳水平，使10kV侧（或35kV侧）电压保持在合格范围内。

（2）能自动判断运行方式，并根据不同的运行方式，自动选择相应的调控决策；具有分接开关连调制动和故障闭锁功能，确保电力系统的安全。

（3）具有谐波分析、谐波越限报警和谐波控制功能，不仅有利于提高电能质量，而且对保护电容器的安全和延长其寿命很有好处。

（4）对电容器组的控制具有轮流投、切功能。对装有串联电抗器的电容器组，可根据变

电站的实际需要，做到最先投和最后切电抗率为12%的电容器组。对于具有并联电容器组又有并联电抗器的变电站，则执行相应的正确控制规律。

（5）对变压器分接开关和电容器开关有故障判断和故障记忆功能，并能记录发生故障的时间。

（6）具有电压合格率计算、监视和记录功能。

（7）装置本身有故障自诊断、自恢复和故障自闭锁功能。

（二）MVR－Ⅲ型自控装置的硬件结构原理

MVR－Ⅲ型自控装置的硬件原理框图如图8－3所示。其硬件结构与微机监控系统或其他控制系统相类似，主要由以下几个部分组成。

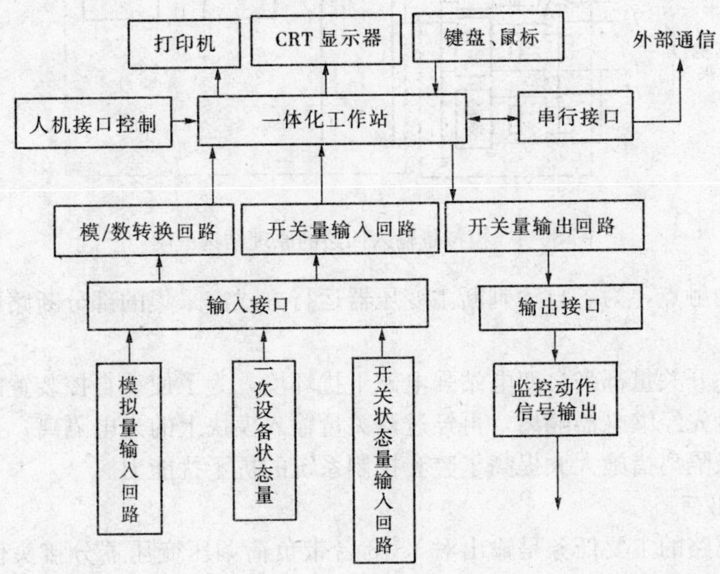

图8－3　MVR－Ⅲ型自控装置硬件原理框图

1．一体化工作站

一体化工作站微机控制系统的核心，用于将输入参数进行处理、判断，完成相应的功能。

2．模拟量输入回路

交流电压和交流电流从变电站的TV、TA直接输入，经交流回路（模拟量变换模块）隔离和转换成A/D转换器所能接受的幅值在±10V以内的交流电压信号，再送至模/数转换回路，转换成数字量，然后送计算机进行计算和处理。模拟量输入回路的原理结构框图如图8－4所示。

每台变压器要采入的模拟量有7个，分别为高压侧电压、电流U_{AB}、U_{BC}、I_A、I_C，中压侧电压U_{AC}，低压侧电压U_{AC}和$3U_0$，这些量分别取自相应的TV、TA；根据所采集的电压和电流，计算出主变压器高压侧的P、Q和功率因数$\cos\varphi$。对于关系变电站运行方式和调控决策需要的模拟信号，采样速率取每周期20点；对于与谐波分析和监视有关的量，采用每周期64点的采样速率，以便计算出1，3，5，7，…，19次谐波。

3．开关量输入回路

MVR－Ⅲ型自控装置需要采集的开关量有三类，即变压器分接头位置的辅助触点，电

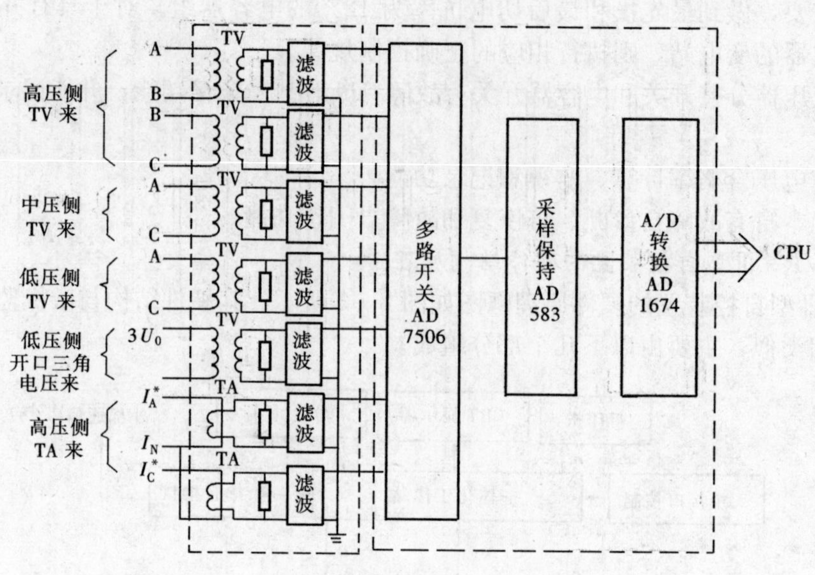

图 8-4 模拟量输入回路的原理结构框图

容器开关位置辅助触点，为了自动判断主变压器运行方式需采集的部分断路器及隔离开关的辅助触点。

由于以上三种开关量都来自变电站强电磁干扰环境，为了使该自控装置能安全可靠地工作，输入的开关量先经继电器隔离，再经过开关量输入模块上的光电隔离，再输入至计算机判断。这样的两级隔离措施大大提高了整套控制系统的抗干扰能力。

4. 开关量输出回路

开关量输出回路的主要任务是输出对 1～3 台带负荷调压变压器分接头位置进行升、降调节的命令，并输出对 1～12 组电容器进行投、切的控制命令，当受控对象故障或运行异常时，还可输出报警信号。

为了提高 MVR-Ⅲ型自控装置的可靠性，计算机输出的调控命令全部经过光电隔离后，再经一级继电器去驱动出口继电器。

MVR-Ⅲ型自控装置与变电站一次系统的连接关系如图 8-5 所示。

（三）MVR-Ⅲ型自控装置软件流程

MVR—Ⅲ型自控装置的软件按功能可分为两大部分，即主程序和管理程序。其软件流程图如图 8-6 所示。

主程序的功能归纳起来有几点：对装置的各部分进行初始化，使各模块正常工作；对交流电压和电流进行定时采样、数据处理及谐波分析；对开关量进行采集，并判断变压器的运行方式；对变压器有关的运行参数和分接头位置及电容器状态进行逻辑判断，确定应采取何种调控决策；发调控命令并对命令执行情况进行反馈；进行电压合格率的计算、统计；故障诊断并发报警信号；打印，显示。

管理程序的任务是管理本装置的键盘及处理由键盘下达的命令，以完成人机交互的功能。管理程序是通过键盘中断来实现的。

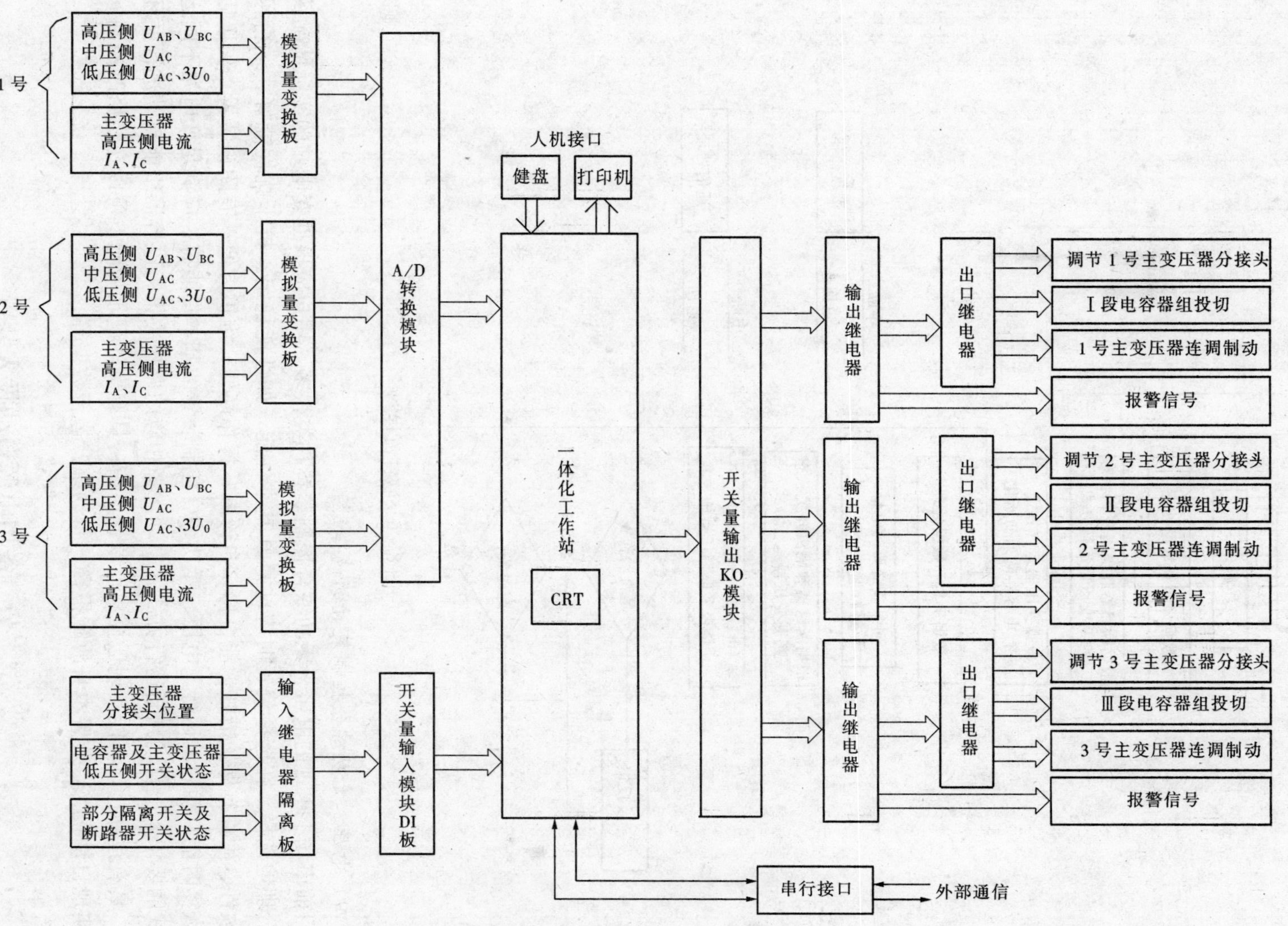

图8-5　MVR-Ⅲ型自控装置与变电站一次系统的连接关系图

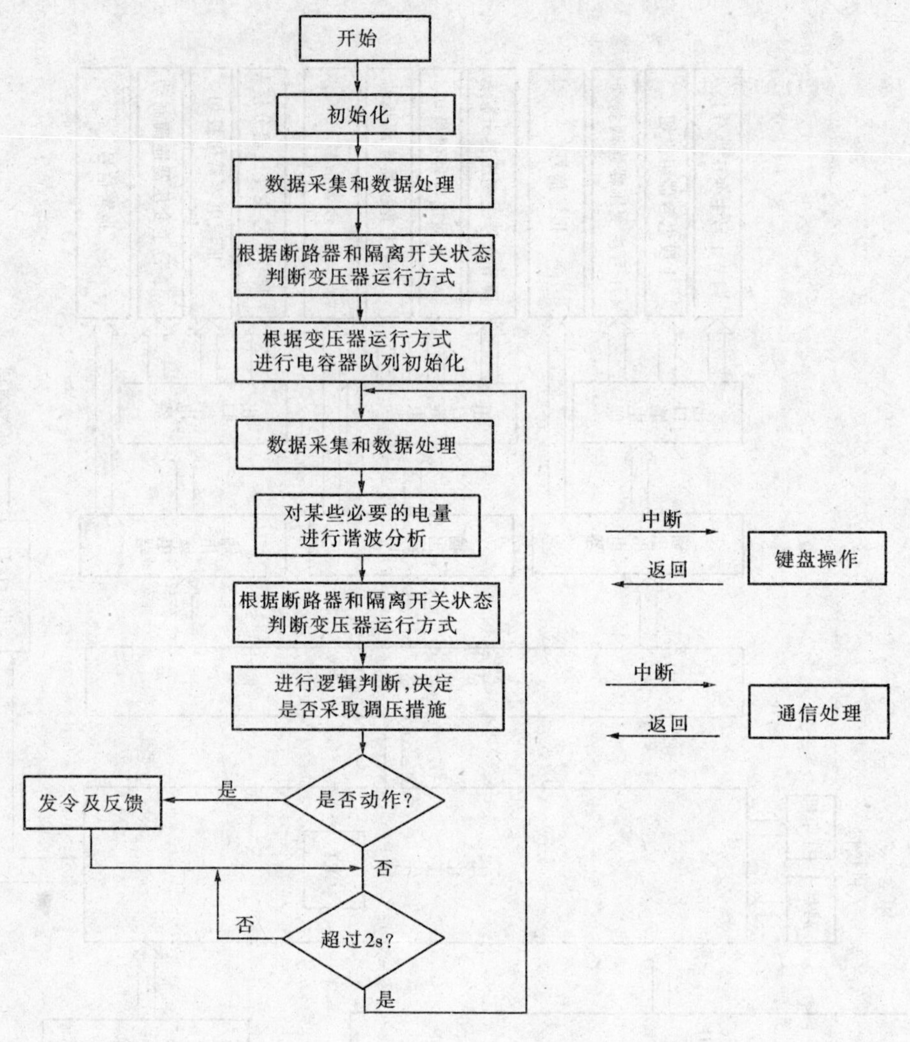

图 8-6 软件流程图

（四）电压、无功综合控制装置的选择

目前市场上出现的电压、无功综合控制装置种类很多，用户应根据变电站的实际情况及要求合理地选择。在选择装置时应注意其基本性能，如性能稳定、抗干扰性能好、运行可靠；软件、硬件有保护措施，能自检、自诊断；操作简便，维护方便；有闭锁装置；失压后电源恢复时能自动启动运行。电压、无功综合控制装置的基本功能有：应满足变电站不同运行方式的要求，能自动判断运行方式，自动选择相应的调控决策；电容器组能自动进行循环投切；具有远动接口，能实现遥控、遥调、遥信；具有事件记录功能；可以在线修改控制参数；实现自动报警，装置本身故障报警；自动统计运行数据等。

第二节 备用电源自动投入装置

备用电源自动投入装置（Reserve-source auto-put into device，APD）是当工作电源因

故障被断开后，能迅速自动地将备用电源或备用设备投入工作，使用户不至于停电的一种自动控制装置。备用电源自动投入是变电站综合自动化系统的基本功能之一。

一、安装 APD 的条件及 APD 分类

GB/T 14285—2006《继电保护和安全自动装置技术规程》要求在下列情况下，应装设 APD 装置：

（1）装有备用电源的发电厂的厂用电和变电站的站用电；

（2）由双电源供电，其中一个电源经常断开作为备用的电源；

（3）降压变电站内装有备用变压器或互为备用的电源；

（4）有备用机组某些重要的辅机。

备用电源自动投入装置总体分为传统型和微机型。传统的备用电源自动投入装置是晶体管型或电磁型的自控装置。这些老式的装置不仅体积大、功能单一，且可靠性不高。微机型的备用电源自动投入装置充分利用了微处理机技术、网络技术和通信技术，装置性能可靠、使用方便。

二、备用电源的配置

备用电源的配置一般可以分为两类，一种是明备用，一种是暗备用。图 8-7 所示为两种备用方式的简单接线图。

（一）明备用

装设专用变压器或备用线，称明备用方式。该种方式下，系统正常运行时，备用电源不工作。明备用电源通常只有一个，而且一个备用电源往往可以同时作为两段或几段工作母线的备用，应根据实际情况和备用电源的情况而定。

如图 8-7（a）所示，正常运行时，QF3、QF4、QF5 在断开状态，备用电源变压器 T0 作为工作变压器 T1、T2 的备用，Ⅰ、Ⅱ段母线分别通过各自的供电设备或线路供电。当任一母线由于供电设备或线路因故障停电时，QF3、QF4、QF5 自动合闸，保证变电站的继续供电。

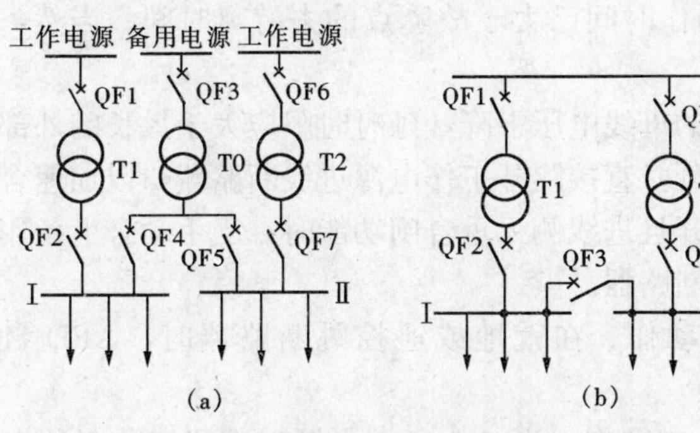

图 8-7　应用 APD 装置的典型一次接线图
（a）明备用；（b）暗备用

（二）暗备用

不装设专用的备用变压器或备用线，称暗备用方式。暗备用实际上是两个工作电源互为备用。

如图 8-7（b）所示，正常运行时，高压分段断路器 QF3 断开，工作母线Ⅰ、Ⅱ段分别通过各自的供电设备供电。当任一母线由于供电设备或线路故障停电时，APD 控制低压母线分段断路器 QF3 自动合闸，从而实现供电设备和线路的互为备用。因此，要求每一个工作电源的容量都应当根据两个分段母线上的总负荷来考虑，否则在备自投动作后，要减去一些负荷。

三、对备用电源自动投入装置的基本要求

GB/T 14285—2006《继电保护和安全自动装置技术规程》中要求 APD 应满足下列基本要求：

（1）除发电厂备用电源快速切换外，应保证在工作电源或设备断开后才投入备用电源或设备。

工作电源失压后，无论其进线断路器是否跳开，即使已测定其进线电流为零，但还是要先断开该断路器，并确认是已跳开后，才能投入备用电源。其主要目的是防止备用电源投入到故障元件上，加重故障设备的破坏程度。

（2）工作电源或设备上的电压，不论何种原因消失，除闭锁信号外，APD均应动作。

以图8-7（b）备用方式为例，工作母线Ⅰ失去电压的原因有：①工作变压器T1故障；②工作母线Ⅰ上发生短路故障；③工作母线Ⅰ的出线上发生短路故障，而故障没有被该出线断路器断开；④QF1或QF2因控制回路、保护回路或操作机构等问题发生误跳闸；⑤运行人员误操作导致QF1或QF2跳闸；⑥电力系统内的故障使母线Ⅰ失电。所有这些情况，APD均应动作。为此，APD应设有反映工作母线电压消失的低电压部分。

为防止TV断线造成假失压误启动APD，工作母线失压时还必须确认工作电源无电流，才能启动备用电源自动投入，以防止TV二次侧三相断线造成误投，为此可引入受电侧TA二次电流消失的辅助判据；同时该电流消失可作受电侧断路器已跳开的判据。

（3）APD应保证只动作一次。当工作母线发生持续性短路故障或因出线上发生未被断路器断开的持续性短路故障时，备用电源第一次投入后，由于故障依然存在，保护装置动作，将不再重合。为此，就需控制备用电源或设备断路器的合闸脉冲，使它只能合闸一次。

除满足上述要求外，APD动作时一般还应注意以下几点：

（1）APD的动作时间以尽可能短为原则。从工作母线失去电压到备用电源投入，中间有一段停电时间。对用户来说，停电时间越短越好。对电动机来说，特别是大型高压电动机，停电时间短时电动机残压高，APD动作时可能带来两方面的问题：对电动机造成过大的冲击电流和冲击力矩，对电动机十分不利；可能导致备用变压器电流速断保护的误动作。

运行实践证明，在有高压大容量电动机的情况下，APD的动作时间以1～1.5s为宜，低电压场合可减小到0.5s。需要指出，该动作时间已大于故障点的去游离时间。当然，动作时间还应与继电保护动作时间配合。

同时为了躲过工作母线引出线故障造成的母线电压下降，延时时限应大于最长的外部故障切除时间。但是在有的情况下，可以不经延时直接跳开工作电源进线断路器，以加速合上备用电源。例如工作母线进线侧的断路器跳开且进线侧无重合闸功能时，当手动合上备用电源时也要求不经延时直接跳开工作电源进线断路器。

（2）手动跳开工作电源时，APD不应动作。在就地或遥控跳断路器时，APD自动退出。

（3）备用电源不满足有压条件，APD不应动作。当一个备用电源对多段工作母线备用时，所有工作母线上的负荷在电压恢复时均由备用电源供电，容易造成备用电源过负荷，同时也降低了供电靠性。若备用电源的电压不符合要求，将无法满足APD动作。

（4）应具有闭锁备自动投入装置的功能。每套APD均应设置有闭锁逻辑回路，以防止备用电源投到故障的元件上，造成事故扩大的严重后果。

四、微机型备用电源自动投入装置

（一）硬件结构

PSP642微机型APD的硬件结构一般由CPU插件、电源插件、逻辑及跳闸插件、人机对话插件几部分组成。

1. CPU 插件

CPU 插件原理结构示意图如图 8-8 所示。

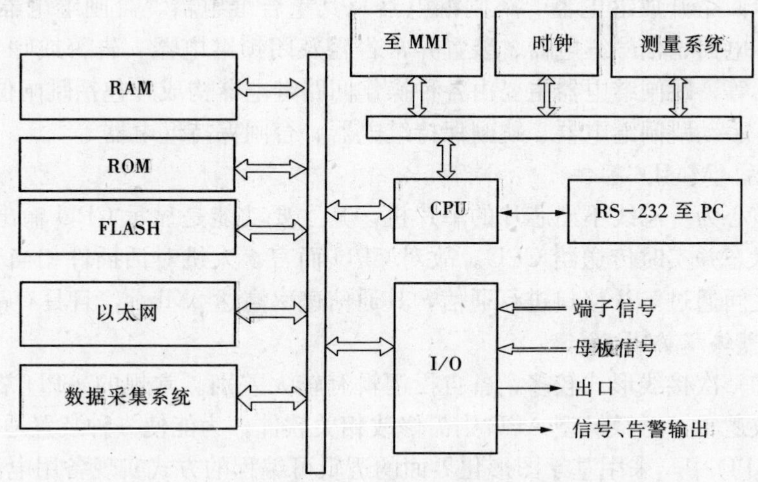

图 8-8　CPU 插件原理结构示意图

(1) CPU 系统。CPU 系统由微处理器 CPU、RAM、ROM、Flash Memory 等构成。高性能的微处理器（32 位），大容量的 ROM（512K 字节）、RAM（1M 字节）及 Flash Memory（1M 字节），使得该 CPU 插件具有极强的数据处理及记录能力，可以实现各种复杂的故障处理方案，记录大量的故障数据。Flash Memory 中可记录的录波报告、保护定值等运行配置信息也存入该存储器中，这些信息在装置掉电后均不会丢失。

(2) 数据采集系统。保护系统采用的数据采集系统由交流变换模块、低通滤波器、多路开关、14 位 A/D 转换器组成，其中 A/D 转换器芯片内部包含采样保持及同步电路；测量系统则采用了最新采样技术的测量芯片，测量准确度达 24 位。

(3) 开关量输入及输出部分。设置了 16 路开入量，其中供外部输入的开关量 10 路，由装置提供的专用 24V 电源提供输入电平；另一路专供 GPS 对时用，该路输入量可由内部或外部 24V 电源提供电平；剩余 5 路用于监视装置内部状态，例如监测本系统的开出回路，当前断路器位置，控制回路是否断线等。开出量 13 路，分两类：一类用于驱动出口及信号继电器，另一类用于驱动告警、呼唤及信号复归等继电器。

(4) 通信部分。内含通信速度极高、具备通用性接口的以太网芯片。以太网为装置接入系统的主要通信接口。该装置还配有一个 SPI 接口，用于人机对话插件（MMI）通信；一个 SCI（标准 RS-232）串行接口，用于连接 PC 机，可以借助 PC 机的强大功能及配置的专用调试软件包，对装置进行各种测试。

(5) 时钟回路。插件内设置了硬件时钟电路，采用高准确度的时钟芯片。

2. 电源插件

该插件为直流逆变电源插件。直流 220V 或 110V 电压输入经抗干扰滤波回路后，利用逆变原理输出本装置需要的三组直流电压，即 5V、24V（1）和 24V（2）。三组电压均不共地，且采用浮地方式，同外壳不相连；三个电压分别用于 CPU 的工作电源、驱动继电器的电源、外部开入量的电源。

3. 逻辑及跳闸插件

该插件内包括逻辑继电器及跳闸继电器两类。逻辑继电器由 CPU 插件直接驱动，这类继电器包括出口回路开放继电器、跳闸继电器及其重合继电器、合闸继电器及其重合继电器、出口中间继电器、信号继电器、装置异常告警及闭锁继电器、告警或呼唤信号继电器、信号复归继电器等。跳闸继电器主要由各种操作回路继电器构成，包括跳闸位置继电器、合闸位置继电器、手动跳闸继电器、跳闸保持继电器、合闸保持继电器等。

4. 人机对话（MMI）插件

该插件的核心为一总线不出芯片的单片机，其主要功能是显示 CPU 输出的信息，扫描面板上的键盘状态并实时传送给 CPU。故对 CPU 而言，人机对话插件相当于是一个外设。CPU 与 MMI 之间通过 SPI 接口进行通信，其通信速率高达 2Mb/s，且具有高度的可靠性。

（二）逻辑可编程 APD 原理

备用电源的一次接线形式较多，备自投逻辑有较大差别。常规的 APD 常常需根据具体的使用要求修改逻辑，对微机型 APD 则需修改相关软件。为能使一种装置适应不同的要求，在 PSP642 型 APD 中，采用基于图形化界面的逻辑可编程的方式实现备用电源投入功能。

PSP 642 型 APD 提供了 11 路模拟量输入，10 路开关量输入，6 个电压定值，8 个电流定值，8 个时间定值，8 对独立的触点输出。定值及所有输入量都可以成为控制 APD 动作的可编程元件。APD 的每个动作逻辑的控制条件可分为两类，一类为允许条件，另一类为闭锁条件。当允许条件满足，而闭锁条件不满足时，备自投动作出口。为防止 APD 重复动作，借鉴保护装置中重合闸逻辑的做法，在每一备自投动作逻辑中设置一个“充电”计数器。

计数器“充电”的条件是：①不是所有允许条件都满足；②时间超过 10s。以上条件同时满足后为“充电”满状态。

计数器“放电”的条件是：①任一闭锁条件满足；②备自投动作出口。以上条件满足任一个，立即对该计数器“放电”。

图 8-9 所示为 APD 的动作逻辑图。可见，装置的每个动作逻辑有三部分组成，即允许条件、闭锁条件、充放电逻辑。充放电逻辑部分对 APD 的每个动作逻辑来说都是相同的，其构成条件完全遵守前述关于“充电”及“放电”条件的规定，无需在使用时再进行配置。

用户只需确定允许条件、闭锁条件，并对相关的定值进行整定。在确定允许条件、闭锁条件时，对模拟量输入部分每一路可分别设置为过值或欠值动作，对开关量输入每一路可以设置为高电平或低电平有效。

理论上讲，允许条件和闭锁条件是可以按逻辑“非”的关系相互转换的，但由于备自投逻辑中“充电”及“放电”回路的设置，使得闭锁条件的确定必须遵守的原则是：当 APD 执行预定逻辑的过程中，前一个动作逻辑执行的结果不应造成对后续动作逻辑“放电”。假设装置中包括了甲、乙两个动作逻辑，当甲动作逻辑执行后，其执行结果满足乙逻辑动作条件。当正常运行时，应保证甲逻辑闭锁条件不动作，即不对本逻辑的计数器“放电”；同样，在甲逻辑动作前后，均不应有构成乙逻辑“放电”的条件。

PSP642 型 APD 为用户确定自己的备自投方案提供了极大的灵活性。为进一步方便用户的使用，该装置中还集成了多种典型的备自投方案，用户可在其中选择适合自己应用的方式，并整定简单的门槛定值、时间定值就可以满足需要。

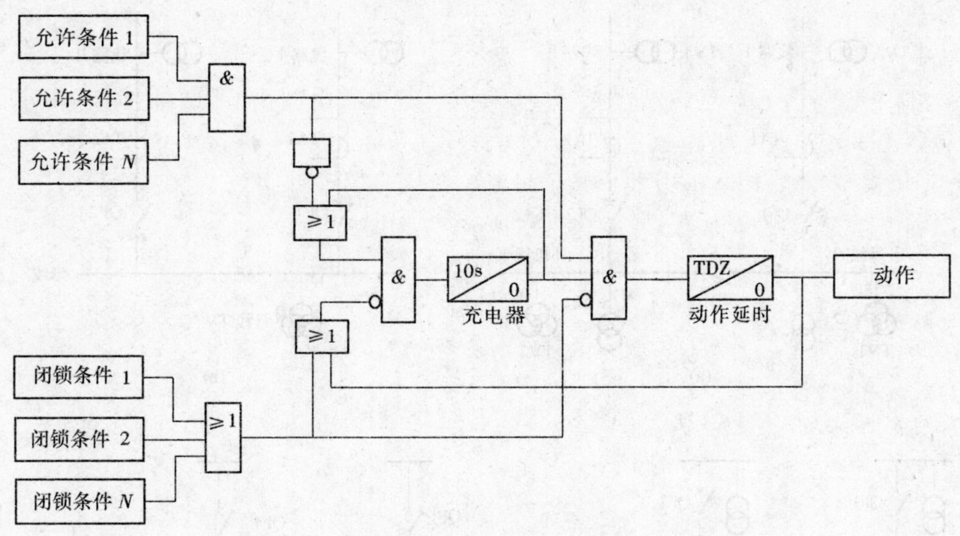

图 8-9　APD 动作逻辑图

（三）典型的备自投方案

该装置中提供了多种典型的备自投方案，现介绍如下。

[方案 1] 适用于母联或桥开关备投、联切、母联两段式过流及充电保护。

系统接线如图 8-10（a）所示，正常运行时两段母线分裂运行，每台变压器各带一段母线互为备用，备自动投入时 QF3 合闸投入电源。该装置除了具有分段断路器 QF3 自动投入功能外，还具有两段式分段断路器定时限过流保护、独立的一段充电保护、自动投入后的过负荷联切功能。所谓过负荷联切功能是指在投入备用电源后，如发生过负荷，切除预先准备切除的若干条不重要的负荷线路。

备自投逻辑为：Ⅰ段母线失压，根据对 APD 的基本要求（1）中的规定，须再次跳开 QF1，在Ⅱ段母线有压的情况下，合 QF3；同理，Ⅱ段母线失压，跳开 QF2，在Ⅰ段母线有压的情况下，合 QF3；QF1 或 QF2 偷跳时，合 QF3 保证正常供电。为防止 TV 断线时备自投误动，取线路电流作为母线失压的闭锁条件。

两轮式的Ⅰ、Ⅱ线路过负荷联切，这些功能独立于备投逻辑，可通过相应的软连接片投退。当 QF3 合闸，备用电源投入工作母线后，备用电源自动投入装置开始检测系统有无过负荷。检测Ⅰ线电流大于电流整定值，或Ⅱ线电流大于电流整定值，经延时，联切出口（此逻辑由联切连接片投切）。检测系统过负荷的时间记忆（可整定），记忆消失后联切功能自动退出。

以上过程可分解为下列动作逻辑：

动作逻辑 1：QF1 在跳闸位置作为闭锁条件；Ⅰ段母线失压，线路Ⅰ的电流小于电流定值 I_{op1} 作为允许条件；延时 t_1 跳开 QF1。

动作逻辑 2：QF2 在跳闸位置作为闭锁条件；Ⅱ段母线失压，线路Ⅱ的电流小于电流定值 I_{op2} 作为允许条件；延时 t_2 跳开 QF2。

动作逻辑 3：Ⅱ段母线电压小于有压定值 U_{op2} 作为闭锁条件；QF1 在跳闸位置，Ⅰ段母线失压作为允许条件；以延时 t_3 合 QF3。或Ⅰ段母线电压小于有压定值 U_{op2} 作为闭锁条件；

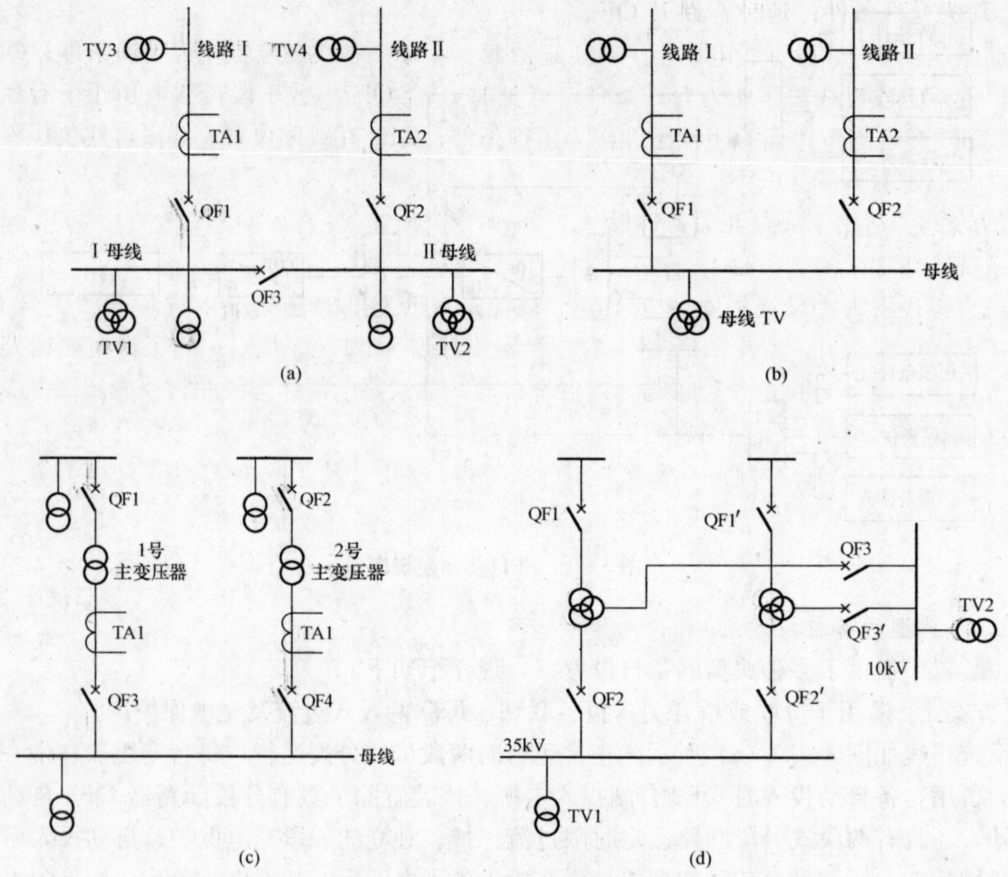

图 8-10　备用电源自投主接线

(a) 母联或桥开关备投主接线；(b) 线路开关备投主接线；
(c) 变压器备投主接线；(d) 主变压器备投主接线

QF2 在跳闸位置，Ⅱ段母线失压作为允许条件；以延时 t_3 合 QF3。

联切逻辑 4：Ⅰ线电流大于电流整定值 I_{op3}，或Ⅱ线电流大于电流整定值 I_{op5}，经延时 t_4，第一轮联切出口（此逻辑由联切连接片投切）。

联切逻辑 5：Ⅰ线电流大于电流整定值 I_{op4}，或Ⅱ线电流大于电流整定值 I_{op6}，经延时 t_5，第一轮联切出口（此逻辑由联切连接片投切）。

[方案 2] 适用于进线备自投。

系统接线如图 8-10 (a)。图中进线Ⅰ、进线Ⅱ互为备用。

备自投逻辑为：工作线路失电，相应断路器处于合位，在备用线路有压、桥开关合位的情况下跳开工作线路；当工作电源断路器偷跳时合备用电源。为防止 TV 断线时被自投误动，取线路电流作为线路失压的闭锁判据。

以上过程可分解为下列动作逻辑：

动作逻辑 1：QF1 在跳闸位置作为闭锁条件；Ⅰ段母线失压，线路Ⅰ的电流小于电流定值 I_{op1} 作为允许条件；延时 t_1 跳开 QF1。

动作逻辑 2：QF2 在跳闸位置作为闭锁条件；Ⅱ段母线失压，线路Ⅱ的电流小于电流定

值 I_{op2} 作为允许条件；延时 t_2 跳开 QF2。

动作逻辑 3：Ⅱ段母线电压小于有压定值 U_{op2}，QF3 在跳闸位置作为闭锁条件；QF1 在跳闸位置，Ⅰ段母线失压作为允许条件；以延时 t_3 合 QF2。或Ⅰ段母线电压小于有压定值 U_{op2}，QF3 在跳闸位置作为闭锁条件作为闭锁条件；QF2 在跳闸位置，Ⅱ段母线失压作为允许条件；以延时 t_3 合 QF1。

[方案 3] 适用于线路开关备自投。

系统接线如图 8-10（b）。

备自投逻辑为：母线失电，QF1 处于合位，在线路Ⅱ有压情况下跳开 QF1、合 QF2；母线失电，QF2 处于合位，在线路Ⅰ有压情况下跳开 QF2、合 QF1；当工作电源断路器偷跳时合备用电源。为防止 TV 断线时被自投误动，取线路电流作为线路失压的闭锁判据。

以上过程可分解为下列动作逻辑：

动作逻辑 1：QF1 在跳闸位置作为闭锁条件；母线失压，线路Ⅰ的电流小于电流定值 I_{op1} 作为允许条件；延时 t_1 跳开 QF1。

动作逻辑 2：QF2 在跳闸位置作为闭锁条件；母线失压，线路Ⅱ的电流小于电流定值 I_{op2} 作为允许条件；延时 t_2 跳开 QF2。

动作逻辑 3：线路Ⅱ电压小于有压定值 U_{op2} 作为闭锁条件；母线失压，QF1 在跳闸位置作为允许条件；以延时 t_3 合 QF2。或线路Ⅰ电压小于有压定值 U_{op2} 作为闭锁条件；母线失压，QF2 在跳闸位置作为允许条件；以延时 t_3 合 QF1。

[方案 4] 适用于线路开关备自投。

系统接线形式与 [方案 3] 大体相同，区别在于线路Ⅰ及线路Ⅱ均不装 TV。

备自投逻辑为：母线失电，QF1 处于合位，跳开 QF1、合 QF2；母线失电，QF2 处于合位，跳开 QF2、合 QF1；当工作电源断路器偷跳时合备用电源。为防止 TV 断线时被自投误动，取线路电流作为线路失压的闭锁判据。

以上过程可分解为下列动作逻辑：

动作逻辑 1：QF1 在跳闸位置作为闭锁条件；母线失压，线路Ⅰ的电流小于电流定值 I_{op1} 作为允许条件；延时 t_1 跳开 QF1。

动作逻辑 2：QF2 在跳闸位置作为闭锁条件；母线失压，线路Ⅱ的电流小于电流定值 I_{op2} 作为允许条件；延时 t_2 跳开 QF2。

动作逻辑 3：QF2 在合闸位置作为闭锁条件；母线失压，QF1 在跳闸位置作为允许条件；以延时 t_3 合 QF2。或 QF1 在合闸位置作为闭锁条件；母线失压，QF2 在跳闸位置作为允许条件；以延时 t_3 合 QF1。

[方案 5] 适用于变压器备自投。

系统接线如图 8-10（c）。备自投逻辑为：

（1）热备用：母线失电，相应主变压器低压侧断路器处于合位（如变压器Ⅰ失电，QF3 在合位），在备用变压器高压侧有压情况下跳开工作变压器低压侧断路器，合备用变压器低压侧断路器（QF2 合位，跳 QF3，合 QF4）；当工作变压器偷跳时合备用变压器低压侧断路器。为防止 TV 断线时被自投误动，取主变压器低压侧电流作为母线失压的闭锁判据。

（2）冷备用：逻辑上与热备用相同，通过外部增加继电器扩展接点，同时跳 QF3、QF1，合 QF4、QF2 等。母线失电，相应主变压器低压侧断路器处于合位（如变压器Ⅰ失电，QF1、QF3 在合位），在备用变压器高压侧有压情况下跳开工作变压器低压侧断路器，合备用变压器低压侧断路器（QF2、QF4 跳位，跳 QF3、QF1，合 QF4、QF2）。

以上热备用过程可分解为以下动作逻辑：

动作逻辑 1：QF1 在跳闸位置，QF3 在跳闸位置作为闭锁条件；主变压器Ⅰ低压侧电流小于电流定值 I_{op1}，母线失压作为允许条件；延时 t_1 跳开 QF3。

动作逻辑 2：QF2 在跳闸位置，QF4 在跳闸位置作为闭锁条件；主变压器Ⅱ低压侧电流小于电流定值 I_{op2}，母线失压，作为允许条件；延时 t_2 跳开 QF4。

动作逻辑 3：Ⅰ主变压器高压侧电压小于电压定值 U_{op2} 作为闭锁条件；QF4 在跳闸位置，母线失压作为允许条件；以延时 t_3 合 QF3。

动作逻辑 4：Ⅱ主变压器高压侧电压小于电压定值 U_{op2} 作为闭锁条件；QF3 在跳闸位置，母线失压作为允许条件；以延时 t_4 合 QF4。

动作逻辑 5：Ⅰ主变压器高压侧电压小于电压定值 U_{op2} 作为闭锁条件；QF2 在跳闸位置，母线失压作为允许条件；以延时 t_3 合 QF3。

动作逻辑 6：Ⅱ主变压器高压侧电压小于电压定值 U_{op2} 作为闭锁条件；QF1 在跳闸位置，母线失压作为允许条件；以延时 t_4 合 QF4。

［方案 6］适用于主变压器备自投。

系统接线形式如图 8-10（d）。备自投逻辑为：

（1）冷备用：一运一备方式，35、10kV 分段在合闸位置。主变压器 35、10kV 侧母线失压，延时 t_1 跳主变压器各侧开关及电容器断路器，先延时 t_2 合备用变压器高压侧开关，再延时 t_3 合备用变压器中压侧开关、合备用变压器低压侧开关（如 QF1、QF2、QF3 合位，QF1′、QF2′、QF3′跳位）。

（2）热备用：两台变压器高压侧同时供电，其中一台主变压器 35kV 侧断路器备用，TV1 失压，跳供电变 35kV 侧断路器 QF2，合另一台变压器 35kV 侧断路器 QF2′；10kV 侧亦然，TV2 失压，跳供电变压器 10kV 侧断路器 QF3，合另一压器 10kV 侧断路器 QF3′（例如 QF1、QF2、QF3、QF1′合位，QF2′、QF3′跳位）。

本方案考虑以两台 PSP642 数字备自投装置实现。

以上过程可分解为以下动作逻辑：

冷备用动作逻辑 1：1 号主变压器因故中低压侧Ⅰ、Ⅱ母失压为允许条件；QF1 分位、QF1′合位闭锁，以 t_1 延时跳开 1 号主变压器电容器组。Ⅰ、Ⅱ母线失压为允许条件；QF2 分位、QF1′合位闭锁，以 t_1 延时跳开 1 号主变压器中压侧断路器 QF2。Ⅰ、Ⅱ母线失压为允许条件；QF3 分位、QF1′合位闭锁，以 t_1 延时跳开 1 号主变压器变低压侧断路器 QF3。

冷备用动作逻辑 2：中低压侧Ⅰ、Ⅱ母失压为允许条件；1 号主变压器中低压侧 QF2、QF3 跳开作为允许条件；QF1′合位闭锁，以 t_2 延时跳开Ⅱ号备用变压器高压侧断路器 QF1′。

冷备用动作逻辑 3：Ⅰ、Ⅱ母失压为允许条件；QF2′合位闭锁，以 t_3 延时合 2 号备用变压器中压侧断路器 QF2′。Ⅰ、Ⅱ母失压为允许条件，QF3′合位闭锁，以 t_3 延时合备用变压器低压侧断路器 QF3′。

热备用动作逻辑 1：Ⅰ母线失压为允许条件，QF2、QF1′分位闭锁；以 t_4 延时跳 1 号主变压器中压侧断路器 QF2。

热备用动作逻辑 2：Ⅰ母线失压、QF2 跳开为允许条件，QF2′合位、QF1′分位闭锁；

以 t_5 延时合Ⅱ变压器中压侧断路器 QF2′。

热备用动作逻辑 3：Ⅱ母线失压为允许条件，QF3、QF1′分位闭锁；以 t_6 延时跳 1 号变压器中压侧断路器 QF3。

热备用动作逻辑 4：Ⅱ母线失压为允许条件，QF3′合位、QF1′分位闭锁；以 t_7 延时合 2 号变压器中压侧断路器 QF3′。

（四）辅助功能

1. 保护功能

为简化设计及充分利用装置自身硬件资源丰富的特点，该装置设有两段式过流保护和充电保护功能，这些功能独立于备投逻辑，可通过相应软连接片投退。

保护逻辑 1：母联或桥开关电流大于过流Ⅰ段的定值 I_{op7}，经延时 T6 出口跳闸，并闭锁备自投合闸（此逻辑由过流Ⅰ段连接片投退）。

保护逻辑 2：母联或桥开关电流大于过流Ⅱ段的定值 I_{op8}，经延时 T7 出口跳闸，并闭锁备自投合闸（此逻辑由过流Ⅱ段连接片投退）。

保护逻辑 3：充电保护，母联或桥开关电流大于加速定值（过流Ⅱ段定值 I_{op8}），经延时 T8 出口跳闸，并闭锁备自投合闸（此逻辑由加速连接片投退）。

2. 辅助告警功能

控制回路断线及母线 TV 断线可以通过控制字选择投退。

3. 其他辅助功能

PSP642 型 APD 还具有辅助告警、充电显示及出口灯监视、数据记录等功能。

辅助告警功能用于监视控制回路断线及母线 TV 断线，可通过控制字选择投退。

装置面板旁设有一绿灯和一排红灯，绿灯为充电满显示灯，红灯为出口信号灯，这些灯有助于试验备自投逻辑及监视。由以上分析可知，备自投逻辑方案总是分解成一系列动作出口逻辑来分步执行，红绿灯序号即与这一系列动作的出口序号相对应。

该装置具备故障录波功能，记录所有模拟量及动作出口事件。为避免因系统扰动，使录波频繁启动，存储不需要的数据，该装置的录波数据仅当备自投动作后才存入 Flash Memory中；可记录的录波报告为 8～50 个，可记录的事件数不少于 1000 条。

4. 与变电站综合自动化的配合

PSP642 型 APD 可以用于自动化站也可用于非自动化站。安装于面板上的运行开关打至“就地”位置，就地操作电源被接通，可实现就地分合断路器操作，此时，远方遥控断路器的操作将被闭锁；运行开关打至“运行设置”位置时，可由当地进行连接片投退、定值手动切换等操作，此状态下远方遥控连接片及遥控设置保护定值等功能将被闭锁；当运行开关打至“远方”位置，则装置的运行方式可由监控系统遥控投退软连接片控制，定值也由监控系统操作，同时允许通过遥控方式对断路器进行操作，此状态下就地操作均将被闭锁。

五、微机型备用电源自投装置的优点

（1）综合功能比较齐全，适应面广。如果采用常规的备用电源自投控制方式（进线自投、高压母联自投、低压母联自投等），则需要按不同的备自投方式设置备用电源自投装置，不仅体积大，成本也高。但若采用微机装置，则一套装置就既能实现高压母联自投，解决高压进线故障造成的失电问题，又能实现低压母联自投，解决主变压器故障造成的失电问题；对于一回进线为明备用的情况，还可实现进线断路器自投控制，因此可适应变电站的各种运行方式。

(2) 体积小，性价比高。随着大规模集成电路技术的不断发展，微处理机和单片机的价格不断下降，这个特点会越来越明显。

(3) 具有串行通信功能可适用于无人值班变电站。由于通信技术的迅猛发展，新设计的备用电源自投装置具有串行通信功能，因此，可方便地与综合自动化系统接口，也可以适用于无人值班变电站。

(4) 故障自诊断能力强，可靠性高。微机型的备用电源自投装置，其动作判据主要取决于软件，便于运行维护；工作性能稳定，可靠性高；装置本身具有较强的故障自诊断功能。

(5) 易于实现附加功能。在实现备自投基本功能以外，还可实现过电流保护、充电保护、过负荷联切及故障录波等功能。

第三节 故 障 录 波

GB/T 14285—2006《继电保护和安全自动装置技术规程》规定，为了分析电力系统故障及继电保护和安全自动装置在事故过程中的动作情况，迅速判断线路故障的位置，在主要发电厂、220kV 及以上变电站和 110kV 重要变电站应装设故障录波装置或其他故障记录装置。

故障录波的录取量可选择模拟量，也可选择开关量。一般监测的电气设备有发电机、变压器、输电线路等，选择哪些录取量应根据监测的电气设备的要求。录取的模拟量可以是与这些设备有关的电压、电流、有功、无功、阻抗、谐波分量、温度等；录取的开关量可以是重要的断路器、隔离开关及保护装置的状态等。

有些变电站故障录波功能在保护模块中完成，不单独设置装置，但所完成的基本功能与故障录波装置的相同。

一、故障录波装置的发展

故障录波装置的发展经历了三个阶段：第一阶段是机械式故障录波装置，第二阶段是光线式故障录波装置，第三阶段是微机故障录波装置。前两个阶段的录波装置均是利用启动元件，在系统故障或振荡时启动装置记录下故障或振荡时电气量的波形，故障录波装置也因此而得名。这种录波方式由于存在准确度低、实时性差、录波时间短等问题，现已基本被淘汰。微机故障录波装置适用于各电压等级的输电线路、变压器等设备，可安装于发电厂、变电站等场所；当电力系统发生故障和振荡时，可自动记录下故障类型、故障发生时间、电流电压变化过程及继电保护和自动装置的动作情况，计算出短路点到装置安装处的距离等，并且可以通过打印机打印事故报告，通过传真或电力通信系统将报告传送到调度所。由于微机故障录波装置准确度高、启动方式灵活、实时性强，因此在电力系统中得到了广泛应用。

二、故障录波的作用

电力系统正常运行时，故障录波不启动；当系统发生故障或振荡时，故障录波迅速启动录波，直接记录故障或振荡过程中的电气量。故障录波记录的电气量，是分析系统振荡和故障的可靠依据。故障录波的作用如下：

(1) 为正确分析故障原因、研究防范对策提供原始资料。故障录波记录的故障过程波形或数据，可以准确反映故障类型、相别，故障时电气量的大小，断路器的跳闸时间，保护及重合闸动作情况等，从而可以分析事故原因，研究防止对策，减少事故发生几率。

（2）帮助寻找故障点。根据故障录波记录的数据或波形，可以较准确地判断故障点，减轻巡线工人的劳动强度。微机故障录波判断故障点的误差在2%以内。

（3）帮助正确评价继电保护、自动装置、高压断路器的工作情况，及时发现缺陷，以便消除事故隐患。根据录波资料，可以正确评价继电保护和自动装置工作情况（正确动作、误动、拒动），尤其是发生转换性故障时，故障录波提供的准确资料可以帮助发现继电保护和自动装置的不足，有利于进一步改进和完善这些装置。同时，故障录波真实记录了断路器的情况（跳、合闸时间，拒动，跳跃，断相等），可以发现断路器存在的问题，消除隐患。

（4）便于了解系统运行情况，及时处理事故。微机故障录波实时性强，能及时输出（显示）系统参数，并帮助判断事故原因，为及时处理事故提供可靠依据，从而提高了系统稳定性和供电可靠性。

（5）实测系统参数，可供分析研究振荡规律。微机故障录波可以实测某些难以用普通试验方法得到的数据，为系统有关计算提供可靠依据。在电力系统振荡时，微机故障录波可提供从振荡发展到结束过程的数据，用以分析振荡周期、振荡中心、振荡电流和电压等，从而可提供防止振荡的对策。

三、故障录波的实现方式

目前变电站综合自动化系统中的故障录波可以根据需要采用两种方式实现。一种是配置专用微机故障录波装置并能与就地监控系统通信，传输给远方调度；另一种则由微机保护装置兼作记录及测距计算，再将数字化的波形及测距结果送监控系统，由监控系统存储并打印波形。

专用微机故障录波装置的主要功能是系统故障动态过程记录，要求记录因系统短路故障、系统振荡和频率、电压崩溃等大扰动引起的线路电流、电压、有功、无功及系统频率等参数的全过程变化。其作用除了用于检测继电器及安全自动装置的动作行为外，还用于分析系统动态过程中各电参量的变化规律，校核电力系统计算程序及模型参数的正确性。专用的微故障录波装置要求可长时间记录，最长可达600s。与典型的数据采集系统比较，故障录波装置具有内存容量大、采样速度快、为节省内存数据一般进行压缩等特点。由于传输量大，为保证主要通信网络的可靠传输，有的还设置故障录波专用传输网络。

目前国内很多保护测控装置、保护装置都有录波功能，有的还设置了专用的故障录波插件。一般一次事故记录8个周波，为故障前3个周波和故障后5个周波。它的主要功能是分析故障状态下该保护装置动作的正确与否，但由于其记录时间较短，并不能满足记录电力系统动态过程的要求。这种方式常用于电压等级较低，重要程度较小的场合。

四、微机故障录波装置的构成及功能

专用的微机故障录波器一般包括数据采集单元和分析管理单元两部分。根据数据采集单元和分析管理单元在装置中不同安排方式，故障录波器主要分为两种结构模式，即分散式和集中式。

1. 分散式结构的故障录波器

所谓分散式结构，是指数据采集单元和分析管理单元为独立的装置，如图8-11（a）所示。数据采集单元可分散安装到开关柜或保护小室内，也可集中组屏。各个数据采集单元通过专用的录波数据传输网（以太网或者现场总线）连到主控制室一台分析管理单元（专用计算机，或变电站综合自动化系统中的工程师站）上或远传到调度中心。硬件上，各数据采集单元结构是相同的，只是根据采集通道的不同有多种机箱结构；每个数据采集单元工作独立，互相之间没有联系，但均与分析管理单元相联系。这种结构的优点如下：

（1）模拟量和开关量的信号调理部分全部置于各数据采集单元机箱内部，结构紧凑，方便安装在继电屏柜内；

（2）多个数据采集单元通过以太网或者现场总线和分析管理单元相连，采样通道可以灵活配置。

分散式结构是目前先进的、流行的故障录波器结构。

2. 集中式结构的故障录波装置

所谓集中式结构，是指数据采集和分析管理在一个装置内实现，如图 8-11（b）所示。

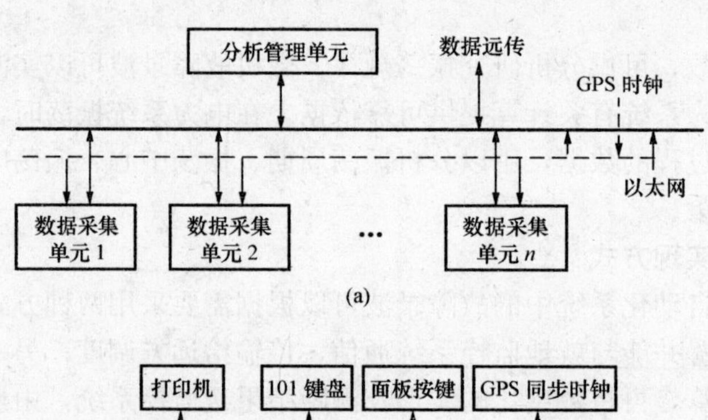

(a)

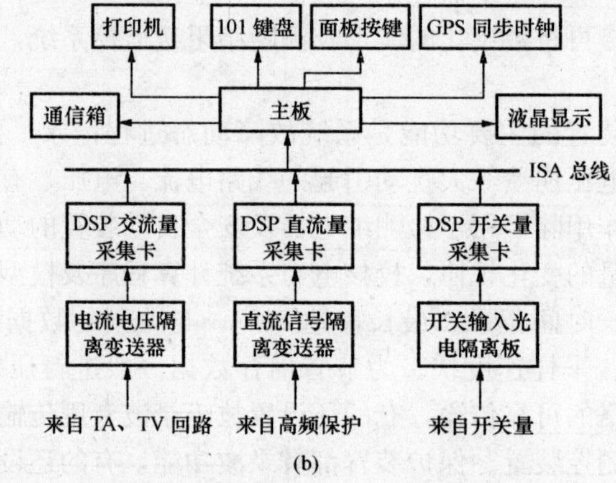

(b)

图 8-11 故障录波器结构示意图
(a) 分散式结构的故障录波器结构示意图；
(b) 集中式结构的故障录波器结构示意图

数据采集单元由各采集卡及其对应的隔离变送电路构成，分析管理单元由工控主机及其相关电路构成。装置采用工控主机板，内插模拟量采集卡、数字量采集卡、I/O 接口卡等，各采集卡都拥有独立的 CPU，与工控主机构成多 CPU 系统。在这种故事录波器中，模拟量和开关量的信号调理全部置于机箱外部专门的变送器箱中，模拟量采集卡负责所有模拟量的采集和分析判断，数字量采集卡专门采集开关量信息，各 CPU 通过总线（目前广泛采用的是 STD 或 ISA 总线）与工控主机板相连。这种结构的优点如下：

（1）模拟量、开关量经分别处理后再送至 CPU 插件，提高了抗干扰能力，易实现多

CPU 结构；

(2) 多 CPU 结构提高了装置的可靠性，某个 CPU 的损坏不会影响到别的 CPU；

(3) 总线不外引，加强了抗干扰能力；

(4) 装置的容量可灵活配置。

目前集中式结构的故障录波器在国内变电站及发电厂已广泛应用，不但有全变电站公用的故障录波器，而且有发电机组故障录波器、变压器故障录波器、线路故障录波器等专用录波器。

下面介绍一种主从分布式微机故障录波装置的硬件和软件结构。

1. 硬件结构

该微机故障录波装置采用主从分布式结构，前台工控机完成实时信号的采样及故障录波功能，后台工控机主要完成录波数据的分析和远传功能。其硬件结构图如图 8-12 所示。

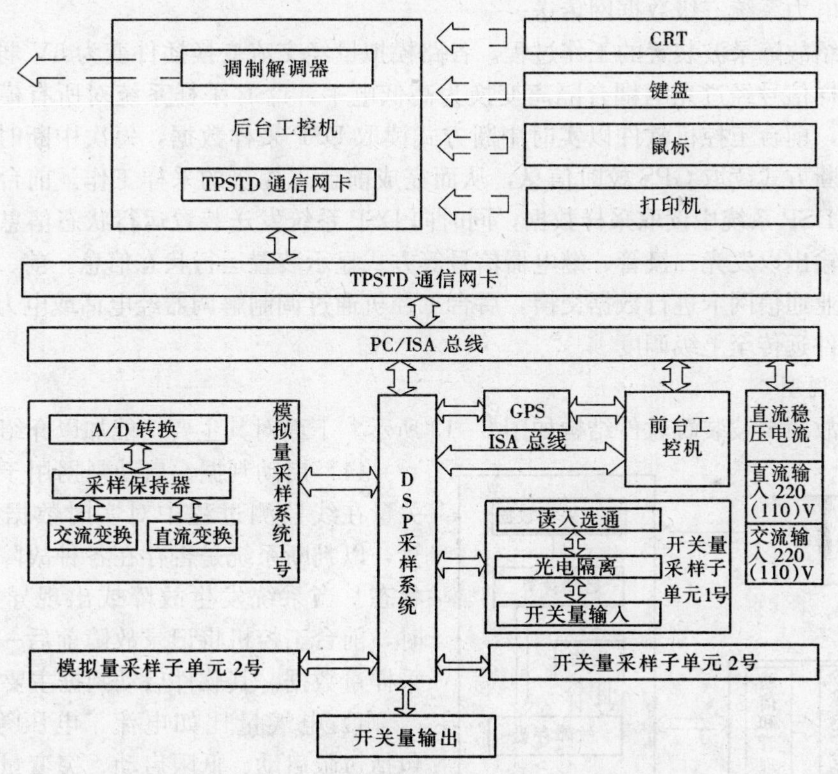

图 8-12 主从分布式微机故障录波装置硬件结构图

微机故障录波装置各组成部分的作用如下：

(1) DSP 采样系统主板有两个功能：完成 64 路模拟量、128 路开关量信息的采样工作，所得数据供前台工控机读取；按照前台工控机发出的有关故障录波装置自身运行状态的开关量输出信息，并驱动开关量输出板以发光二极管、继电器信号等方式显示装置运行状态信息。

(2) 模拟量采样系统板由采样保持电路、多路转换开关、16 位高速 A/D 转换器构成，每块板包括 32 路模拟输入量，故两块板可同时采集 64 路模拟量。

(3) 开关量采样单元板可采集 128 路开关量（共两块）。开关量输出的主要信息有装置部件自检信号、装置运行正常信号、故障录波启动信号、打印机电源信号，同时引出两对触点供驱动事故信号或预告信号用。

（4）GPS校时系统接受户外GPS卫星信号，用于统一确定电力系统中各种事件发生和结束的准确时间。前台工控机通过中断方式读取GPS系统的校时信息。

（5）前台工控机用于读取DSP采集系统所得的采样数据，进行启动计算及保存故障数据。

（6）前台工控机TPSTD通信网卡使前台机与后台机组成一个工业高速局域网。此局域网可与其他录波装置联网，形成一个各节点平等的局域网系统。同时也可与网内其他局域网络互联，支持以太网协议。后台工控机TPSTD通信网卡与前台工控机通信网卡配对完成前、后台机通信。

（7）数据远传调制解调和局域网接口用于数据远方传送，适用于调制解调器经电话线传送，或利用电力系统三级数据网传送。

下面介绍故障录波装置的工作过程。各路模拟量经交流变换插件变为5V弱电信号，各路开关量采样信号经过光电耦合隔离变换为高低电平，DSP采样系统对所有模拟量、开关量进行采样，前台工控机软件以实时中断方式读取DSP采样数据，每次中断时间为20ms，并以实时中断方式读取GPS校时信息，从而完成前台工控机的采样工作。前台工控机通过ISA总线从DSP系统中读取采样数据，同时向DSP系统发送装置运行状态信息，DSP系统驱动开关量输出以发光二极管、继电器信号等方式显示装置运行状态信息。前、后台工控机通过两块工业通信网卡进行数据交换，后台工控机通过调制解调器经电话或电力数据网可将故障数据文件远传至上级调度。

2．软件说明

该微机故障录波装置软件结构如图8-13所示。下面对其主要功能加以介绍。

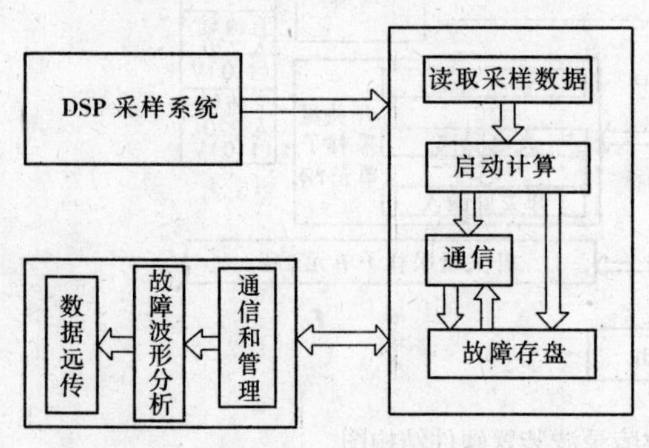

图8-13 主从分布式微机故障录波装置软件结构图

（1）启动判据。启动判据用于模拟量和开关量在线监测过程中对实时数据进行分析计算，以判断系统是否存在各种故障或异常工作状态。当系统发生故障或出现异常工作状况时，前台工控机将记录故障前后一段时间的各采样量数据。其软件启动判据主要有：

1）电气量比如电流、电压等越限启动，包括过限启动、低限启动、突变量启动和振荡启动；

2）非电气量如温度等越限启动，可经传感器变为直流信号；

3）开关量启动，用于监测断路器跳、合闸及保护装置的动作状态；

4）手动启动，用于检查装置运行状态，或监视系统正常运行时的各路电气量和非电气量。

（2）前后台机的通信任务。前后台机通信部分的任务是实现后台工控机对前台工控机的在线管理、维护，各采样量的实时监视、统计及故障数据文件的传送，主要包括：

1）前台机采样的实时数据定时发送至后台机，以供后台机实时数据管理、画面监视、波形分析，同时形成运行数据历史数据库。

2）将故障数据文件传至后台机保存，以供后台机进行波形分析、打印及远传。

3）后台机在线查看及删除前台机硬盘上保存的过时故障数据文件，实现对前台机硬盘维护；在线查看及修改前台机各启动判据的整定值，以及停止前台机软件的运行。

4）根据 GPS 校时系统，实现前、后台机时间校准。

5）后台机向前台机发送手动录波命令，以检查装置的工作状态或检测系统正常运行状态。

（3）后台机分析软件的主要功能。后台工控机用于对前台工控机的在线管理及维护，并对故障录波文件进行分析、打印及数据远传至调度，主要包括：

1）波形分析，可以查看数据文件，完成数据文件到波形的转换、波形打印，对波形的分析（谐波分析、序分量分析、有功分析、无功分析、有效值分析等），根据需要对显示波形进行调整等。

2）实时监控，对电力系统各采样电气量和非电气量的运行状况进行监视，随时了解系统的运行情况。

3）报表管理，包括报表生成、预览、打印等，可以定制各类报表。

4）事故追忆，用于追忆查询每次故障发生的相关信息，可列出每次故障发生时间、种类和故障设备名称、故障文件名称等信息，并支持打印功能。

5）画面编辑，提供一个组建窗口，列出在绘制实时监视图时可能用到的各种工具组建，利用其绘制电气图等并保存，以备实时监视时调用。

6）密码管理，对与装置的安全有关的栏目可以设置密码，防止无关人员非法操作。密码管理系统对系统中用到的所有密码进行统一的管理，包括各项密码的设置、修改和删除。

7）通道信息，数字通道信息显示各个开关量所占用的通道号、投停等信息，模拟通道信息显示各个模拟量所占用的通道号、模拟量信息，以供查询。

8）系统关闭，在系统关闭之前，应向前台机发送停止运行命令，在前台机停止运行后，后台机可退出运行。

9）后台机数据远传，可通过调制解调器经电话或网口将指定文件传送至上级调度。

五、微机故障录波装置的特点

（1）采用分布式计算机结构，将实时与非实时任务合理分配于前、后台机，具有完善的软件自检功能，采用 ISA 总线结构，具有高可靠性、高抗干扰性、高数据传输率，可长期稳定可靠运行。

（2）DSP 采样系统采用高速采样硬件结构。

（3）启动、计算、判据种类齐全，能有效检测各种故障及不正常运行状态，灵敏地启动录波。

（4）录波容量大，记录时间长，可查阅和打印输出。

（5）后台管理机采用一体化工作站，兼容性强、可扩展性强；工作环境为全中文界面，并附有在线帮助，操作简单方便。

（6）后台机故障分析功能强大，不仅是校核保护动作行为是否正确的依据，而且可提供比保护更加详细的各种故障电气信息。

（7）后台机具有运行数据实时监控功能，并具有完善的运行数据管理功能，可提供各类运行记录报表，并方便地查询和打印；还具有事故追忆功能，同时可远传数据至上级调度。

思 考 题

1. 电压、无功综合控制的作用是什么？
2. 电压、无功综合控制实现的方法有哪些？
3. 电压、无功综合控制有哪些输入量、输出量？
4. 什么是电压、无功控制的“九区图”？如何使用？
5. 电压、无功综合控制在进行变压器分接头调整时应考虑哪些问题？
6. 什么是备用电源自动投入装置？
7. 常用的备用电源自动投入方案有哪些？
8. 对备自投装置有哪些基本要求？
9. 如何理解备自投装置的工作逻辑？
10. 什么是备自投中的过负荷联切功能？
11. 微机型备自投装置的硬件是怎样构成的？
12. 微机型备自投装置与传统备自投装置相比具有哪些优点？
13. 故障录波装置的作用是什么？
14. 故障录波装置的启动判据一般有哪些？
15. 目前故障录波装置的结构模式有哪些？各有何特点？

第九章　变电站综合自动化系统的其他子系统

本章主要介绍变电站综合自动化系统中自动按频率减负荷、小电流接地系统接地检测、自动重合闸等的作用、基本原理及装置的结构特点。

第一节　自动按频率减负荷

电力系统的频率是电能质量重要的指标之一。在我国电力系统正常运行时，频率必须维持在50±(0.1～0.2)Hz的范围内。系统频率偏移过大时，发电设备和用电设备都会受到不良的影响，轻则影响工农业产品的质量和产量；重则损坏汽轮机、水轮机等重要设备，甚至引起系统的“频率崩溃”，导致大面积停电，造成巨大的经济损失。

一、电力系统频率偏移的危害及对策

（一）电力系统频率偏移的原因

电力系统正常运行时，负荷波动将导致频率变化。其原因是：电力系统的频率与发电机的转速有着严格的对应关系，而发电机的转速是由作用在机组转轴上的转矩决定的，原动机输入的功率如果在扣除了励磁损耗和各种机械损耗后能与发电机输出的电磁功率保持平衡，则发电机的转速将保持不变，所有发电机输出的有功功率的总和，在任何时刻都将等于系统（包括各种用电设备）所需的有功功率和网络的有功损耗的总和。但由于有功负荷经常变化，其任何变动都将立刻引起发电机输出电磁功率的变化，而原动机输入功率由于调节系统的滞后，不能立即随负荷波动而作相应的变化，此时发电机转轴上的转矩平衡被打破，发电机的转速将发生变化，系统的频率随之发生偏移。当系统发出的有功功率多于系统所需要的，频率就会上升；当系统发送的有功功率少于系统所需要的，频率就会降低。

（二）电力系统频率降低的危害

（1）由于频率下降，使发电厂的厂用机械出力大为下降，结果必然影响发电设备的正常工作，使发电机的有功功率减少，导致系统频率的进一步降低。

（2）系统频率降低，励磁机的转速也相应降低，当励磁电流一定时，励磁机发出的无功功率就会减少。而频率降低时，异步电动机、变压器的励磁电流将增大，无功损耗增加，导致电力系统的无功平衡和电压调整增加困难。运行经验表明，当系统频率下降至46～45Hz时，系统的电压水平就会受到严重的影响，甚至造成系统崩溃。

（3）系统频率长期处于49.5～49Hz以下时，不仅影响电厂和系统运行的经济性，而且会使某些汽轮机的叶片发生共振，导致机械损伤甚至断裂，造成事故。

（4）系统频率降低影响测量仪表的准确性和用户的产品质量。

因此，相关运行规程规定：电力系统的允许频率偏差为±0.2Hz；系统频率不能长时间运行在49.5～49Hz以下；事故情况下，不能较长时间停留在47Hz以下；系统频率的瞬时值不能低于45Hz。

（三）减少系统频率降低的措施

对于系统正常运行时，负荷波动导致的频率变化，可以通过一次调频和二次调频使系统频率的变化在允许范围内。调频就是调整发电机输出的有功功率，维持系统的有功功率平衡。对于负荷变化幅度小、变化周期短（一般为10s以内）所引起的频率偏移，一般由发电机的调速器进行调整，这就是电力系统频率的一次调整。对于负荷变化幅度大、变化周期较长（一般在10s～3min）所引起的频率偏移，单靠调速器的作用不能把频率偏移限制在规定的范围内，必须有调频器参加调频。这种有调频器参与的频率调整称为二次调整。

在事故情况下，例如大型发电机组突然切除，输电线路发生短路跳闸或用电负荷突然大幅度增加，导致电力系统可能出现严重的功率缺额，使频率急剧下降，这时单靠水轮机或汽轮机组的调速器或调频器已经解决不了频率下降的问题，必须采取紧急的低频减负荷控制措施，才能防止电网的频率崩溃，使系统频率维持在正常的水平或允许的范围内。按频率下降的不同程度自动有次序、有计划地切除相应的负载，以阻止频率的下降，是靠自动按频率减负荷（AFL）功能来实现的。这是保证系统安全运行的重要措施之一。

二、电力系统的频率特性

电力系统的频率特性分为负荷的静态频率特性和电力系统的动态频率特性。

（一）负荷的静态频率特性

电力系统的总有功负荷 $P_{L\Sigma}$ 与频率 f 的关系，可称为负荷的静态频率特性。负荷随频率变化的灵敏程度与负荷的性质有关。电力系统的负荷一般可分为三类。

第一类，负荷消耗的有功功率与频率无关，如白炽灯、电热设备等。

第二类，负荷消耗的有功功率与频率一次方成正比，如碎煤机、金属切削机床等。

第三类，负荷消耗的有功功率与频率二次方或二次以上方成正比，如通风机、水泵等。

电力系统的总负荷可以认为由上述三种不同类型的负荷按不同的比例组成，频率变化时系统总有功负荷也作相应变化，其关系如图9-1所示。由图可见，当频率下降时，总负荷消耗的有功功率随着下降；反之，将增加。这就是负荷的调节效应。

当频率偏离额定频率 f_N 值不大时，定义负荷调节效应系数 K 为

$$K=\Delta P_{L\cdot\Sigma}/\Delta f \tag{9-1}$$

$$\Delta P_{L\cdot\Sigma}=P_{L\cdot\Sigma}-P_{L\cdot\Sigma N}$$

式中 $\Delta P_{L\cdot\Sigma}$——系统有功负荷变化量；

$P_{L\cdot\Sigma N}$——额定频率时的总有功负荷；

Δf——系统频率变化量，$\Delta f=f-f_N$。

对负荷调节效应系数，如用百分数表示时，式（9-1）可以改写为

$$K=\Delta P_{L\cdot\Sigma}\%/\Delta f\%=(\Delta P_{L\cdot\Sigma}/P_{L\cdot\Sigma\cdot N})/(\Delta f/f_N)$$

$$=\Delta P_{L\cdot\Sigma *}/\Delta f_{*} \tag{9-2}$$

式中 $\Delta P_{L\cdot\Sigma}\%$，$\Delta P_{L\cdot\Sigma *}$——系统有功负荷变化量的百分数、标幺值；

$\Delta f\%$，Δf_{*}——系统频率变化量的百分数、标幺值。

由于负荷有调节效应，故对电力系统频率可起到一定稳定作用。当频率平衡破坏时，如发电机的输出功率减少，则系统频率必然降低。由于负荷调节效应，负荷消耗的功率相应减少，于是可以重新达到功率平衡。这样，系统频率可以稳定在一个低于额定值的频率上运行。当电力系统发生事故出现大量的有功缺额时，若仍依靠负荷的调节效应来补偿有功的不

足，则系统频率将会降低到不允许的程度，从而破坏系统的稳定运行。此时，必须再借助AFL功能自动切除一部分不重要的负荷，才能使系统频率回升到稳定运行范围。

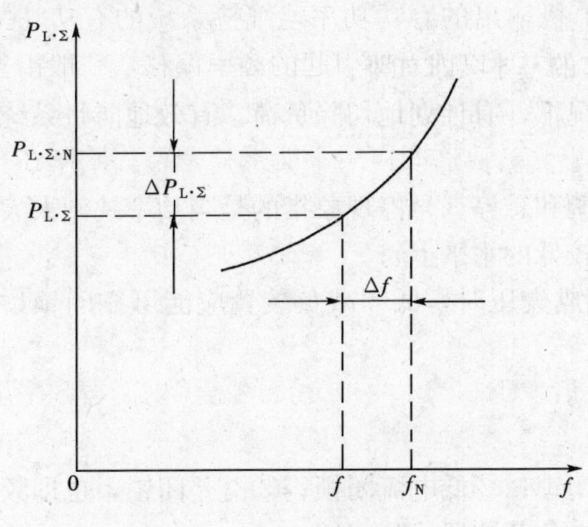

图9-1　负荷静态频率特性

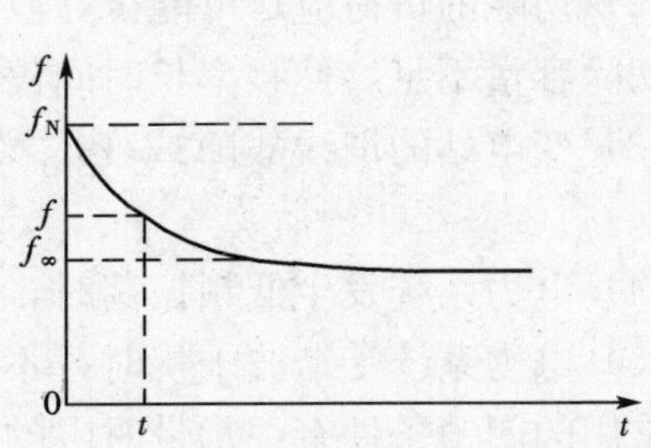

图9-2　电力系统动态频率特性

（二）电力系统的动态频率特性

电力系统出现功率缺额时，系统的稳定频率 f_∞ 必然低于额定频率 f_N，系统频率从 f_N 变化到 f_∞ 的过程就反映出系统的动态频率特性，如图9-2所示。可以看出，系统频率变化不是瞬间完成的，而是按指数规律变化，可表示为

$$f=f_\infty+(f_N-f_\infty)e^{-t/T_f} \tag{9-3}$$

式中　f_∞——有功功率缺额造成频率下降后的稳定运行频率；

T_f——系统频率变化的时间常数，它与系统等值机组惯性常数以及 K 有关，一般在4～5s,大系统 T_f 较大，小系统 T_f 较小。

三、对低频自动减负荷装置（AFL）的基本要求

电力系统内发生有功功率缺额时，系统频率要降低，如果功率缺额 P_{La} 仅由负荷调节效应来补偿，则由式（9-2）可得

$$(P_{L\cdot\Sigma\cdot\infty}-P_{L\cdot\Sigma\cdot N})/P_{L\cdot\Sigma\cdot N}=K(f_\infty-f_N)/f_N \tag{9-4}$$

计及 $P_{La}=P_{L\cdot\Sigma\cdot N}-P_{L\cdot\Sigma\cdot\infty}$，则有

$$f_\infty=f_N[1-(1/K)(P_{La}/P_{L\cdot\Sigma\cdot N})] \tag{9-5}$$

而功率缺额又可表示为

$$P_{La}=P_F-P_{XZ}$$

式中　P_F——事故情况下被切除的发电功率；

P_{XZ}——系统中的旋转备用功率。

若在额定运行情况下，系统出现的功率缺额 P_{La} 为 $20\%P_{L\cdot\Sigma\cdot N}$，取负荷调节效应系数 $K=2$，仅依靠负荷调节效应补偿功率缺额时，系统的稳定频率为 $f_\infty=50\times[1-(1/2)\times 20\%]=45$Hz。因此，单靠负荷调节效应来补偿功率缺额，当功率缺额较大时，将出现系统稳定频率过低，根本不能保证系统稳定运行。

如切除的负荷功率为 P_{cut}，则系统的功率缺额为 $P_{La}-P_{cut}$，系统总有功负荷为 $P_{L\cdot\Sigma\cdot N}-P_{cut}$，于是由式（9-5）得到系统的稳定频率为

$$f_{\infty}=f_{N}[1-(1/K)(P_{La}-P_{cut})/(P_{L\cdot\Sigma\cdot N}-P_{cut})] \tag{9-6}$$

如切除负荷功率 $P_{cut}=15\%P_{L\cdot\Sigma\cdot N}$，则在同样功率缺额下，系统的稳定频率按式（9－6）计算得 48.5Hz。

为了保证系统的稳定运行，对 AFL 提出的基本要求如下。

（1）能在各种运行方式且功率缺额的情况下，有计划地切除负荷，有效地防止系统频率下降至危险点以下；

（2）切除的负荷应尽可能少，以防止超调和悬停（悬停现象指的是当功率缺额太大，基本级切除容量不足，使频率长时间停留在比较低的水平上）；

（3）变电站的馈线故障或变压器跳闸造成失压时，低频减负装置应能可靠闭锁，不应误动；

（4）电力系统发生低频振荡时，不应误动；

（5）电力系统受谐波干扰时，不应误动。

常用的闭锁条件有：①带时限的低电压闭锁；②低电流闭锁；③滑差闭锁，也即频率变化率闭锁；④双测频回路串联闭锁；⑤低频减负荷装置故障闭锁。

带时限的低电压闭锁是利用电源断开后电压迅速下降来闭锁自动按频率减负荷。由于电动机电压衰减较慢，因此必须带有一定的时限才能防止装置的误动。

低电流闭锁是利用电源断开后电流减小的规律来闭锁自动按频率减负荷。它的主要缺点是电流值不易整定，某些情况下易出现装置拒动的情况；同时，当系统发生振荡时，装置也容易发生误动。目前这种方式一般只限用于电源进线单一、负荷变动不大的变电站。

滑差闭锁亦称频率变化闭锁。它是利用从闭锁级频率下降至动作级频率的变化速度（$\Delta f/\Delta t$）是否超过某一数值来判断是否系统功率缺额引起的频率下降，从而决定是否进行闭锁。为躲过短路的影响，装置也需带有一定延时。目前这种闭锁方式在实际装置中得到了日益广泛的应用。

四、低频减负荷的实现方法

实现低频减负荷的方法关键在于测量频率。测频可以由传统的频率继电器或微机元件完成。

（一）传统的低频减负荷装置

测频主要靠电磁型或晶体管型的频率继电器，后来又发展了数字式频率继电器，由频率继电器和控制轮次的中间继电器组成整套低频减负荷装置。为了避免误动，常加上闭锁环节，增加了硬件的复杂程度。该装置的主要缺点是体积大、测频准确度低（分辨率仅为 0.02～0.1Hz）、抗干扰能力差、性能不稳定、结构复杂、调试不方便，级差大、级数少，不能适应系统中出现的不同的功率缺额的情况，不能有效地防止系统的频率下降并恢复频率，难以实现重合闸等功能，常造成频率的悬停和超调。

（二）微机型低频减负荷

目前，用微机实现低频减负荷的方法大体有两种。

（1）采用专用的低频减负荷装置实现。这种低频减负荷装置的控制方式如前所述，将全部馈电线路分为 1～8 级（也可根据用户需要设置低于 8 级的）和特殊级（附加级）；然后根据系统频率下降的情况去切除负荷。

（2）把低频减负荷的控制分散装设在每回馈电线路的保护装置中。每回线路配一套保护装置，在线路保护装置中，增加一个测频环节，便可以实现低频减负荷的控制功能。只要将第 n 级动作的频率和延时定值事前在某回线路的保护装置中设置好，则该回线路便属于第 n 级切除的负荷。这种控制方法容易实现，结构也简单。

（三）低频减负荷分级实现的原理

假定变电站馈电母线上有多条供配电线路，按电力用户的重要性分 n 个基本级和 n 个特殊级。基本级是不重要的负荷，特殊级是较重要的负荷，把一般负荷的馈电线路放在基本级里，供给重要负荷的线路划在特殊级里。一般低频减负荷装置基本级可以设定 5 级或 8 级，随用户选用。安排在基本级中的配电线路，也按重要程度分为 1～8 级。

图 9-3（a）为 AFL 的原理框图。自动按频率减负荷由频率测量元件 f，延时元件 Δt 和执行元件三部分组成。

基本级的作用是根据系统频率下降的程度，依次切除不重要的负荷，以便限制系统频率继续下降。当系统发生功率严重缺额造成频率下降，当系统频率降至第一级的启动值 f_1，且延时时限 Δt_1 已到时，执行元件动作出口，切除第一轮负荷，此时如果频率恢复，则动作便成功。但若频率还不能恢复，说明功率仍缺额，当频率降至第二轮启动值 f_2，且延时时限 Δt_2 已到时，执行元件动作出口，切除第二轮负荷。如此反复对频率进行采样、计算和判断，直至频率恢复正常或基本级的负荷全部切完。

当基本级全部动作后，若系统频率仍停留在较低水平上，则附加级的频率测量元件 f_{ad1} 启动，经延时 Δt_{ad1} 后切除第一轮负荷；若系统频率仍不能恢复到接近于 f_n，则将继续切除较重要的负荷，直至特殊级的全部负荷切除完。至于特别重要的用户，则设为 0 级，即低频减负荷装置不会对它发切负荷的指令。

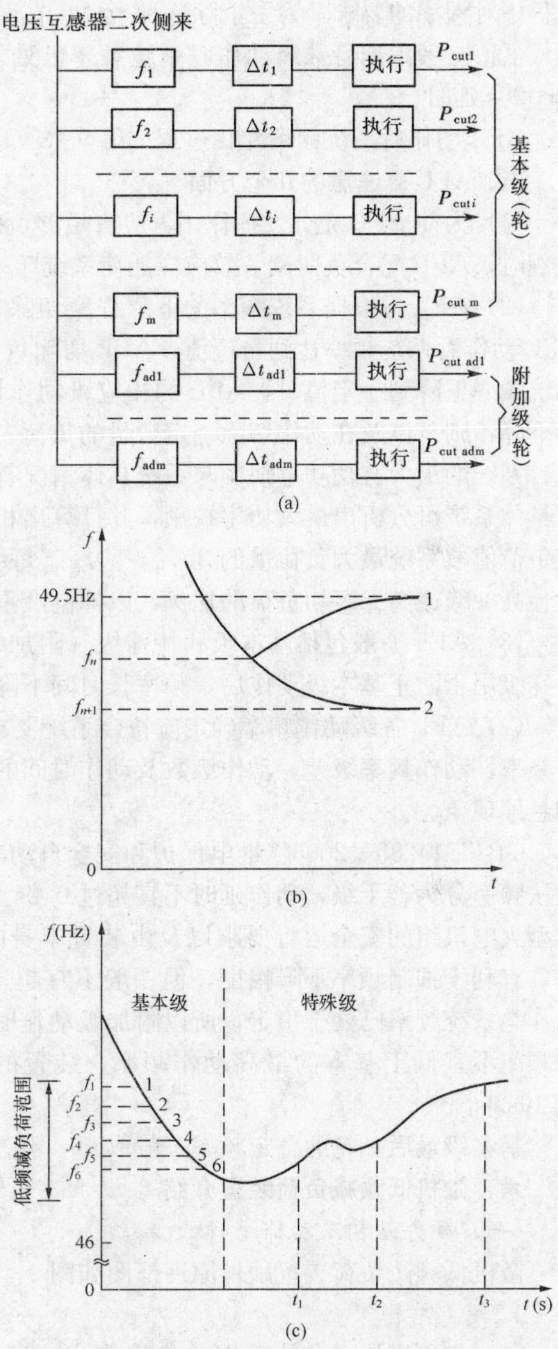

图 9-3　AFL 装置动作原理图

（a）AFL 的原理框图；（b）AFL 装置动作的特殊情况；（c）AFL 动作后系统频率变化过程

1—f_R<49.5Hz；2—f_R>f_{n+1}

在 AFL 装置分级动作过程中，可能出现下述两种情况：其一，第 n 级动作后，频率回升稳定值不能满足要求，悬浮于规定恢复频率最低值 49.5Hz 以下的某频率值，如图 9-3（b）曲线 1 所示；其二，第 n 级动作后，频率继续下降，但不足以使第 $n+1$ 级动作，悬浮于 $n+1$ 频率之上的某频率值，如图 9-3（b）曲线 2 所示。这两种情况都不能满足规程中对频率的要求，为了消除这种现象，在 AFL 中设置特殊级，其动作频率为恢复频率的最低值。考虑到特殊级动作时系统频率已处于稳定，为防止误动作，特殊级动作一般带 10～20s 延时。

AFL 动作后系统频率变化过程如图 9-3（c）所示。

五、AFL 应注意的几个方面

（1）为使 AFL 充分发挥作用，应有足够负荷接于 AFL 上，当系统出现最严重有功功率缺额时，AFL 配合负荷调节效应应能使系统频率恢复到恢复频率。

（2）AFL 应根据系统频率的下降程度切除负荷。为了提高供电可靠性，同时也为了使 AFL 动作后系统频率达到希望值，AFL 切除负荷宜采用分级切除、逐步逼近的方式，既当系统频率下降到一定值时，AFL 的相应级动作切除一定数量的负荷，如果仍然不能阻止频率下降，则下以及在动作切除一定数量的负荷，以此类推，直到频率不再下降。

系统的最大有功功率缺额与系统具体情况有关，也与继电保护、自动装置配置有关。根据具体系统可分析出最大功率缺额，并计算出相应的最大切负荷值。一般电力系统中，最大切负荷值取系统最大负荷量的 30%～50%。每级减负荷量按级数可均匀分配，也可适当增大最高一级或高二级切负荷的比例，以抑制严重有功功率缺额时的频率下降速度。

（3）AFL 一般包括基本级和特殊级（附加级）。基本级用于制止频率下降而快速动作，特殊级用于防止基本级动作后，频率长时间下降或“停滞”于较低频率而延时动作。

（4）AFL 各级动作频率确定应符合系统要求。确定 AFL 的动作频率，包括首、末级动作频率，动作频率级差、动作级数及动作时间的确定。切降的负荷应尽可能少，应防止超调和悬停现象。

GB/T 14285—2006《继电保护和安全自动装置技术规程》中规定：快速动作的基本级，应按频率分为若干级，动作延时不宜超过 0.2s。装置的频率整定值应根据系统的具体条件、大型火电机组的安全运行要求以及由装置本身的特性等因素决定。提高最高一级的动作频率，有利于抑制频率下降幅度，但一般不宜超过 49.2Hz；延时较长的特殊级（由于附加级动作是系统频率已处于稳定，所以附加级动作时一般延时较长），可按时间分为若干级，启动频率不宜低于基本的最高动作频率，装置的最小动作时间可为 10～15s，级差不宜小于 10s。

基本级最后一轮的整定频率一般取 46～46.5Hz。

六、微机低频减负荷装置介绍

（一）硬件结构及动作逻辑

微机低频减负荷装置硬件原理框图如图 9-4 所示。它主要由以下几部分组成。

1. 硬件结构

（1）主机模块。多数采用单片机构成，可由 MCS-51 或 MCS-96 系列单片机构成。MCS-96 系列单片机中的 80C196 是 16 位单片机，片内有可编程的高速输入/输出 HSI/HSO，可相对于内部定时器产生的实时时钟，记下某个外部事件发生的时间，一共可记下 8 个事件，内部定时器配合软件编程具有优越的定时功能；片内具有 8 通道的 10 位 A/D 转换

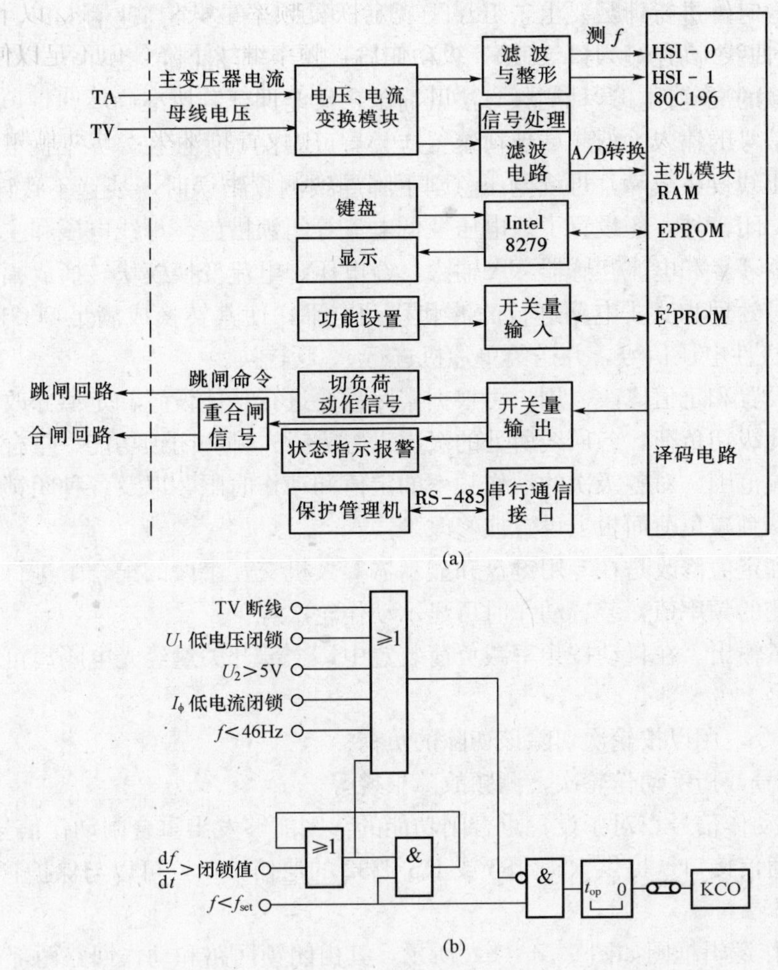

图 9-4　低频自动减负荷装置硬件原理框图及动作逻辑框图

（a）硬件原理框图；（b）动作逻辑框图

器，为实现低频减负荷的闭锁功能提供了方便；片内的异步、同步串行口使该微机系统可以与上级计算机通信。因此，用 Intel 80C196 构成的低频减负荷装置，性能价格比高。主机模块采用 80C196 单片机扩展了随机存储器 RAM 和程序存储器 EPROM，采用了存放定值用的可带电擦除和随机写入的 E^2PROM 和译码电路等必要的外围芯片，构成单片机应用系统。

（2）频率的检测。低频减负荷装置的关键环节是测频电路。为了准确测量电力系统的频率，将系统的电压由电压互感器 TV 输入，经过电压变换器变换成与 TV 输出成正比的、幅值在±5V 范围内的同频率的电压信号，再经低通滤波和整形，转换为与输入同频率的矩形波，将此矩形波连接至 Intel 80C196 单片机的高速输入口 HIS-0 作为测频的启动信号；可以利用矩形波的上升沿启动单片机对内部时钟脉冲开始计数，而利用矩形波的下降沿，结束计数；根据半周波内单片机计数的值，便可推算出系统的频率 f。然后对 f 值进行中值滤波后，与正常的监视频率进行比较。与此同时，由单片机计算出 df/dt 值与 df/dt 闭锁整定值、df/dt 跳闸输出整定值进行比较。比较结果由单片机的输出口发出输出控制信号和显示信号，同时机内时钟进行计数。由于 Intel 80C196 单片机有多个高速输入口，因此可以将整形后的信号通过两个高速输入口（HIS-0 和 HIS-1）进行检测，将两个口检测结果进行比较，以提高测频的准确性，这种测频方法既简单，又能保证测量准确度。

（3）闭锁信号的输入。低频减负荷装置应具有可靠性，保证在外界干扰下不误动，以及当变电站进、出线发生故障，母线电压急剧下降导致测频错误时，装置不致误发控制命令，除了采用 $\mathrm{d}f/\mathrm{d}t$ 闭锁外，还设置了低电压及低电流等闭锁措施。母线电压和主变压器电流分别由电压互感器 TV 和电流互感器 TA 输入，经电压、电流变换模块转换成幅值较低的电压信号，再经信号处理和滤波电路进行滤波和移动电平，使其转换成满足 80C196 片内 10 位 A/D 要求的单极性电压信号，并送给单片机进行 A/D 转换。

（4）功能设置和定值修改。用户可根据实际需要进行功能设置和定值修改。例如，欲使低频减负荷按几级切负荷，各回线所处的级次设置需投入哪些闭锁功能、重合闸是否投入等都属于功能设置范围。对各级次的动作频率的定值和动作时限，以及各种闭锁功能的闭锁定值，都可以在低频减负荷面板上设置或修改。

功能设置和定值修改是在专用键盘和显示器等人机交互手段的配合下进行的，正常运行时可显示所检测的频率值，装置动作时可显示动作轮次等。

（5）开关量输出。在自动按频率减负荷装置中，全部开关量经光电隔离可输出如下三种类型的控制信号。

1）跳闸命令，用以按轮次切除该切除的负荷。

2）报警信号，指示动作轮次，测频故障报警等。

3）重合闸动作信号。对于设置重合闸功能的，则能够发出重合闸动作信号。

（6）串行通信接口。提供 RS-485 或 RS-232 的通信接口，可以与保护管理机等通信。

2. 动作逻辑

AFL 的动作逻辑框图如图 9-4（b）所示，其由闭锁回路和动作回路两部分构成。

（1）闭锁回路。处于下列任一种异常情况时，AFL 一直处于闭锁不开放的状态：

1）电压互感器二次回路断线。因为在这种情况下测不到真实系统的频率。

2）安装处母线正序电压低于闭锁值，闭锁正序电压可取 60～70V（相间）。这可防止线路三相短路故障、近处不对称短路故障、电压互感器二次回路断线时的误动作；借助延时，对防止系统振荡、负荷反馈引起的误动作也有一定作用。

3）保护安装处的负序电压大于 5V。这可防止电压互感器二次回路断线、线路发生不对称短路故障时的误动作。

4）线路三相电流均小于闭锁值。闭锁电流可取 10％～25％的正常负荷电流。

5）系统频率低于 46Hz。实际上，当系统频率低于 46Hz 时，系统不能正常运行，当然应闭锁 AFL；即使不闭锁 AFL，在这种情况下再切去负荷也不能恢复系统的正常运行。

6）频率滑差 $\left|\frac{\mathrm{d}f}{\mathrm{d}t}\right|$ 应大于闭锁值。这可以防止负荷反馈引起的误动作。注意到电源中断后，负荷反馈时的频率以指数曲线变化衰减，起始时的 $\left|\frac{\mathrm{d}f}{\mathrm{d}t}\right|$ 值最大，而后随着 f 的逐渐下降，$\left|\frac{\mathrm{d}f}{\mathrm{d}t}\right|$ 值也随着减小。为防止 f 逐渐降低过程中减小而导致装置误开放，采用了 $f<$

f_{set}时的动作自保持措施，直到频率恢复到整定频率$\left(f\left|\frac{df}{dt}\right|\right)$以上才复归。

（2）动作回路。系统发生有功功率缺额频率下降过程中，当无上述闭锁信号时，动作回路处于开放状态。当系统频率下降到整定频率f_{set}时，延时启动，若$f < f_{set}$持续时间达到延时值，则出口继电器动作，断开该级应切除的负荷。如果是基本级，则延时0.15～0.3s；如果是特殊级，则延时20s左右。

（二）新型低频减负荷装置的特点

（1）测频方法先进，测频准确度高。由单片机和大规模集成电路组成的低频减负荷装置，可以充分利用单片机的资源，提高测频准确度。

（2）可采用频率下降速率作为动作判据或闭锁条件。当系统发生严重的功率缺额事故时，系统频率的下降速率快。如果低频减负荷装置按df/dt作为动作判据，则能加速切除部分负荷，保证系统频率尽快恢复正常，也即提高了装置动作的快速性和准确性；也可以利用df/dt作为闭锁条件，以防止低频减负荷装置误动。

（3）容易扩展闭锁功能。安装低频减负荷装置的变电站，当其母线或附近出线发生短路事故时，母线电压降低，有时可以引起测频误差，致使装置误动。为提高可靠性和动作的准确性，可考虑增加低压闭锁功能。对于常规的低频减负荷装置来说，必须增加一个电压继电器；而对于微机低频减负荷装置，只需从软件上增加电压判据即可。

（4）容易扩充重合闸功能。在低频减负荷装置动作，切除部分负荷并在消除有功功率缺额事故后，系统频率回升时，对已被切线路进行重合闸操作。这对于无人值班变电站尤其有用，可以防止装置误动或在有功缺额的事故消除后及时恢复供电。微机型低频减负荷装置，只要在软件加以设计，并扩展合闸出口回路，就可以方便地实现自动重合闸功能。

（5）具有故障自诊断和自闭锁功能。微机低频减负荷装置，利用微机的智能，很容易扩展故障自诊断功能。例如测频回路自检、存储器自检和输出回路自检等。当发现某部分发生故障时，应立刻报警，并自动闭锁装置的出口。

第二节　小电流接地选线及自动跟踪补偿消弧线圈装置

一、概述

在我国10～35kV电网中，普遍采用中性点不接地或经消弧线圈接地方式。DL/T620—1997《交流电气装置的过电压保护和绝缘配合》中规定：3、10kV不直接连接发电机的系统和35、66kV系统，当单相接地故障电容电流不超过下列数值时，应采用不接地方式；当超过下列数值又需在接地故障条件下运行时，应采用消弧线圈接地方式。

（1）3～10kV钢筋混凝土或金属杆塔的架空线路构成的系统和所有35、66kV系统，单相接地故障电容电流不超过10A。

（2）3～10kV非钢筋混凝土或金属杆塔的架空线路构成的系统，当电压为：3kV和6kV时，单相接地故障电容电流不超过30A；10kV时，单相接地故障电容电流不超过20A。

（3）3～10kV电缆线路构成的系统，单相接地故障电容电流不超过30A。

中性点不接地系统中发生单相接地故障时，非故障相对地电压会升高到正常时的$\sqrt{3}$倍，但由于系统中相对地绝缘是按线电压设计的，线电压仍然保持对称，且故障电流很小，因此中性点不接地系统在发生单相接地时可以继续运行。但是相关规程中规定相接地后继续运行时间不得超过 2h，以防止在接地发生时因非故障相电压升高而导致故障扩大成两点或多点接地短路。为此有必要正确而及时地将单相接地的故障线路检测出来，以便及时处理，这就是所谓的小电流接地选线。

当发生单相接地时故障，接地电流会在故障点形成电弧，电弧有稳定和间歇性两种。当接地电容电流超过上述规定值时，易产生间歇性电弧，其原因是在单相接地时由于电网的对地电容和回路电感容易形成一个振荡电路，就有可能因振荡出现周期性熄弧和重燃的间歇性电弧。间歇性电弧的熄灭和重燃，会导致系统出现较高的电弧接地过电压，危及系统绝缘。故当接地电流大于规定值时，系统中性点应接入消弧线圈。

中性点接入消弧线圈的目的主要是消除单相接地时故障点的间歇性电弧。它的工作原理是：在中性点接入一个电感线圈后，当系统发主单相接地时，在接地点就有一个电感分量的电流通过，此电流与原流过故障点的电容电流抵消，减小了故障点接地电流，同时减缓了电弧熄灭瞬间故障点恢复电压的上升速度。

二、小电流接地系统接地选线原理

（一）中性点不直接接地系统

1. 中性点不接地系统发生单相接地的特点

多回出线的变电站接地故障示意图如图 9-5 所示。经分析可以得出以下几点结论：

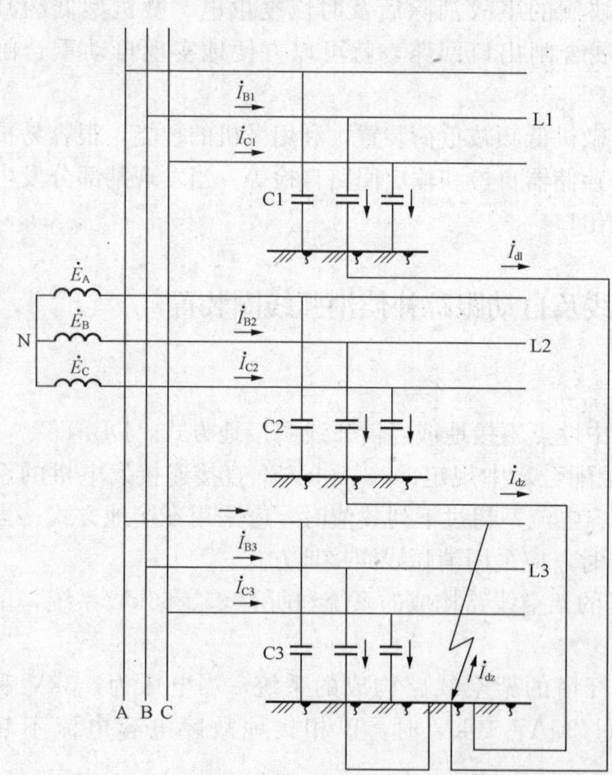

图 9-5 多回出线变电站接地故障示意图

（1）故障相对地电压为零，非故障相对地电压为电网的线电压。电网出现零序电压，其大小等于电网正常的相电压。

（2）非故障线路的保护安装处通过的零序电流等于本身非故障相对地电容电流之和，方向为从母线流向线路，其相位超前于零序电压 90°。

（3）故障线路保护通过的零序电流等于全部非故障线路充电电流的总和，其方向从线路指向母线，相位落后于零序电压 90°。

（4）接地故障处电流的大小等于全部线路接地充电电流的总和，其相位超前于零序电压 90°。

2. 接地检测的方法

根据小电流接地系统发生单相接地的特点，可以采取相应的措施来判断出单相接地线路。对于单相接地故障的检测，传统的方法是检测电压互感器开口三角形的电压。如图9-6所示，当系统发生单相接地故障时，开口三角形端将出现将近100V的零序电压，使过电压继电器动作，启动中央信号回路的电铃和光子牌，即可反映出电网上发生了单相接地故障。一般值班员通常还需要通过“顺序拉闸法”寻找故障线路，这不仅操作复杂，对开关寿命有影响，还会造成不必要的停电损失。

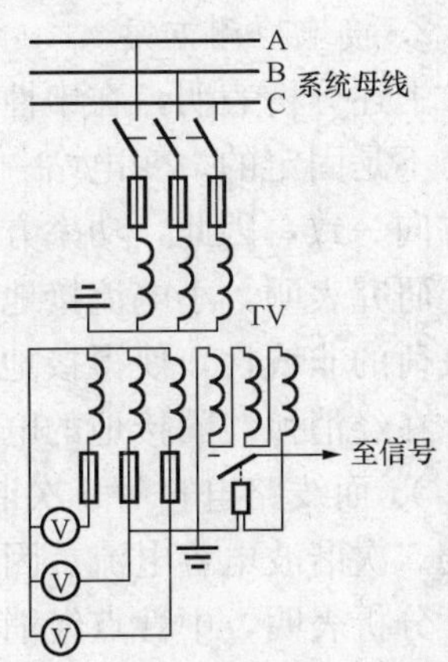

图9-6　零序电压判断单相接地

目前常用的微机单相接地选线方案，可以在不对线路拉闸停电的情况下找到接地故障。值得一提的是，有些变电站不单独设置接地选线装置，而是在保护模块中完成接地选线功能。

根据小电流接地系统发生单相接地的特点，可以构成不同原理的方案：一种是根据零序电流的大小，另一种是根据零序功率的方向。前一种方案当线路比较多时可以采用，但当线路比较少时就很难区别故障线路和非故障线路。比较可靠的方案是采用零序功率的方案，它的灵敏度和选择性比前一种方案要高；也可以综合分析零序电流大小及零序功率方向，来判定故障线路。

例如有的选线装置，采用同时采集零序电压和故障母线上所有出现的零序电流，对采样信号进行数字滤波及消除干扰，对采入的零序电流排队。微机检测的母线零序电压，小于定值时，表明系统工作正常。反之，表明系统发生了单相接的故障，微机一方面发出接地信号，同时取前三个零序电流最大的线路，进一步判断线路的零序功率方向，从中找出零序无功功率滞后的线路，此线路即为故障线路。

另外，有相关文献介绍，也可利用下列判据进行检测，即将某条线路上基波零序电流幅值增量与其他所有线路上的基波零序电流幅值增量之和进行比较，若相等则这条线路便是故障线路。

（二）中性点经消弧线圈接地系统的单相接地

1. 单相接地时零序电压、电流的特点

当电网实际的电容电流超过限值时，系统中性点须经消弧线圈接地，否则接地点易形成不稳定的电弧，从而在电网中产生电弧接地过电压。消弧线圈流过的感性电流 $\dot{I}_L$ 补偿了故障相接地点的容性电流 $\dot{I}_{C\Sigma}$，从而使接地点的电流减小。消弧线圈的补偿程度方式可以分为三种，即完全补偿（$I_L=I_{C\Sigma}$）、欠补偿（$I_L<I_{C\Sigma}$）、过补偿（$I_L>I_{C\Sigma}$）。一般在变电站中采用过补偿方式。

根据分析可以得出，中性点经消弧线圈接地系统单相接地故障时的几点结论：

（1）接地故障处的电流在欠补偿时超前零序电压90°，在过补偿时滞后零序电压90°，其值小于未补偿时。

（2）非故障线路零序电流超前于零序电压90°，其大小等于该线路的充电电流。

（3）故障线路零序电流的大小等于系统所有非故障线路总充电电流与消弧线圈的补偿电流的代数和。其相位随补偿度而异，当欠补偿时滞后于 $\dot{U}_0$ 90°，过补偿时超前 $\dot{U}_0$ 90。

当采用过补偿时，故障线路的故障相零序电流为感性，方向为从线路到母线，此时故障线路的三相零序电流比补偿前明显减少，方向为从母线流向线路。

2. 接地检测方案

上述分析表明，在中性点经消弧线圈补偿系统中，根据补偿度的不同，零序无功功率的方向不是固定的。变电站一般采用过补偿，当补偿度不大时，故障线路与正常线路的零序功率方向一致，因此，功率方向判据在这里已不适用，必须寻找其他方法。

研究表明，小电流接地系统发生单相接地故障时，由于电源电动势中存在高次谐波分量和负荷的非线性，使得接地故障电流中存在着丰富的谐波成分，其中幅值最大的是 5 次谐波。在经消弧线圈接地的电网中，消弧线圈对 5 次谐波分量的感抗比基波分量大 5 倍（$X_L=5\omega L$），而线路电容对 5 次谐波分量的容抗比基波小 5 倍（$X_C=1/5\omega C$），故消弧线圈并不能补偿 5 次谐波电容电流。因此，可以不考虑消弧线圈的影响。

分析表明，中性点经消弧线圈接地系统，发生单相接地故障时具有以下特点：

（1）故障线 5 次谐波零序电流等于全部非故障线 5 次谐波电容电流之和，零序电流方向为从线路指向母线，落后 5 次谐波零序电压 90°；

（2）故障线与非故障线路中 5 次谐波零序电流方向相反；

（3）非故障线路 5 次谐波零序电流，基本上等于本身的 5 次谐波电容电流。

根据以上所述，就可以通过检测零序电流中 5 次谐波成分的大小来判断接地故障线路，还可以采用有功分量判别法、外加高频信号法、首半波原理法及小波分析法等。值得注意的是，各方法都有一定的局限性，为增加选线的正确率，实际应用中的小电流接地选线装置常同时采用几种选线方法来进行综合选线。

（三）微机接地选线装置实例简介

ML-98H 系列微机接地选线装置适用于小电流接地系统中性点不接地、中性点经消弧线圈（老式消弧线圈，手动调节）直接接地、中性点经自动跟踪消弧线圈和阻尼电阻接地三种情况。这三种接地选线的方式，由微机接地选线装置的控制字决定。当选择控制字为 0、1、2 时，选线方式分别定义为中性点不接地系统、中性点经消弧线圈直接接地、中性点经自动消弧线圈及阻尼电阻接地，软件按相应原理工作。ML-98H 系列微机接地选线装置硬件框图如图 9-7 所示。

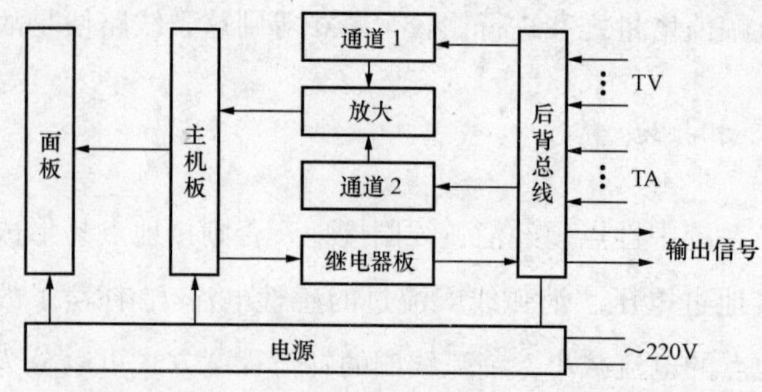

图 9-7　ML-98H 系列微机接地选线装置硬件框图

母线 TV 的开口三角形零序电压及各线路零序 TA 的二次线，分别接入后备总线板 MAD、MXD、CTL 和 CTN 端子上。输入的 TV 和 TA 模拟量分别经电压、电流通道 1、2 的电压、电流变换器，经隔离处理、A/D 变换等传至主机板。装置输出开关量经继电器板送至后背的输出端子 TZ，母线接地信号送至 MBJ 端。

三、自动跟踪消弧线圈补偿装置

当单相接地电流超过规定值时，变电站需装设消弧线圈。当主变压器为 Y 形且有中性点引出时，消弧线圈可直接接入中性点；当主变压器为△形接线或 Y 形接线但无中性点引出时，常利用 Z 形接地变压器引出中性点连接消弧线圈，如图 9-8 所示。

所谓 Z 形接线就是曲折接线，Z 形接地变压器与普通变压器的区别是，每一相一次绕组分别绕在两个磁柱上，使得A、B、C三相的零序磁通可沿磁柱流通。普通变压器的零序磁通在磁铁内不能流通，只能通过漏磁通沿着变压器的壳体构成磁的通路。所以零序电流可以顺利地通过Z形接地变压器，从一次侧中性点N输出至消弧线圈。

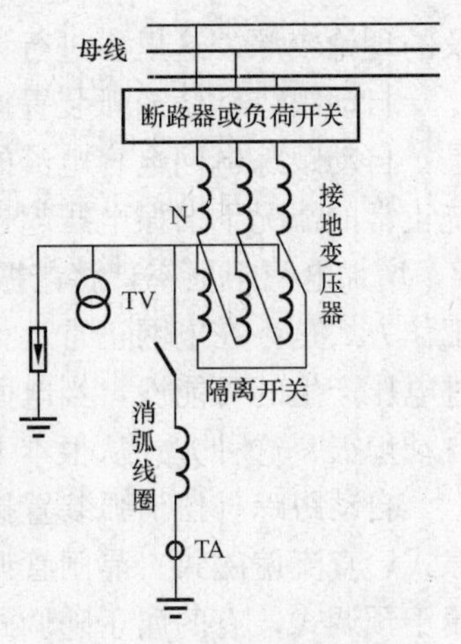

图9-8　经Z形变压器接地系统的消弧线圈

一般在系统不平衡电压较大的情况下，Z形接地变压器做成平衡式，Z形变压器中性点N就有不平衡电压输出，可供自动跟踪测量控制器在线测量系统对地电容电流。但是当系统不平衡电压较小时（如全电缆电网），Z形变压器就要做成不平衡式，使Z形变压器中性点N有50～100V的不平衡电压输出，以满足自动跟踪测量控制器的测量需要。

为了充分利用接地变压器的资源，接地变压器在带消弧线圈外，也可带二次负荷，即替代站用变压器（图9-8中，Z形接地变压器得二次绕组没有画出）。在带二次负荷时，接地变压器的容量应为消弧线圈容量与二次负荷容量之和。

早期采用的人工调匝式固定补偿消弧线圈，称为固定补偿系统。固定补偿系统的工作方式是：将消弧线圈整定在过补偿状态，其过补程度的大小取决于电网正常稳态运行时不使中性点位移电压超过相电压的15%。之所以采用过补偿，是为了避免电网切除部分线路时发生危险的串联谐振过电压，因为如整定在欠补偿状态，切除线路将造成电容电流减少，可能出现全补偿或接近全补偿的情况。但是这种系统运行在过补偿状态，当电网中发生了事故跳闸或重合等参数变化时，脱谐度无法控制，以致往往运行在不允许的脱谐度下，造成中性点过电压，三相电压对称遭到破坏。可见，固定补偿方式很难适应变动比较频繁的电网，这种系统已逐渐不再使用。

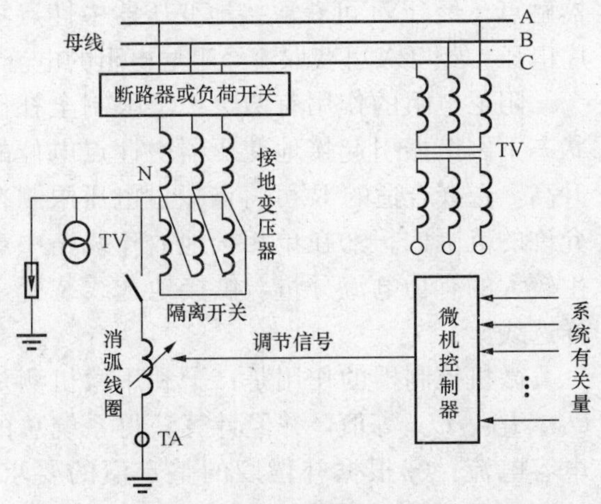

图9-9　自动跟踪补偿消弧装置原理示意图

近几年来，国内一些厂家陆续研制开发了自动跟踪补偿消弧装置。它采用微机自动跟踪控制器，自动跟踪电网参数的变化，在线测量、计算系统电容电流等有关参数，并根据补偿度等定值自动调整消弧线圈电感的大小，使消弧线圈的补偿电感调在最佳位置，自动调整补偿电流，过补、欠补均可运行，方式非常灵活，能较好地抑制弧光接地过电压、断线过电压和传递过电压等。自动跟踪补偿消弧装置原理示意图如图9-9所示。

自动跟踪补偿消弧装置测量电容电流或脱谐度方式可分为：①根据不同挡位消弧线圈电感值对应的位移电压，或通过的电流求解方程组，计算电容电流、脱谐度；②通过调节消弧线圈铁心气隙使其谐振，从而测量电容电流 I_c；③通过消弧线圈内部安装的小TV向系统注入某种特定频率信号，使其谐振，计算出脱谐度（即所谓的注入信号法）。这些方法涉及的理论较深，这里不进行详细讨论。

自动跟踪补偿消弧装置按调节时间可分为两种。一种称为预调式补偿装置，其工作方式是：自动跟踪电网电容电流的变化，随时调整消弧线圈，使其保持在谐振点上。为防止在系统正常的情况下谐振电压超过允许值，工作在这种方式时需在消弧线圈回路中串联一个电阻 R，增加电网阻尼率，将谐振过电压限制在允许的范围内。另一种称为随调式补偿装置，其工作方式是：在电网正常运行时，调整消弧线圈远离谐振点，彻底避免串联谐振等各种谐振过电压产生的可能性，当电网发生单相接地后，瞬间调整消弧线圈到最佳状态，使接地电弧自动熄灭。这种方式从根本上避免了产生串联谐振的可能性。

自动跟踪补偿消弧装置按照消弧线圈电感的调节方法可分为如下几种：调匝式、可调气隙式、直流偏磁式、晶闸管调电感式、调容式、短路高阻抗变压器式等。这些调节方法有的属于预调式，有的属于随调式，下面简要介绍这几种调节方式的工作原理。

（一）自动调匝式消弧线圈

自动调匝式消弧线圈属于预调式补偿装置，其消弧线圈绕组按不同的匝数抽出 9～15 挡的分接头（根据容量不同而匝数不同），用有载分接开关进行自动切换，改变接入的匝数，从而改变电感量。它有三种运行方式，即过补偿、欠补偿、全补偿。当运行在全补偿时，在电力系统正常的情况下随时调节消弧线圈的电感值，使其补偿的电感电流接近等于系统电容电流，接近谐振点运行。为防止系统正常运行时发生谐振过电压，在消弧线圈接地回路中串接阻尼电阻箱。这样，即使在长期运行过程中处于全补偿状态，但因电阻的阻尼作用，中性点电压也不会超过中性点长期运行的最高允许电压（我国相关规程规定为相电压的 15%）。这种自动调匝式消弧线圈简单、可靠，目前应用较多。

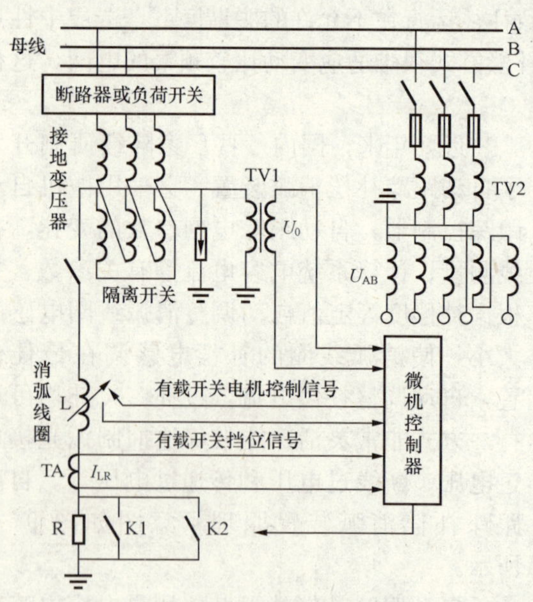

图 9-10 调匝式自动跟踪消弧线圈装置原理图

图 9-10 所示为调匝式自动跟踪消弧线圈装置的原理示意图。图中 L 为有载可调的消弧线圈，R 为阻尼电阻，K1、K2 为接触器触点。经 TV1 可获取接地变压器中性点零序电压，经 TA 可获取流经阻尼电阻的电流。

阻尼电阻的作用有两个：①限制全补偿状态下因谐振引起接地变压器中性点电位的升高，选择合适的 R 可将谐振过电压限制在允许的范围内；②在单相接地故障线路中产生较大的有功电流分量，供接地选线装置采样选线。

微机控制器的作用是：①利用微机测量 U_0、I_{LR}、U_{AB} 等值，并经计算获得系统总的电容电流；②根据补偿度的整定值的要求，控制、调整消弧线圈的分接头位置；③在单相接地故障时，控制阻尼电阻器两端的接触器触点 K1、K2，经整定时间闭合（当与小电流接地选线装置配合时，需经延时，一般取 0.5s）。

为了确保在单相接地故障时，与阻尼电阻并联的两副接触器触点能可靠短接，常设置两套措施：

(1) 交流驱动。由母线 TV 开口三角形启动电压继电器，经时间继电器延时，通过中间继电器驱动交流接触器 K1 短接阻尼电阻。

(2) 直流驱动。由消弧线圈的附加电压绕组（图 9-10 中未画出）启动电压继电器，经时间继电器延时，中间继电器驱动直流接触器 K2 短接阻尼电阻。

由于上述两套措施的启动方式及操作电源均不相同，可以保证接地故障时阻尼电阻被可靠短接。

有载调节开关在变压器上的大量使用，使人们积累了比较丰富的经验，利用它来调节消弧线圈的分接头是很安全的，同时可以在远方电动控制。其不足之处是，消弧线圈的电感不能连续调节，一般要合理地选择和确定挡位数（分接头数）和每挡变化范围，使残流在各种运行方式下都能限制在 5A 以下，以满足工程需要。

(二) 调容式消弧线圈

调容式消弧线圈的工作原理是，通过在消弧线圈的二次侧接入一定数量的电容器，来实现抵消消弧线圈电感电流的目的。图 9-11 所示为调容式消弧线圈工作原理示意图。图中二次绕组 L2 连接二次调节电容器 C1～C4，K1～K4 为真空接触器的触点，但 S1～S4 为双向晶闸管。通过晶闸管 S1～S4 的开、合来接入不同数量的电容器。

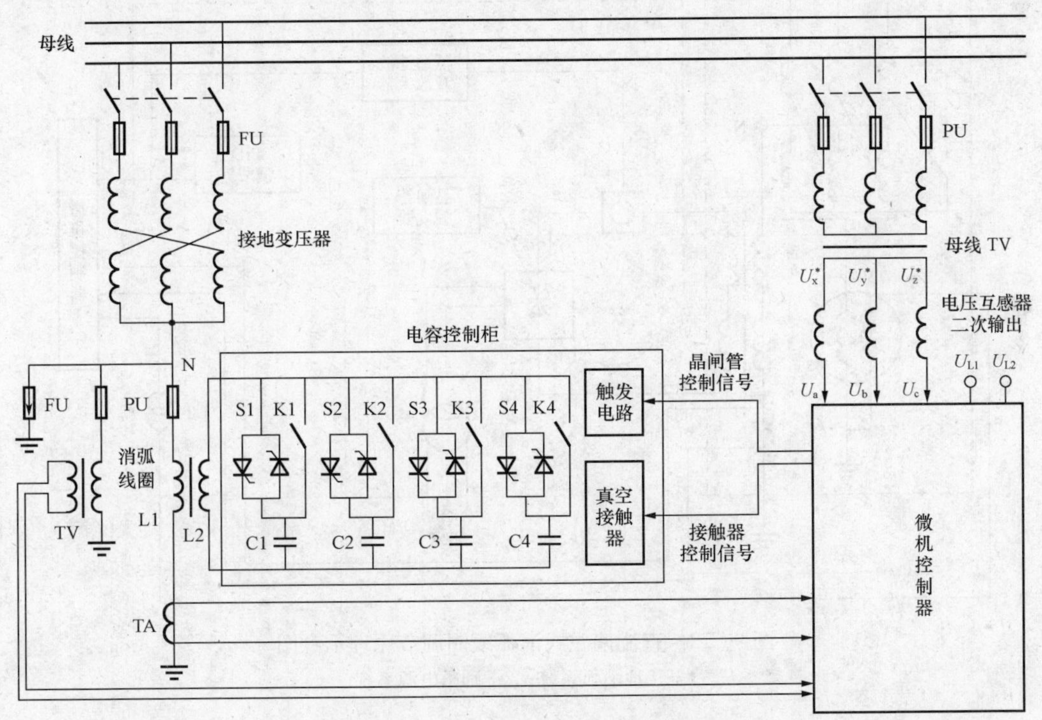

图 9-11　调容式消弧线圈工作原理示意图

分析可知，当图 9-11 中接入消弧线圈二次绕组 L2 的调节电容器全部断开时，主绕组 L1 的等效感抗最小，电感电流最大。二次绕组 L2 接入电容器后，根据阻抗折算原理，相当于主绕组两端并接了相同功率的电容，主绕组 L1 的等效感抗变大，使主绕组电感电流减少。由此可知，接入合适的并联电容容量，可以使脱谐度满足要求。

微机控制器的作用是，在电网正常运行时实时跟踪，计算电网对地电容电流及补偿电网的脱谐度，从而计算出所需补偿的电感电流值；在发生单相接地时迅速投入适量的电容，实现快速、合理的补偿。

调容式消弧线圈调节速度快，可实现随调式调节，即系统正常运行时，消弧线圈工作在远离谐振点的位置，满足中性点位移电压不大于15%相电压的要求；当发生接地故障后，再将消弧线圈调至满足残流要求的合适位置，可不加阻尼电阻。

（三）直流偏磁式消弧线圈

直流偏磁式消弧线圈的调节原理是，在消弧线圈的交流工作线圈内布置了一个铁心磁化段，通过改变铁心磁化段磁路上的直流助磁磁通大小来调节交流等值磁导，实现电感连续可调的目的。

图9-12所示为某直流偏磁式消弧线圈工作原理示意图。它由接地变压器T、偏磁式消弧系统、励磁电源系统及微机控制器等组成。

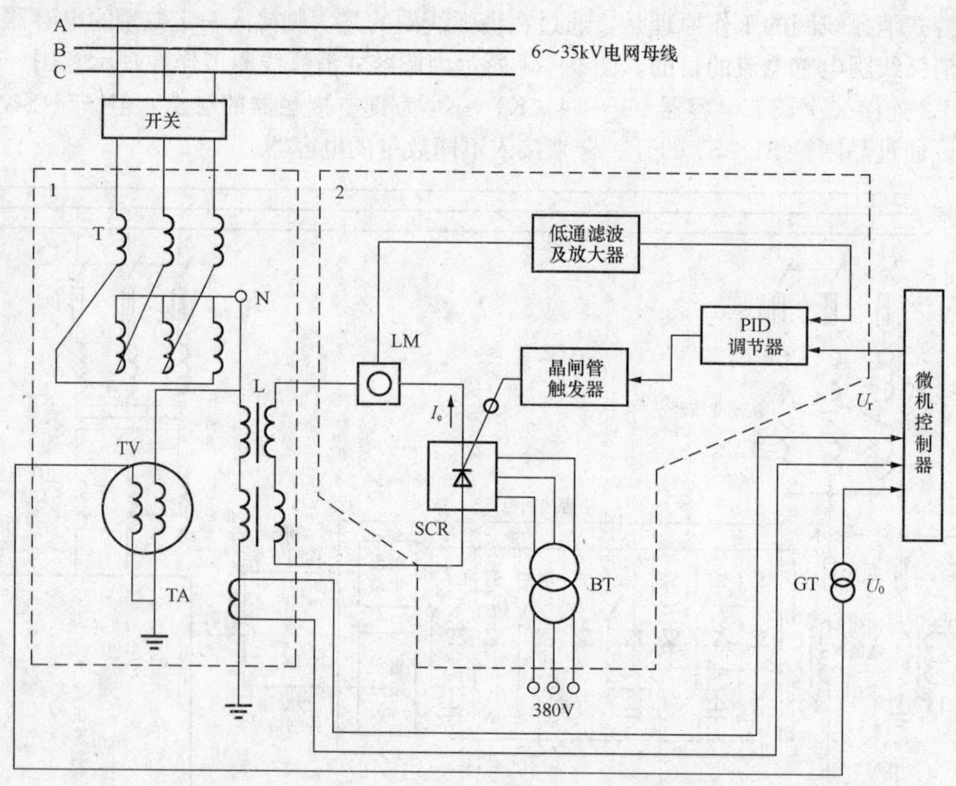

图9-12 直流偏磁式消弧线圈调节原理示意图

1—接地消弧系统；2—励磁电源系统

接地变压器T接入电网母线，引出人造中性点N，中性点N与地之间接入偏磁式消弧线圈。消弧线圈由励磁电源系统提供励磁电流 I_e，其值取决于微机控制器的输出电压 U_r。

励磁电源系统由电源变压器BT、晶闸管SCR、霍耳电流传感器LM、晶闸管触发电路、PID调节器、低通滤波及放大器等组成，用于在 U_r 控制下产生合适的励磁电流，达到补偿要求。

微机控制器经过对中性点位移电压 U_0 幅值的连续监测，实现电网正常运行状态下的电容电流自动跟踪检测、故障运行状态下的动态补偿及故障消失后的自恢复等。当发生单相接地后，微机控制器中断信号产生电路发出中断信号，执行中断程序，打开励磁系统脉冲输出控制门，消弧线圈实施全补偿，同时发生报警信号。微机控制器在对电网状态进行全面判断，经多次比较和延时处理后，确定故障完全消失的情况下，退出励磁，返回到检测状态。

直流偏磁式消弧线圈属于随调式消弧线圈。

第三节　输电线路的自动重合闸

一、自动重合闸的基本要求及选择原则

1. 自动重合闸的作用

在电力系统的各种故障中，输电线路（特别是架空线路）是发生故障几率最多的元件。运行经验表明，架空线路故障大多数是瞬时性故障。例如，由于雷电引起的绝缘子表面闪络、线路对树枝放电、大风引起的碰线、鸟害以及绝缘子表面污染等，此类故障几率占输电线路故障的90％左右。瞬时性故障引起短路后，输电线路继电保护快速动作，使相应断路器迅速跳闸，电弧即行熄灭，故障点的绝缘强度重新恢复，外界物体也被电弧烧掉而消失，此时，如果将输电线路的断路器合上，就能恢复供电，从而减少停电时间，提高供电可靠性。这种断路器的合闸，固然可通过运行人员手动操作进行，但由于停电时间长，效果并不十分显著。实际运行中，广泛采用自动重合闸装置将断路器合闸，这种装置简称ARC。

ARC的主要作用如下：

（1）提高供电可靠性，减少线路停电次数，特别对单侧电源的单回供电线路尤其显著；

（2）提高电力系统并列运行的稳定性，提高输电线路的传输容量；

（3）可纠正断路器本身机构不良、继电保护误动作以及误碰引起的误跳闸；

（4）自动重合闸与继电保护相配合，在很多情况下可以加速切除故障。

然而，输电线路还可能发生如倒杆、断线、绝缘子击穿或损坏等原因引起线路跳闸后，故障仍然存在，在发生这样的永久性故障的情况下，ARC动作将相应断路器重合到永久性故障线路上，保护装置将断路器重新跳开，而ARC装置将不再动作，我们称这种情况为重合闸不成功。这样必然给系统带来不利影响，主要表现在以下两个方面：

（1）使电力系统再一次受到故障的冲击，对电力系统稳定运行不利，可能会引起电力系统的振荡。

（2）使断路器工作条件恶化，因为在很短时间内断路器要连续两次切断短路电流。

为避免ARC带来的不利影响，应该判别出故障是瞬时性的还是永久性的。如果是瞬时性故障，ARC应动作；如果是永久性故障，ARC应不动作。然而，目前运行中的ARC均不具有这一功能。

衡量自动重合闸运行有两个指标：重合闸成功率和正确动作率。ARC的成功率一般在60％～90％，主要取决于瞬时性故障占总故障的比例，由于输电线路的故障大多数是瞬时性的，同时ARC是保证电力系统安全运行、可靠供电、提高电力系统稳定性的一项有效措施，并且具有投资很低、工作可靠等优点，因此在输电线路上ARC获得了极为广泛的应用。

目前在10kV及以上的架空线路和电缆与架空线的混合线路上，广泛采用重合闸装置，只有在各别系统由于条件的限制，不能使用重合闸。例如，断路器的遮断容量不足；防止出现非同期情况。使用于发电厂出口线路的重合闸装置，应有措施防止重合闸合于永久性故障，以减少产生更大的扭转力矩，而对轴系造成破坏。鉴于单母线或双母线的变电所在母线故障时会造成全停或部分停电的严重后果，有必要在枢纽变电所装设母线重合闸。根据系统的运行条件，事先安排哪些元件重合、哪些元件不重合、哪些元件在符合一定条件时才重合；如果母线上的线路及变压器都装有三相重合闸，使用母线重合闸不需要增加设备与回路，只是在母线保护动作时不去闭锁那些预计重合的线路和变压器，实现比较简单。

2. 自动重合闸的基本要求

（1）自动重合闸装置可由保护启动和（或）断路器控制状态与位置不对应起动。

应优先采用由控制开关的位置与断路器位置不对应的原则来启动重合闸，即当控制开关在合闸位置而断路器实际上在断开位置的情况下，使重合闸启动，这样就可以保证不论是任何原因使断路器跳闸以后，都可以进行一次重合。当用手动操作控制开关使断路器跳闸以后，控制开关与断路器的位置仍然是对应的，因此，重合闸就不会启动。

（2）在下列情况下，重合闸不应动作：

1）用控制开关或通过遥控装置将断路器断开。

2）将断路器投于故障线路上并随即由继电保护将其断开时。因为在这种情况下，故障是属于永久性的，它可能是由检修质量不合格、隐患未消除或者保安的接地线忘记拆除等原因所产生，因此再重合一次也不可能成功。

（3）在任何情况下（包括装置本身的元件损坏、重合闸输出触点的粘住），自动重合闸装置的动作次数应符合预先的规定（如一次式重合闸就应该只动作1次，当重合于永久性故障而再次跳闸以后，就不应该在动作；对二次式重合闸就应该能够动作两次，当第二次重合于永久性故障而跳闸以后，它不应该再动作）。

（4）自动重合闸装置动作后，应能经整定的时间后自动复归。但对10kV及以下电压的线路，如当地有值班人员时，为简化重合闸的实现，也可采用手动复归的方式。

采用手动复归的缺点是：当重合闸动作后，在值班人员未及时复归前又一次发生故障时，重合闸将拒绝动作，这在雷雨季节、雷害活动较多的地方尤其可能发生。

（5）自动重合闸装置的合闸时间应能整定，应有可能在重合闸以前或重合闸以后加速继电保护的动作，以便更好地与继电保护相配合加速故障的切除。

（6）自动重合闸装置应具有接受外来闭锁信号的功能。当断路器处于不正常状态（如操动机构中使用的气压、液压降低等）而不允许实现重合闸时，应将自动重合闸装置闭锁。

3. 自动重合闸的分类

（1）按作用于断路器的方式，自动重合闸可分为三相重合闸、单相重合闸和综合重合闸。三相重合闸指的是线路上发生任何形式的故障时，均实行三相自动重合，当重合到永久性故障时，断开三相并不再重合。单相重合闸指的是线路上发生单相故障时，实行单相自动重合（断路器可分相操作），当重合到永久性故障时，一般是断开三相并不再进行重合；线路上发生相间故障时，则断开三相不进行自动重合。综合重合闸指的是线路上发生单相故障时，实行单相自动重合，当重合到永久性故障时，一般是断开三相不再进行自动重合；线路上发生相间故障时，实行三相自动重合。

（2）根据重合闸控制断路器连续次数的不同，自动重合闸可将重合闸分为多次重合闸和一次重合闸。多次重合闸一般使用在配电网中与分段器配合，自动隔离故障区段，是配电自动化的重要组成部分；而一次重合闸主要用于输电线路，以提高系统的稳定性。

（3）按重合闸使用的条件，自动重合闸可分为单侧电源线路重合闸和双侧电源线路重合闸。双侧电源线路重合闸又可分为检无压和检同期重合闸、解列重合闸和自同期重合闸。

（4）按重合闸的实现方法，自动重合闸可分为电气式、晶体管式、集成电路式的重合闸装置实现重合闸，中、低压线路微机保护测控装置中用重合闸程序实现重合闸，高压线路成套微机保护装置中用重合闸插件实现重合闸等。

（5）根据重合闸控制的断路器所接通或断开的电力元件的不同，可将自动重合闸为线路重合闸、变压器重合闸和母线重合闸等。

5. 6MVA及以上低压侧不带电源的单组降压变压器，如其电源侧装有断路器和过电流保护，且变压器断开后将使重要用电设备断电，可装设变压器重合闸装置。当变压器内部故障，瓦斯保护和差动（或电流速断）保护动作应将重合闸闭锁，因变压器内部故障多数为永久性故障，仅当后备保护动作时启动重合闸。

重合闸应按断路器配置；当一组断路器设置有两套重合闸装置（如线路的两套保护装置均有重合闸功能）且同时投运时，应有措施保证线路故障后仍仅实现一次重合闸。

4. 自动重合闸方式的选择原则

GB/T 14285—2006《继电保护和安全自动装置技术规定》中规定了各等级电力线路不同运行条件下的重合闸方式的选定原则。

（1）自动重合闸装置应按下列规定装设：

1）3kV及以上的架空线路及电缆与架空混合线路，在具有断路器的条件下，如用电设备允许且无备用电源自动投入时，应装设自动重合闸；

2）旁路断路器与兼作旁路的母线联络断路器，应装设自动重合闸装置；

3）必要时母线故障可采用母线自动重合闸装置。

（2）110kV及以下单侧电源线路的自动重合闸装置，按下列规定装设：

1）采用三相一次重合闸。

2）当断路器断流容量允许时，下列线路可采用两次重合闸方式：

a. 无经常值班人员变电站引出的无遥控的单回线；

b. 给重要负荷供电，且无备用电源的单回线。

c. 由几段串联线路构成的电网，为了补救速动保护无选择性动作，可采用带前加速的重合闸或顺序重合闸方式。

（3）110kV及以下双侧电源线路的自动重合闸装置，按下列规定装设：

1）并列运行的发电厂或电力系统之间，具有4条以上联系的线路或3条紧密联系的线路，可采用不检查同步的三相自动重合闸方式。

2）并列运行的发电厂或电力系统之间，具有2条联系的线路或3条联系不紧密的线路，可采用同步检定和无电压检定的三相重合闸。

3）双侧电源的单回线路，可采用下列重合闸方式：

a. 解列重合闸方式，即将一侧电源解列，另一侧装设线路无电压检定的重合闸方式；

b. 当水电厂条件许可时，可采用自同步重合闸方式；

c. 为避免非同步重合闸及两侧电源均重合于故障线路上，可采用一侧无电压检定，另一侧采用同步检定的重合闸方式。

（4）220～500kV线路应根据电网和线路的特点采用下列重合闸方式：

a. 对220kV单侧电源线路，采用不检查同步的三相重合闸方式；

b. 对220kV线路，当满足上述（3）中a有关采用三相重合闸方式的规定时，可采用不检查同步的三相重合闸方式；

c. 对220kV线路，当满足上述（3）中b有关采用三相重合闸方式的规定，且电力系统稳定要求能满足时，可采用检查同步的三相重合闸方式；

d. 对不符合上述条件的220kV线路，应采用单相重合闸方式；

e. 对330～500kV线路，一般情况下应采用单相重合闸方式；

f. 对可能发生跨线故障的330～500kV同杆并架双回线路，如输送容量较大，且为了提高电力系统安全稳定运行水平，可考虑采用按相自动重合闸方式。

上述三相重合闸方式也包括仅在单相故障时的三相重合闸。

（5）在带有分支的线路上使用单相重合闸时，分支线侧的自动重合闸装置采用下列方式。

1）分支处无电源方式：

a. 分支处变压器中性点接地时，装设零序电流启动低电压选相的单相重合闸，重合后不再跳闸。

b. 分支处变压器中性点不接地，但所带负荷较大时，装设零序电压起动低电压选相的单相重合闸装置，重合后不再跳闸；所带负荷较小时，不装重合闸装置，也不跳闸。

如分支处无高压电压互感器，可在变压器中性点（中性点不接地）处装设一个电压互感器，当线路接地时，由零序电压保护启动，跳开变压器低压侧三相断路器，重合后不再跳闸。

2）分支处有电源方式：

a. 如分支处电源不大，可用简单的保护将电源解列后，按（5）中1）方式处理；

b. 如分支处电源较大，则在分支处装单相重合闸。

二、单侧电源线路的三相一次自动重合闸

在我国，电力系统中单侧电源的线路广泛采用三相一次重合闸方式。所谓三相一次重合闸方式是指，不论在输电线路上发生相间短路还是接地短路，继电保护装置都应动作将三相断路器一起断开，然后重合闸装置启动，经预定延时（可整定）将三相断路器重新合上。若故障为瞬时性故障，则重合成功；若为永久性故障，保护再次动作跳开三相断路器，则ARC不再重合。

传统的自动重合闸装置一般为电磁式，目前变电站综合自动化系统中自动重合闸已不单独设置自动重合闸装置，一般由保护装置模块兼并完成自动重合闸功能。

（一）重合闸“充电”

线路发生故障时，ARC动作一次，表示断路器进行了一次“跳闸—合闸”过程。为保证断路器切断能力的恢复，断路器进入第二次“跳闸—合闸”过程需有足够的时间，否则切断能力会下降。为此，一般这一间隔时间取ARC动作后需经一定间隔时间（也可称15～

25s)。另外，线路上发生永久性故障时，ARC 动作后，也应经一定时间后 ARC 才能动作，以免 ARC 的多次动作。

为满足上述两方面的要求，重合闸充电时间取 15～25s。在电气式重合闸中，利用电容器放电获得一次重合闸脉冲。电容器具有充电慢、放电快的特点，因此该电容器充电到能使 ARC 动作的充电时间应为 15～25s。微机保护测控装置中，一般模仿电磁式重合闸装置，采用计数器完成“充电”。

重合闸的充电条件应是：

(1) 重合闸投入运行处正常工作状态，说明保护装置未启动。

(2) 在重合闸未启动情况下，三相断路器处合闸状态，断路器跳闸位置继电器未动作。断路处合闸状态，说明控制开关处“合闸后”状态，断路器跳闸位置继电器未动作。

(3) 在重合闸未启动情况下，断路器正常状态下的气压或油压正常。这说明断路器可以进行跳合闸，允许充电。

(4) 没有闭锁重合闸的输入信号。

(5) 在重合闸未启动情况下，没有 TV 断线失压信号。当 TV 断线失压时，保护装置工作不正常，重合闸装置对无压、同期的检定也会发生错误。在这种情况下，装置内部输出闭锁重合闸的信号，实现闭锁，不允许充电。

(二) 重合闸的启动方式

重合闸的启动有两种方式，即控制开关与断路器位置不对应启动方式和保护启动方式。

1. 控制开关与断路器位置不对应启动方式

重合闸的位置不对应启动就是断路器控制开关 SA 处于“合闸后”状态，断路器处于跳闸状态，两者位置不对应启动重合闸。

采用位置不对应启动重合闸的方式，线路发生故障保护将断路器跳开后，出现控制开关与断路器位置不对应，从而启动重合闸。如果由于某种原因，例如工作人员误碰断路器操动机构、断路器操动机构失灵、断路器控制回路存在问题以及保护装置出口继电器的触点因撞击振动而闭合等，致使断路器发生“偷跳”(此时线路没有故障存在)，则位置不对应同样能启动重合闸。可见，位置不对应启动重合闸可以纠正各种原因引起的断路器“偷跳”。断路器“偷跳”时，保护因线路没有故障处于不动作状态，保护不能启动重合闸。

这种位置不对应启动重合闸的方式简单可靠，在各级电网的重合闸中有着良好的运行效果，是所有自动重合闸启动的基本方式，对提高供电可靠性和系统的稳定性具有重要意义。为判断断路器是否处跳闸状态，需要应用到断路器的辅助触点和跳闸位置继电器。因此，当发生断路器辅助触点接触不良、跳闸位置继电器异常、触点粘牢等情况时，位置不对应启动重合闸将失效，这显然是该启动方式的缺点。

为克服位置不对应启动重合闸的这一缺点，在断路器跳闸位置继电器每相动作条件中增加了线路相应相无电流条件的检查，进一步确认并提高了启动重合闸的可靠性。

2. 保护启动方式

目前大多数线路的自动重合闸装置，在保护动作发出跳闸命令后，重合闸才发合闸命令，因此自动重合闸应支持保护跳闸命令的启动方式。

保护启动重合闸，就是用线路保护跳闸出口触点来启动重合闸。因为是采用跳闸出口触点来启动重合闸，保护启动重合闸可纠正继电保护误动作引起的误跳闸，但不能纠正断路器的“偷跳”。

在电气式重合闸回路中，一般只采用不对应启动方式来启动重合闸。

（三）软件实现的重合闸

1. 三相一次重合闸的程序流程图

在使用三相自动重合闸的中、低压线路上，自动重合闸是由该线路微机保护测控装置中的一段程序来完成的。该程序是模拟了电气式自动重合闸装置中的电容充放电原理来设计的。图 9 - 13 所示为三相一次重合闸的程序流程图。

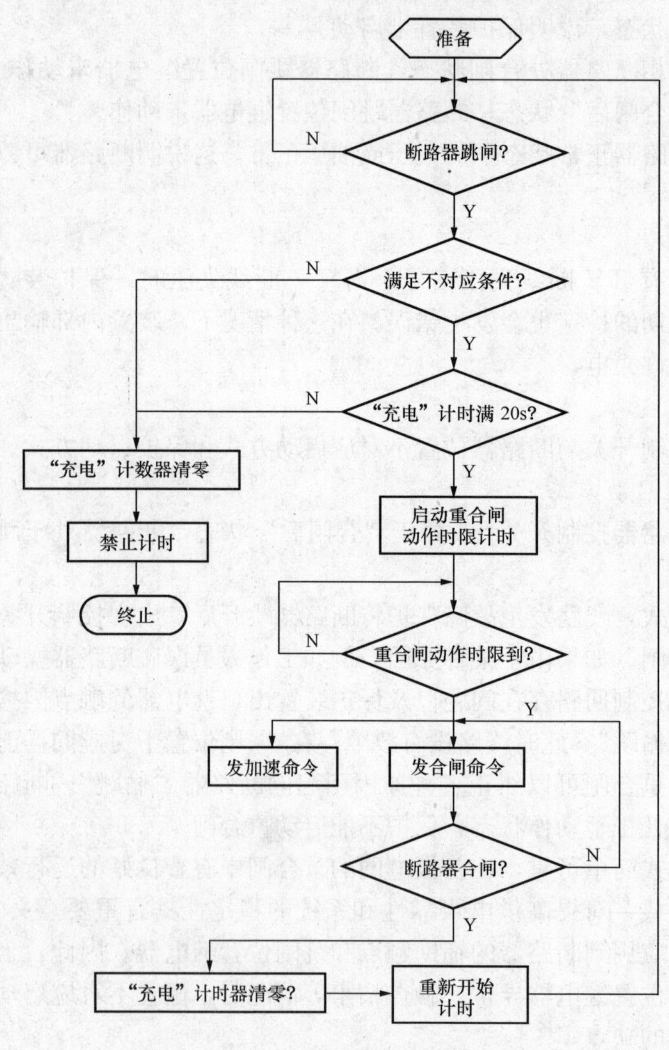

图 9 - 13 三相一次重合闸的程序流程图

在数字式重合闸中（程序实现的重合闸），模拟电容器充电是一个计数器，计数器计数相当于电容器充电，计数器清零相当于电容器放电，重合闸充电条件同前述。

从线路投运开始，程序就开始做重合闸的准备。在微机保护测控装置中，常采用一个计数器计时是否满 20s（该值就是重合闸的复归时间定值，并且是可以整定的，为便于说明，这里先假设为固定值）来表明重合闸是否已准备就绪。当计数器计时满 20s 时，表明重合闸已准备就绪，允许重合闸；否则，当计数器计时未满 20s 时，即使其他条件满足，也不允许重合。如果在计数器计时的过程中，或计数器计时已满 20s 后，有闭锁重合闸的条件出现，程序会将计数器清零，并禁止计数。程序检测到计数器计时未满，则禁止重合。许多产品说明书中仍以“充电”是否完成来描述重合闸是否准备就绪为此将该计数器称为“充电”计数器。

重合闸启动后，并不立即发合闸命令，而是当重合闸动作时限的延时结束后才发合闸命令。在发合闸命令的同时，还要发加速保护的命令。

当断路器合闸后，重合闸“充电”计数器重新开始计时。如果是线路发生瞬时性故障引起的跳闸或断路器误跳闸，重合命令发出后，重合成功，重合闸“充电”计数器重新从零开始计时，经 20s 后计时结束，准备下一次动作。如果是线路永久性故障引起的跳闸，则断路器会被线路保护再次跳开，程序将循环执行。当程序开始检测重合闸是否准备就绪时，由于重合闸“充电”计数器的计时未满 20s（这是由于在断路器重合闸后，重合闸“充电”计数器是从零重新开始计时的，虽然经线路保护动作时间和断路器跳闸时间，但由于保护已被重合闸加速，所以它们的动作时间总和很短，故“充电”计数器计时不足 20s)，程序将“充电”计数器清零，并禁止重合闸。

在微机保护测控装置中，常常兼用两种启动方式（注意：在有些保护装置中这两种方式不能同时投入，只能经控制字选择一种启动方式)。图 9-13 中仅给出了不对应启动方式的启动过程。

当微机保护测控装置检测到断路器跳闸时，先判断是否符合不对应启动条件，即检测控制开关是否在合位。如果控制开关在分位，那么就不满足不对应条件（即控制开关在跳位，断路器也在跳闸位置，它们的位置对应)，程序将“充电”计数器计时清零，并退出运行。如果没有手动跳闸信号，那么说明不对应条件满足（即控制开关在合位，而断路器在跳闸位置，它们的位置不对应)，程序开始检测重合闸是否准备就绪，即“充电”计数器计时是否满 20s。如果“充电”计数器计时不满 20s，程序将“充电”计数器清零，并禁止重合；如果计时满 20s，则立即启动重合闸动作时限计时。

2. 软件重合闸的动作逻辑

三相一次重合闸有三种重合闸方式，即无条件重合闸、检同期重合闸、检无压重合闸。无条件重合闸适用于单侧电源线路，检同期和检无压重合闸适用于双侧电源线路（其原理见本节下述内容)。

为了保证重合闸的可靠性和稳定性，设置了充电条件，只有充电条件满足后，才可能启动重合闸。

重合闸充电条件完成动作逻辑如图 9-14 所示。重合闸保护元件动作逻辑如图 9-15 所示。

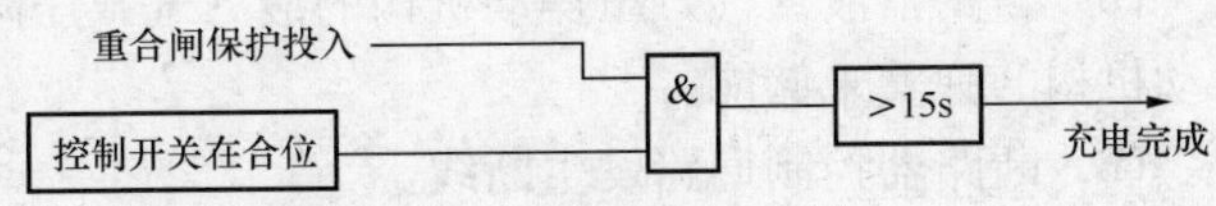

图 9-14 重合闸充电条件完成动作逻辑

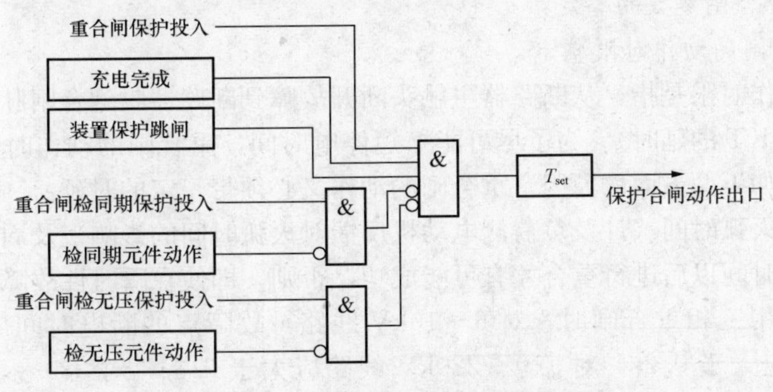

图 9-15 重合闸保护元件动作逻辑

T_{set}—重合闸动作时限定值

重合闸检同期元件动作判据：线路抽取线电压和母线电压满足相位差（即同期角度，可整定）在允许范围内。

重合闸检无压元件动作判据：（线路抽取线电压）$U_{XAB} \leqslant U_{set}$（检无压电压定值）

后加速保护元件动作逻辑如图 9-16 所示。

（四）自动重合闸的闭锁

在某些情况下，断路器跳闸后不允许自动重合，因此，应将重合闸装置闭锁。重合闸闭

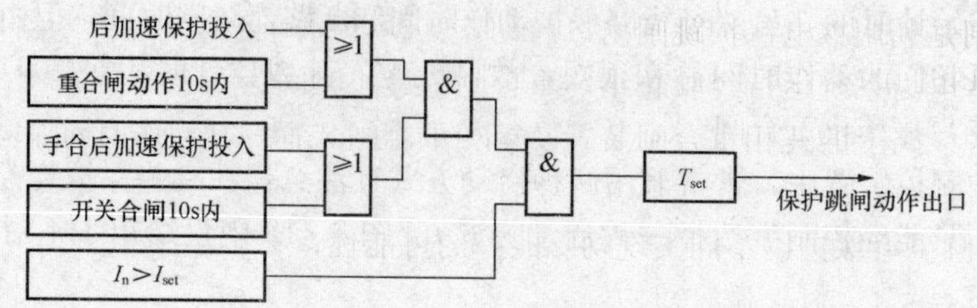

图 9-16　后加速保护元件动作逻辑

I_{set} —过电流保护定值；T_{set} —后加速保护时限定值；I_n —任一相保护电流

锁就是将重合闸“充电”计数器瞬间清零（使电容器放电）。闭锁重合闸主要有以下方面：

（1）手动跳闸或通过遥控装置跳闸。当手动操作合闸时，如果合到的是故障线路，保护会立刻动作将断路器跳闸，此时重合闸不允许启动。程序开始检测重合闸是否准备就绪时，由于重合闸“充电”计数器的计时未满 20s，程序将“充电”计数器清零，并禁止重合。

（2）按频率自动减负荷动作跳闸、低电压保护动作跳闸、过负荷保护动作跳闸、母线保护动作跳闸。

（3）当选择检无压或检同期工作时，检测到母线 TV 、线路侧 TV 二次回路断线失压。

（4）检线路无压或检同期不成功时。

（5）断路器液（气）压操动机构的液（气）压降低到不允许合闸的程度，或断路器弹簧操动机构的弹簧未储能。

（6）断路器控制回路发生断线。

（7）重合闸停用断路器跳闸。

（8）重合闸发出重合脉冲的同时，闭锁重合闸。

（五）自动重合闸参数的整定

1. 自动重合闸的动作时限整定

重合闸的动作时限是指，从断路器主触头断开故障到断路器收到合闸脉冲的时间（在电气式重合闸中指 KT 的延时）。为了尽可能缩短停电时间，重合闸的动作时限原则上应越短越好。但考虑到如下两方面的原因，重合闸的动作又必须带一定的时延。

（1）故障点灭弧时间（计及负荷侧电动机反馈对灭弧时间的影响）及周围介质去游离时间。必须在这个时间以后进行重合才有可能成功，否则，即使在瞬时性故障情况下，重合闸也不成功。当采用三相重合闸时，对 6～10kV 线路，故障点的断电时间应大于 0.1s，对 35～66kV 线路应大于 0.2s，对 110～220kV 线路应大于 0.3s，对 330～500kV 线路应大于 0.4s。

（2）断路器及操作机构准备好再次动作的时间。重合闸必须在这个时间以后才能向断路器发出合闸脉冲。

对单电源辐射状单回线路，重合闸动作时限 t_{op}^{AAR} 为

$$t_{op}^{AAR} = t_{dis} + t_{on} + \Delta t \tag{9-7}$$

式中　t_{dis} ——故障点的去游离时间；

t_{on} ——断路器的合闸时间；

Δt ——时间裕度，取 0.3～0.4s。

如果重合闸是利用继电保护跳闸出口启动，其动作时间还应该加上断路器的跳闸时间。根据我国的一些电力系统运行经验总结，重合闸的最小时间为 0.3～0.4s。

对双侧电源线路上的三相重合闸装置及单相重合闸装置，其动作时间除应考虑上述要求外，还应考虑：

1）线路两侧继电保护以不同实现切除故障的可能性；

2）故障点潜供电流对灭弧时间的影响。

2. 重合闸复归时间的整定

重合闸复归时间就是从一次重合结束到下一次允许重合之间所需的最短间隔时间。复归时间的整定需考虑以下两个方面因素。

(1) 保证当重合到永久性故障，由最长时限段的保护切除故障时，断路器不会再次重合。考虑到最严重情况下，断路器辅助触点可能先于主触头切换，提前的时间为断路器的合闸时间。于是重合闸的复归时间 t_{re}^{AAR} 为

$$t_{re}^{AAR} = t_{op.max} + t_{on} + t_{op}^{AAR} + t_{off} + \Delta t \tag{9-8}$$

式中　$t_{op.max}$——保护最长动作时限；

t_{on}——断路器的合闸时间；

t_{op}^{AAR}——重合闸的动作时限；

t_{off}——断路器的跳闸时间；

Δt——时间裕度。

(2) 保证断路器切断能力的恢复。当重合闸动作成功后，复归时间不小于断路器第二个“跳闸—合闸”间的间隔时间。重合闸复归时间一般取 15～25s 即可满足以上要求。

3. 微机保护有关定值整定的说明

在进行微机保护的定值整定时要注意，微机保护中有两种定值，一种是开关型定值，一种是数值型定值。它们都被存储在电可擦除的存储器（E^2PROM）中，供程序在执行过程中检查、调用，也可由技术人员进行修改。因为开关型定值经常以二进制的形式被存储在存储器的一个或多个字节中，所以又称它们为控制字，它们中每 1 位二进制数或每几位二进制数的组合，用于控制某一种或几种保护及其他功能的投入、退出，如与重合闸有关的检同期和检无压的控制、重合闸启动方式的控制等。另外，有一些控制字用于保护出口的控制，因具有传统保护屏上的保护连接片的功能，故又被称为软连接片，如投入或退出重合闸用的重合闸软连接片。数值型定值指的是保护动作的整定值，如上述重合闸的动作时限、重合闸的复归时间、后加速延时解除时间，以及后面将要介绍的双电源重合闸的低电压动作值、重合同期角度等。

三、双侧电源线路的自动重合闸

双电源线路是指两个或两个以上电源间的联络线。在双电源线路上实现重合闸的特点是要考虑断路器跳闸后，电力系统可能分列为两个独立部分，有可能进入非同期运行状态。因此除需满足前述基本要求外，还必须考虑以下两个问题。

(1) 故障点的断电时间问题。因为当线路发生故障时，线路两侧的继电保护可能以不同的时限跳开两侧的断路器，这种情况下只有两侧的断路器都跳开后，故障点才完全断电。为保证故障点有足够的断电时间，以提高重合闸成功的可能性，先跳闸一侧的断路器重合动作，应在故障点有足够断电时间的情况下进行。

（2）同期问题。这是因为当线路发生故障，两侧断路器跳闸后，线路两侧电源之间电动势夹角摆开，甚至有可能失去同期。因此，后重合侧重合时应考虑是否允许非同期合闸和进行同期检定的问题。因此，双电源电路上的三相自动重合闸，应根据电网的接线方式和运行情况，采用不同的重合闸方式。在我国电力系统中，常采用的有三相快速自动重合闸、三相非同期自动重合闸、检同期重合闸、解列重合闸、无电压检定和同期检定的重合闸、检定平行线路电流的自动重合闸、自同期重合闸等。

（一）三相快速自动重合闸

所谓三相快速自动重合闸，就是在输电线路发生故障时，两侧保护瞬时将故障切除后，不管两侧电源是否同步，就可进行重合，经0.5～0.6s延时后，两侧断路器都重新合上。在合闸瞬间，两侧电源很可能不同步，但因重合时间短，重合后系统也会很快拉入同步。可见，快速重合方式具有快速、不失步的特点，所以是提高系统并列运行的稳定性和供电可靠性的有效措施之一。其在220kV以上的线路应用比较多。但采用三相快速自动重合闸应具备如下条件：

（1）线路两侧都必须装设全线速动保护，如高频保护、纵联差动保护等；

（2）线路两侧必须具有快速动作的断路器，如快速空气断路器等。

由于三相快速自动重合闸不检定同期，所以在采用这种重合闸方式时必须校验两侧断路器重新合闸瞬间所产生的冲击电流，要求通过电气设备的冲击电流周期分量不超过相关规定的允许值。

由此可见，在具备相应条件下，能否采用快速重合闸取决于重合瞬间通过设备的冲击电流值和重合后的实际效果。当然，当线路上的瞬时保护停用时，应闭锁重合闸。

（二）三相非同期自动重合闸

当不具备快速切除全线路故障和快速动作的断路器条件时，可以考虑采用非同期自动重合闸。非同期自动重合闸就是输电线路两侧断路器跳闸后，不考虑系统是否同步而进行自动重合。显然，重合时电气设备可能要受到较大的冲击电流，系统也可能发生振荡。因而只有当线路上不具备采用快速重合闸且符合下列条件并认为必要时，才采用非同期自动重合闸：

（1）进行非同期重合闸时，流过同步发电机、同步调相机或电力变压器的冲击电流不得超过允许值。如无相关规定时，冲击电流的允许值应同三相快速自动重合闸时的规定值相同，不过在计算冲击电流时两侧电动势间相位差取180°。

（2）避免在大容量发电机组附近采用非同期重合闸，以防止机组轴系扭伤，影响机组的使用寿命。

（3）非同期重合闸后，拉入同期的过程是一种振荡状态，各点电压出现不同程度的波动，应注意减小其对重要负荷的影响。因为在振荡过程中，系统各点电压发生波动，有可能产生甩负荷现象，所以必须采取相应的措施，减小其影响。

（4）应设法避免非同期重合闸的振荡过程，以及断路器三相触头不同时闭合所引起的保护误动作问题。

输电线路非同期自动重合闸通常有按顺序投入线路两侧断路器和不按顺序投入两侧断路器两种方式。

（1）按顺序投入线路两侧断路器的方式是预先规定两侧断路器的合闸顺序，先重合侧采用单电源线路重合闸接线，后重合侧采用检定线路有电压后才重合的自动重合闸接线。当线路出现故障，继电保护动作跳开两侧断路器后，先重合侧重合该侧断路器，若是瞬时性故障，则重合成功，于是线路上有电压，后重合侧检测到线路有电压而重合，线路恢复正常运行。若为永久性故障，先重合侧重合后，继电保护会加速动作跳开断路器，不再重合，后重合侧由于线路无电压而不能进行重合。可见，这种重合闸方式的最大优点是永久性故障情况下后重合侧不会重合，避免再一次给系统造成冲击。其缺点是后重合侧一定要在线路有电压下（即先重合侧断路器已合上）才进行重合，因而整个重合时间较长，线路恢复供电时间也较长；另外，在线路侧必须装设电压互感器或电压抽取装置，增加了设备投资。

（2）不按顺序投入线路两侧断路器的方式是两侧均采用单电源线路三相自动重合闸接线。其优点是接线简单，不需装设线路电压互感器，系统恢复并列运行快，从而提高了供电可靠性；缺点是在永久性故障情况下线路两侧断路器均要重合一次，对系统冲击次数较多。

在我国110kV以上的线路，非同期重合闸一般采用不按顺序投入线路两侧断路器的方式。

（三）无电压检定和同期检定的三相自动重合闸

无电压检定和同期检定的三相自动重合闸就是当线路两侧断路器跳闸后，先重合侧检定线路无电压而重合，后重合侧检定同期后再进行重合。前者常被称为无压侧，后者常被称为同期侧。因为这种重合闸方式不会产生危及电气设备安全的冲击电流，也不会引起系统振荡，所以用在没有条件或不允许采用三相快速重合闸、非同期自动重合闸的双电源联络线上。采用这种重合闸方式时，线路两侧均需装设电压互感器或电压抽取装置。

1. 工作原理

图9-17所示为无电压检定和同期检定的三相一次自动重合闸工作流程图。

图9-18为无电压检定和同期检定的三相自动重合闸原理接线示意图。这种重合闸方式是在单侧电源线路的三相一次自动重合闸的基础上增加附加条件来实现的，即除在线路两侧均装设单侧电源线路三相一次重合闸装置外，两侧还装设有检定线路无压的低电压继电器KV和检定两侧电源同步的同步继电器KY，并把KV和KY触点串入重合闸时间元件的启动回路中。正常运行时，两侧同步检定继电器KY通过连接片均投入，而检定无压继电器KV仅一侧投入（如M侧），另一侧（如N侧）KV通过无压连接片断开。

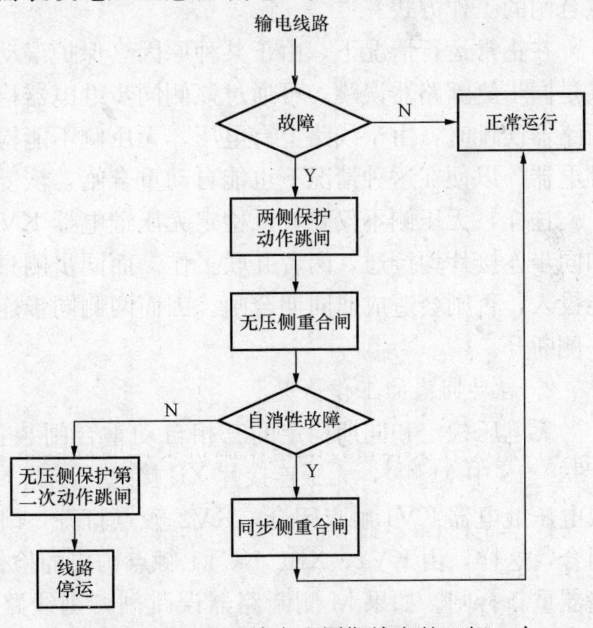

图9-17　无电压检定和同期检定的三相一次自动重合闸工作流程图

当输电线路上发生故障时，两侧断路器被继电保护装置跳开后，线路失去电压，两侧的KY继电器不动作，其触点打开。这时检查线路无压的M侧低电压继电器KV动作，其触点闭合，经无压连接片启动ARC，经预定时间，M侧断路器重新合闸。如果线路发生是永久性故障，则M侧后加速保护装置动作再次跳开该侧断路器不再重合。由于N侧断路器已

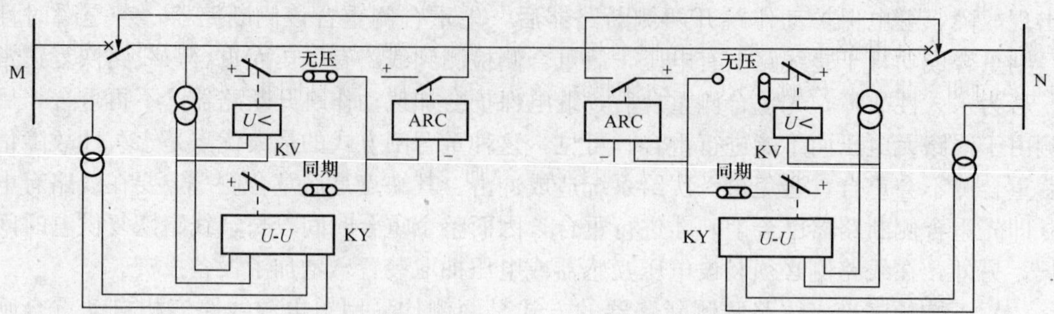

图 9-18 无电压检定和同期检定的三相自动重合闸原理接线示意图

跳开，这样 N 侧线路无电压，只有母线上有电压，故 N 侧同步继电器 KY 因只一侧有电压而不能启动重合闸装置，所以 N 侧 ARC 不动作。

如果线路上发生的是瞬时性故障，则 M 侧检定无压重合成功，N 侧线路有电压。这时，N 侧同步继电器既加入母线电压也加入线路电压，于是 N 侧 KY 开始检查两电压的电压差、频率差和相角差是否在允许范围内，当满足同期条件时，KY 触点闭合时间足够长，经同步连接片使 N 侧 ARC 动作，重新合上 N 侧断路器，线路便向正常供电。

由以上分析可知，无压侧的断路器在重合至永久性故障时，将接连两次切断短路电流，其工作条件显然比同步侧恶劣，为使两侧断路器工作条件相同，可采用连接片定期切换两侧重合闸的工作方式。

在正常运行情况下，由于某种原因（保护误动作、误碰跳闸等）使断路器误跳闸时，如果是同步侧断路器误跳，可通过该侧同步继电器检定同期条件使断路器重合；如果是无压侧断路器误跳时，由于线路上有电压，无压侧不能检定无压而重合，为此，无压侧也投入同步继电器，以便在这种情况下也能自动重合闸，恢复同步运行。

这样，无压侧不仅要投入检定无压继电器 KV，还应投入同步继电器 KY，无压连接片和同步连接片均接通，两者并联工作。而同步侧只投入检定同步继电器，检定无压继电器不能投入，否则会造成非同期合闸。因而两侧同步连接片均投入，但无压连接片一侧投入，另一侧断开。

2. 启动回路的工作情况

无电压检定和同期检定的三相自动重合闸装置的启动回路如图 9-19 所示。在无压侧（图 9-18 中 M 侧），无压连接片 XB 接通。线路故障时两侧断路器跳开后，因线路无电压，低电压继电器 KV1 触点闭合，KV2 触点打开，跳闸位置继电器 KCT 动作，其触点 KCT1 闭合，这样，由 KV1、XB、KCT1 触点构成的检查无压启动回路接通，ARC 动作，M 侧断路器重新合闸。如果 M 侧断路器误跳闸，则线路侧有电压，KV1 触点打开，KV2 触点闭合，KCT 动作，KCT1 闭合，同步继电器 KY 检定同期条件后，重合该侧断路器。

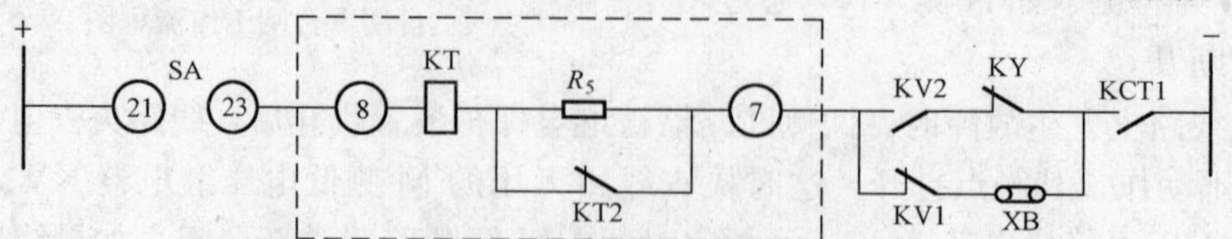

图 9-19 无电压检定和同期检定的三相重合闸启动回路

在同步侧（图 9-18 中 N 侧），无压连接片 XB 断开，切断了检定线路无电压重合的启动回路。只有在断路器跳闸，线路侧有电压，即 KCT1 触点闭合，KV2 触点闭合的情况下，且满足同期条件时，该侧 ARC 才动作将断路器重新合上，恢复同步运行。

3. 有关参数的整定

对于无电压检定和同期检定的三相自动重合闸，除了要整定本节标题“二”中“（五）”所讨论的参数外，一般还需要整定如下两个参数：

（1）检定线路无压的动作值。在无压侧，当检定到线路无电压，实际上是线路电压低于某一值时，启动该侧的重合闸。该电压值即检定线路无压的动作值，一般据运行经验整定该值为 50%的额定电压。

（2）检定线路有电压的动作值。在同步侧，检测到线路电压恢复，实际是检测到线路电压高于某一值（如 70%）时，且满足同期条件的情况下，启动该侧的重合闸。该低压值即检定线路有电压的动作值。

（四）解列自动重合闸

图 9-20 所示为主系统通过单回线路向地区系统供电的接线，地区系统因小电源存在，故输电线为双侧电源线路。正常运行时，将不重要负荷安排在系统受电的母线上，地区重要负荷安排在地区小电源供电的母线上，并且重要负荷与小电源容量基本平衡，通过受电侧母联断路器（解列点）的负荷电流为最小。

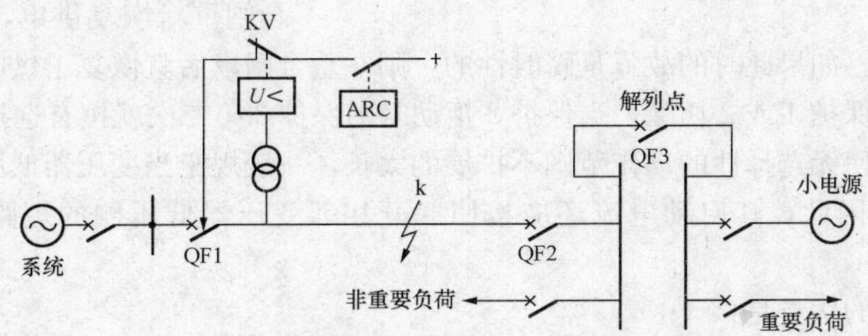

图 9-20　双侧电源线路解列自动重合闸示意图

该输电线的送电侧装设检定无压重合闸。解列自动重合闸是指当线路上发生故障时（如 k 点），小电源侧在解列点将小电源解列，送电侧（主系统侧）检定无压重合。线路上 k 点发生故障时，主系统侧继电保护动作后断开线路断路器 QF1，地区系统侧继电保护动作后不跳线路断路器 QF2，而将解列点断路器 QF3 跳闸。这样，地区系统解列，地区重要负荷供电得到保证，电能质量也得到保证，地区不重要负荷供电中断。

如果 k 点发生的是瞬时性故障，则主系统侧检定无压重合，地区不重要负荷恢复供电，然后在 QF3 解列点进行同期并列，恢复原有的正常工作状态。如果 k 点发生的是永久性故障，主电源侧重合闸不成功，断路器再次跳闸，地区不重要负荷被迫供电中断。

解列重合闸使用的关键问题是解列点的选择，正常运行时选择合适的解列点应使小电源容量与所带负荷接近平衡。

四、自动重合闸与继电保护的配合

为了能尽可能利用重合闸所提供的条件以加速切除故障，继电保护与之配合时，一般采用重合闸前加速保护和重合闸后加速保护两种方式，可根据不同的线路及其保护配置方式选用。

（一）重合闸前加速保护

重合闸前加速保护一般又简称为前加速保护，是指当线路发生短路时，靠近电源侧的保护首先无选择性地瞬时切除故障，然后再重合闸，如果是瞬时性故障，则重合闸后恢复了供电；如果是永久性故障，第二次保护动作按有选择性方式切除故障，也就是借助自动重合闸来纠正这种非选择性动作。

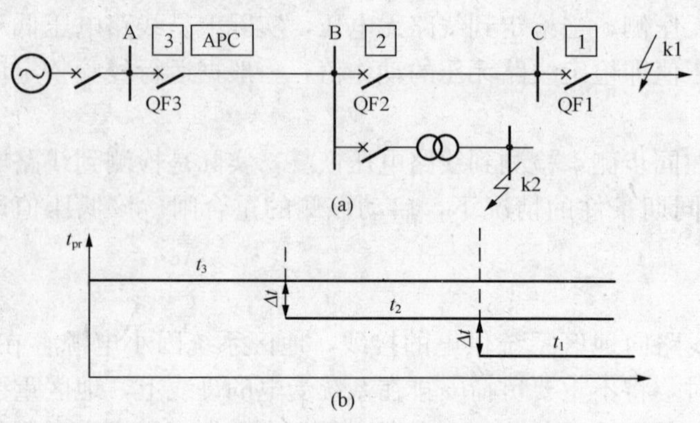

图 9-21　重合闸前加速保护的接线图

（a）网络接线图；（b）时间配合关系

如图 9-21 所示接线，假定在每条线路上均装设过电流保护，其动作时限按阶梯型原则来配合。因而在靠近电源端保护 3 处的时限就很长。为了能加速故障的切除，可在保护 3 处采用前加速的方式，即当任何一条线路上发生故障时，第一次都由保护 3 瞬时动作予以切除。如果故障是在线路 AB 以外（如 k1 点），则保护 3 的动作都是无选择性的。但断路器 3 跳闸后，即启动重合闸重新恢复供电，从而纠正了上述无选择性动作。如果此时的故障是瞬时性的，则在重合闸以后就恢复了供电；如果故障是永久性的，则由保护 1 或 2 切除，当保护 2 拒动时则保护 3 第二次就按有选择性的时限 t_3 动作于跳闸。为了使无选择性的动作范围不扩展的太长，一般规定当变压器低压侧短路时，保护 3 不应动作。因此，其启动电流还应按照躲开相邻变压器低压侧的短路电流（k2）来整定。

采用前加速的优点是：

（1）能够快速地切除瞬时性故障；

（2）可能使瞬时性故障来不及发展成永久性故障，从而提高重合闸的成功率；

（3）能保证发电厂和重要变电站的母线电压为 0.6～0.7 倍额定电压以上，从而保证厂用电和重要用户的电能质量；

（4）使用设备少，只需装设一套重合闸装置（或程序）。

采用前加速的缺点是：

（1）断路器工作条件恶劣，动作次数较多；

（2）重合于永久性故障上时，故障切除时间可能较长；

（3）如果重合闸装置或断路器拒绝合闸，则将扩大停电范围。甚至在最末一级线路上故障时，都会使连接在这条线路上的所有用户停电。

前加速保护主要用于 35kV 以下由发电厂或重要变电站引出的直配线路上，以便快速切除故障，保证母线电压。在这些线路上一般只装设简单的电流保护。

（二）重合闸后加速保护

重合闸后加速保护一般又简称为后加速保护。所谓后加速就是当线路第一次故障时，保护有选择性地动作，然后进行重合；如果重合于永久性故障上，则在断路器合闸后，再加速保护动作，瞬间切除故障，而与第一次动作是否带有时限无关。

要实现重合闸后加速保护，则需要在每条线路都装有选择性的保护和 ARC 装置，其接线图如图 9-22 所示。

当任一线路发生故障，如 WL2 上发生故障时，过电流保护 KA 启动，如图 9-23 所示，KA 触点闭合，启动时间继电器 KT，再经整定的时限后 KT 触点闭合，启动出口继电器 KCO 而跳闸。然后 ARC 动作重合闸，同时将有选择性保护延时部分退出工作。如果是瞬时性故障则重合成功，当重合闸以后，后加速元件 KAC 的触点将瞬时闭合（重合闸后 KAC 将失电，其触点延时打开）。如果重合于永久性故障上，则 KA 再次动作，此时即可由时间继电器的瞬时动合触点 KT、连接片 XB 和 KAC 的触点串联而立即起动 KCO 动作于跳闸，从而实现了重合闸以后使过电流保护加速的要求。

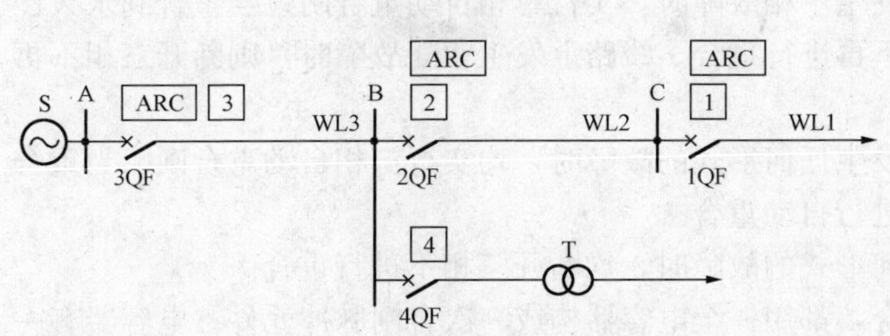

图 9-22 后加速保护的接线图

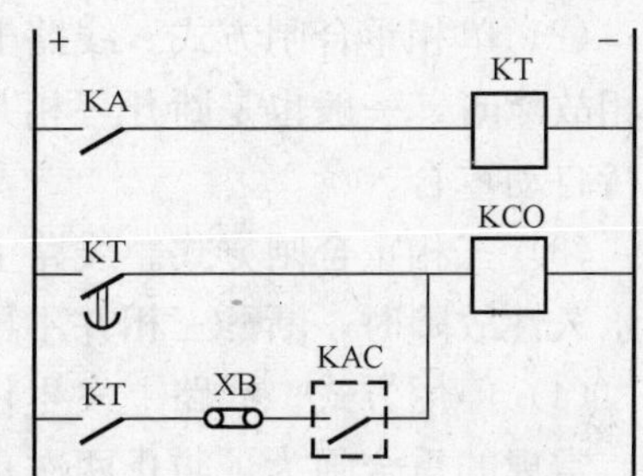

图 9-23 重合闸后加速过电流保护的原理接线图

后加速保护的优点：

（1）第一次是有选择性的切除故障，不会扩大停电范围，特别是在重要的高压电网中，一般不允许保护无选择性的动作而后以重合闸来纠正；

（2）保证了永久性故障能瞬间切除，并仍然是有选择性的；

（3）和前加速相比，使用中不受电网结构和负荷条件的限制，一般来说是有利而无害的。

后加速保护的缺点：

（1）每个断路器上都需要装设一套重合闸装置，与前加速相比较为复杂；

（2）第一次切除故障可能带有延时。

后加速的配合方式广泛应用于 35kV 以上的网络及对重要负荷供电的输电线路上。因为在这些线路上一般都装有性能比较完善的保护装置，如三段式电流保护、距离保护等。第一次有选择性地切除故障的时间（瞬时动作或具有 0.5s 的延时）均为系统运行所允许，而自动重合闸以后加速保护的动作（一般是加速保护第Ⅱ段的动作，有时也可加速保护第Ⅲ段的动作），就可以更快地切除永久性故障。

五、输电线路的综合自动重合闸

以上讨论的自动重合闸都是三相式的，即无论输电线路上发生单相接地短路还是相间短路，继电保护动作后均使三相断路器断开，然后重合闸再将三相重合。根据运行经验，在 110kV 以上的大接地电流系统的高压架空线上，有 70%以上的短路故障是单相接地短路。特别是 220～500kV 的架空线路，由于线间距离大，单相故障可高达 90%。因此，若线路上装有可分相操作的三个单相断路器，当发生单相接地短路时，只断开故障相断路器，而未发生故障的其余两相可继续运行。这样，不仅可以提高供电的可靠性和系统并列运行的稳定性，还可以减少转换性故障的发生。单相重合闸方式是指当线路发生单相接地故障时，保护动作只跳开故障相断路器，然后进行单相重合；若重合于永久性单相故障，而系统又不允许长期非全相运行，则跳开三相断路器，不再重合。

（一）综合重合闸装置的重合闸方式

通过装置上切换开关的切换，综合重合闸装置一般可以实现以下四种重合闸方式。

（1）综合重合闸方式。线路上发生单相故障时，实行单相自动重合闸；当重合到永久性单相故障时，若不允许长期非全相运行，则应断开三相并不再进行自动重合。线路上发生相间故障时，实行三相自动重合闸；当重合到永久性相间故障时，断开三相并不再进行自动重合。

（2）单相重合闸方式。线路上发生单相故障时，实行单相自动重合闸；当重合到永久性单相故障时，一般也是断开三相并不再进行重合。线路上发生相间故障时，则断开三相不再进行自动重合。

（3）三相重合闸方式。线路上发生任何形式的故障时，均实行三相自动重合闸。当重合到永久性故障时，断开三相并不再进行自动重合。

（4）停用方式。线路上发生任何形式的故障时，均断开三相不进行重合。

常规的重合闸为了防止两次重合，都用一个电容器构成一次合闸脉冲元件。电容器有一个15s左右的充电时间，对于微机型的重合闸装置并没有设置这样的充电电容器，但可以用软件计数器模拟这种一次合闸脉冲元件。在采样中断服务程序里每中断一次，计数器加1，以此模拟充电延时。为了方便起见，程序流程图仍用“充电”和“放电”来描述这个“计数器”的计数和清零，用综合插件面板的LED指示预充电是否已满。如果未充满电的情况下线路发生相间故障，综合重合闸装置作“放电”处理，就不再重合；如果此时线路发生单相故障，为防止单跳后长期非全相运行，综合重合闸装置也作“放电”处理，并且发出“三跳”令。重合闸在重合一次后迅速“放电”，如果重合至永久性故障线路保护再次跳闸时，因来不及“充满”电而不能进行第二次重合。

（二）综合重合闸的特殊问题

综合重合闸与一般的三相重合闸相比，只是多了一个单相重合闸性能。普通的三相自动重合闸只管合闸、不管跳闸，线路发生故障时，由继电保护直接作用于断路器跳闸机构使三相断路器跳闸。对于单相自动重合闸则要求在单相接地短路时，只跳开故障相，因此，必须对故障相进行判断，从而确定跳哪一相，完成这一任务的元件称为选相元件。单相重合闸必须设置故障选相元件，而且还必须考虑潜供电流的影响和非全相运行状态的影响。

1. 故障选相元件

在单相重合闸中，要求当线路发生单相接地短路时，保护动作只跳开故障相断路器。但一般的继电保护只能判断故障是发生在保护区内还是保护区外，不能判断故障的相别。因此，为了实现单相重合闸，应设有选择故障相的元件，即选相元件。对选相元件的基本要求是，首先应保证选择性，即选相元件与继电保护相配合只跳开发生故障的那一相，而接于另外两相的选相元件不应动作；其次，当故障相线路末端发生单相接地短路时，接于该相上的选相元件应保证足够的灵敏度和良好的速动性。

根据电网接线和运行的特点，常用的选相元件有如下几种：

（1）相电流选相元件。相电流选相元件根据故障相出现短路电流的特点可构成相电流选相元件。这种选相元件适于装设在线路的电源端，元件动作电流按躲过线路最大负荷电流和单相接地非故障相电流来整定。这种选相元件工作原理简单，装在线路的电源端，适用于短路电流较大的线路采用，对于线路末端短路电流不大的中长线路则不能采用；由于相电流选相元件受系统运行方式的影响较大，故一般不作为独立的选相元件，仅作为消除阻抗选相元件出口短路死区的辅助选相元件。

（2）相电压选相元件。相电压选相元件根据故障相出现电压下降的特点可构成相电压选相元件。采用低电压继电器作为相电压选相元件，其动作电压按躲过正常运行及非全相运行时母线可能出现的最低电压来整定。这种选相元件适用于装设在小电源侧或单侧电源受电侧，由于低电压选相元件在长期运行中触点易抖动、可靠性较差，因而不能单独作为选相元件使用，而只作为辅助选相元件。

（3）阻抗选相元件。阻抗选相元件采用带零序电流补偿的接线，即三个低阻抗继电器接入的电压、电流分别为 $\dot{U}_A$、$\dot{I}_A+K\times3\dot{I}_0$，$\dot{U}_B$、$\dot{I}_B+K\times3\dot{I}_0$，$\dot{U}_C$、$\dot{I}_C+K\times3\dot{I}_0$。其中，$\dot{U}_A$、$\dot{U}_B$、$\dot{U}_C$ 为保护安装处母线的相电压，$\dot{I}_A$、$\dot{I}_B$、$\dot{I}_C$ 为被保护线路由母线流向线路的相电，$3\dot{I}_0$ 为相应的零序电流，$K=(Z_0-Z_1)/3Z_1$ 为零序电流补偿系数。阻抗继电器的测量阻抗与短路点到保护安装处之间的正序阻抗成正比，正确地反映了故障点的距离。因而，阻抗选相元件较以上两种选相元件更灵敏、更有选择性，在复杂电网中得到了广泛的应用。

（4）相电流差突变量选相元件。相电流差突变量选相元件是根据两相电流之差构成的三个选相元件，其动作情况满足一定的逻辑关系。三个继电器所反应的电流分别为

$$d\dot{I}_{AB}=d(\dot{I}_A-\dot{I}_B)$$

$$d\dot{I}_{BC}=d(\dot{I}_B-\dot{I}_C)$$

$$d\dot{I}_{CA}=d(\dot{I}_C-\dot{I}_A)$$

由上式可以看出，发生单相接地短路时，只有两非故障相电流之差不突变，该选相元件不动作，而在其他短路故障下，三个选相元件都动作。因此，当三个选相元件都动作时，表明发生了多相故障，其动作后跳开三相断路器；当两个选相元件动作时，表示发生了单相接地短路，可选出故障相。

在微机综合重合闸装置中，常兼用相电流选相元件和阻抗选相两种方式，互相取长补短。阻抗选相元件一般不会误动，但在单相经大电阻接地时可能拒动；而相电流选相元件灵敏度高，不会在大过渡电阻时拒动，但它仅在故障刚发生时能可靠动作，在单相重合闸过程中可能由于连锁切机、切负荷或其他操作而误动作。因此，在刚启动时采用相电流差选相元件，选出故障相后相电流选相元件退出工作，以后若故障发展成相间故障则依赖阻抗元件选相。

2. 潜供电流时单相重合闸的影响

如图 9－24 所示，当 C 相发生单相接地故障时，保护将故障相两侧断路器跳开后，由于非故障相（A、B 相）与断开相之间存在静电（通过电容）和电磁（通过互感）的联系。C 相单相接地时潜供电流的示意图如图 9－24 所示。此时故障点的弧光通道中，仍然流有如下电流：

（1）非故障相 A 通过 A、C 间的电容 C_{AC} 供给的电流 i_{CA}；

（2）非故障相 B 通过 B、C 间的电容 C_{BC} 供给的电流 i_{CB}；

（3）继续运行的两相中，由于流过负荷电流 $\dot{I}_{LA}$ 和 $\dot{I}_{LB}$ 而在 C 相中产生互感电动势 $\dot{E}_M$，此电动势通过故障点和该相对地电容 C_0 而产生的电流 i_M。

这些电流的总和（$i_M + i_{CA} + i_{CB}$）就称为潜供电流。潜供电流的大小与线路参数有关，线路电压越高、负荷电流越大，则潜供电流越大，单相重合闸动作时间也越长。由于潜供电流的影响，将使短路点弧光通道的去游离受到严重阻碍，而自动重合闸只有在故障点电弧熄灭且绝缘强度恢复以后才有可能重合成功，因此，单相重合闸的时间还必须考虑潜供电流的影响。潜供电流的持续时间与很多因素有关，通常由实测来确定熄弧时间，以便正确地整定单相重合闸的时间。

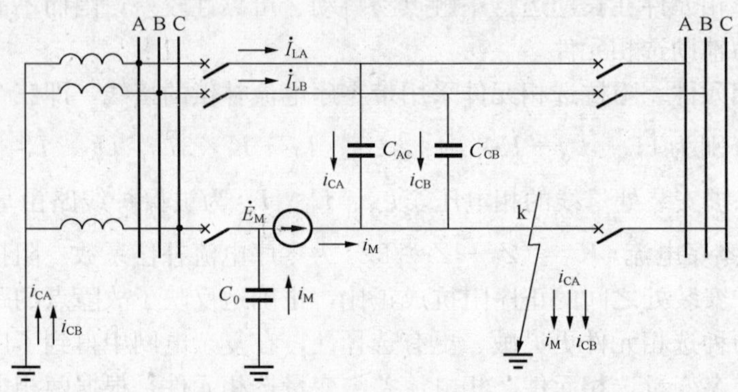

图 9-24 C 相单相接地时潜供电流示意图

3. 应考虑非全相运行对继电保护的影响

在单相重合闸的过程中，线路处于非全相运行的状态，此时会出现负序和零序分量的电流和电压，使继电保护的性能变坏，因而需要对保护采取必要的措施。

（1）零序电流保护。长线路处于非全相运行时，线路的 $3\dot{I}_0$ 可达正常负荷电流的 40%，因此，凡整定值躲不开该值的零序电流保护需退出工作，当线路转入全相运行后，应适当延时才能投入工作。在非全相运行期间，还应将本线路的零序Ⅲ段保护缩短一个时间差，以防止本线路 ARC 不正常时造成相邻线路零序电流保护误动作。

（2）距离保护。非全相运行期间，当系统有摇摆时，相间距离保护存在误动作的可能。对于接地距离保护，当使用线路电压互感器时，也存在误动的可能，故实际运行的距离保护在非全相运行时均被闭锁退出工作。

（3）相差高频保护。对应采用负序电流 $\dot{I}_2$ 启动，用正序和负序电流 $\dot{I}_1 + K\dot{I}_2$ 操作，进行相位比较的相差高频保护，只要在整定值时注意线路分布电容的影响，非全相运行时不会误动作，不必退出工作。

但是，相差高频保护在“同名相单相接地与断线”时存在拒动的可能。如在单相接地故障时，线路一侧故障相断路器先跳开，或线路一侧先单相重合于永久性故障，就会出现这种情况，在综合重合闸的回路设计上应予考虑。

（4）方向高频保护。对于零序功能方向元件，无论使用母线电压互感器还是线路电压互感器，非全相运行时均可能误动作。故由零序功能方向闭锁的高频保护，在非全相运行时应退出工作。在非全相运行情况下，由负序功率方向闭锁的高频保护，在使用母线电压互感器时可能误动。当使用的是线路电压互感器时，因在非全相运行情况下不会误动，可不必退出工作；但在非全相运行时若再发生故障，则存在拒动的可能。

4. 当单相重合闸不成功，应考虑线路转入长期非全相运行时的问题

根据系统运行的需要，在单相重合闸不成功后，线路需转入长期非全相运行时，应考虑下列问题：

(1) 长期出现负序电流将引起发电机的附加发热；

(2) 长期出现负序和零序电流，对电网继电保护的影响；

(3) 长期出现零序电流对通信线路的干扰。

(三) 综合重合闸的启动方式

综合重合闸一般有两种启动方式：一种是由保护启动，另一种是由断路器位置不对应启动。

微机保护装置内的各保护是直接去驱动操作三跳和单跳继电器出口动作的，因此微机保护装置的综合重合闸启动是利用各 CPU 启动开出电源，依靠三跳固定继电器和单跳固定继电器的触点闭合，经光电隔离后接入综合的三跳和单跳启动重合闸的开入端，装置内部自己构成保护启动重合闸回路。为了保证重合闸动作的正确性，还设置有断路器三跳和单跳位置开入端，这是断路器位置不对应方式启动。采用断路器位置不对应的启动方式，还可以在单相轻载偷跳时完成重合闸功能。所谓单相轻载偷跳是指选相为单相故障，而故障相又无电流，显然这是空载时误碰或其他原因使单相断路器误跳闸，这时可以在收到断路器位置不对应开入信号后启动重合。

综合启动时，无论是单跳、三跳保护启动，还是断路器位置不对应方式启动，都要对单跳、三跳或断路器位置不对应确认后方能启动重合。确认的方法是：经过一个计数器，循环计数累计 20 次才被确认，其本质仍然是延时确认。

思　考　题

1. 电力系统低频运行的危害是什么？

2. 什么是 AFL？什么情况下需启动 AFL？

3. AFL 为何要分级动作？

4. 对 AFL 有哪些要求？

5. AFL 中为何要设置特殊级？特殊级为何要带有长延时？

6. AFL 中基本级和特殊级动作要求有何不同？

7. 为什么要设置小电流接地选线？

8. 接地变压器一般在什么情况下使用？

9. 自动跟踪补偿消弧装置的基本工作原理是什么？

10. 中性点接地方式对小电流接地选线的原理有何影响？常见的小电流接地选线的方法有哪些？

11. 中性点不接地、中性点经消弧线圈接地发生单相接地时系统有何特点？如何利用这些特点构成保护？

12. 输电线路为何要配置自动重合闸功能？

13. 对自动重合闸有何基本要求？

14. 自动重合闸启动方式有几种？优缺点各是什么？

15. 双侧电源线路自动重合闸应考虑哪些特殊问题？

16. 什么是重合闸“充电”，为什么充电时间一般要 15s 以上？

17. 双侧电源线路重合闸一般有几种方式？各自的原理是什么？

18. 什么是前加速？什么是后加速？各有何优缺点？

19. 什么是输电线路的综合重合闸？要考虑哪些特殊问题？

第十章　变电站综合自动化的数据通信系统

本章介绍变电站内部和变电站与控制中心间两类通信有关的基本概念和主要技术问题，主要包括综合自动化系统数据通信的基本概念，数字信号的调制与解调、同步、差错控制，变电站综合自动化系统的通信内容，变电站信息传输规约，综合自动化系统的通信网络等。

第一节　综合自动化系统数据通信的基本概念

一、数据通信的基本概念及内容

数据通信的内容很广，计算机与计算机、一个系统与另一个系统、计算机内部各部件、磁盘及人机接口设备之间的信息交换都是数据通信的范畴。

变电站综合自动化系统的数据通信，包括两方面的内容：一是综合自动化系统内部各子系统或各种功能模块间的信息交换；另一是变电站与控制中心间的通信。

变电站综合自动化分级分布式的控制系统，包括微机保护、微机监控、电能质量自动控制子系统，在各个子系统往往又由多个智能模块组成，因此必须通过内部数据通信，实现各子系统内部和各子系统间的信息交换，实现信息共享；此外还要完成变电站与控制中心（包括地调、县调或省调或集控站）的通信任务。综合自动化系统中各环节的故障信息也要及时上报控制中心，同时也要能接收和执行控制中心下达的各种操作及调控和遥调命令。

二、并行数据通信和串行数据通信

1. 并行数据通信

并行数据通信是指数据的各位同时传送，如图 10 - 1 所示。可以字节为单位（8 位数据总线）并行传送，也可以字为单位（16 位数据总线）通过专用或通用的并行接口电路传送，各位数据同时发送，同时接收。

并行传输速度快，有时可高达几十、几百兆字节每秒，而且软件、通信规约简单。但是在并行传输系统中，除了需要数据线外，往往还需要一组状态信号线和控制信号线，数据线的根数等于并行传输信号的位数。显然并行传输需要的传输信号线多、成本高，因此常用在传输的距离短（通常小于 10m）、要求传输速度高的场合。

2. 串行数据通信

串行数据通信是指数据一位一位顺序地传送，如图 10 - 2 所示。显而易见，串行通信数据的各个不同位，可以分时使用同一传输线，故其最大的优点是可以节约传输线，特别是当位数很多、远距离传送时更为明显，这不仅可以降低传输线的投资，而且简化了接线。串行通信的缺点是传输速度慢，且通信软件相对复杂些，因此适合于远距离的传输，数据串行传输的距离可达数千千米。

在变电站综合自动化系统内部，为了减少连接电缆、降低成本，各种自动装置间或继电保护装置与监控系统间，常采用串行通信。

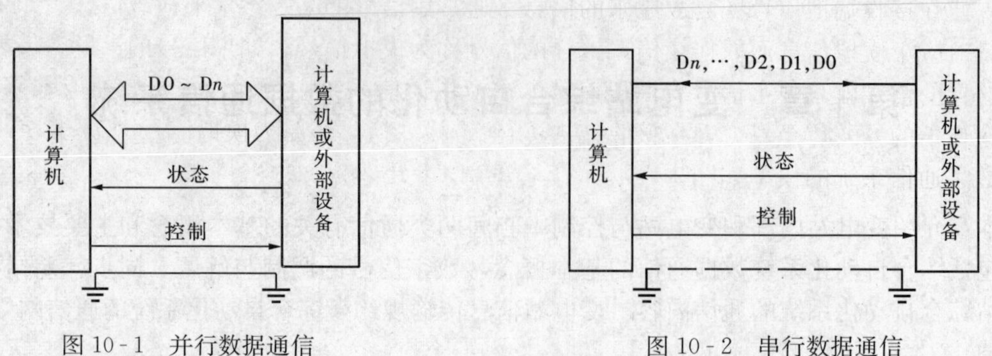

图 10-1　并行数据通信　　　　图 10-2　串行数据通信

三、数据通信的工作方式

数据通信需要有收发双方，根据收发双方是否同时工作，其工作方式可以分成单工、半双工和全双工三种，如图 10-3 所示。

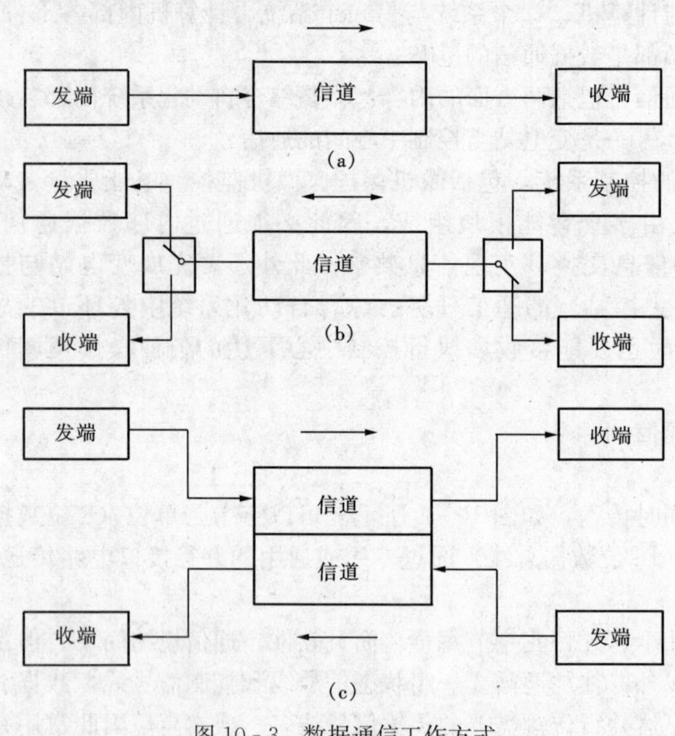

图 10-3　数据通信工作方式

(a) 单工；(b) 半双工；(c) 全双工

单工通信方式，是指信息只能按一个方向传送的工作方式。单工通信收和发是固定的，信号传送方向不变。如图 10-3（a）所示。

半双工通信方式，是指信息可以双方向传输的工作方式。但两个方向的传输不能同时进行，只能交替传送，如图 10-3（b）所示。

全双工通信方式，是指通信双方可以同时进行双方向传送信息的工作方式。通信双方都有发送和接收设备，由一个控制器协调收发两者之间的工作，接收和发送可以同时进行，故称为全双工，如图 10-3（c）所示。

三种通信方式中无论哪一种，数据的发送和接收原理都是基本相同的，只是收发控制上有所区别而已。

四、远距离数据通信

数据通信的基本任务是将信息源要传送的信息传给发送设备，再由发送设备将待发送信息转换成适合在信道中传送的信号，并送入信道。信道中的噪声及通信系统中其他各处噪声可等效用噪声源来表示。由于干扰，接收端收到的信号可能与发送端发出的信号不同，因此需要进行差错检查。接收设备把接收到的信号进行转换，并传给受信者，受信者再把接收到的信号转换成对应的信息。

为了传递信息，需要把信息转换成一定的信号。信息与信号之间应建立单一的对应关系，以便在接收端把信号恢复成原来的信息。通常用信号的某一参量来荷载信息。如果信号的参量对应于模拟信息而取连续值，这样的信号称为模拟信号；如果信号的参量携带离散信息，这样的信号就是数字信号。模拟信号可在模拟通信系统中传输，也可转换成数字信号，以数字通信的方式传至对方，在接收端再进行数/模变换，还原为模拟信号。

数字通信系统的模型如图 10-4 所示，包括以下几部分：

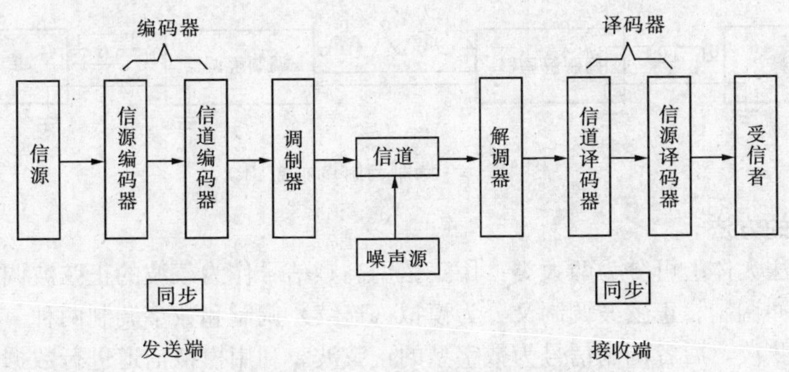

图 10-4　数字通信系统模型

(1) 信源，即电网中的各种信息源，如电压 U、电流 I、有功功率 P、频率 f、电能脉冲量等，以及经过有关器件处理后转换成易于计算机接口元件处理的电平或其他量；另外还有各种指令、开关信号等。

(2) 编码器，包括信源编码器和信道编码器。信源编码器是把各种信源送出的模拟信号或数字信号转换为符合要求的数码序列。信道编码器是给数码序列按一定规则加入监督码元，使接收端能发现或纠正错误码元，以提高传输的可靠性。这称为差错控制技术。

(3) 调制器与解调器。调制器是将信道编码器输出的数码转换为适合于在信道上传送的调制信号后再送往信道。解调器则将收到的调制信号转换为数字序列，它是调制的逆变换。

(4) 信道。它是信号远距离传输的载体，如载波通道、光纤通道、微波通道等。

(5) 译码器，包括信道译码器和信源译码器。信道译码器是将收到的数码序列进行检错或纠错码；信源译码器是将信道译码器处理后的数字序列变换为相应的信号后送给受信者。

(6) 受信者，指接收信息的人或设备。

(7) 同步，用以保证收发两端步调一致，协调工作。它是数字通信系统中不可缺少的组成部分。如收发两端失去同步，数字通信系统会出现大量的错码，无法正常工作。

第二节　数字信号的调制与解调

一、数字调制的基本概念

在数字通信中，由发送端产生的原始电信号为一系列的方形脉冲，通常称为基带信号，又称低频信号。其特点是能量或频率主要集中在零频附近，并具有一定的范围，即带宽(Bandwidth) 基带信号有两种类型，一种是连续信号，另一种是离散信号。这种基带信号不能直接在模拟信道上传输，因为传输距离越远或者传输速率越高，方形脉冲的失真现象就越严重，甚至使得正常通信无法进行。

为了解决这个问题，需将数字基带信号用调制器变换成适合于远距离传输的信号——正弦波信号。这种正弦波信号携带了原基带信号的数字信息，通过线路传输到接收端后，再将携带的数字信号取出来，这就是调制与解调的过程。完成调制与解调的设备叫调制解调器，俗称 MODEM，是英文 Modulator（调制器）和 Demodulator（解调器）这两个词的缩写。调制解调器并不改变数据的内容，而只改变数据的表示形式，以便于传输。调制与解调示意图如图 10-5 所示。

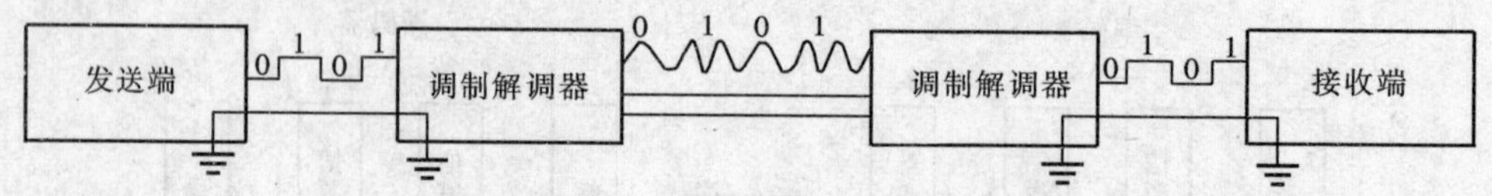

图 10-5 调制与解调示意图

二、调制的方法

调制的方法大体上可分为两大类：用正弦型高频信号作为载波的正弦波调制和用脉冲串作为载波的脉冲调制。正弦波调制又分为模拟（连续）调制和数字调制两种。前者调制信号为连续型的正弦波，后者调制信号为数字型的正弦波。利用模拟信道进行数据通信时需采用数字调制。

和基带信号相对应，频带信号是指经过连续波调制的信号。频带信号的特点是信号的频谱主要集中在载波频率附近的频带内，又称带通信号。经连续波调制后的调幅、调频、调相信号都是频带信号。

携带数字信息的正弦波称为载波。一个正弦波电压可表示为 $u(t)=U_{\mathrm{m}}\sin(\omega t+\varphi)$。可见，如果振幅 U_{m}、频率 f 或相位角 φ 随基带信号的变化而变化，就可在载波上进行调制。这三者分别称为幅度调制（简称调幅 AM）、频率调制（简称调频 FM）或相位调制（简称调相 PM）。在数字调制中，波形的参数都是离散变化的，所以已调信号又称键控信号。

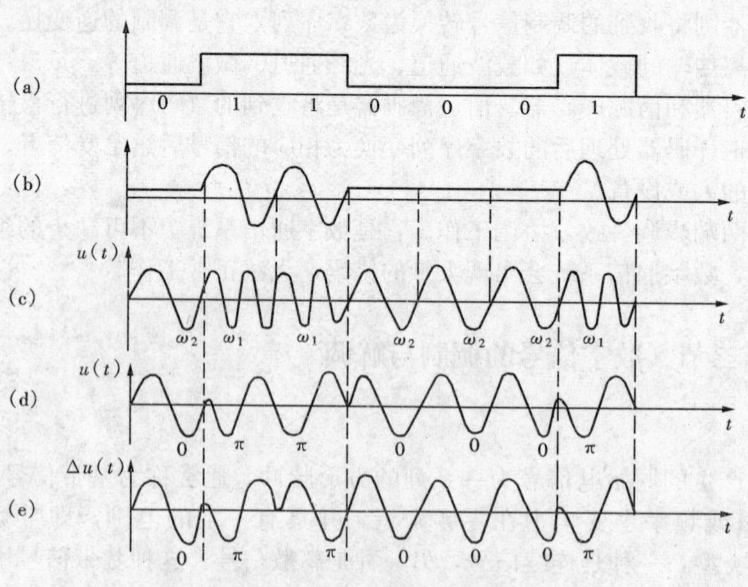

图 10-6 数字调制波形图

（a）数码；（b）调幅波；（c）调频波；（d）二元绝对调相波；（e）二元相对调相波

（1）数字调幅，又称移幅键控，记为 ASK（Amplitude Shift Keying）。数字基带信号的码元为“0”、“1”。ASK 是用载波的两种不同振幅来代表数字码元“0”、“1”，而载波频率和相位都不变。由于二进制数只有“0”和“1”两种码元，因此，只需两种振幅，如可用振幅为零来代表码元“0”，用振幅为某一值来代表码元 1，如图 10-6（a）、（b）所示。

（2）数字调频，又称移频键控，记作 FSK（Frequency Shift Keying）。它是

用两种不同的载频（ω_1，ω_2）来代表数字码元“1”和“0”，而载波的振幅和频率不变。采用二元码制时，用一个高频率来表示数码 1，而用一个低频率来表示数码 0，如图 10 - 6（c）所示。在电力系统调度自动化中，用于与载波通道或微波通道相配合的专用调制解调器多采用 FSK 移频键控原理。

图 10 - 7 所示为数字调频原理图。S1 和 S2 均为电子开关，其输入分别为两个不同频率的正弦波 f_1 和 f_2。被调制的数字信号为 DX，由 DX 控制 S1 和 S2 的工作。当调制电路投入运行后，若被调制信号 DX 为“0”，则打开开关 S2 的控制门，输入信号 f_2 通过 S2 到输出端；当被调制信号 DX 为“1”时，则打开开关 S1 的控制门，同时关闭 S2 的控制门，这时 f_1 信号通过 S1 到达输出端。这样在调制器的输出端便得到与“0”和“1”相对应的两种不同频率的正弦波。由此可见，数字调频的实现比较简单，但频带的利用率较低。

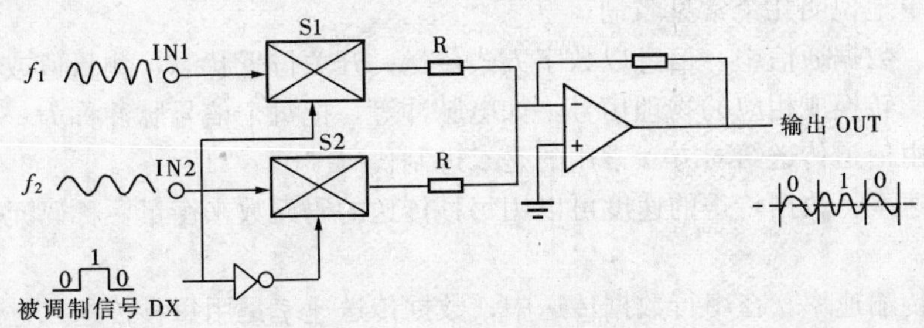

图 10 - 7　数字调频原理图

（3）数字调相，又称移相键控，记作 PSK（Phase Shift Keying）。它是用载波的不同相位代表数字基带信号的不同数值，而载波的频率和振幅不变。数字调相分二元绝对调相和二元相对调相，如用相位为 0 的正弦波代表数码“0”，而用相位为 π 的正弦波代表数码“1”，如图 10 - 6（d）所示。二元相对调相是用相邻两个波形的相位变化量 $\Delta\varphi$ 来代表不同的数码，$\Delta\varphi=\pi$ 表示“1”，而用 $\Delta\varphi=0$ 表示“0”，如图 10 - 6（e）所示。

三、数字解调的基本原理

解调是调制的逆过程。现以常用的数字调频（FSK）解调方法——零交点检测法为例，简单介绍解调原理。

数字调频是以两个不同频率 f_1 和 f_2 分别代表码“1”和码“0”。解调的任务是要鉴别出不同频率的信号。正弦波信号在单位时间内经过零点的次数可以衡量频率的高低，用不同的过零交点数产生两种不同的电压，以代表“1”、“0”，就实现了解调，这就是零交点检测法的原理。图 10 - 8 所示为零交点检测法的原理框图和相应波形图。

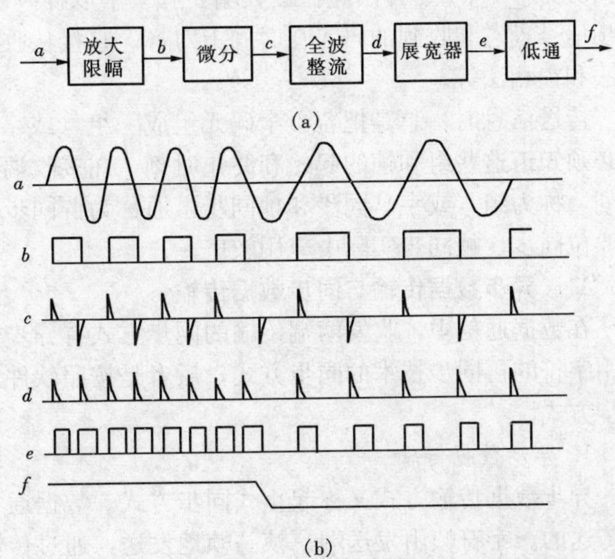

图 10 - 8　零交点检测法原理框图和相应波形图
（a）原理框图；（b）相应波形图

零交点检测法的步骤如下：输入

的 FSK 信号 a 进行放大限幅，得到矩形脉冲信号 b；在经微分，得上、下跳变的微分脉冲 c；将微分脉冲全波整流，变成单一极性的微分尖脉冲信号 d；波形 d 中尖脉冲去触发脉冲展宽器，形成一系列等幅、等宽的矩形脉冲序列 e；将矩形脉冲序列 e 包含的高次谐波滤掉，就可得到代表“1”、“0”两种数码，即与发送端调制之前同样的数字信号 f。

第三节　数据通信的同步

同步是数据通信系统的一个重要环节。数字式远传的各种信息是按规定的顺序一个码元一个码元地逐位发送，接收端也必须对应地一个码元一个码元地逐位接收，收发两端必须同步协调地工作。同步是指收发两端的时钟频率相同、相位一致地运转。

下面先简单地说明几个常见名词。

（1）码元。数据通信中，信息以数字方式传送。开关位置状态、测量值或远动命令等都变成数字代码，转换成相应的物理信号，如电脉冲等，把每个信号脉冲称为一个码元，再经过适当变换后由信道传送给对方。常用的是二进制代码“0”、“1”。

（2）码元速率。数据传送的速度可以用每秒传送的码元数来衡量，称码元速率，单位为 Bd（波特）。

（3）数据传输速率。在串行数据传送中，数据传送速率是用每秒传送二进制数码的位数来表示，单位用 bps（bit per second）或 b/s（位/秒）。

（4）误码率。数据经传输后发生错误的码元数与总传输码元数之比，称为误码率。在电网远动通信中，一般要求误码率应小于 10^{-5} 数量级。误码率与线路质量、干扰等因素有关。

一、数据通信同步的原理

数据通信的同步可分为位同步、群同步、载波同步。

位同步（或码元同步）是指发送端发出一个数字序列，在接收端必须一位一位的取样，并判决为“0”、“1”，因此在接收端要有一个取样判决的定时脉冲序列，作为位同步或码元同步信号，它和收到的码元在时间上对齐。直接从收到的数字序列中提取位同步的方法有滤波法和锁相法等。

传送信息时，总是把若干个码元组成一组（或字），若干个组又联合组成一个帧，接收端必须知道这些组和帧的起始和终止时刻，在接收端产生与发送端一致的组合帧的定时脉冲序列，称为组（或字）同步和帧同步，通称为群同步。

位同步、帧同步实际中应用较广。

二、异步数据传输与同步数据传输

在数据通信中，收发两端传输的同步方式有异步数据传输和同步数据传输。前者是一种利用字符的再同步技术的同步方式，后者是按照软件识别同步字符来实现数据发送和接受的同步方式。

1. 异步数据传输

异步数据传输方式又称起止式同步方式。数据通常是以字符（或字节）为单位组成字符帧传送的。字符帧由发送端一帧一帧地发送，通过传输线为接收设备一帧一帧地接受。异步数据传输实质是在传送一个字符的时间内收发两端维持同步，而在其他时间则可以异步。

字符帧一般由起始位、数据位、奇偶校验位和停止位四部分组成，如图 10 - 9 所示。

为了保证传送每一个字符帧收发两端维持同步，异步数据传输在传送的每一个字符帧前面设置起始位，预告字符即将开始传送，然后传送数据位和奇偶校验位，在结束时设置停止位，表示该字符的结束构成一帧。一个字符的末尾至下一个字符的首位所经历的时间是任意的，在此期间并不要求收发两端同步。接收端可以利用起始位，使本地的定时脉冲序列与发送端的保持一致。

图 10-9 中的空闲位，可以有也可以没有。若不设空闲位，则紧接着跟上一个要传送的字符的停止位后面，便是下一个要传送的字符的起始位。发送每一个字符都要添加起始位和停止位，因而降低了传输的数据序列中有效数据所占的比率。

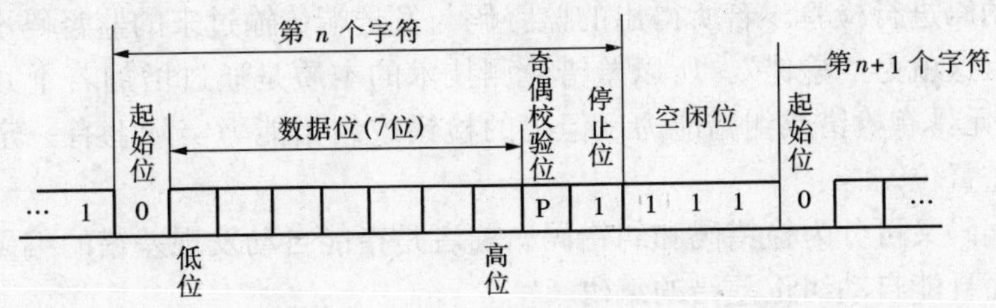

图 10-9　异步传输方式传送一个 8 位字符的示例

2. 同步数据传输

在同步传输中，数据不需添加起始位和停止位，但收发两端必须始终保持同步。这里的信息帧和异步数据传输中的字符帧不同，通常含有若干个同步字符，每一帧由同步字符、控制字符、数据字符等部分组成，如图 10-10 所示。

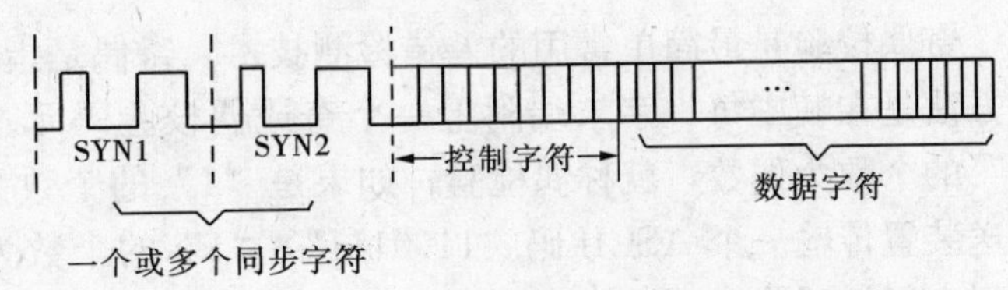

图 10-10　同步传送

在同步数据传输中，每个帧以一个或多个“同步字符”开始。同步字符通常称 SYN，是一种特殊的码元组合。接收端通过检测同步码，并把采样得到的字符和双方约定的同步字符比较，只有比较成功后才会把后面接收到的字符加以存储。控制字符、数据字符在同步字符之后，数据字符个数不受限制，由所传输的数据块长度决定。

在同步数据传输中，为了始终保持收发两端同步，在无信息传送时，通道上仍需连续传送同步码。由于每一次利用同步码实现收发两端同步后，要维持相当长的一段时间（比如要连续传送几十字符、几百字符或更多的字符），因此对于定时系统的准确度和稳定性要求比较高，需保证同步一次以后，经历相当长的时间，收发两端时序的偏差仍不超过允许值。同步传输附加的同步码数据量不大，因而传输的数据序列中，有效数据所占的比率比异步数据传输通常要高得多。

我国 1991 年发布的电力行业标准 DL 451—1991《循环式远动传输规约》（简称 CDT 规约），采用同步传输方式，同步字符为 EB90H。

第四节　差　错　控　制

一、差错控制的作用

差错检测就是采用有效的编码方法发现或纠正数字信号在传输过程中，由于再生干扰造成的错码。差错控制又叫抗干扰编码。

在信息传送过程常会出现各种干扰，使所传输的信号码元发生差错，如某位“1”变成了“0”或“0”变成了“1”。这样，接收到的就是错误信号，这是不允许的。在变电站综合自动化系统中，信息传输的错误有时会造成判断和决策失误，甚至可能导致严重的后果。为减少信息传输过程的误码，一方面必须改善和提高传输系统的质量，提高其抗干扰能力；另一方面，需要采用差错检测和纠正技术，检测和纠正信息交换中的传输错误。

差错检测技术就是采用有效的编码方法对要传输的信息进行编码，并按约定的规则附上若干码元（称监督码），作为信息编码的一部分，构成一个码字再发送；接收端则按约定的规则对所收到的码进行检验。若所得出的监督码与发送端传输过来的监督码不匹配，则表明接收信息有错，这就是“检错”。所以差错检测技术的本质是通过增加若干冗余码元（监督码），使传输码元具有检错或纠错能力。但码的检错或纠错能力实际上有一定的限度，这取决于所添加的监督位。

差错控制编码又可分为检错码和纠错码。前者是指能自动发现差错的编码，后者是指不仅能发现差错而且能自动纠正差错的编码。

二、常用检错方法

1. 奇偶校验

奇偶校验是最简单常用的差错检测技术。奇偶是指码组中“1”的个数是奇数还是偶数。其方法是在帧中每一字末端附上一个奇或偶校验码元。若附上奇偶校验位后形成的码字中“1”的个数为偶数，就称偶检验；如果是“1”的个数为奇数，则称为奇检验。例如，某一发送装置传输一个 ASCII 码“1100111”，“1”的个数为奇数，采用偶检验时，在信息组后面附上偶校验位“1”，成为码字“11001111”，使“1”的个数为偶数。接收装置检查收到的字符，如果发现“1”的总数为偶数，就认为传输过程没有发生错误；如果有一个码元或奇数个码元在传输过程中错误的反过来，那么检查到“1”的总数为奇数，就会发现有差错。但应注意，如果有两个（或偶数个）码反过来，则会发生奇偶校验未检测出的差错。奇偶校验码只需附加一位奇偶校验位，编码效率相当高，能检出所有奇数个差错，因而获得广泛应用。

一般在异步操作中使用偶校验，在同步操作中使用奇校验。

2. 纵向冗余校验

纵向冗余校验是对奇偶校验的改进，它把一帧信息看成一个平面，即看成一个两维空间排列的字符块，见表 10-1。横向每一字符如前述奇偶校验一样，附加一个奇或偶校验码元。纵向对于穿过所有字符的每一码元位也产生一个奇（偶）校验码元，即产生一个额外的字符，这一字符的第 1 个码元，是该块中所有其他字符的第 1 个码元的奇或偶校验码元，这就是纵向冗余校验。该方法比单纯的奇偶校验误码率减少两个数量级。假设第 1 字符的第 1 和第 3 码元出错时，接收装置为第 1 个字符产生的横向奇偶校验码元，会与它收到的奇偶校验码元相匹配，因而没有发现差错。然而，当它产生纵校验检查字符时，第 1 和第 3 码元的纵向奇偶校验码元会和收到的检查字符中的第 1 和第 3 位不相同，则差错被查出来。

表 10-1　**纵向冗余校验监督码**

字符码字							码字							
0	0	0	0	1	1	1	0	0	0	0	1	1	1	1
0	0	0	0	1	1	0	0	0	0	0	1	1	0	0
0	0	0	0	1	0	1	0	0	0	0	1	0	1	0
0	0	0	0	1	0	0	0	0	0	0	1	0	0	1
0	0	0	0	0	1	1	0	0	0	0	0	1	1	0
纵向冗余校验检查字符							0	0	0	0	0	1	1	0

若第 4 个字符的第 1 和第 3 码元和第 1 个字符的第 1 和第 3 码元同时出错，这时不仅它们相应的横向奇偶校验码元没检出差错来，其纵向的检查字符也查不出它们。

3. 循环冗余校验 CRC

CRC（Cyclic Redundancy Check）是一种常用的校验方法。它是对一个数据块进行校验，对随机或突发差错造成的帧破坏有很好的校验效果。下面简单介绍其原理。

一个二进制序列是由若干个“0”或“1”组成。设一个 8 位的二进制数可用一个 7 阶位的二进制多项式（$A_7x^7+A_6x^6+A_5x^5+A_4x^4+A_3x^3+A_2x^2+A_1x^1+A_0x^0$）表示。一般地说，$n$ 位二进制数，可以用（$n-1$）阶多项式表示。例如，11000101 可表示为

$$A(x)=1\times x^7+1\times x^6+0\times x^5+0\times x^4+0\times x^3+1\times x^2+0\times x^1+1\times x^0=x^7+x^6+x^2+1$$

对于一个长度为 k 的二进制信息码元，用 $M(x)$ 表示。发送装置将产生一个 r 位的码元序列，称监督码序列，用 $R(x)$ 表示，附加在 k 位的信息码元序列后面，组成总长度为 n 位（$n=k+r$）的循环码序列 $C(x)$，使得这个 n 位的循环码序列（见图 10-11），可以被某个预定的生成多项式 $G(x)$ 整除，并把 n 位的循环码 $C(x)$ 作为一帧信息发送出去。接收装置对接收到的 n 位码元的帧，除以同样的生成多项式 $G(x)$。当无余数时，则认为没有错误。CRC 字符的计算可以用软件实现，也可以用硬件实现，一般功能较强的串行输入/输出接口电路，能自动产生 CRC 字符，可编程选择 CRC 码。

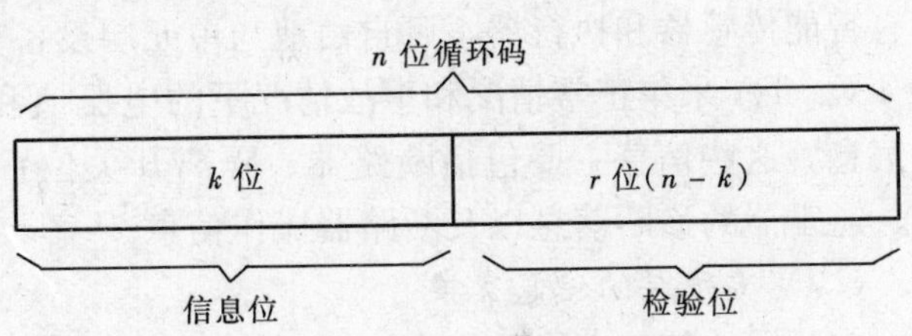

图 10-11　CRC 循环码格式

相关远动规约规定：采用循环码（48，40）生成多项式为 $G(x)=X^8+X^2+X+1$。

可以证明，循环校验码可以检测下列错误：①所有单个码元错误；②所有的双码元错误，只要 $G(x)$ 具有至少三项的因式；③任何奇数个差错，只要 $G(x)$ 包含因式（$x+1$）；④任何其长度小于 $n(x)$ 长度的猝发性错误；⑤大多数较大的猝发性错误。

三、差错控制方式

常用的差错控制方式有循环传送检错、前向纠错、自动要求重传、信息反馈、混合纠错等几种。

循环传送检错方式的特点是信息源的同一信息被周期性的循环传送。为了使接收端能发现错码，发送端应发出能发现（检出）错误的码字。发送端由信道编码器对信息进行抗干扰编码后发送出去，接受端收到数码后经检错译码判断有无错码。如有错码，则将该数码丢弃

不用，则下次循环中再收该信息。

前向纠错方式的特点是发送端的信息经信道编码形成可纠错的码发送出去，接收端把收到的数码经信道译码器进行纠错编码。

自动要求重传方式中发送端发出可检错的码，接收端进行检错译码，判断有无错码，并通过反馈信道把判决结果反送到发送端；如判决为有错码，发送端就重新传送该码字，直到接收端认为无错为止。

信息反馈方式中接收端把收到的信息照原样通过反馈信道回送到发送端，由发送端将反馈回来的信息与原来发送的信息进行比较，判断其是否有错。出错的信息将再次传送。

混合纠错方式是前向纠错与自动要求重传两种方式的综合。

第五节　变电站综合自动化系统的通信内容

变电站综合自动化系统的通信内容包括变电站内的信息传输内容和综合自动化系统与控制中心的通信。

一、变电站内的信息传输内容

目前变电站综合自动化系统一般都是分层分布式结构，需要传输的信息有以下几种。

（一）设备层与单元层（间隔层）间的信息交换

单元层的设备有控制测量单元或继电保护单元，或两者都具有。设备层的高压断路器可能有智能传感器和执行器，可自由地与单元层设备交换信息。间隔层设备大多需要从设备层的TV、TA采集正常情况和事故情况下的电压值和电流值，采集设备的状态信息和故障诊断信息。这些信息主要包括断路器、隔离开关位置，变压器的分接头位置，变压器、互感器、避雷器的诊断信息以及断路器操作信息。

（二）单元层的信息交换

单元层的信息交换是指在一个单元层内部相关的功能模块间，即继电保护和控制、监视、测量之间的数据交换。这类信息包括测量数据、断路器状态、器件的运行状态、同步采样信息等。

同时，不同单元层之间的数据交换有主、后备继电保护工作状态、互锁，相关保护动作闭锁，电压无功综合控制装置等信息。

（三）单元层与变电站层的通信

（1）测量及状态信息，主要有正常及事故情况下的测量值和计算值，断路器、隔离开关、主变压器分接开关位置、各间隔层运行状态、保护动作信息等。

（2）操作信息，主要有断路器和隔离开关的分、合闸命令，主变压器分接头位置的调节信息，自动装置的投入与退出信息等。

（3）参数信息，如微机保护和自动装置的整定值等。

（四）变电站层的内部通信

变电站层的不同设备之间通信，要根据各设备的任务和功能的特点，传输所需的测量信息、状态信息和操作命令等。

二、变电站远传信息的内容

由变电站向控制中心传送的信息，通常称为“上行信息”；而由控制中心向变电站发送的信息，称“下行信息”。一般把变电站与控制中心之间相互传送的这两种信息统称“远传信息”，以便与变电站内部各子系统间或子系统与主系统间传输的“内部信息”相区别。

远传信息应保证控制中心能掌握变电站的运行状况和主要运行参数的情况。对于无人值班的变电站，远传信息更为重要。根据“四遥”的基本功能，远传信息可分为如下四种。

（一）遥测

遥测量包括以下内容：

（1）35kV 及以上线路及旁路断路器的有功功率（或电流）及有功电能量；

（2）35kV 及以上联络线的双向有功电能量，必要时测无功功率；

（3）三绕组变压器两侧有功功率、有功电能、电流及第三侧电流，双绕组变压器一侧的有功功率、有功电能、电流，计量分界点的变压器应增测无功功率；

（4）各级母线电压（小电流接地系统应测三个相电压，而大电流接地系统只测一个相电压）；

（5）站用变压器低压侧电压，直流母线电压；

（6）10kV 线路电流，母线分段、母联断路器电流，并联补偿装置的三相电流，消弧线圈电流；

（7）用遥测处理的主变压器有载调节的分接头位置；

（8）主变压器温度，保护设备的室温。

（二）遥信

遥信量包括以下内容：

（1）所有断路器位置信号，反映运行方式的隔离开关的位置信号，有载调压主变压器分接头的位置信号；

（2）变电站事故总信号，变压器冷却系统故障信号，继电保护、故障录波装置故障总信号；

（3）35kV 及以上线路及旁路主保护信号和重合闸动作信号，母线保护动作信号，主变压器保护动作信号，高频保护收信总信号，距离保护闭锁总信号，轻瓦斯动作信号；

（4）变压器油温过高信号，小电流接地系统接地信号，TV 断线信号；

（5）断路器控制回路断线总信号，断路器操动机构故障总信号；

（6）低频减负荷动作信号；

（7）直流系统异常信号；

（8）继电保护及自动装置电源中断总信号，遥控操作电源消失信号，远动及自动装置用 UPS 交流电源消失信号，通信系统电源中断信号；

（9）消防及保卫信号。

（三）遥控

遥控量包括以下内容：

（1）变电站全部断路器及能遥控的隔离开关；

（2）可进行电控的主变压器中性点接地开关；

（3）高频自发信启动；

（4）距离保护闭锁复归。

（四）遥调

遥调量包括以下内容：

（1）有载调压主变压器分头位置调节；

（2）消弧线圈抽头位置调节。

在实际工程中，变电站的远传信息应根据变电站的实际情况对上述内容进行增减。

三、对变电站综合自动化系统通信的要求

（一）对变电站数据通信网络的要求

数据通信在综合自动化系统内占有重要位置，对变电站综合自动化系统内的数据通信网络有以下要求：

（1）快速的实时响应能力。变电站综合自动化系统的数据通信网络要及时地传输现场的实时运行信息和操作控制信息。网络必须很好地保证数据通信的实时性，应满足电力工业标准中对系统的数据传送实时性的要求。

（2）可靠性高。电力系统是连续运行的，数据通信网络也必须连续运行，通信网络的故障和非正常工作会影响整个变电站综合自动化系统的运行，设计不合理的系统，严重时甚至会造成设备和人身事故，造成很大的损失。因此，变电站综合自动化系统的通信子系统必须保证很高的可靠性。

（3）优良的电磁兼容性能。变电站具有强电磁干扰的环境，存在电源、雷击、开关操作等强电磁干扰和地电位差干扰，通信环境恶劣，数据通信网络必须采取相应的措施消除这些干扰的影响。

（4）分层式结构。由整个系统的分层分布式结构决定了通信系统的分层，系统的各层次又各自具有特殊的应用条件和性能要求，因此每一层都要有合适的网络系统。

（二）对信息传输响应速度的要求

不同类型和特性的信息要求的传输响应速度差异很大，具体内容如下。

1. 经常传输的监视信息

（1）为监视变电站的运行状态所需的信息，如母线电压、电流、有功功率、无功功率、功率因数、零序电压、频率等测量值，这类信息需要经常传送，响应时间需满足 SCADA（Supervisory Control And Data Acquisition）的要求，一般不宜大于1～2s。

（2）为计量用的信息，如有功电能量和无功电能量，这类信息传送的时间间隔可以较长，传送的优先级可以较低。

（3）为刷新变电站层的数据库所需的信息，如断路器的状态、继电保护装置和自动装置投入和退出的工作状态信息等，可以采用定时召唤方式，以刷新数据库。

（4）为监视变电站的电气设备的安全运行所需要的信息，如变压器、避雷器等的状态监视信息、变电站保安及防火有关的运行信息。

2. 突发事件产生的信息

（1）系统发生事故时需要快速响应的信息，如事故时断路器的位置信号，要求传输时延最小，优先级最高。

（2）正常操作时的状态变化信息，如断路器状态变化，要求立即传送，传输响应时间要小；自动装置和继电保护装置的投入和退出信息，要及时传送。

（3）故障情况下，继电保护动作的状态信息和事件顺序记录，这些信息作为事故后分析事故之用，不需要立即传送，待事故处理完再送即可。

（4）故障发生时的故障录波，带时标的扰动记录的数据，这些数据量大，传输时占用时

间长，也不必立即传送。

(5) 控制命令、升降命令、继电保护和自动设备的投入和退出命令、修改定值命令，这些命令的传输不是固定的，传输的时间间隔比较长。

(6) 在高压电气设备内装设的智能传感器和智能执行器，高速地和自动化系统单元层的设备交换数据，这些信息的传输速率取决于正常状态时对模拟量的采样速率，以及故障情况下快速传输的状态量。

(三) 对变电站各层之间和每层内部传输信息时间的要求

(1) 设备层和间隔层，1～100ms。

(2) 间隔内各个模块间，间隔层的各个间隔单元，1～100ms。

(3) 间隔层和变电站层之间，10～1000ms。

(4) 变电站层的各个设备之间，变电站和控制中心之间，≥1000ms。

四、数据远传信息通道

变电站的远传信息要利用通道来传输。通道可以是有线形式，如电力载波通道、音频电缆通道、光纤通道或电话线等，也可以是无线电通道（如微波通道、无线扩频等），其传输介质有地面微波、卫星微波、无线电（如扩频通信）等。

(一) 电力线载波通信通道

电力线载波通信是利用载波频率经电力输电线去传送信息，利用架空输电线的某相导线作为信息传输的媒介。它是电力系统的基本通信方式之一。变电站主要利用35～110kV输电线，载波频率一般为40～500kHz。

变电站采用电力线载波通信主要传送话音的模拟信息及远动、线路保护、数据信息等模拟或数字信号。根据不同的要求，可以采用话音、远动、系统保护的复用设备，但远动和数据一般采用单一功能的专用设备，远动和数据的通信速率为300～1200bps。

电力线载波传送远动和数据信号的通道构成示意图如图10-12所示。图中A端和B端均具有远动和数据信号发送和接收功能。M是远动装置或数据传输装置的外接调制解调器，将数字信号调制成音频信号，然后经电力载波终端设备调制成高频信号，经高频电缆，结合滤波器和耦合电容器送至电力线上，沿电力线输到受端。在受端，经耦合电容器、结合滤波器、高频电缆进入电力线载波终端设备，再由相应频带的收信滤波器取出高频信号，通过解调还原为送端的远动和数据信号。解调的过程也是先将电力线上的高频信号经电力载波终端设备反调制成音频信号后，经M解调为数字信号送给远动或数据传输装置。

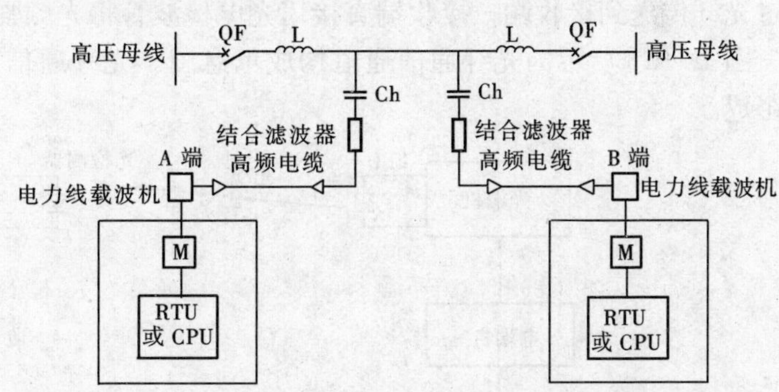

图10-12 电力线载波传送远动和数据信号通道构成示意图
QF—高压断路器；L—阻波器；Ch—耦合电容器；
M—调制解调器；RTU—远方终端装置

线路阻波器既具有工频特性，又具有高频特性，主要用来阻止高频信号进入电气设备。

耦合电容器和结合滤波器的作用是，两者共同构成一个“带通滤波器”，高频信号可顺利通过，并将电力线上的工频高电压和大电流与通信设备隔开，以保证人身和设备的安全。

结合滤波器实际上是一个阻抗匹配器。在电缆一侧的阻抗，与电缆的波阻相匹配，而在线路一侧的阻抗，则与线路的波阻相匹配，以防电磁波的反射而引起高频能量的衰耗。

高频电缆主要连接载波终端机与结合滤波器，应满足衰减小、阻抗匹配、频率响应好的要求。

（二）音频电缆通道

音频电缆通信是一种比较简单的通信方式，具有较高的抗干扰和稳定性，一般适合于与调度所或控制中心距离较近的无人值班变电站。它既可租用电信部门的电话电缆，也可由电力部门自行敷设。音频电缆用作传输远动和数字信号的通道，构成比较简单，可直接通过调制解调器将变电站的远动装置或数据传送装置与调度控制中心的计算机系统连接起来。变电站音频电缆传送的信息主要是远动和数据信息。

（三）光纤通道

光导纤维简称光纤。利用光纤传送光信号进行通信，称为光纤通信。光纤通信在变电站作为一种主要的通信方式已越来越得到广泛的应用。其特点如下：

（1）具有很好的抗电磁干扰能力。

（2）传输频带宽、容量大、功能价格比高。

（3）安装维护简单。光纤是非导体，可以很容易地与导线捆在一起敷设于地下管道内，也可固定在不导电的导体上。例如电力线架空地线复合光纤（OPGW），变电站还可以采用与电力线同杆架设的自承式光缆（ADSS）。

（4）线径细、质量轻、抗化学腐蚀。

光纤通道用光缆作为传输媒介，形式上是采用有线通信方式，而实质上它的通信系统是采用光波的通信方式，波长为纳米波，频率为 10^{14} Hz 数量级。目前，光纤通信系统采用简单的直接检波系统，即在发送端直接把信号调制在光波上（将信号的变化变为光频强度的变化），通过光纤传送到接收端；接收端直接用光电检波管将光频强度的变化转变为电信号的变化。

图 10 - 13 所示为光纤通信通道构成示意图。光纤通信系统主要由电端机、光端机和光缆组成。

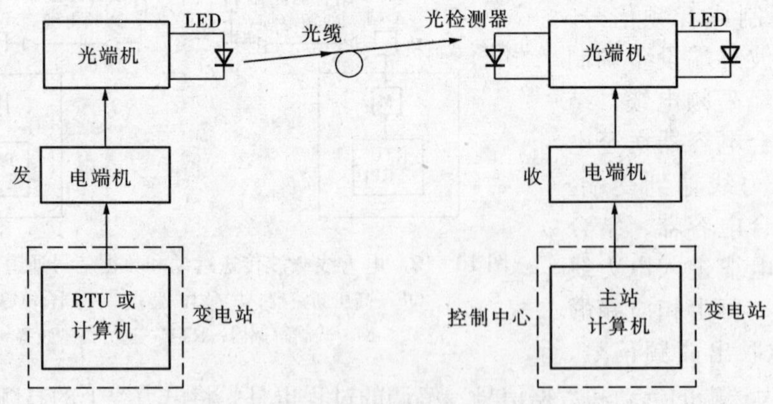

图 10 - 13　光纤通信通道构成示意图

发送端的电端机对来自信源的模拟信号进行 A/D 变换，将各种低速率数字信号复接成一个高速率的电信号进入光端机的发送端。光纤通信的光发射机俗称光端机，实质上是一个电光调制器，它用脉冲编码调制（PCM）电端机发数字脉冲信号驱动电源（见图 10-3 中发光二极管 LED），发出被 PCM 电信号调制的光信号脉冲，并把该信号耦合进光纤送到对方。远方的光接收机，也称光端机，装有检测器，把光信号转换为电信号，经放大和整形处理后，再送至 PCM 接收端机还原成发送端信号。远动和数据信号通过光纤通信进行传送是将远动装置或计算机系统输出的数字信号送入 PCM 终端机。因此，PCM 终端机实际上是光纤通信系统与 RTU 或计算机的外部接口。

（四）无线电通道

无线电通道是自由空间，信号以电磁波在自由空间中传送。高频发信机产生高频电磁波，通过天线发射出去；在接收端，通过接收天线和接收机来接收。

微波是指频率是 0.3～300GHz（波长为 1mm～1m）的无线电波，微波具有类似光的直线传输特性，绕射能力很弱。由于地球是个球体，微波直线传输距离就受到限制，为增加通信距离，通常在视距范围内设置微波站，将信号接收下来放大后再发送出去，即中继转发。电力系统中主要采用微波中继通信。

图 10-14 所示为微波中继通信终端站的简化结构图。

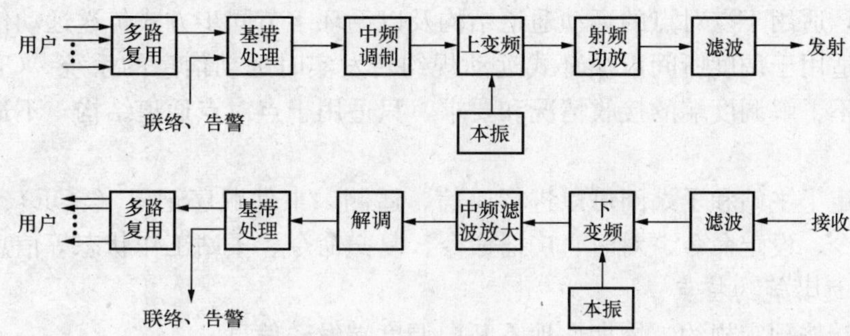

图 10-14　微波中继通信终端站的简化结构图

用户的基带信号经基带处理后，对中频载波（常用 70MHz）进行调制，然后由上变频器把中频信号变换为微波信号（如 2GHz），再经射频功率放大和滤波后送天线发射出去。接收时将收到的射频信号滤波后，由下变频器把微波信号变换为中频信号，在经中频滤波放大，由解调器解调为基带信号，经适当处理后送交用户。收发两端之间还有联络告警等业务信号传送。

该通信方式传输比较可靠，通信容量大，通信质量高。但是，微波系统价格昂贵，而且安装复杂，电路传输有衰耗，远距离通信需要增设中继站。

第六节　变电站信息传输规约

变电站综合自动化系统中，为了保证通信双方能有效、可靠传输信息，必须有一套关于信息传输的顺序、信息格式（报文格式）和信息内容等约定，这种约定常称为通信规约，以约束双方进行正确、协调的工作。

一、通信规约明确规范的几个问题

（1）要有共同的语言。它必须使对方理解所用语言的准确含义。这是任何一种通信方式的基础，是事先给计算机规定的一种统一的，彼此都能理解的“语言”。

（2）要有一致的操作步骤，即控制步骤。这是给计算机通信规定好的操作步骤，先做什么，后做什么，否则即使有共同的语言，也会因彼此动作不协调而产生误解。

（3）要规定检查错误及出现异常情况时计算机的应付办法。通信系统会因各种干扰及其他原因偶然出现信息错误，这是正常的，但也应有相应的办法检查出这些错误来，否则就降低了可靠性；或者一旦出现异常现象，计算机不会处理，就导致整个系统的瘫痪。

一个通信规约主要内容包括代码（数据编码）、传输控制字符、传输报文格式、呼叫和应答方式、差错控制步骤、通信方式（指单工、半双工、全双工通信方式）、同步方式及传输速率等。

二、我国调度自动化系统中常用的规约

目前，许多国际组织和权威机构（如 IEC、CIGRE、IEEE、EPRI 等）都在积极进行关于变电站自动化的标准化工作，在我国调度自动化系统中常采用以下两种规约。

（一）循环式远动规约 CDT（Cyclic Digital Transmit）

该规约规定了电网数据采集与监控系统中循环式远动规约的功能、帧结构、信息字结构和传输规则等，适用于点对点的远动通道结构及以循环字节同步方式传送远动信息的远动设备与系统，也适用于调度所间以循环式远动规约转发实时远动信息的系统。CDT 方式的主要缺点是完全不了解调度端的接收情况和要求，只适用于点对点通道结构，不适用于总线形或环形通道。

该规约规定了主站和子站间可以进行遥信、遥测、事件顺序记录（SOE）、电能脉冲记数值、遥控命令、设定命令、对时、广播命令、复归命令、子站工作状态等信息的传送。

1. 循环式远动规约特点

（1）发送端按预定规约，周期性地不断向调度端发送信息。

（2）为了满足电网调度安全监控系统对远动信息的实时性和可靠性的要求，按远动信息的特性划分 A、B、C、D、E 帧五种类别，按帧传送。

（3）帧的长度可变，多种帧类别循环传送，遥信变位优先传送，重要遥测量更新循环时间较短。

（4）区分循环量、随机量和插入量采用不同形式传送信息，以满足电网调度安全监控系统对远动信息的实时性和可靠性的要求。

（5）帧与帧相连，信道永无休闲的循环传送。

（6）信息按其重要性有不同的优先级和循环时间。

2. 一般技术要求

为了满足实时性的要求，规约对各类远动信息的优先级和传送时间作如下安排。

上行信息（子站到主站）的优先级排列顺序和传送时间为：

（1）对时的子站时钟返回信息和遥控、升降命令的返校信息插入传送；

（2）变位遥信、子站工作状态变化信息插入传送，要求在 1s 内送到主站；

（3）遥控、升降命令的返校信息，插入传送；

（4）重要信息安排在 A 帧，循环时间≤3s；

（5）次要遥测安排在 B 帧传送，循环时间≤6s；

（6）一般遥测安排在 C 帧传送，循环时间≤20s；

(7) 遥信状态信息和子站工作状态信息安排在 D1 帧，定时传送；

(8) 电能脉冲计量安排在 D2 帧定时传送；

(9) E 帧是随机信息，事件顺序记录安排在 E 帧，随时插入方式传送。

下列命令的优先级排列为：

(1) 召唤子站时钟，设置子站时钟校正值，设置子站时钟；

(2) 遥控选择、执行、撤消命令，升降选择、执行、撤消命令，设定命令；

(3) 广播命令；

(4) 复归命令。

3. 帧及帧结构

帧结构由同步字、控制字及信息字三部分组成，如图 10-15 所示。每帧以同步字开头，并有控制字，除少数帧外，应有信息字。信息字的数量依实际需要设定，故帧长度可变。

同步字	控制字	信息字 1	…	信息字 n	同步字	…

图 10-15　帧的结构

这三种字的排列规则是：字节自低 B1 到高 Bn，上下排列；每个字节里的位又自高 b7 到低 b0 左右排列，如图 10-16 所示。每一帧向通道发码的规则是：低字节先送，高字节后发；字节内低位先发，高位后发。

(1) 同步字。同步字用以同步各帧，故列于帧首。CDT 循环式远动规约规定同步字为 EB90H，同步字符连续发 3 个，共占 6 个字节，即 3 组 1110、1011、1001、0000B。按上述发码规则，为了保证通道中传送的顺序，写入串行通信接口的同步字排列格式是 3 组 D709H，如图 10-17 所示。图中字节由低 B1 至高 B6 上下排列，字节的位由高 b7 至低 b0 左右排列。

b7	b6	b5	b4	b3	b2	b1	b0	B1 字节
b7	b6	b5	b4	b3	b2	b1	b0	B2 字节
b7	b6	b5	b4	b3	b2	b1	b0	B3 字节

图 10-16　字节排列

D7H(11010111)	B1 字节
09H(00001001)	B2 字节
07H(11010111)	B3 字节
09H(00001001)	B4 字节
D7H(11010111)	B5 字节
09H(00001001)	B6 字节

图 10-17　同步字排列格式

(2) 控制字。控制字是对本帧信息的说明，共 6 个字节，如图 10-18 (a) 所示。

控制字节	B7 字节
帧类别	B8 字节
信息字数 n	B9 字节
源地址	B10 字节
目的站址	B11 字节
校验码	B12 字节

(a)

E	L	S	D	0	0	0	1

(b)

图 10-18　控制字

(a) 控制字组成；(b) 控制字节定义

1）控制字节，格式见图 10-18（b），其中：

E：扩展位。E=0，表示使用本规约定义的帧类别；E=1，表示帧类别另行定义，以便扩展功能。

L：帧长定义位。L=0，表示本帧信息字数 n 为 0，即本帧无信息字；L=1，表示本帧有信息字。

S：源站址定义位。

D：目的站址定义位。

在上行信息中，S=1 表示控制字中源站址有内容，源站址字节内容即指子站号；D=1 表示控制字中目的站址有内容，目的站址字节内容即指主站号。在下行信息中，S=1 表示源站址有内容，源站址字节内容即为主站号；D=1 表示目的站址有内容，目的站址字节内容为信息到达站号；D=0 表示目的站址字节内容为 FFH，即代表广播命令，所有子站同时接收并执行此命令。在上行或下行信息中，若 S=D=0，表示源站址和目的站址无意义。

2）帧类别。规约定义了各种帧类代号及其含义。例如，用代码 61H 表示上行，是送重要遥测，下行是送遥控选择命令。用代码 F4H 表示上行送遥测状态，下行送升降选择状态。

3）信息字数。信息字数 n 表示该帧中所含信息字数量。

4）校验码。CDT 循环式远动规约规定采用 CRC 校验。控制字和信息字都是（n，k）=（48，40）码，采用循环冗余校验，生成多项式 $g(x)=x^8+x^2+x+1$，陪集码为 FFH。

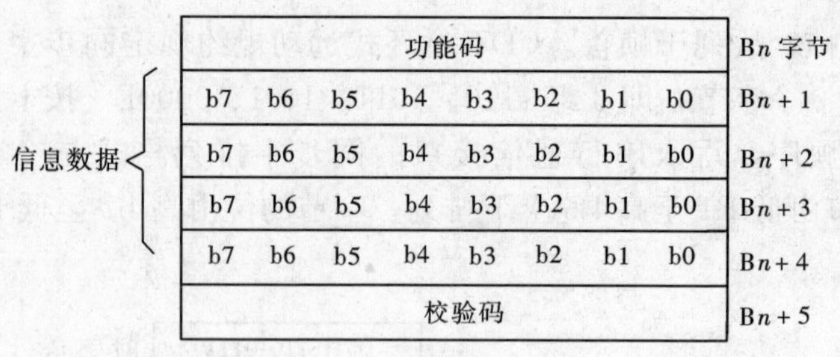

图 10-19 信息字通用格式

（3）信息字结构。每个信息字由 Bn～Bn+56 个字节组成，其通用格式如图 10-19 所示。功能码最多有 256 个（00～FFH），规定了信息的用途或同一用途中不同对象的编号。例如：00～7FH，共 128 个字，用于遥测，因为遥测占 16 个信息位数，所以最多可定义 256 个遥测量；FO～FFH，共 16 个字，用于遥信，因 1 个遥信状态用 1 位表示，所以最多可送 512 个遥信。详细内容可查阅功能码分配表。

该规约对遥测信息字格式、遥信信息字格式、遥控命令信息字结构都作了规定，在此不再详述。

4. 帧系列和信息字的传送顺序

帧系列和信息字的传送顺序，只要满足规定的循环时间和优先级的要求，可以任意组织。例如在没有插入信息时，若 A、B、C、D1 和 D2 帧都需要传送，A 帧的周期最短，其次为 B 帧、C 帧。D1 帧和 D2 帧的周期较长，它和 S1 的重复次数有关，可根据 D1 帧和 D2 帧要求的周期来决定 S1 重复次数，如图 10-20（a）所示。

当出现需要以帧方式插入 E 帧时，可在图 10-20（a）所示箭头所指处插入，按规定连续传送三遍。当出现对时的子站时钟返回信息，变为遥信或遥控、升降命令的返回信息时，就以信息字为单位优先插入当前帧传送，对时的子站时钟返回信息传送一遍，其他信息则连送三遍。若本帧不够连续插送三遍，就全部安排至下帧插送。如被插帧为 A、B、C、D 帧，则原信息字被取代，帧长不变，如图 10-20（b）所示。如被插帧为 E 帧，则应在事件顺序记录完整的信息之间插入，帧的长度相应增加，如图 10-20（c）所示。

此外，在遥控、设定和升降命令的传送过程中，若出现遥信变位，则自动取消该命令，并通过子站工作状态信息通知主站。

子站加电或重新复位后，帧系列应从 D1 帧开始传送，使主站能及时收到遥信状态信息。

下行信道无命令发送时，则连续发送同步字。

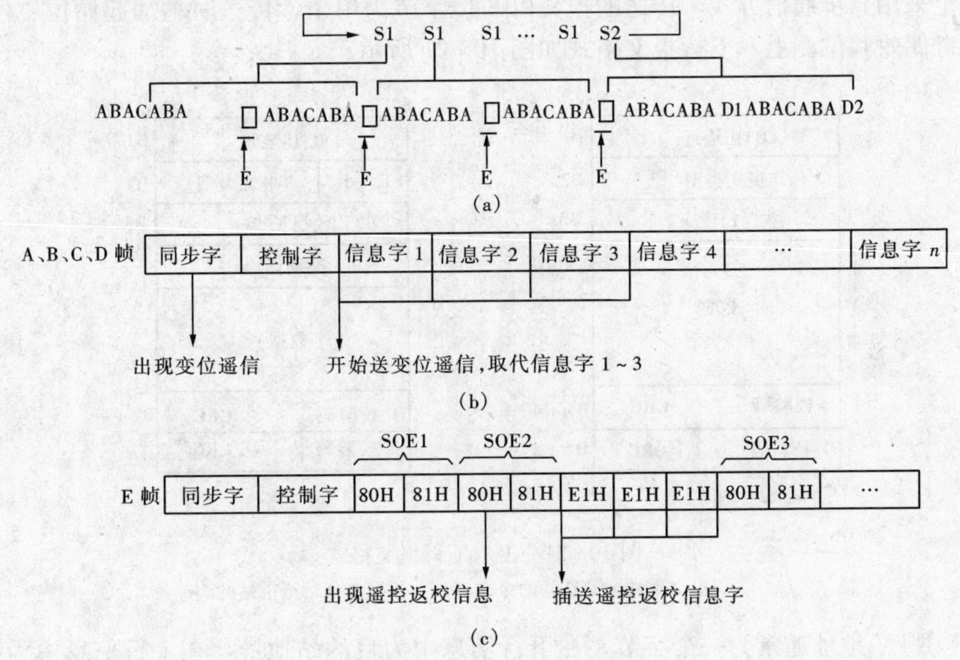

图 10-20　帧系列传送示例

（a）各帧均需传送，有 E 帧插入；（b）插送变位遥信；（c）插送遥控返校

（二）问答式远动规约

1. 问答式远动规约的特点及适用范围

问答式远动传输规约，简称 Polling 规约，或称查询式远动规约。

问答式传输方式的主要特点是传输信息的主动权在主控端（主站）。主站（Master Station）主动地按顺序发出“查询”命令，受控端（分站 Sub Station）响应后才上送本站信息，即有问必答，当分站收到主站查询命令后，必须在规定的时间内应答，否则视为本次通信失败；无问不答，当分站未收到主站查询命令时，不允许主动上报信息。采用单工通道就可实现两端间问答式传递信息的功能。

该规约适用于网络拓扑结构为点对点、多个点对点、多点共线、多点环形和多点星形网络配置的远动系统中，可以是双工或半双工的通信。问答式远动规约规定了电网数据采集和监视控制系统（SCADA）中主站和子站（远动终端）之间以问答方式进行数据传输的帧的格式、链路层的传输规则、服务原语、应用数据结构、应用数据编码、应用功能和报文格式。

分站的远动数据种类不一，可按其特性和重要程度加以分类，对于重要的、变化快的数据，分站应勤加监视，采样扫描周期应短一些；对于不重要的变化缓慢的数据，采样扫描周期可以长些。分站可提供几种类别的扫描周期，主站在需要时可以向分站查询这些类别的数据。为了提高效率，通常遥信采用变位传送，遥测采用越阈值，即越死区传送，因此，对遥测量需要规定其死区范围；遥测量配有数字滤波，因此还要规定滤波系数，对扫描周期、死区范围也应规定。

2. 报文格式

约定采用异步通信方式，传送的报文以 8 位字节为单位，传送时增加起始位、停止位，但不带奇偶效验位。上、下行报文格式如图 10-21 所示。

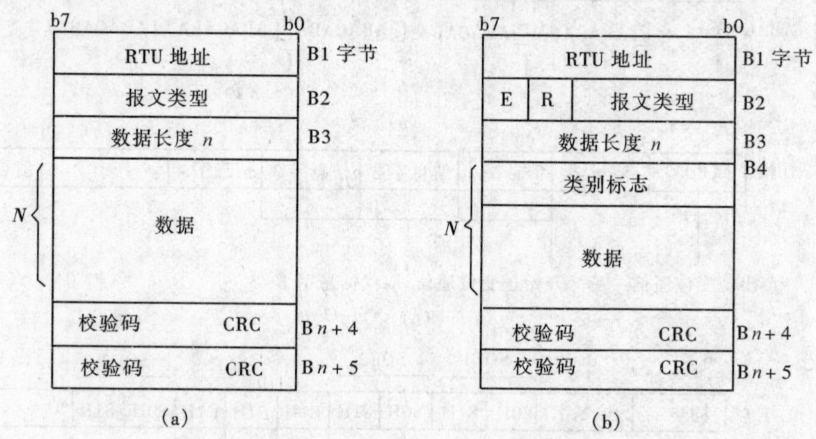

图 10-21 上、下行报文格式

(a) 下行报文主站至分站的命令；(b) 上行报文分站至主站的响应

(1) RTV 地址通常为一个字节，在下行信息中为目的站地址，在上行信息中为源站地址，地址范围为 00H～FFH。

(2) 报文类型用来说明报文的内容或类型，它用不同的代码来表示不同类型的报文。如主站传送的命令报文：扫描周期 SCAN，代码为 11（H）；类别查询 ENQ，代码为 05（H）等。

在分站给主站的响应报文中都有 E 和 R 两位以及一个字节的类别标志。E 用来报告事件记录情况，有事件记录时 E=1，否则 E=0。R 用来报告 RAM 自检情况，自检有错时 R=1，否则 R=0。分站给主站的响应报文中用“类别标志”来报告哪些类别的数据有了变化。类别标志中的每一位表示对应类别的情况，例如类别标志中的 b1 位为 1，就表示类别 1 中有数据变化。主站也可设置类别标志，指明查询某些类别的数据。

(3) 数据长度表明报文中数据段的字节数。

(4) 校验码部分有三种情况：对于重要的报文采用 16 位校验码；对于不太重要的报文只用 8 位校验码；分站给主站的“肯定性确认”和“否定性确认”报文不带校验码。

3. 问答式规约的优点及缺点

该规约的优点是比较灵活，对各种类型的信息可区别对待。例如，对于缓慢变化的信号可以适当延长呼叫的周期，而对变化急剧的信号，又可以频繁地查询送数；通道适应性强，既可以采用全双工通道，也可以采用半双工通道，既可采用点对点方式，又可以采用一点多址或环形结构；节省了通道投资；采用变化信息传送策略，提高了数据传送速度。该规约的主要缺点是有时受控端的紧急信息不能及时传给主控端。因此，在实际应用中，要做一些灵活处理。例如对于遥信变位，子站 RTU 要主动上送；对通道的要求较高，因为一次通信失败虽然可以采用补发的方法，但补发次数有限，在通道质量较差时，仍会发生重要信息（如 SOE）丢失的现象；采用整帧校验的方式，由于一帧信息量较大，因此出错的概率较大，校验出错后必须整帧丢弃，并阻止重发帧，从而更加降低了实时性。

关于问答式传输规约的详细内容，请见 DL/T 634.5101—2002《远动设备及系统：传输规约基本远动任务配套标准》。

第七节　串行数据通信接口

在变电站综合自动化系统中，特别是微机保护、自动装置与监控系统相互通信电路中，主要采用串行通信。串行数据通信主要是指数据终端设备 DTE（Data Terminal Equipment）和数据电路端接设备 DCE（Data Circuit - terminating Equipment）之间的通信。这里的 DTE 一般可认为是 RTU、计量表、图像设备、计算机等，DCE 一般指可直接发送和接收数据的通信设备，调制解调器也是 DCE 的一种。DTE 和 DCE 之间传输信息时，必须有协调的接口，常用的有 RS-232D 和 RS-422/485。

一、RS-232D 接口标准

RS-232D 是美国电子工业协会（EIA，Electronic Industries Association）制定的物理接口标准，也是目前数据通信与网络中应用最广泛的一种标准。它的前身是 EIA 在 1969 年制定的 RS-232C 标准。由于两者相差不大，因此 RS-232D 与 RS-232C 基本成为等同的接口标准，人们经常称它们为“RS-232 标准”。RS-232D 接口标准如图 10-22 所示。

1. RS-232D 的特性

（1）RS-232D 的机械特性。RS-232D 的机械特性中，规定选择 DB25 型连接器，还规定了 DB-25 的机械尺寸及每根针排列的位置。DB-25 是由一个 25 针的插头和一个 25 孔插座组成。图 10-22（c）给出了 DB-25 型连接器图。

（2）RS-232D 的电气特性。RS-232D 标准接口电路采用非平衡型，每个信号用一根导线，所有信号回路公用一根地线，信号速率限于 20kbps 之内，电缆长度限于 15m 之内。由于是单线，线间干扰较大。其电性能采用±12V 标准脉冲。值得注意的是 RS-232D 采用负逻辑工作。

在数据线上：Mark（传号）为－5～－15V，逻辑“1”电平；
　　　　　　Space（空号）为＋5～＋15V，逻辑“0”电平。

在控制线上：On（通）为＋5～＋15V，逻辑“0”电平；
　　　　　　Off（断）为－5～－15V，逻辑“1”电平。

由于大部分设备内部使用 TTL 电平，RS-232D 的逻辑电平与 TTL 电平不兼容，因此常利用专门的线路驱动器和线路接收器来完成 RS-232D 和 TTL 电平间的转换。现有成品组件 SN75188 驱动器和 SN75189 接收器即是 RS-232D 通用的集成电路转换器件。

（3）功能特性。功能特性规定了接口连接线的功能。RS-232D 的信号线可分为四类，即数据线、控制线、定时线和地线。控制总线通常称为握手线，它们的主要功能是为了

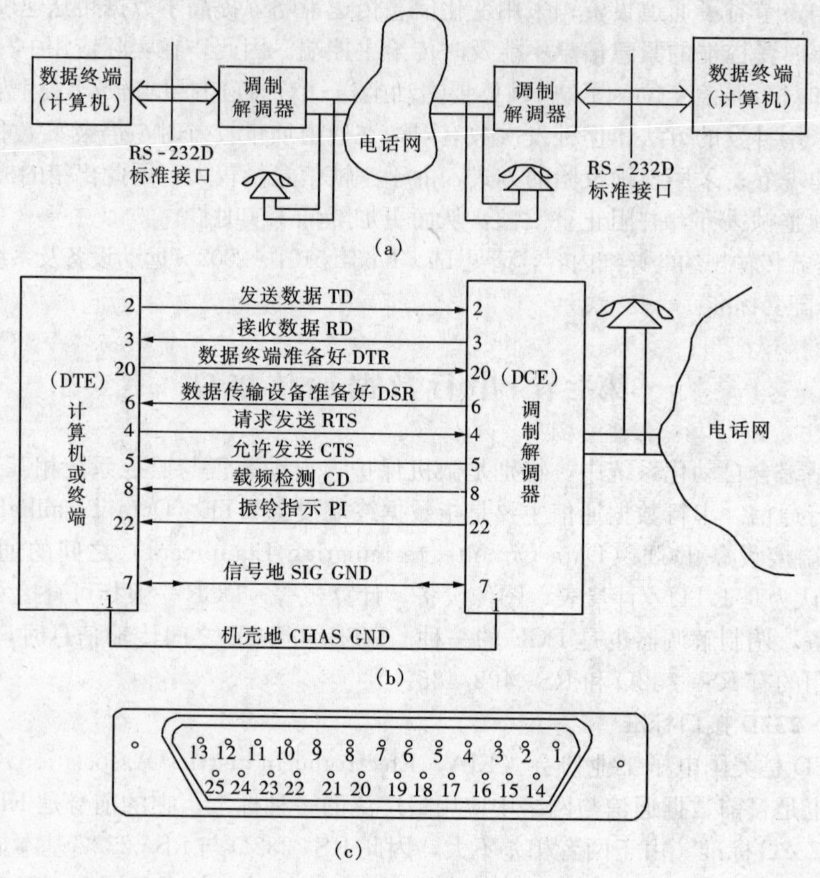

图 10-22 RS-232D 接口标准

(a) 在电话网上的数据通信；(b) RS-232D 标准接口的数据线和控制线；(c) DB-25 型连接器

DTE 和 DCE 间的互相联系，并表示它们的工作状态。定时线一般在同步通信方式时使用。

RS-232D 标准规定了各引脚信号的名称及功能。RS-232D 标准把调制解调器作为一般数据传输设备（DCE）看待，把计算机或终端作为数据终端设备（DTE）看待。图 10-22（a）表示电话网上的数据通信。图 10-22（b）所示为常用的大部分数据线、控制线，各引脚的功能如下：2 是发送数据线，3 是接收数据线，4 是请求发送控制线，5 是允许发送控制线，6 是数据设备准备好控制线，8 是接收载波检测控制线，20 是设备终端准备好控制线，22 是振铃指示控制线，15 是发送时钟定时线，17 是接收时钟定时线，1 是屏蔽地线，7 是信号地线。

2. RS-232D 的优缺点

RS-232D 采用的是单端驱动和单端接收电路，特点是传送每种信号只用一根信号线，而它们的地线是使用一根公用的信号地线。其优点是传送数据的电路简单，不足表现在以下几方面：

（1）数据传输速率局限于 20kbps；

（2）理论传输距离局限于 15m（如果合理的选用电缆和驱动电路，这个距离可能增加）；

（3）每个信号只有一根信号线，接收和发送仅有一根公用地线，易受噪声干扰；

（4）接口使用不平衡的发送器和接收器，可能在各信号成分间产生干扰。

二、RS-485 接口标准

适用于多个点之间共用一对线路进行总线式联网，用于多站互联非常方便，在 RS-485 互联中，某一时刻两个站中，只有一个站可以发送数据，而另一个站只能接收数据，因此其通信只能是半双工的，且其发送电路必须由使能端加以控制。当发送使能端为高电平时，发送器可以发送数据，为低电平时，发送器的两个输出端都呈现高阻态，此节点就从总线上脱离，好像断开一样。

使用 RS-485，可节约昂贵的信号线，同时可高速远距离传送。它的传输速率达到 93.75kbps，传送距离可达 1.2km。因此，在变电站综合自动化系统中，各个测量单元、自动装置和保护单元中，常配有 RS-485 总线接口，以便联网构成分布式系统。

三、RS-232/RS-485 通信接口存在的问题

早期的变电站内部通信多采用 RS-232/RS-485 通信接口。这种方式的优点是通信设备简单、成本低，可实现监控系统与微机保护和自动装置间的相互交换数据和状态信息，可实现多个节点（设备）间的互联。变电站综合自动化系统中使用 RS-232/RS-485 通信接口存在的问题如下：

（1）相互连接的节点数一般不超过 32 个，在变电站规模稍大时，不易满足综合自动化系统的要求；

（2）一般通信方式多为查询方式，即由主计算机问，保护单元或自控装置答，通信效率低（一般在 2400～9600bps），难以满足较高的实时性要求；

（3）整个通信网上只能有一个主节点对通信进行管理和控制，其余皆为从节点，受主节点管理和控制，这样主节点便成为系统的瓶颈，一旦主节点出现故障，整个系统的通信便无法进行；

（4）接口的通信规约缺乏统一标准，使不同厂家生产的设备很难互联，给用户带来不便。

基于上述原因，国际上在 20 世纪 80 年代中期就提出了现场总线技术，并制定了相应的标准。

第八节　综合自动化系统的通信网络

一、局域网的应用

局部网络（Local Network）是一种在小区域内使各种数据通信设备互联在一起的通信网，并按照网络通信协议实现通信的系统。在该系统中，各计算机既能独立工作，又能交换数据进行通信。局部网络可分成两种类型：①局部区域网络，简称局域网（LAN）；②计算机交换机（CBX）。局域网是局部网络中最普遍的一种，构成局域网的四大组成部分是网络的拓扑结构、传输介质、传输控制和通信方式。互联和通信是局域网络的核心。

局域网有如下特点：①传输距离较近，一般为 0.1～25km；②数据传输速率较高，一般为 0.1～100Mbps；③低误码率，一般为 10^{-8}～10^{-11} 数量级。

（一）局域网的拓扑结构

在网络中，多个站点相互连接的方法和形式称为网络拓扑。局域网的拓扑结构主要有星型、总线型和环型等几种，如图 10-23 所示。

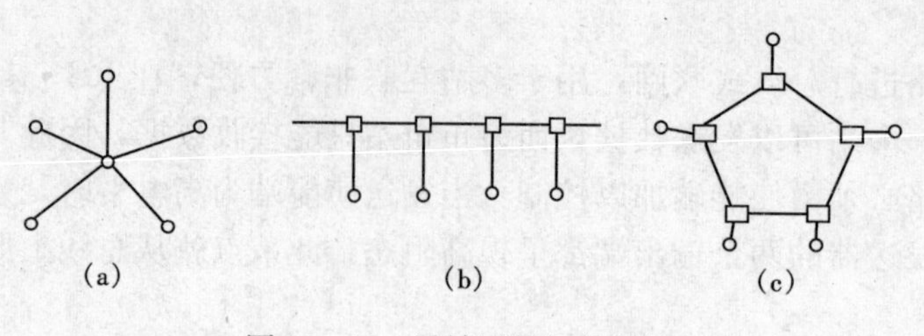

图 10-23 局域网的拓扑结构
(a) 星型；(b) 总线型；(c) 环型

(1) 星型结构，如图 10-23(a) 所示。其特点是集中式控制，网中各节点（网络中通向任何分支的端点，或通向两个或两个以上分支的公共点）都与交换中心相连。当某节点要发送数据时就向交换中心发出请求，由交换中心以线路交换方式将发送节点与目的节点沟通，通信完毕，线路立即拆除。星型结构也用轮询方式由控制中心轮流询问各个节点。如某节点需要发送时就授以发送权；如无报文发送或报文已发送完毕，则转而询问其他节点。

星型结构的优点有：控制方式简单；任何一个非中心节点故障只影响一个设备，不会影响全网；由于每个节点都直接连到中央节点，易检测和隔离故障，可方便地将故障节点从系统中删除，所以便于集中控制和故障诊断；访问协议简单。

星型结构的缺点有：通信依赖于中央节点，中心节点故障时会使全系统瘫痪；如果通信量增加并要求高速通信时，中央节点将成为瓶颈，而如果采用双机冗余来提高可靠性，则增加系统的复杂程度和成本，故通道利用率低，不易扩展。

在电力系统中，采用循环式规约的远动系统的调度端同各厂、站端的通信拓扑结构就是星型结构。

(2) 总线型结构，如图 10-23(b) 所示。总线型结构中采用传输线作为传输介质，所有节点都经接口连到同一条总线上。不设中央控制装置的总线型结构是一种分散式结构。由于总线上同时只能有一个节点发报，故节点需要发报时采用随机争用方式。报文送到总线上可被所有节点接收，与广播方式相似，但只有与目的地址符合的节点才受理报文。

总线型结构的优点有：电缆长度短，容易布线，因为所有的站点接到一个公共数据通路，因此只需足够长度的电缆；可靠性高，易于扩展。

总线型结构的缺点有：故障诊断和故障隔离困难，总线拓扑的网不是集中控制，故障检测必须在网上各站点进行，如果故障发生在传输介质上，则整个这段总线要切除；所有站点共享一条公用的传输总线，一次只能由一个设备传输信息，需要有一种访问控制策略，来决定哪一个站可以发送，所以接在总线上的站点要有介质访问控制功能，必须各站点具有智能性。

(3) 环型结构，如图 10-23(c) 所示。环型拓扑结构由封闭的环组成，每个节点接到一个转发器（图中以小方框表示）。在环型网络中，报文按一个方向沿着环一站一站地传送。报文中包含有源节点地址、目的节点地址和数据等。报文由源节点送至环上，由中间节点转发，并由目的节点接收。通常报文还继续传送，返回到源节点，再由源节点将报文撤除。

环型结构的优点有：传输速度高，可采用光纤，环型拓扑是单方向传输，光纤传输介质十分适用；可采用多种传输介质，因为网上是一个节点与一个节点连接，同一个环上的不同节点间可用不同的介质连接，传输速率也可不同。

环型结构的缺点有：可靠性差，某个节点故障会阻塞信息通路，引起全网故障，为了提高可靠性，必须找出故障部位加以旁路，才能恢复环网通信；诊断故障困难，因某一节点故障，会使全网不工作，难以诊断故障，需对每个节点进行检测；不易重新配置网络。

（二）局域网的传输信道及信道访问方法

局域网可采用双绞线、同轴电缆或光纤等作为传输信道，也可采用无线信道。双绞线一般用于低速传输，最大传输速率每秒可达几兆比特。双绞线传输距离较近，但成本较低。同轴电缆可满足较高性能的要求，与双绞线相比可连接较多的设备，传输更远的距离，提供更大的容量，抗干扰能力也较强。

在局域网中，如各个节点共享网络的公用信道，当不止一个节点同时要发报时就会发生冲突。协议节点之间争用信道的方法可分为两类：一类是竞争型信道访问方法，如载波侦听多重访问（CSMA）、CSMA/CD（Collision Detection 冲突检测）方法；另一类是无冲突型信道访问方法，如令牌（Token Passing）环形网络、令牌总线、时间片环、寄存器插入环。

（三）以太网（ETHERNET）

以太网是采用总线型拓扑结构的局域网，目前应用最广泛。它采用 IEEE802.3 标准，通常在线路半径 1～10km 中等规模的范围内使用，为单一组织或单位的非公用网，网中的传输介质可以是双绞线、同轴电缆或光纤等。一般双绞线在短距离内传输时可以使用，大型变电站的长距离传输，一般需要有中继。

1. 以太网的优点

（1）信道带宽较宽。

（2）传输安全性和可靠性高。由于采用总线型结构，不像环型结构那样中间任一节点失效便对全网造成危害，因而可靠性较高。

（3）高度的扩充灵活性和互联性，建设成本低。网上增、减节点非常方便，任一节点的退出不会影响其他节点的正常通信。

（4）传输速率高，可达 10～100Mbps。

（5）软、硬件支持性好，可自行开发实时点对点的通信软件。

（6）实时性强。虽然 CSMA/CD 媒体访问控制方式，不支持带优先级的实时访问。但由于网络通信的速率高，只要设计时注意避免数据的长帧结构，将长帧分成几个短帧，进行分组传输，即可保证当一个节点占有媒体时，网内其他信息要发送的站点等待的时间最短。

根据上述分析，变电站综合自动化系统中的控制室一层的局域网宜采用以太网。不过，为实现高效、可靠的数据和资源共享，需自行开发适合实时点对点通信的软件。

2. 以太网的结构

以太网采用总线型结构，如图 10-23（b）所示。图中圆圈表示工作站，小方块表示分接器，信道介质可采用具有分接头的同轴电缆。总线每段长度不超过 500m，以免信号在信道中的衰减太大、传输时间太长，必要时可经中继器再增加一段或几段，但两个最远点之间的距离不得超过 2.5km。以太网的工作站都是由计算机、以太网接口控制器和收发器等组成。

采用 CSMA/CD 方法，以太网的发送工作流是，当节点有报文要发送时先要监视信道，只有在信道空闲时方能发报。在发报过程中仍对信道进行监听，如发现有冲突，就发一个简短的干扰码以加强冲突再停止发送，然后推迟一段随机时间继续监测信道；发报过程中如无冲突，在规定的时间内收到对方的肯定性应答，就结束这次通信，否则再监测信道，重复以上过程。

以太网的体系结构主要可分物理层和链路层，与ISO的开放系统互联OSI（Open Systems Interconnection）模型中最低两层相对应。高于链路层的整个网络结构的层次都称为用户层。

通过多年来的实践与应用，变电站综合自动化系统的技术特点及运行要求等方面均取得了极大的发展，特别是近年来基于网络化结构下的分层分布式系统的实践，使变电站综合自动化系统的结构和性能发生了重大的变化。以太网在变电站中的应用越来越得到重视，其中以太网技术的嵌入式应用是很重要的一方面。可以说，基于以太网的变电站自动化系统是变电站综合自动化领域发展的必然趋势，可提供与现有通信方式（RS-232C、RS-422/485或现场总线）的兼容设计，这使得变电站综合自动化的设计或改造选择性更多、更灵活。

二、现场总线在变电站综合自动化系统中的应用

（一）现场总线简介

根据现场总线基金会FF（Foundation Field bus）的定义，所谓现场总线（Field Bus）是一种全数字的双向多站点通信系统。

现场总线是基于微机化的智能现场仪表，实现现场仪表与控制系统和控制室之间的一种全分散、全数字化、智能、双向、多变量、多点、多站的通信网络。按国际标准化组织（ISO）和开放系统互联（OSI）提供的网络服务，支持多种通信介质，满足高速可靠的技术要求。简言之，它把单个分散的测量控制设备变成网络节点，以现场总线为纽带，把它们连接成可以相互沟通信息、共同完成自控任务的网络系统与控制系统。

现场总线控制系统既是一个开放通信网络，又是一种全分布控制系统。它作为智能设备的联系纽带，把挂接在总线上、作为网络节点的智能设备连接成网络系统，并进一步构成自动化系统，实现基本控制、补偿计算、参数修改、报警、显示、监控、优化及控管一体化的综合自动化功能。这是一项以智能传感器、控制、计算机、数字通信、网络为主要内容的综合技术。

现场总线与一般的计算机局域网有些相似之处，但也有不少差别。局域网（LAN）适合于一般做数据处理的计算机网络；而现场总线是作为现场测控网络，要求方便地适应多个输入输出及各种类型的数据（突发性数据和周期性数据）的传输，要求通信的周期性、实时性、可确定性，并适应工业现场的恶劣环境。

现场总线除了具有局域网的一些优点外，最主要的是它满足了工业过程控制所要求提供了互换操作，使不同厂家的设备可互联也可互换，并可统一组态，使所组成的系统的适应性更广泛。现场总线的开放性，使用户可方便地实现数据共享，具有可靠性高、稳定性好、抗干扰能力强、通信速率快、造价低、维护成本低、互可操作性和互用性好等特点。

（二）变电站综合自动化系统采用现场总线的优越性

变电站综合自动化系统的体系结构从早期的面向功能（按保护、监控等若干个相对独立的子系统，每个子系统有自己的输入和输出设备）向着面向对象（一次设备）将保护、测量集成在一起的方向发展。变电站综合自动化系统需要在变电站各种二次设备及其他相关智能设备之间进行信息交换、共享，这就决定其信息传输的多元性和复杂性。这种多元性不但表现为信源各异、信息构成多变，传输要求也是多样的。从通信角度，变电站综合自动化系统

应具有高度的开放性、可互操作性、现场适应性。现场总线在技术上满足上述要求。

建立在现场总线基础上的变电站自动化系统中，智能设备自身具备不依赖于主控或站级的独立测量控制能力，在完成测控功能上，它们是彻底分散的，而实时可靠的数据交换和信息共享，在更高的层次上将各种设备连接起来，促进了变电站信息的集中分析和综合处理。采用具有现场总线的变电站综合自动化系统有以下几方面明显的优越性：

(1) 互可操作性与互用性好。互可操作性是指实现互连设备间、系统间的信息传送与沟通，而互用则意味着不同生产厂家的性能类似的设备可实现相互替换。具有现场总线接口的设备在硬件接口及软件上标准化，用户可优选不同厂家的产品集成为一个比较理想的自动化系统。

(2) 开放式网络。开放是指对相关标准的一致性、公开性，强调对标准的共识与遵从。现场总线所有技术和标准全是公开的，制造商必须遵循，这使用户可以自由组成不同制造商的通信网络，既可与同层网络相连，也可与不同层网络互联，因此现场总线给综合自动化系统带来更大的适应性。

(3) 降低了成本、节省安装费用和维护费。由于现场总线完全采用数字通信，其控制功能也可下放到现场，减少了占地面积；现场总线系统的接线十分简单，一对双绞线或一条电缆上通常可挂接多个设备，因而电缆、端子、槽盒、桥架的用量大大减少，连线设计与连接头校对的工作量也大大减少，节省安装费用；由于连线简单，使维护费用大为降低；接口简单、使用方便。

(4) 系统配置灵活，可扩展性好。

(三) LON WORKS 现场总线在变电站综合自动化系统的应用

几种有影响的现场总线有：基金会现场总线（FF），是现场总线基金会在 1994 年 9 月开发出的国际上统一的总线协议；LON WORKS（Local Operating Network）现场总线，由美国 EcheLon 公司于 1991 推出；CAN 总线（Control Area Network）是控制局域网络的简称，最早由德国 BOSCH 公司推出的。

图 10-24 为采用 LOW WORKS 现场总线构成的通信系统。CSC-2000 型变电站综合自动化系统的通信系统就是采用这种结构。

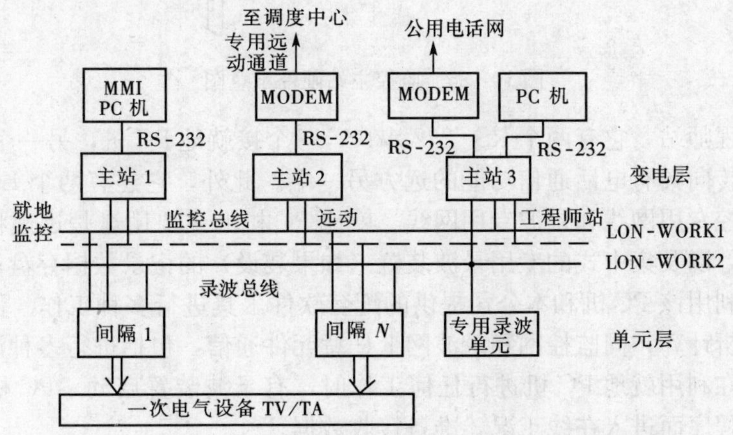

图 10-24　采用 LON WORKS 现场总线构成的通信系统

（1）结构特点。如图 10-24 所示，它只分为变电层和间隔层两层。LON WORKS 网络取消了通信管理层，变电层有三个主站并相互独立，提高了系统的冗余度。图中有两个独立的双绞线总线网，一个是监控主网，另一个是故障录波专用网，各间隔层节点通过常规二次电缆同设备连接。变电层设备包括主站 1～3。总线型网所有节点往网上的连接方式都是一样的，但从功能上可分成变电层和单元层，单元层直接同开关设备连接，而变电层则通过通信网同各单元层通信，收集由单元层触点采集的各种信息和事件报文，以及下达控制命令，分层的概念由此而来。

变电层除了通用设备（如 PC 机和 MODEM）外，还包括专用设备，如图 10-24 所示的主站。主站 1 和 2 完全相同的，称监控主站，其硬件电路图如图 10-25 所示。它包括了一个 Neuron 芯片和一个功能强大的微机系统（主站微机）。该系统同 Neuron 芯片之间用并行方式连接，并设有切换电路，可由主站微机的 CPU 控制，选择连接至 LON-WORK 1 或 LON-WORK 2。主站微机还设有一个RS-232 串行接口，可同就地监控 PC 机通信或经 MODEM 和通道连接远方控制中心。为了适应各种不同的通道，还可选供其他型式的通信接口（如专用光纤），微波或光纤通信系统的 PCM 接口等。在软件方面，Neuron 芯片仅用作 LON WORKS 网络接口，为主站微机通网络之间传递数据，监控主站的功能都由主站微机完成。它设有一个实时数据库，存放着全站各测点的模拟量和状态量，一方面可以通过通信接口同当地或远方监控计算机通信；另一方面监控主站本身具有许多控制功能，可供选用。对于有人值班站，主站 1 和主站 2 可以安装在控制台下部的机箱内，无人值班站，可不设控制台，则远动主站可装在相应的屏或柜上。就地监控主站 1 和远动主站 2 设计成完全一样，就地监控的 PC 机就如同远方控制中心的计算机一样。

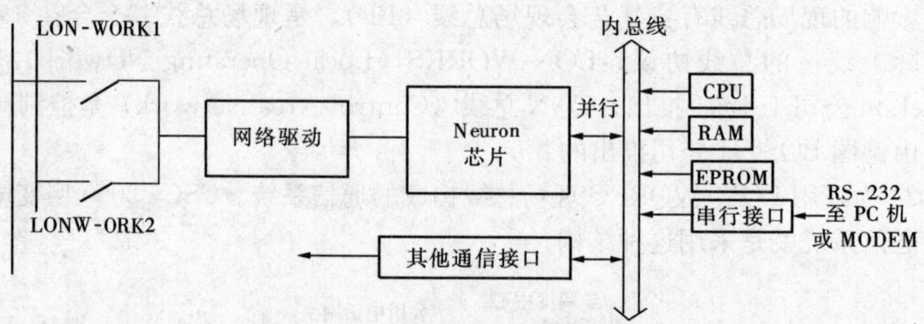

图 10-25 监控主站硬件示意图

主站 3 是工程师站，它有两个 RS-232 串口，一个接就地 PC 机，另一个经 MODEM 接至公用电话网，传向具有电话通信功能的远方另一端。此外，它还有两个 LON WORKS 接口，分别接至监控专用网线和录波专用网线。就地 PC 机的主要用途是迅速将分散在各保护装置的录波插件，以及集中式的专用录波装置（如果装设）的记录数据存盘；此外，在需要时工程师还可以利用该 PC 机和本公司提供的配套软件工具进行多种工作。例如，录波数据的波形显示和分析计算；同监控网和录波网上任意元件通信，包括进行多种测试，读取定值等。如果工程师在利用就地 PC 机进行任何工作时，有录波装置启动，PC 机将立即自动地退出正在执行的程序而进入在线工况，准备接收数据。

工程师站通过 MODEM 接至公用电话网，因而工程师还可以在有电话的地方如同就地 PC 机一样同网上任一元件通信，也可从就地 PC 机的磁盘中调取录波记录。当然，工程师站（就地和远方）的权限比监控主站小得多，工程师站不允许进行任何操作，也不允许修改定值；另外，还可设置口令（password），防止不相干的人员进入。

从 CSC-2000 型的系统看，就地和远方监控相对独立，一个损坏，不影响另一个工作，它们共享网上的所有信息，对于重要的站，可能要求经过不同的通道，送往不同地点的上级部门，此时只要在网上设一个监控主站触点，灵活方便。同样，为提高可靠性，也可设置 2 个就地监控主站，互为备用。

Neuron 芯片本身含有 CPU 微处理器，所有通信事务均由它独立处理，如网络媒介占有控制、通信同步、误码检测、优先级控制等，全部无需系统设计人员关心。而 LON WORKS 总线也有一个重要特点，它的应用层软件（如微机保护软件）和网络部分完全相互独立，因而应用层软件不会因网络上的任何原因而改变。这两个特点使保护和监控单元的设计、使用、维护人员均不需考虑通信网络上的繁琐问题。这种总线方式组成的分散分布式监控网络今后有较大的发展前景。LON WORKS 总线网络在物理层上连接十分简单，只要用抗干扰性能强的双绞线电缆把所有节点连接在一起即可。

（2）单元层保护装置的监控特点。在 CSC-2000 型监控系统的间隔层中省略了监控单元的测量功能。由于每一个保护装置都具有测量功能，可在保护不启动时，利用其闲余时间“顺便地”计算电压、电流、有功、无功、频率等，从而由保护单元取代了监控单元的测量功能（监控单元的开关量 I/O 功能是不可取代的）。但是计费用电能表仍然接仪表 TA，所以可以保证计费的正确性，而保护装置的电流量仍然取自保护 TA，并不影响保护的正常工作。供 SCADA 用的量由保护 TA 和保护装置测量，能满足准确度要求，但为了提高远动功率总加的准确度，在某些汇总点装设专用测点并接仪表 TA，如在主变压器的高、中、低压三侧增设测点。应指出的是这种装置的保护功能仍然是独立的，因为在保护启动后装置的遥测功能就停止了，CPU 集中处理保护功能，因此保护功能是独立而且可靠的。

三、变电站分层通信系统的发展

变电站综合自动化通信系统正在朝着网络化、互联的方向发展，它将是一个广域网/局域网/现场总线并存的网络结构。变电站的信息传输将呈现多层次、多局部交错互联的形态，并由此实现信息的沟通、汇集和共享。

在变电站内可设置局域网，不同智能设备以不同的形式接入变电站局域网。部分远动、保护装置可以通过现场总线（如 CANBUS、LON WORKS 等）经微机综合数据处理后以 TCP/IP（计算机标准通信协议）接入站内的局域网，也可以用 RS-485、RS-232 等接入通信装置（如直流、交流、电量等智能装置），再由通信装置接入站内局域网。所有的工作站都挂在局域网上，实现数据共享。局域网通过网络交换机实现和国家电力数据网络 SPDnet 的互联。连接远方调度的可以是 ATM 网，也可以是站内局域网。ATM 技术采用异步分时复用的方法将信息流分成固定长度的信源进行高速交换，适合多媒体业务，能按需分配带宽，支持多优先级，提供多种带宽承载业务。变电站数据接入 SPDnet 的方法很多，典型的方法是在变电站自动化系统中增加 V24 接口，由 ATM 网实现与 SPDnet 的连接。变电站原有的模拟接口（FSK）、数字接口可以作为备用通道予以保留。图 10-26 所示为典型变电站分层通信系统结构图。

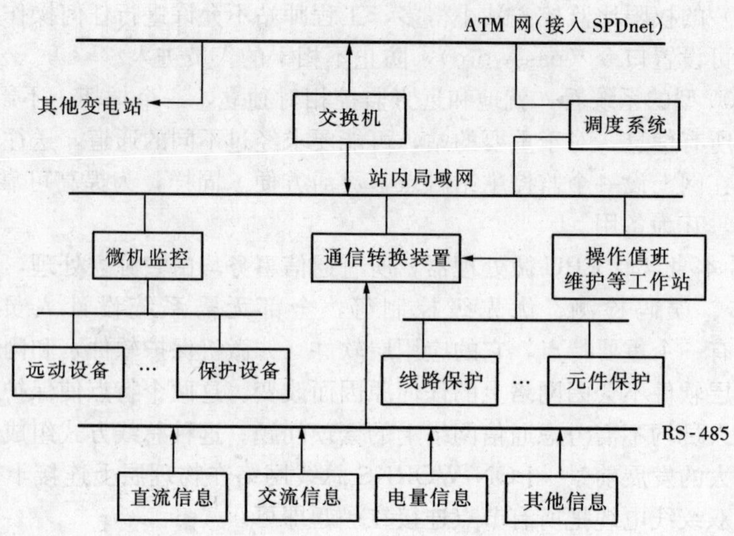

图 10-26 典型变电站分层通信系统结构图

可见，变电站内部的通信具有多个网段，每个网段的总线类型、通信介质、通信协议等可以各不相同。每个总线网段将所属的智能测控设备连接成一个子系统。这个子系统的基本功能与操作是不依赖于整个变电站综合自动化系统而独立实现的。对于实时性要求较高的信息共享与综合控制，也应优先考虑在子系统内部实现。对可靠性要求较高的子系统，还可以设置双网或多网冗余通信。不同总线网段的总线类型、数据传输方式、通信介质、传输规约的选取是按功能特点的不同而灵活选择的，因此它们之间不能直接通信。网段之间的信息传输与共享，可通过多种站级设备（主要指微机、当地监控、总控装置等）实现。目前站级设备只承担信息的汇总与分析，也就是一个规约转换器。随着站级设备功能的扩展，它们还将成为不同网段间互联的网桥，从而使变电站的现场控制层在信息的综合与共享上成为一个有机的整体。

随着变电站综合自动化水平的提高，现场控制层的信息将进一步扩展，视频、音频等信息采集设备也将成为变电站综合自动化系统的组成部分，因此要求站级设备的性能应对这种扩展做出准备，通信能力相应提高。站级设备之间的互联宜采用广域网，以适应站级设备间高速数据交换的要求。站级设备在信息汇总的基础上，可借助数据库、优化运算等手段对全站数据进行综合、分类、优化、存储、转发等。

将来的变电站综合自动化系统远传端口除应具备载波、微波等低频通信接口外，还应具有 AIM 接入的能力，以便充分利用广域网的能力，实现和调度及其他变电站的信息互联，从而实现电网互联的更多功能。建立在广域网/局域网/现场总线结构上的变电站综合自动化系统具有节约投资、简化安装、易于维护、组态灵活、高效可靠的特点，应在变电站综合自动化系统中推广使用。

思 考 题

1. 变电站综合自动化系统数据通信主要包括什么？

2. 什么是变电站的遥控、遥测、遥信、遥调？
3. 什么是信号的调制与解调？
4. 远传数据一般包括哪些环节？
5. 变电站综合自动化系统的现场通信主要解决什么问题？
6. 变电站综合自动化系统与上级调度通信主要解决什么问题？
7. 通信规约的含义是什么？
8. 变电站综合自动何系统中的通信网络主要有哪些？各有何特点？

第十一章　变电站综合自动化系统的可靠性

本章将从电磁干扰产生的原因及后果、抗电磁干扰的措施和自动化系统本身的自纠错与故障自诊断等方面讨论提高变电站综合自动化系统的可靠性措施问题。

第一节　概　　述

变电站综合自动化系统的可靠性是指内部各子系统，在规定的条件下、规定的时间内，完成规定功能的能力。不同功能的自动装置有不同的反映其可靠性的指标和术语。例如微机保护子系统的可靠性通常是指在严重干扰情况下不误动、拒动；远动子系统的可靠性通常以平均无故障间隔时间来表示。变电站综合自动化系统中的各个子系统都为弱电系统，而它们的工作环境是电磁干扰极其严重的强电场所。电磁干扰是指除有用信号外还可能对装置的正常工作造成不利影响的内外电磁信号。这些干扰信号频率高、幅度大，通过电磁耦合很容易进入系统内部，如果不充分考虑系统的可靠性问题，没有采取必要的措施，轻则造成数据传送错误，重则损坏装有程序的EPROM或控制程序流向指针的内存RAM，导致程序出轨或引起装置出现功能障碍，造成保护拒动或误动。因此，提高变电站综合自动化系统的可靠性是非常重要的。

鉴于变电站综合自动化系统运行中因干扰信号所带来的问题，目前在提高其可靠性方面采取的措施主要有：变电站一次和二次系统的设计充分采用电磁兼容技术，提高系统整体的抗干扰水平；装置的制造中选用高质量的元器件，合理的制造工艺和采用屏蔽与隔离技术，从装置的设计和元件选择上减少故障和错误出现的几率；利用微型机的自动检测技术，实时监测微型机装置中有关的硬件设备的运行工况，一旦硬件设备出现故障自动闭锁装置并及时报警，防止装置误动作；采用容错设计方式，利用冗余的设备保证装置不间断地在线运行。

第二节　变电站电磁干扰产生的原因及后果

变电站内高压电器设备的操作，低压交流、直流回路内电气设备的操作，雷电引起的浪涌电压，电气设备周围静电场，电磁波辐射和输电线路或设备短路故障所产生的瞬变过程等都会产生电磁干扰。这些电磁干扰进入变电站内的综合自动化系统或其他电子设备，就可能引起自动化系统工作不正常，甚至损坏某些部件或元器件。电磁干扰的三要素是干扰源、对干扰敏感的接收电路、干扰与接收电路的耦合途径。仔细分析电磁干扰产生的原因，是采取正确的抗干扰措施的先决条件。

一、电磁干扰源

目前与电力系统有关的电磁干扰源有外部干扰和内部干扰两方面。外部干扰是指与变电站综合自动化系统的结构无关，而由使用条件和外部环境因素决定的干扰。对变电站综合自动化系统来说，外部干扰主要有交（直）流回路开关操作、扰动性负荷、短路故障、大气过电压（雷电）、静电、无线电干扰和核电磁脉冲等。内部干扰是由自动化系统结构、元件布置和生产工艺等决定，主要有杂散电感、电容引起的不同信号感应，寄生振荡和尖峰信号引起的干扰，长线传输造成的波的反射，多点接地造成的电位差干扰等。从物理分析角度来看，外部干扰和内部干扰具有相同的物理性质，其消除及抑制干扰的方法没有本质的区别。就装置而言，它们的不同之处在于，内部干扰源可以在设计和调试中使之尽量减少，而对外部干扰源则只能通过合理的措施将它“拒之门外”。总的来说，由于干扰源多种多样，应有针对性地采用不同方法来克服。

外部干扰的表现可概括为三种，即变电站设备的交流电源及直流电源受低频振动扰动、传导瞬变和高频干扰、场的干扰。

1. 变电站设备的交流电源及直流电源受低频扰动现象

（1）电压波动。由大负荷变化引起的周期性或非周期性的电压波动，幅值一般不超过±10%额定电压。

（2）电压突降和中断。电压突降指电压突然降低于90%额定值，电压中断指电压突然消失，主要由大负荷突变、短路、故障切除及重合闸等引起。

（3）谐波污染。由电气设备的非线性特性所产生，如大功率整流器、换流器、感应炉、电弧炉和某些家用电器等。

（4）非工频整数倍数的间谐波。其主要来源是电焊机、电弧炉、静态变频器、换流器等。

（5）电力线附加信号扰动。电力部门利用供电网络，在工频电压上叠加信号电压以传送某种信号，如负荷控制、远方读表、分时计费、电力线载波、通信等，信号电压对交流电源产生干扰。

以上这些低频扰动对变电站的二次设备和综合自动化系统都会产生干扰。

2. 传导瞬变和高频干扰现象

传导瞬变和高频干扰指通过传导进入变电站综合自动化系统和电子设备的各种浪涌和高频瞬变电压或电流。其干扰现象有以下几种：

（1）浪涌干扰。产生浪涌的原因有雷击、操作和短路故障等。变电站除遭受雷击外，还可能有沿送电线路进入的雷电浪涌。如果接收设备阻抗很高，则浪涌对设备形成电压脉冲；如果设备阻抗低，则形成电流脉冲。当大容量熔断器断开低压馈电线路时，由于电路内储存能量的释放，也可能产生浪涌。这类瞬变过电压的特点是持续时间长、脉冲上升时间慢、能量大、但幅值低。

（2）快速瞬变干扰。快速瞬变干扰多产生于断开小电感负载时，如断开电磁式继电器、接触器等。它的特点是电压上升时间快、持续时间短、重复率高，相当于一连串脉冲群。脉冲电压幅值一般为2～7kV，频率可达数兆赫，脉冲群的持续时间为数十毫秒。

（3）阻尼振荡波。在高、中压变电站，断路器和隔离开关操作或短路故障时会产生阻尼振荡波。尤其是在投切高压母线时，这种干扰最显著。这是由于断路器断口的电弧重燃所引起的。这种干扰波的特性是一连串断续出现的阻尼振荡波，上升时间快、重复率高、持续时间长，振荡频率从100kHz至数兆赫。

（4）衰减振荡波。这是由于雷电、操作等波前陡峭的浪涌在低压网络内传播时，因电路中阻抗不匹配而引起反射现象形成的振荡波。其典型特性是上升时间为0.5μs，频率为100kHz的衰减振荡波，常出现于低压供电网及控制信号回路中。

3. 场的干扰现象

(1) 工频磁场。工频磁场又分为正常运行情况下的稳态磁场和短路事故时的暂态磁场。前者数值较小，后者数值较大，但持续时间短。工频磁场的产生是导体中的电流或带电设备的漏磁引起的。

(2) 脉冲磁场。脉冲磁场由雷电、短路事故和断路器操作产生，磁场强度为数百安每米至上千安每米。

(3) 阻尼振荡磁场。在高、中压变电站中，操作隔离开关时将产生阻尼振荡瞬变过程，也产生相应的磁场。磁场强度为10～100A/m，振荡频率从100千赫到数兆赫。

(4) 辐射电磁场。电磁辐射源有多种，如无线电台、电视台、移动式无线电通信设备及各种工业电磁辐射源。

按干扰对电路的作用，干扰又分为差模干扰和共模干扰，如图11-1所示。差模干扰是指串联于信号源回路中的干扰，主要由长线路传播的互感所致；共模干扰是由网络对地电位变化所引起的干扰，即对地干扰。共模干扰可以为直流，也可以为交流，是造成自动化装置不能正常工作的主要原因。

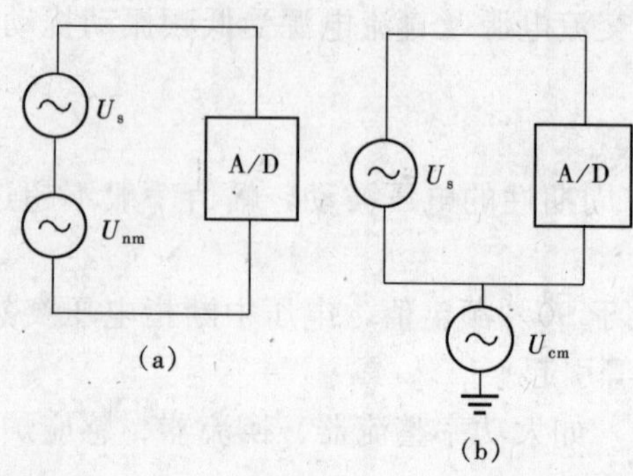

图11-1 差模、共模干扰示意图
(a) 差模干扰；(b) 共模干扰

二、电磁干扰的耦合途径

电磁干扰侵入综合自动化装置的途径可分为辐射和传导两种类型。前者干扰信号通过电磁辐射传播，后者干扰信号通过干扰源与被干扰设备之间的阻抗进行传播。辐射干扰经过导线可转换成传导干扰，传导干扰又可通过导线形成辐射干扰，两者可相互转换。这两种类型干扰又有若干种具体的耦合方式。

(1) 电容性耦合。它是由于两个电路之间存在分布电容，使一个电路的电荷影响另一个电路，又称静电耦合或电场耦合。

(2) 电感性耦合。它是由于两个电路之间存在电感，使一个电路的电流变化通过磁交链影响另一个电路，又称电磁耦合或磁场耦合。

(3) 共阻抗耦合。当干扰源和感受器共用一个主回路或共用一个接地电流返回路径时，则由于干扰源和感受器的电流流经共同的路径产生共阻抗干扰。这种路径可能是电阻、电容或电感，故称为共阻抗耦合。

(4) 辐射耦合。当高频电流流过导体时会发射电磁波，该电磁波通过空间作用于其他导体，感应出电动势，形成电磁耦合干扰。变电站综合自动化系统中的输入信号线、外部电源线、机壳等都相当于接受电磁波的天线。

另外，长线上的波过程，在节点处形成入射和反射，也会将干扰引入装置。

三、电磁干扰可能造成的后果

(1) 对电源回路的干扰。变电站综合自动化系统的工作电源有两种，即交流电源和直流电源。监控主机系统和通信管理机往往采用交流220V电源。微机保护等各子系统常采用直流电源，目前也有的采用交流220V电源，去掉变电站的直流屏。交流电源取自站用变压器，从站用变压器到监控主机或微机保护装置的引线很长，而且在站用变压器上还接有其他负荷。电网的冲击和电压、频率的波动都将对电源回路产生干扰，并直接影响到综合自动化系统。例如造成计算机工作不稳定，甚至死机；造成自动化装置误发报警信号，甚至误操作等。微机保护等各子系统若采用直流电源，电网波动对其影响比交流电源要小得多；但无论采用交流还是直流电源供电，电源与干扰源之间的直接耦合通道都很多。

(2) 对模拟量输入通道的干扰。如果有浪涌电压从电流互感器或电压互感器的二次引线进入模拟量输入通道，可能造成采样数据错误，轻则影响采样准确度和计量的准确性，重则引起微机保护误动作，甚至还可能损坏元器件。

(3) 对开关量输入、输出通道的干扰。变电站断路器与隔离开关的辅助触点均处在恶劣的强电磁干扰环境中，若综合自动化装置采用集中式布置，则这些辅助触点需要通过长线引至开关量输入电路，必然带有许多干扰信号，有时会造成断路器或隔离开关的辅助触点抖动，甚至造成分、合位置判断错误。开关量的输出通道由微机保护装置的输出至断路器的跳、合闸回路，同样也会受到干扰。除了受外界引入的浪涌电压干扰外，装置本身在上电过程中也容易受干扰信号影响，严重情况下有可能造成误动。

(4) 对CPU和数字电路的干扰。电磁干扰对CPU和数字电路的影响有多种表现形式。如果CPU在传送数据过程中数据线受到干扰，则可能造成数据错误、逻辑紊乱，引起微机保护装置误动或拒动，或引起死机；如果CPU在送出地址信号时地址线受到干扰，则可能使传送的地址出错，导致取错命令、操作码或数据，出现误判断或误发命令，也可能因取到奇怪的操作码而使CPU停止工作或进入死循环。随机存储器RAM是存放中间计算结果、输入/输出数据和重要标志的地方，电磁干扰信号较强时，可能引起RAM中部分区域的数据或标志出错，所引起的后果与数据线受到干扰相同。EPROM中存放着自控装置的程序和各种定值，如果因受到干扰而使程序或定值遭到破坏，将直接导致自动装置无法工作。

以上分析表明，变电站综合自动化系统中的任何一部分受到电磁干扰时，都会引起局部或整体工作不正常，严重情况下可能造成整个系统瘫痪。因此，采取合理的抗干扰措施是非常必要的。

第三节 变电站抗电磁干扰的措施

电磁干扰信号能够通过各种途径以传导或辐射的方式耦合至变电站的一、二次系统。在变电站的一、二次系统整体设计中，按规定的电磁兼容标准进行电磁兼容设计是预防出现电磁干扰的一个基本要求。所谓电磁兼容，是指电气、电子设备或系统能够在规定的电磁环境下不因电磁干扰而降低工作性能，它们本身所发射的电磁能量不影响其他设备或系统的正常工作，从而达到互不干扰，在共同的电磁环境下执行各自功能的共存状态。例如在一次系统的设计中，如果不考虑电磁兼容，不采取控制电磁干扰的措施，则会在二次回路引起很大的干扰；如果二次系统不考虑电磁兼容设计，不采用控制和抗电磁干扰的技术，则会对一次系统提出不合理的技术要求。此外，二次设备本身还会因发射电磁波而污染环境。因此，应对一次和二次系统的电磁兼容进行经济和技术上的统一考虑。电磁环境是千变万化的，要真正在整体上达到电磁兼容，保证一、二次设备运行的可靠性，需要根据具体情况，灵活采用各种技术和措施。

抗干扰应针对电磁干扰的三要素（即干扰源、传播途径和电磁敏感设备）进行，可采取相应的技术措施包括消除或抑制干扰源、切断电磁耦合途径、降低装置本身对电磁干扰的敏感度等。

一、抑制干扰源

外部干扰源是变电站综合自动化系统以外产生的，无法消除，但这些干扰往往是通过连接导线由端子串入自动化系统的，因此可从两方面抑制外部干扰源。

1. 屏蔽

（1）变电站综合自动化系统的机柜和机箱采用铁质材料，以实现对电场和磁场的屏蔽，在电场较强的场合，还可以考虑在铁壳内加装铜衬里。

（2）机箱或机柜的输入端子上对地接一耐高压的小电容，可抑制外部高频干扰。由于干扰都是通过端子串入的，当高频干扰到达端子时通过电容对地短接，避免了进入自动化系统内部。

（3）综合自动化系统中的测量和微机保护或自控装置所采用的各类中间互感器的一、二次绕组之间加设屏蔽层，这样可起电场屏蔽作用，防止高频干扰信号通过分布电容进入自动化系统的相应部件。

（4）自动化系统与一次设备的连接采用带有金属外皮（屏蔽层）的控制电缆，电缆的屏蔽层两端接地，对电场耦合和磁场耦合都有显著的削弱作用，一般可将感应电压降低至不接地时的1%以下。

2. 减少强电回路的感应耦合

为了减少变电站一次设备对综合自动化系统的感应耦合，可采取以下方法：

（1）高压母线是强烈的干扰源，因此，增加控制电缆和高压母线之间的距离并尽可能减少平行长度，是减少电磁耦合的有力措施。避雷器和避雷针的接地点、电容式电压互感器、耦合电容器等是高频暂态电流的入地点，控制电缆应尽可能远离它们，以减少感应耦合。

（2）电流互感器引出的三相相线和中性线应在同一根电缆内，避免出现环路。

（3）电流和电压互感器的二次交流回路电缆从高压设备引至综合自动化装置安装处时，应尽量靠近接地体，减少进入这些回路的高频瞬变漏磁通。

二、接地

接地是变电站一次、二次设备电磁兼容的重要措施之一，也是变电站综合自动化系统抑制干扰的主要方法。在变电站设计和施工过程中，如果把接地和屏蔽很好地结合起来，能够解决大部分干扰问题。

1. 一次系统接地

一次系统接地对二次回路的电磁兼容有重要影响。如果接地合理，可以减少开关场内的高频瞬变电压值，特别是减少地网中各点的瞬变电位差，这样可明显减少对二次系统的电磁干扰。处理一次系统接地时，应注意对于引入瞬变大电流的地方设多根接地线并加密接地网，以降低瞬变电流引起的地电位升高和地网各点电位差。例如，应将设备接地线接于地网导体交叉处，在设备接地处增加接地网络互联线，在避雷装置接地点采用两根以上的接地线和加密接地网络。

2. 二次系统接地

二次系统接地分为安全接地和工作接地两种。安全接地也称为保护接地，主要是为了避免工作人员因设备损坏或绝缘强度降低时遭受触电危险和保证设备的安全。安全接地是将设备的外壳（包括变电站综合自动化系统的各机柜和机箱外壳）接地，以防电击或静电放电。

安全接地的接地网通常就是一次设备的接地网。接地线要尽量短和可靠，以降低可能出现的瞬变过电压。工作接地是为了给电子设备或微机保护测控装置一个电位基准，保证其可靠运行，防止地环流引起的干扰；接地线还可作为各级电路之间信号传输的返回通路。为了降低多个电路共用地线阻抗所产生的噪声电压，避免产生不必要的地环路，或造成不同接地点有电位差，对工作接地的要求有：工作接地网各点电位应一致；多个回路公用接地线时，其阻抗应尽量小；由多个电子器件组成的系统，各电子器件的工作接地应连在一起，通过一点与安全接地网相连。

在变电站综合自动化系统中，正确的工作接地尤为重要，系统中的地线大致有如下几种：

(1) 电源地和数字地，是微机直流电源和逻辑开关网络的零电位；

(2) 模拟地，是 A/D 转换器和前置放大器或比较器的零电位；

(3) 信号地，通常为传感器的地；

(4) 噪声地，通常为继电器、电动机等的噪声地；

(5) 屏蔽地，即机壳接地。

根据常识和经验，高频电路应就近多点接地，低频电路应一点接地。因为在低频电路中，布线和元件间的电感并不是大的问题，但是接地电路若形成环路，则对干扰影响大。采用一点接地，对避免地线形成环路有利。变电站综合自动化系统属低频系统，应尽量采用一点接地。变电站综合自动化系统中的各子系统都由多块插件组成，各插件板之间应遵循一点接地的原则，如图 11-2 所示。

由于 A/D 转换器的数字地通常和电源地是共地连接，数字地上电平的跳跃会造成很大的尖峰干扰，会导致 A/D 转换器的模拟地电平的波动，影响转换结果的准确度。因此，应保证模拟地与数字地之间只能一点相连，如图 11-3 所示。连接线应尽量短，最好是在 A/D 转换器的模拟地引脚和数字地引脚之间直接相连；或者是将模拟地和信号地连在一起，然后浮空，不与数字地连在一起；也可将模拟地和数字地通过一对反向并联的二极管相连接，使模拟地与数字地有所隔离，而又保证两者间的电位漂移被二极管所钳制。实际中采取哪一种方式应根据具体情况通过反复调试确定。

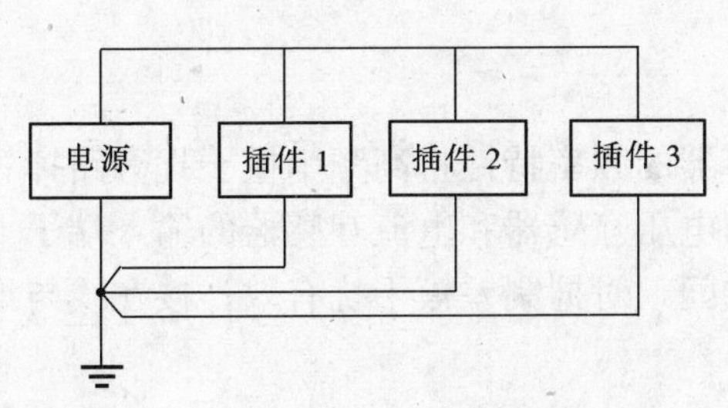

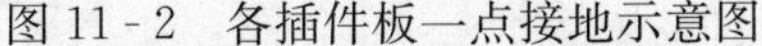

图 11-2 各插件板一点接地示意图

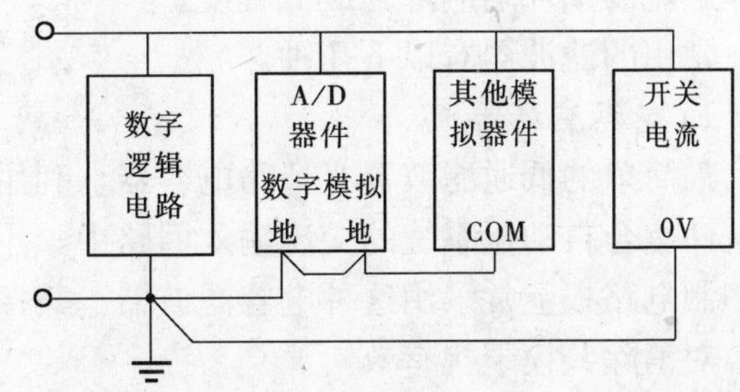

图 11-3 模拟地与数字地一点接地示意图

对于继电器和电动机等回路的噪声地，应采用独立地的方式，不与数字地和模拟地合在一起。

为了有效地抑制共模干扰，装置内部的零电位应全部悬浮，即不与机壳相连，并且尽量提高零电位线与机壳之间的绝缘强度和减少分布电容。

三、隔离

采取良好的隔离和接地措施，可显著减少干扰传导侵入。在变电站综合自动化系统中，隔离措施一般有以下几种。

1. 模拟量的输入

变电站综合自动化系统采集的模拟量，大多数都来自一次系统的电压互感器和电流互感器。这些互感器均处于强电回路中，模拟量不能直接输入至自动化系统，必须经过设置在自动化系统各种交流输入回路中的小型中间变压器进行隔离。这些隔离变压器一、二次之间必须有屏蔽层，而且屏蔽层必须接安全地。所有模拟量都经光电隔离单元隔离后再送入主机，从而使微机内外系统的电源接地线在电气上完全隔离，提高了系统的抗干扰能力。

2. 开关量的输入与输出

变电站综合自动化系统输入的开关量主要有断路器、隔离开关的辅助触点和主变压器分接头位置等，输出的开关量大多数也是对断路器、隔离开关和主变压器分接开关的控制。这些断路器等设备都处于强电回路中，如果与自动化系统直接相连，必然会引起较强的电磁干扰，因此，需通过光电耦合器隔离或继电器触点隔离，才能取得较好的抗干扰效果。

3. 其他隔离措施

进行二次回路布线时，应考虑用隔离的方法尽量减少互感耦合，避免干扰由互感耦合侵入。强、弱信号不应使用同一根电缆；信号电缆应尽可能避开电力电缆，尽量增大与电力电缆的距离，并尽量减少其平行长度。

四、滤波

滤波是抑制变电站综合自动化系统模拟量输入通道传导干扰的主要手段之一。模拟量输入通道受到的干扰有差模干扰和共模干扰两种，对于串入信号回路的差模干扰，采用滤波的方法可以有效地消除。因此，各模拟量输入回路都需要先经过一个滤波器，以防止频率混叠。滤波器能很好地吸收差模浪涌。

如果差模干扰信号的频率比被测信号频率高，则采用低通滤波器；若低，则采用高通滤波器；若恰好落在被测信号频率附近，则采用带通路波器。滤波器在阻带范围内要具有足够高的衰减量，将传导干扰电平降低到规定的范围内。对传输的被测信号的损耗，以及对电源工作电流的损耗均应降到最低程度。

常用的滤波器有以下几种。

1. 电容滤波器

最简单的低通滤波器有旁路电容器，利用电容器的频率特性将高频串模干扰旁路掉。在变电站综合自动化系统的交流输入回路中，小中间电压互感器和电流互感器的输入端子上以及印制电路板上常采用这种电容滤波器。其接在线间，对抑制差模干扰有效；接在线与地之间，对消除共模干扰有效。

2. 电感滤波器

电感滤波器常称为扼流线圈，按其作用分差模扼流圈和共模扼流圈两种。差模扼流圈串接在电路中，用于扼制高频噪声；共模扼流圈有两个线圈，当出现共模噪声时，两线圈产生的磁通方向相同，通过耦合使电感加倍，起到很强的抑制作用。

3. RC 滤波器

RC 滤波器是最常采用的滤波器。在交流采样的小型电压、电流互感器的二次侧采用

RC 滤波器（见图 11-4），可以滤去高频干扰信号。

对于电磁干扰较严重的场合，可采用电容和非线性电阻组成的并联浪涌吸收器。这种浪涌吸收器能有效地抑制共模和差模暂态干扰，常用在综合自动化系统各子系统的交流输入回路小电压与电流互感器的二次侧，以及直流电源的入口处。

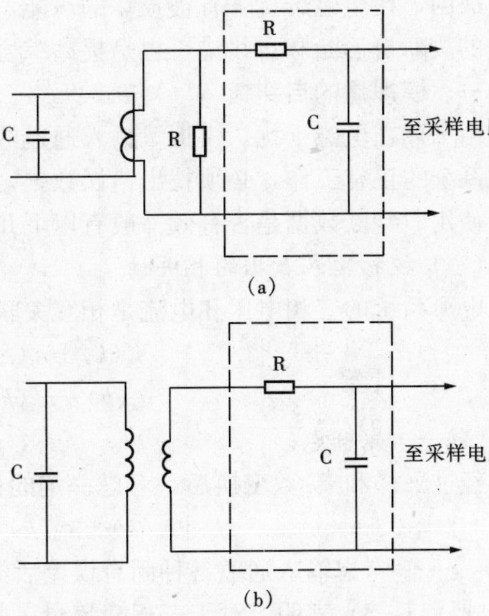

五、电源的抗干扰措施

变电站综合自动化系统中，微机电源的供电系统大致分两类：一是直流电源，取自站内直流屏；二是交流电源，直接取自站用变压器。尤其是在交流供电系统中，电网的冲击电压和频率的波动都将直接影响到微机系统运行的可靠性和安全性。因此，对交流供电系统采取必要的抗干扰措施是非常必要的。

图 11-4　交流输入回路的 RC 滤波电路
(a) 小型 TA 回路；(b) 小型 TV 回路

1. 安装隔离变压器

在微机电源的输入侧安装隔离变压器，由隔离变压器的输出端直接向计算机供电，是一种很有效的抗干扰措施。隔离变压器的变比可取 1∶1，在其一、二次间采用双屏蔽技术。一次屏蔽层接中性线，以隔离来自电网或站用变压器的干扰；二次屏蔽层与微机机箱或机柜共地。

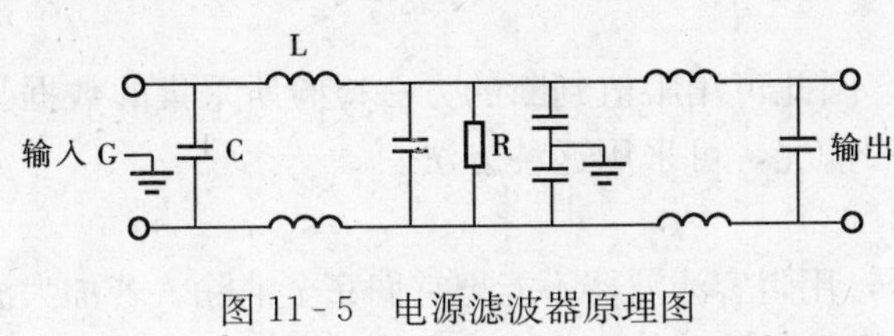

图 11-5　电源滤波器原理图

2. 采用电源滤波器

在计算机电源的输入侧安装电源滤波器，可以滤去交流电源输入的高频干扰和电源高次谐波。它实质是由 R、L、C 元件组成的，其原理图如图 11-5。

安装电源滤波器时，应注意其输入、输出端引线必须分开走线，其接地线要用粗线与机箱或机柜的保护接地相连。

3. 采用不间断电源 UPS

通过 UPS 向微机系统供电，可有效地抑制电网低频常态干扰。当供电电源突然掉电时，UPS 还可直接向计算机供电，从而保证计算机的安全连续运行。

4. 采用氧化锌压敏电阻

氧化锌压敏电阻安装在交流电源的输入端，其作用是吸收交流供电网络的过电压。

在实际应用中以上几种电源的抗干扰措施并不是同时都要采用，可根据实际情况，如计算机承担任务的重要性、供电电源的干扰环境等，选用其中一两种措施。

第四节　变电站综合自动化系统的自动检测技术

在变电站中采取各种抗电磁干扰措施，是提高其综合自动化系统运行可靠性的重要措施。但电磁干扰本身是错综复杂的，很难做到在任何情况下都完全保证系统的正常运行。同时，由于变电站综合自动化系统本身的各个子系统都是由微型机和大规模集成电路或电子器件组成的，在电磁干扰下有被损坏的可能。因此，利用CPU的逻辑判断能力和智能性进行装置的故障自诊断和自纠错，也是提高综合自动化系统运行可靠性的重要措施之一。

一、模拟量的自纠错

由于存在电磁干扰，模拟量输入通道的采样值有可能发生错误。为了保证变电站综合自动化系统的正常工作，必须找出错误数据，并加以剔除，随后输入正确的数据供保护和监控程序使用。判断数据是否有效一般有以下几种方法。

（一）校核输入数据的相关性

电力系统的三相电压和电流是相互关联的，如下面瞬时值关系

$$i_a(k)+i_b(k)+i_c(k)\approx 3i_0(k) \tag{11-1}$$

$$u_a(k)+u_b(k)+u_c(k)\approx 3u_0(k) \tag{11-2}$$

式中 k——采样点。

经过采样和模/数变换后，考虑一定的量化误差，于是有

$$|x_a(k)+x_b(k)+x_c(k)-3x_0(k)|<\varepsilon \tag{11-3}$$

式中 ε——考虑输入通道各种固有误差后给定的检验指标。

式（11-3）表明，对于三相交流量，只要增加一个硬件冗余通道用来引入零序量，就能达到辨识数据是否被干扰的目的。三相电流量，可从零序回路取得；三相电压量可从电压互感器开口三角处取得。一般不宜用三个相量相加得到零序量。

还有更简单的校核输入数据方法，即在条件允许的情况下，对某些信号可分别设置两个通道，只有在两个通道读数一致时方可取用，否则将其剔除，并采集后面的数据。

（二）限制判断

任何一个模拟量都有其合理的变化范围，因此可用限值判断的方法检验所采集的数据是否正确。对于不需要检测三个相电流和电压的情况，可采用这种方法。

（三）数字滤波

对于一些频率比较低的随机噪声干扰信号，用阻容滤波器不能把它们完全消除。若加大滤波常数必然会引起时间的滞后。因此，可考虑用数字滤波的方法减少噪声对采样信号的影响。

二、故障自诊断

故障自诊断或称自动检测，是指变电站综合自动化系统具有在不需要运行人员参与可对内部各主要部件进行自检查的功能。如果检查出某部分运行不正常，则立即报警，以提醒维护人员进行维修。对于关键部件，则自动闭锁相应出口，以保证电力系统的正常运行。由于变电站综合自动化系统具有故障自诊断功能，只要系统内部出现故障就会被立即发现，并被告知具体的故障部位。这不仅可以免去工作人员定期检修的工作量，还能大大缩短维修时间，对提高系统运行的可靠性是非常有益的。

（一）故障自诊断的分类

按照变电站综合自动化系统的工作状态的不同，故障自诊断分为静态自检和动态自检。静态自检是指变电站综合自动化系统在刚上电、尚未投入运行时，系统自身先进行的全面的自检。一旦发现某部分不正常，则不立刻投入运行，必须检修正常后再投运。动态自检是在自动化系统投入运行的过程中插入的自检，便于及时发现故障。一般来说，静态自检可以不受时间限制，因此可以检查得仔细些，可实现故障定位；动态自检时间不能太长，以免影响

正常功能的执行。

按照检测时机的不同，故障自诊断又分为即时检测和周期检测。即时检测指连续监视或检测时间间隔不大于采样周期的检测。它要求有一定的辅助硬件，或者用于 CPU 的处理量不大的情况下，如 CPU 和输入通道的检测。周期检测指利用正常功能执行的小块富裕时间，积零为整来进行检测。其检测周期可能较长，通常不具有即时性，一般用来进行 CPU 处理量较大情况下的检测，如 EPROM、RAM 的检测。

按照检测对象的不同，故障自诊断又分为元器件检测和成组功能检测。元器件检测是指检测各元器件是否故障或复位，主要包括检测 EPROM、RAM、A/D 转换器、CPU、接口芯片、定值电路、开关或插件的接触情况等。成组功能检测则是通过对模拟系统故障的模拟程序和数据的处理，来判断硬件是否有缺陷。

（二）几种常用的检测方法

1. CPU 的检测

一种基本的检测方法是利用定时电路。该定时器不能被 CPU 禁止，但可由 CPU 清零。CPU 正常时，由软件按一定周期（应小于定时器的定时）使定时器清零。一旦 CPU 故障，无法使定时器清零，定时器达到定时后便发出报警信号。为了在程序运行出轨时不误报警，该定时器的延时应大于出轨监视器的定时。

2. A/D 转换器的检测

最简单易行的方法是用式（11－3）进行检测。只要连续若干次发现电压或电流不满足该式，就可怀疑 A/D 转换器故障。若电压和电流均不满足，便可认定 A/D 转换器故障。若仅有电压或者电流不满足，则故障可能出现在隔离变压器、前置模拟低通滤波器、采样保持器或者多路转换器。

另外的检测方法是通过多路转换器为 A/D 转换器预留一个检测通道，该通道接有标准电平，定时读取标准电平经 A/D 转换的数值来检查 A/D 转换器的正确性和精度。

3. RAM 的检测

RAM 用来存储微计算机控制系统的临时性数据。其常见故障有存储单元损坏、特殊数据组合故障、数据线或地址线粘接等。RAM 的检测经常采用的是模式校验法，即事先选定某一种校验模式，按照这种模式将数值写入 RAM，然后读出，观察是否发生变化，从而发现 RAM 可能出现的故障。

对 RAM 的检测有破坏性测试和非破坏性测试。破坏性测试系指进行自检时，不保留原来存放在 RAM 中的内容，即破坏了 RAM 中存放的数据等。因此，破坏性测试只能用于刚上电时的静态检查，它可以检查到每一个 RAM 单元的每一位。开始测试时，将一个基准寄存器和全部 RAM 单元清零；将基准寄存器与一个 RAM 单元比较，如果两者相等则将此单元加 1，而后检查下一个单元；对每个单元都检查后，基准寄存器加 1。重复上述检查过程。若发现错误，则显示错误存储单元的地址和内容。显然，这种测试方法较为彻底，但其改变了整个 RAM 的内容，而且耗费时间长，因此只能用于静态自检。

非破坏性测试系指对某个 RAM 单元测试时，将原来所存的数据保留，待测试完后恢复其原有数据。用非破坏性测试可对 RAM 的每一地址循环进行检测。如图 11－6 所示，先将待检查 RAM 单元的内容保存在 CPU 的寄存器中，将 55H（01010101）写入该单元，然后测试程序将此单元读出，检查是否改变；再写入 AAH（10101010），重复检查过程；测试完毕恢复该单元原来的内容，再进行下一单元的测试。这种方法可测试每个存储单元的每一位的两种二进制状态，对于检测坏单元和数据线的粘接均有较好的效果。但使用该方法对每一个 RAM 单元的测试过程不能被其他功能的程序所打断，否则容易出错，有可能误把测试数据当成原来的数据去进行判断，甚至导致保护误动作；在检查完一个 RAM 单元后，进行第二个 RAM 单元的测试前，可以被其他功能的程序所打断。非破坏性测试可以作为动态自检，但要检查完全部 RAM，所需周期较长。

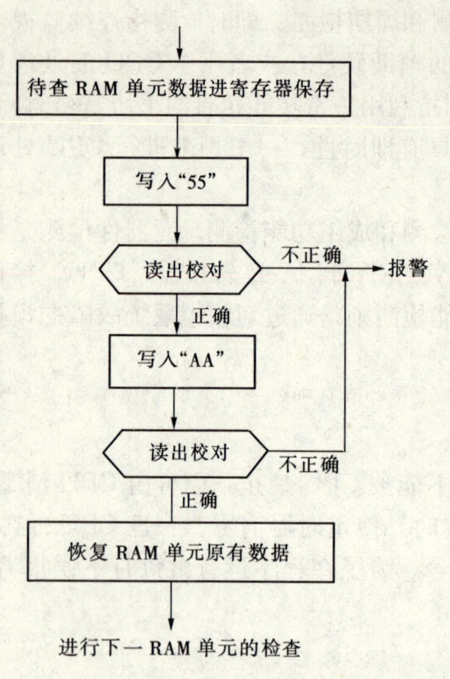

图 11-6　RAM单元非破坏性测试流程图

4. EPROM 的检测

只读存储器 EPROM 一般用于存放工作程序或参数，因此不能像检查 RAM 一样用写入和比较的方法去检查。根据其应用特点，可以用求检验和的方法进行测试。首先将 EPROM 分成若干段（如果 EPROM 不是很长也可以不分段），将每段中自第一个字节至第末字节的代码，然后采取按位加的方法全部相加起来，得出的和数称为检验和，并将这个检验和事先存放在 EPROM 指定的地址单元中。以后在进行自检时，按上述求和的方法得到一个和数，将此和数与事先存放的检验和进行比较，如果相等，则认为此段 EPROM 正常；否则，认为该段有错。这种检测方法简单易行、耗时少，但当两个单元的同一位出错时不能够被发现。

5. 模拟量输入通道的检测

模拟量输入通道的自检包括对模拟滤波器、采样保持器、模拟多路开关和模数转换器等部分的检查。可以利用所采集的三相电路中电流与电压之间的相关性和相应的限值进行校核；还可以考虑在设计数据模块时专设置一个采样通道，将一个标准电压输入该通道，CPU 可以通过对这一通道的采样值的监视来检测多路开关、A/D 转换器等是否正常。

6. 输出通道的自检

输出通道的自检包括计算机输出接口电路、光电隔离电路、继电器出口电路等部分的自检。由于涉及到出口电路，自检时尤其要谨慎，否则容易造成误操作。例如采用图 11-7 所示双工出口电路和自检反馈电路，不仅可以提高出口电路的抗干扰能力，而且可以保证出口电路自检的安全性。自检时，由程序送出跳闸 1 输出命令，并禁止跳闸 2 输出，然后读回

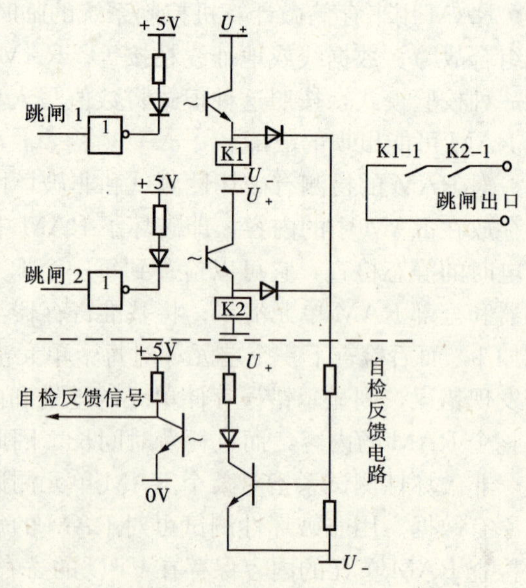

图 11-7　双工出口电路和自检反馈电路

反馈信号。如果跳闸 1 通道工作正常，则立即撤回跳闸 1 命令。由于输出跳闸 1 命令和读回反馈信号的时间很短，继电器 K1 未能吸合。检查跳闸 2 通道的过程相同，只是此时禁止的是跳闸 1 输出。如果在检查过程中程序出轨，未能及时撤回命令，则继电器 K1 或 K2 会动作，但因设置了双工出口电路，而检查只在一个通道进行，故不会出现两个继电器同时吸合的情况。

图 11 - 7 所示的出口电路采用了硬件冗余的设计方法，增加了一个出口通道和自检反馈电路，提高了该子系统工作的可靠性。在比较关键的环节采用这种容错技术是合理的。

7. 重要数据的校核

变电站综合自动化系统在运行过程中，一些重要的中间结果数据，如微机保护子系统的直接实现动作判断的数据、状态标志等，对执行程序有着非常关键的作用。这些结果数据存放在 RAM 中，为防止在强电磁干扰情况下这些重要的数据出现错误，可分别将同一结果数据存放在内存的两个不同区域，一个区域是直接存入，另一个区域是将该数据或标志取反码后再存入。每次使用结果数据前先进行校对，即将这两个不同区域的数据或结果进行比较，如果两者不一致，说明已出现错误，该数据或标志不可信，应剔除。这种检测方法既简单又有很好的效果。

另外，遥控的码制应采用比较可靠的保护码，如 BCH 保护码。BCH 码所检查的码位不多，但编码效率高、实现电路简单，不仅可以检查错误，还可自纠错，是一种抗干扰能力强，灵活性大的保护码。因为遥控的可靠性比其传输速率更为重要，所以应采用相对较慢的速率传输信息，采用经常不传输的异步工作方式，这样可排除许多经常性的干扰，并能提高单元码元在通道中的抗干扰能力。

8. 程序出轨的自恢复

前面介绍的几种自诊断方法主要是对组成综合自动化系统的主要部件的自检，即对硬故障的诊断。但在程序的执行过程中，有时会由于电磁干扰造成程序出轨，即出现软故障。这种情况下会造成程序进入死循环或死机，甚至导致控制系统误出口、误动或拒动等严重后果。因此，当出现程序出轨时，应能够迅速诊断，并自动使其重新纳入轨道。由于发生软故障时 CPU 已不再按预定的程序工作，必须设置专门的硬件电路来检测是否发生程序出轨并实现自恢复。例如采用即看门狗电路（Watch Dog），则可方便地实现这些功能。

按照实现功能的方式，看门狗电路有软件实现和硬件实现两种。用软件实现时利用一个由 CPU 复位的计数器，只要应用程序正常工作，计数器不会发生溢出；如果因干扰引起程序出轨则会产生溢出脉冲，使系统自动复位，重新装入应用程序，恢复正常工作。用硬件实现的看门狗电路，如图 11 - 8 所示。图中 A 点接至微机并行接口的某一输出位。当程序没有出轨时，A 点信号按一定的周期在 1 和 0 之间变化。A 点分两路，一路经反相器，另一路不经反相器，分别接至两个延时动作瞬时返回的延时元件，其延时时间应比 A 点信号的变化周期长。因此，正常情况下两个延时元件都不会动作，或门输出为 0。一旦程序出轨，A 点信号将停止变化，无论它停在 1 状态还是 0 状态，两个延时元件中总有一个动作，通过或门启动单稳态触发器，使 CPU 重新初始化，恢

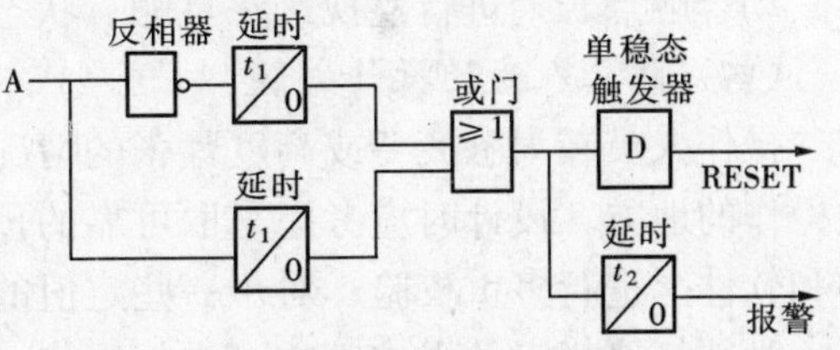

图 11 - 8　硬件实现的看门狗电路

复正常工作。

图 11-8 所示电路不仅可用于程序出轨时的自恢复，还可用于装置的主要元件，如 CPU 损坏时发出告警信号。在这种情况下单稳态触发器发出的复位脉冲已不能使 A 点信号恢复正常，于是经延时后发出告警信号并将装置闭锁。

三、提高可靠性的其他措施

变电站综合自动化系统的可靠性不仅取决于所采取的抗电磁干扰措施和自动检测技术，还与装置的设计、制造及使用等各个环节有关。因此，只有多方面采取措施才能够保证系统在任何情况下都安全可靠地工作。

（一）系统的容错设计技术

系统的容错设计技术主要是指在硬件结构上采用冗余技术。硬件的冗余技术主要有静态冗余法、动态冗余法和混合冗余法三种。静态冗余法是通过掩蔽掉硬件故障的影响来实现容错，采用冗余工作部件来实现掩蔽作用。应用较早的静态冗余法有三模块冗余法，各模块以并行方式处理相同数据，输出给相同的执行部件；之后又派生出多种静态冗余方案。动态冗余法即备用冗余法，一般是一个模块工作，另有模块作备用。根据备用模块是处在断电状态还是通电状态，又分为冷备用和热备用。在保护和监控系统中，为满足实时切换的要求常采用热备用方式。动态冗余法在实际配置时有多种方案，如有部分备用系统、双机备用系统、重叠备用系统等。混合冗余法是静态和动态冗余法的综合应用。

（二）采用多 CPU 分层控制系统

变电站综合自动化系统可以采用单 CPU、双 CPU 及多 CPU 的结构方式。采用单 CPU 的结构方式时，一旦 CPU 出现故障则整个系统就不能正常工作。采用双 CPU 结构时，尽管两个 CPU 互为备用，但外围电路没有备用，这样的系统可靠性也不高。采用多 CPU 分层控制系统时，把保护和控制装置分成各个功能单元，每个功能单元独立工作，互不干扰，当某一功能单元的部件发生故障时，不影响其他回路的正常工作，可单独更换，大大提高了变电站综合自动化系统的可靠性。

（三）加强对出口回路的监视和闭锁

对保护回路的出口，可以利用几个并行接口的不同位，使 CPU 必须多执行几条指令才能构成跳闸条件，这样可以进一步降低误动的可能；对担任出口指令执行任务的继电器，可对其动合触点长期进行监视，一旦触点状态不正常，能及时报警并自动闭锁执行回路。

（四）防止人为的操作失误

操作人员在大脑疲劳或高度紧张的情况下，往往容易发生误操作。对于那些绝对不允许误操作的地方，设计时应考虑采取可靠的预防措施。例如对于断路器的分、合闸，必须在硬件和软件上进行多重校验；对于一些定值的设定以及重要参数的修改，在硬件上应设有操作锁，必须打开规定的操作锁方可进行操作。

总之，提高变电站综合自动化系统可靠性涉及的内容很多，应从多方面入手才能取得良好的效果。

思考题

1. 变电站综合自动化系统为提高可靠性可以采取哪些措施？

2. 电磁干扰对变电站综合自动化系统有何影响?
3. 变电站有哪些干扰源?
4. 变电站抗电磁干扰的措施有哪些?
5. 什么是电磁兼容?
6. 什么是容错设计?
7. 变电站综合自动化系统为提高可靠性可以采取哪些自动检测技术?

第十二章　变电站综合自动化装置实例

自变电站综合自动化系统在我国应用以来，不同阶段的产品，甚至同一阶段不同厂家的产品，在系统的结构和功能上都有所不同。但总的来看，综合自动化系统一直在朝着技术更先进的方向发展。本章引用的实例均为近些年投入使用的设备。

第一节　变电站综合自动化系统的构成

变电站综合自动化系统的构成与变电站的容量、电压等级、主接线的形式及其在电网中所处的位置等因素有关。一般容量大、电压等级高、主接线复杂、在电网中占据重要位置的变电站配备的综合自动化系统的功能和性能应该更完善。

PS6000 变电站综合自动化系统涵盖了 35～500kV 电压等级的输配电线路保护、主变压器保护及测量控制系统，并提供了各个电压等级的变电站综合自动化的完整解决方案。该系统采用分层分布式结构，按纵向分为变电层和间隔层。间隔层在站内按间隔分布式配置，间隔均可直接下放至开关场就地，减少了大量的二次接线。间隔层设备相对独立，仅通过通信网互联，并同变电层的设备通信。该系统从间隔层的单元设备起即采用以太网的通信方式，加之单元设备内部采用了高效率的平衡通信方式，使得 PS6000 在信息的采集、传输、响应等各个环节都较以往的分布式系统有了显著的进步。变电层设备也采用分布式、开放式的设计，组态完成站内监控功能，全面提供设备状态监视及控制、保护信息记录与分析等功能。在从单元设备到监控系统的各个环节的设计中，充分体现了开放性设计思想，除了保持其自身的系统性和完整性外，还具有与其他智能设备之间的互操作性，可方便地与不同通信接口、不同通信规约的其他保护或智能设备进行互联。该系统也充分体现了人性化设计理念，在单元层设备中，采用了"免调试"概念设计、"即插即用"的设计方法以及通用的软硬件平台，采用了全汉化显示/操作界面和图形化、表格化的输出界面；应用过程全息再现技术，使得用户可以用配套提供的调试、分析软件非常方便地读取在单元设备中的信息，并清晰地再现设备的数据和逻辑处理过程；数据库采用了透明化的管理方式，使繁杂的工作变得更简单、更方便。软件功能模块可重新进行系统组态，保证了系统的可扩展性及可维护性。PS6000 110kV 变电站自动化系统结构图如图 12 - 1 所示。

CL - 2000 变电站综合自动化系统适用于 110kV 及以下电压等级的变电站。该系统采用分布智能和松散组态思路，采用工业现场总线技术，将全站功能单元连接成计算机网络，通过数字连接实现全站数据共享；网络按照主从方式、总线型结构组织，全网配置一个主模块作为网络管理单元，实现各功能子单元的数据交换及数据管理，同时完成数据转发、网络打印控制及事故/预告音响控制等功能。该系统的结构图如图 12 - 2 所示。图中的间隔层设备可分散安装于一次设备附近，也可集中组屏安装于控制室内。间隔层中各功能单元采用保护、测量、通信、控制一体化设计，不再设置独立的测控单元。每条线路有一个保护/测控单元与其相对应。每台主变压器都有两个功能单元与其相对应，即差动保护单元和后备保护

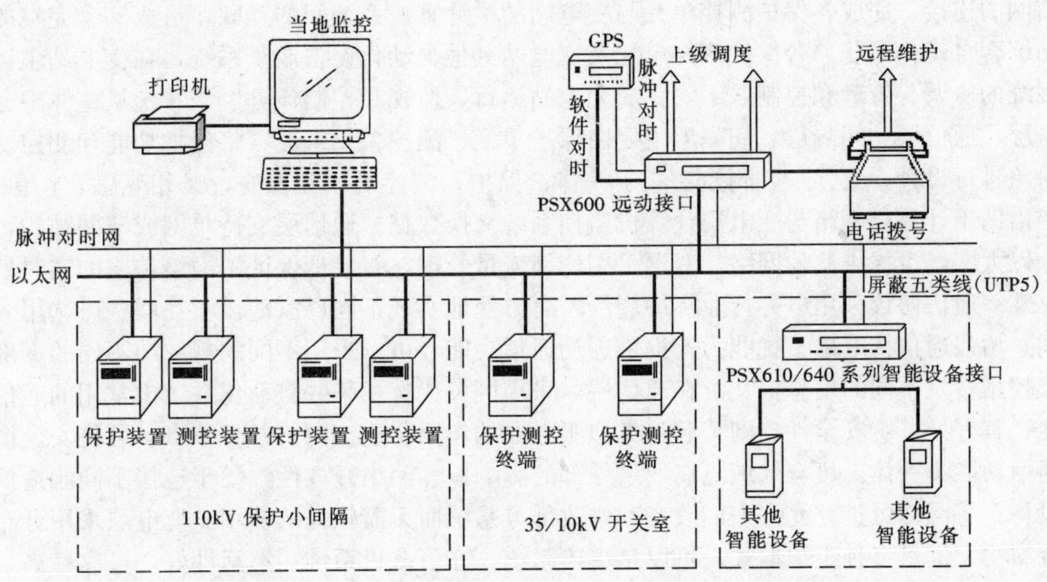

图 12-1　PS6000 110kV 变电站自动化系统结构图

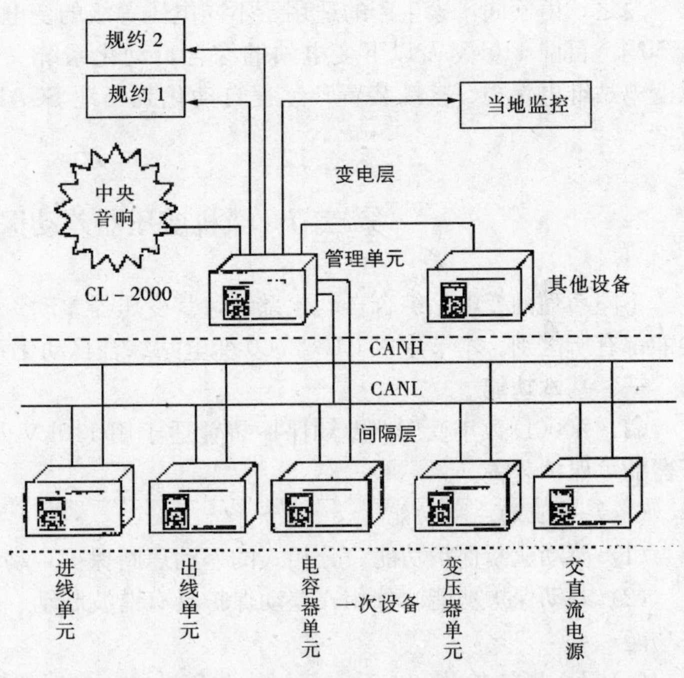

图 12-2　CL-2000 变电站综合自动化系统结构图

单元。变压器的保护单元虽然也具有测控功能，但主变压器高、低压侧断路器分合及有载调压的控制，均由后备保护单元来承担，尽量保持变压器主保护的相对独立性。数字变电站管理单元是该综合自动化系统的通信主模块，完成与间隔层设备进行数据交换和规约处理、中央信号等功能。CL-2000 的管理单元通过 CANBUS 网络接收各模块上传的保护、遥信、遥测和电能量等信息，转发调度端的遥控、遥调、定值、录波等远程命令，可通过智能 I/O 插件与其他厂家的智能设备接口，提供标准的端口及相应的接口规约，可连接多种通信设备，完成多种速率的同步、异步通信。

RCS-9000 高压变电站综合自动化系统是一种将保护、测量、监视和控制功能紧密集成，应用于 220～500kV 高压及超高压电网的变电站综合自动化系统。该系统是采用面向对象的设计思想，利用最新的计算机和网络通信技术，按照变电站自动化整体解决方案，统一规划、设计的分布分散式变电站自动化系统。该系统底层由保护测控单元构成，通过计算机通信网的连接，完成各保护测控单元与变电站的主计算机系统间的互联，形成一个完整的变电站综合自动化系统。各保护测控单元及变电站其他自动化设备或子系统，在变电站主计算机系统的协调、管理和控制之下，完成变电站运行、监视和控制任务。该系统从整体上分为变电层、通信层、间隔层。间隔层主要由保护单元、测控单元组成，将保护功能和测控功能按对象进行设计，集保护、测控功能于一体；保护、测控既相互独立，又相互融合；保护、测控借助于计算机网络与变电层计算机监控系统交换数据。通信层支持单网或双网结构，支持全以太网，也提供其他网络，双网采用均衡流量管理，有效地保证了网络传输的实时性和可靠性；通信协议采用电力行业标准规约，可方便地实现不同厂家的设备互联；可选用光纤组网，增强通信抗电磁干扰能力；提供远动通信功能，可以采用不同的规约向不同的调度所或集控站转发不同的信息报文。在通信层，采用网关代替了某些自动化系统中常用的通信控制器，其好处：①安全性，网关起着类似服务器的作用，连接网络各个节点，可将安全措施与通信功能集一体，可有效地隔离网络外部的影响；②网络开放性，便于连接不同制造厂家的设备；③网络可扩，允许人们改变和修改部分系统而无需较大的费用。变电层采用分布式系统结构，提供多种组织形式，可以是单机系统，亦可多机系统，灵活性好，可靠性高，且方便系统扩展。变电层为变电值班人员、调度运行人员提供变电站监视、控制和管理功能，实现软件功能“即插即用”，能很好地满足综合自动化系统的需要。

总之，由不同厂家生产的适用于不同电压等级的变电站综合自动化系统，其系统结构有所不同。目前110kV及以下变电站的综合自动化系统一般均按无人值守的具体要求设计，从变电站继电保护、自动装置、远程自动化到当地SCADA功能，能给出一个完整的设计方案。

第二节 微机变压器差动保护装置

不同系列的变电站综合自动化系统，其变压器差动保护装置的结构、工作原理和实现的功能都有所区别。本节中以CL-2000变电站综合自动化系统为例进行介绍。

一、基本功能

CL-2000D数字变压器差动保护装置适于用110kV及以下电压等级的变压器，作为变压器的主保护装置。

（一）装置的主要功能

（1）差动速断保护功能。分相式的差动速断保护，动作时间小于30ms。

（2）差动保护功能。分相式差动保护具有谐波制动、比例制动特性及低压侧TA变比调整功能。

（3）TA断线检测和差动电流过大告警功能。实时检测TA断线，可闭锁差动保护，而当没有电流突变但差动电流较大时告警。

（4）本体保护功能。重气体动作于跳闸、有载重气体动作于跳闸、轻气体告警、有载轻气体告警和温度过高告警。

（5）间隙电流保护功能。

（6）遥测功能。测量一相交流电压、一路油温（需另配油温模块）、一路直流220V电压。

(7) 遥信功能。将装置的数字信号、闸刀位置、本体保护信号等上传至变电层。

(8) 具有脉冲电能量采集、操作箱、谐波分析、故障录波、信号等功能。

(9) 具有汉字液晶显示和键盘操作功能，实现了测量跟踪监视、在线修改定值或投退等保护功能。

(10) 可通过数据总线上传状态信息、运行数据及故障报告，可远方在线修改定值和投退某些保护功能。

(二) 装置的主要技术数据

(1) 整定范围。差动保护、差动速断保护、间隙电流保护、启动通风电流等定值整定范围均为 $0.4I_n$～$10I_n$（其中 I_n 为额定交流回路电流），整定级差 0.01A；动作一致性不大于动作值的 3%；平均误差不超过±3%。间隙电流保护、启动通风动作时间整定范围 0.1～4.90s，整定级差 0.01s，动作时间平均误差不超过±30ms。

(2) 比例制动系数调整范围 0.10～0.70，比例制动电流定至 $0.2I_n$～$20I_n$。

(3) 谐波制动系数调整范围 0.10～0.70。

(4) 遥测准确度为 0.5 级。

(5) 遥信分辨率不大于 2ms。

二、硬件部分

CL-2000D 保护装置共由 4 个插件、1 个背板及面板上的人机对话板（MMI 板）组成。机箱内部从左到右依次为交流插件、CPU 板、电源板、继电器输出板。

(1) 交流插件。交流插件上共有 9 个模拟量输入变换器，分别用于高、低压侧三相电流、220V 交流电压及 2 个直流测量模块。

(2) CPU 板。该装置 CPU 板采用较先进的电子技术和表面贴生产安装工艺，提高了数据采集系统可靠性、稳定性、抗干扰性。CPU 板负责完成继电保护、数据采集、监测控制及通信等功能。

(3) 继电器输出板。继电器输出板具有跳闸、合闸、储能、防跳等功能。

(4) 电源板。电源板采用交直流两用的开关电源，输入交流 220V 或直流 220V 均可。开关电源输出为＋5、＋12、－12、＋24V。其中＋5V 用于 CPU 系统，12V 用于 A/D 采集部分，24V 用于开入量和开出量的部分继电器。

(5) 人机对话板（MMI 板）。人机对话板为用户提供人机对话窗口，设有薄膜键盘和大屏幕汉字液晶显示，与 CPU 板以串口通信方式相连。通过人机对话窗口用户可以监测测量数据、开入量状态及装置故障状态，可以调整开入量的去抖时间、修改电压电流的变比、设置装置的通信地址、做遥控的传动实验、整定保护的定值和系统的时间。

三、基本工作原理

CL-2000D 数字变压器差动保护装置的主要保护回路有：

(1) 差动速断保护；

(2) 差动保护；

(3) 本体保护；

(4) 间隙电流保护；

(5) 差动电流告警；

(6) 温度过高告警。

本装置还包括TA断线闭锁回路和谐波闭锁回路。

下面介绍主要保护回路的工作原理。

（一）变压器的接线方式及补偿

采用该数字变压器差动保护装置，仍可按传统方式选择变压器高、低压侧电流互感器的变比，但电流互感器的二次侧均可采用星形连接，使得电流互感器接线更为简单方便，由此产生的不平衡电流可在差动保护装置内部得到调整和补偿。对应变压器不同的连接组别，装置内部有12种调整方案（固定低压侧，调整高压侧），见表12-1。

表12-1　对应变压器不同接线组别，装置内部的调整方案

连接组别	高压侧调整角（°）	调整后的高压侧输入量
Yy	0	$I_a=I_a, I_b=I_b, I_c=I_c$
Yd1	330	$I_a=(I_a-I_c)/1.732, I_b=(I_b-I_a)/1.732, I_c=(I_c-I_b)/1.732$
Yd2	300	$I_a=-I_c, I_b=-I_a, I_c=-I_b$
Yd3	270	$I_a=(I_b-I_c)/1.732, I_b=(I_c-I_a)/1.732, I_c=(I_a-I_b)/1.732$
Yd4	240	$I_a=I_b, I_b=I_c, I_c=I_a$
Yd5	210	$I_a=(I_b-I_a)/1.732, I_b=(I_c-I_b)/1.732, I_c=(I_a-I_c)/1.732$
Yd6	180	$I_a=-I_a, I_b=-I_b, I_c=-I_c$
Yd7	150	$I_a=(I_c-I_a)/1.732, I_b=(I_a-I_b)/1.732, I_c=(I_b-I_c)/1.732$
Yd8	120	$I_a=I_c, I_b=I_a, I_c=I_b$
Yd9	90	$I_a=(I_c-I_b)/1.732, I_b=(I_a-I_c)/1.732, I_c=(I_b-I_a)/1.732$
Yd10	60	$I_a=-I_b, I_b=-I_c, I_c=-I_a$
Yd11	30	$I_a=(I_a-I_b)/1.732, I_b=(I_b-I_c)/1.732, I_c=(I_c-I_a)/1.732$

按照表12-1进行调整后，相当于把变压器均变换成Yy接线。当然，对于不同连接组别的变压器，也可以用外部补偿的方式调整为Yy接线。例如变压器连接组别为Yd11，可将星形侧电流互感器二次侧接成三角形，角形侧电流互感器则接成星形。

（二）低压侧补偿系数

当变压器两侧的电流、电压互感器变比不完全匹配时，可以根据两侧一、二次电压的比例与互感器的变比计算出一个补偿系数K_L，使得高、低压侧的电流相匹配。

$$K_L=1000K_{IL}K_{UL}/K_{IH}\times K_{UH}$$

式中　K_{IL}，K_{UL}——低压侧电流、电压互感器变比；

K_{IH}，K_{UH}——高压侧电流、电压互感器变比。

例如：高压侧额定电压为38.5kV，电压互感器变比为38500/100=385，电流互感器变比为250/5=50；低压侧额定电压为10.5kV，电压互感器变比为10500/100=105，电流互感器变比为1000/5=200，则补偿系数K_L为

$$K_L=1000\times(105\times200)/(50\times385)=21000000/19250=1091$$

将K_L值填写到差动保护定值中，相当于使实际的低压侧电流乘以该补偿系数，高、低压侧电流即可取得平衡。

（三）差动速断保护

当差动电流达到差动速断保护定值时，装置的差动速断保护立即动作，断开变压器两侧断路器。差动速断保护不受制动电流制动或谐波电流闭锁控制。

（四）差动保护

差动保护软件原理框图如图 12-3 所示。比例制动条件为 I_{res} 大于制动定值，且 $I_{KD}<K_1 I_{res}$（I_{KD} 为差动电流；K_1 为制动比例系数；I_{res} 为制动电流）；谐波制动条件为 $I_{KD}<K_2 I_2$（I_{KD} 为某一相的差动电流基波值；K_2 为二次谐波制动系数；I_2 为三相差动电流中二次谐波的最大值）。

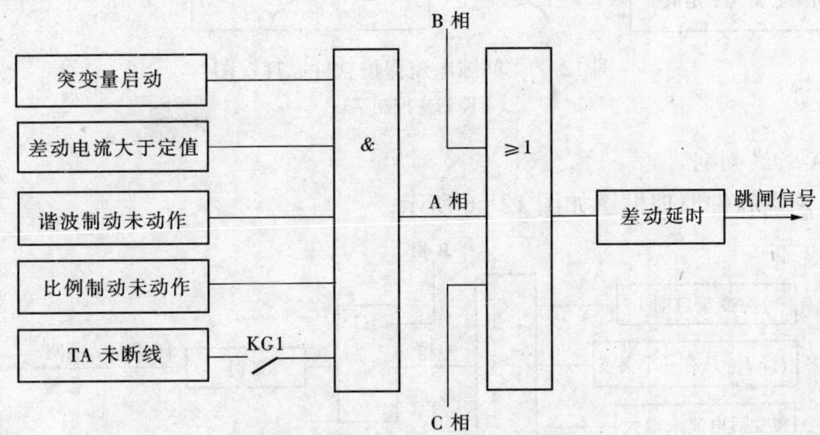

图 12-3　差动保护软件原理框图

KG1—控制字

图 12-4 所示的差动保护比例制动动作曲线由两部分构成，即无制动工作区、比例制动工作区。

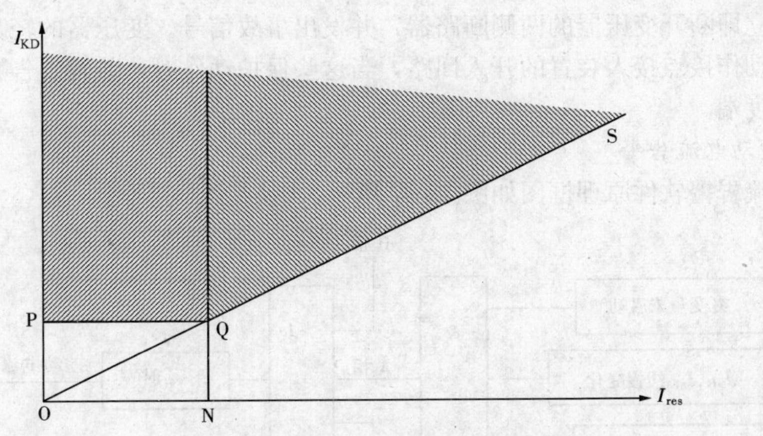

图 12-4　差动保护比例制动特性曲线

（1）无制动工作区（图 12-4 中阴影左斜部分）。

当变压器正常运行或外部短路电流小于 $\overline{ON}$ 时，差动保护装置动作所需电流是定值 $\overline{OP}$，制动电流不起作用。此时只要选取装置的差动电流定值大于额定负荷下的电流差，装置就不会出现误动作。

(2) 比例制动工作区（图 12-4 中阴影右斜部分）。当外部短路电流超过$\overline{ON}$时，正比于外部短路电流的制动电流 I_{res}开始起作用。外部短路电流越大，制动电流就越大，装置动作所需的差动电流 I_{KD}也就越大。因此，装置不会因电流差的增加而误动。所设 K_2 值越大，制动电流的制动能力越强。

变压器内部短路时，I_{KD}远远大于 I_{res}，所以，装置能够可靠动作。

（五）间隙电流保护

间隙电流保护软件原理框图如图 12-5 所示。

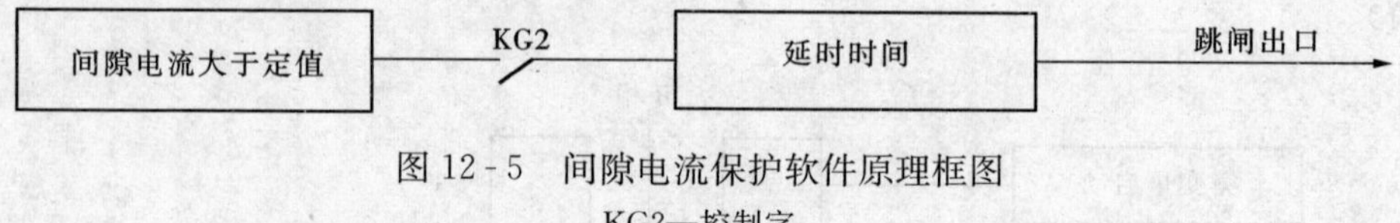

图 12-5 间隙电流保护软件原理框图

KG2—控制字

（六）TA 断线判别

TA 断线判别软件原理框图如图 12-6 所示。

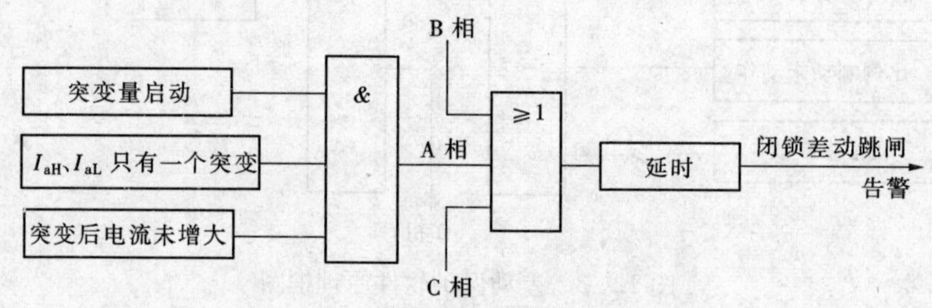

图 12-6 TA 断线判别软件原理框图

（七）本体保护

变压器的重瓦斯保护、调压重瓦斯保护的动作接点接入装置的开入回路，当这些保护动作时，装置立即断开变压器的两侧断路器，并发出事故信号。变压器的轻瓦斯保护、调压轻瓦斯保护的动作接点接入装置的开入回路，当这些保护动作时，装置发告警信号，并把这些信号传给调度端。

（八）差动电流告警

差动电流告警软件原理框图如图 12-7 所示。

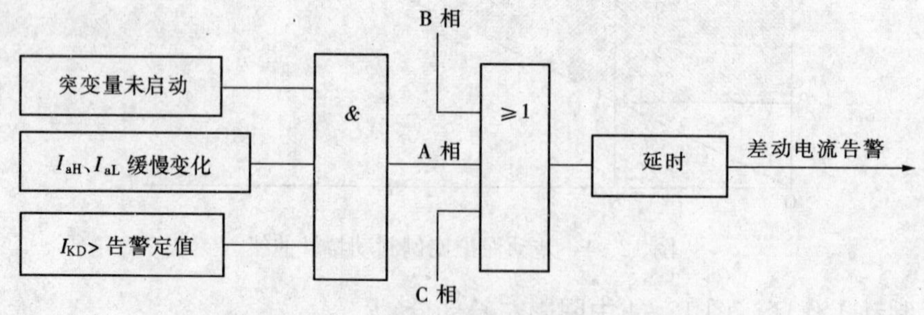

图 12-7 差动电流告警软件原理框图

（九）油温过高告警

装置采集了一路变压器油温信号，当采集的变压器油温高于定值时，装置发出告警信号。

（十）装置的辅助功能

(1) 对开关的控制。变压器出现故障时，装置可以跳开断路器，可以接受远方控制命令对高压侧断路器进行跳闸操作，还可以通过装置的面板对高压侧断路器进行跳闸操作。

(2) 故障录波。对应每一次故障，装置进行两次录波：一次为突变量启动时的波形，另一次为出口时的波形。每次录波信息包括录波原因、时间、录波前电流、录波后电流、各个测量量的故障前 2 周波和故障后 4 周波的全部数据（每周波采样 32 点）。

四、装置的使用

CL - 2000D 的变压器差动保护装置设计了便捷的键盘操作和液晶显示，为用户提供了友好的使用界面。借助该界面可以很方便地浏览测量数据、修改定值系数、进行传动试验。除此之外，CL - 2000D 还提供了详尽的故障告警信息和追忆 SOE 的功能，帮助用户及时准确地处理问题。

（一）静态工作界面

模块上电后即进入静态工作界面，如图 12 - 8（a）所示。在没有用户操作和故障告警情况下该画面保持约 3min，然后转入屏幕保护程序。在通信正常的情况下，可从该画面监视到电流、电压等几个测量值和断路器的开闭状态。按任意键可由该界面进入到用户操作界面，若有故障出现则从该界面进入故障告警界面。

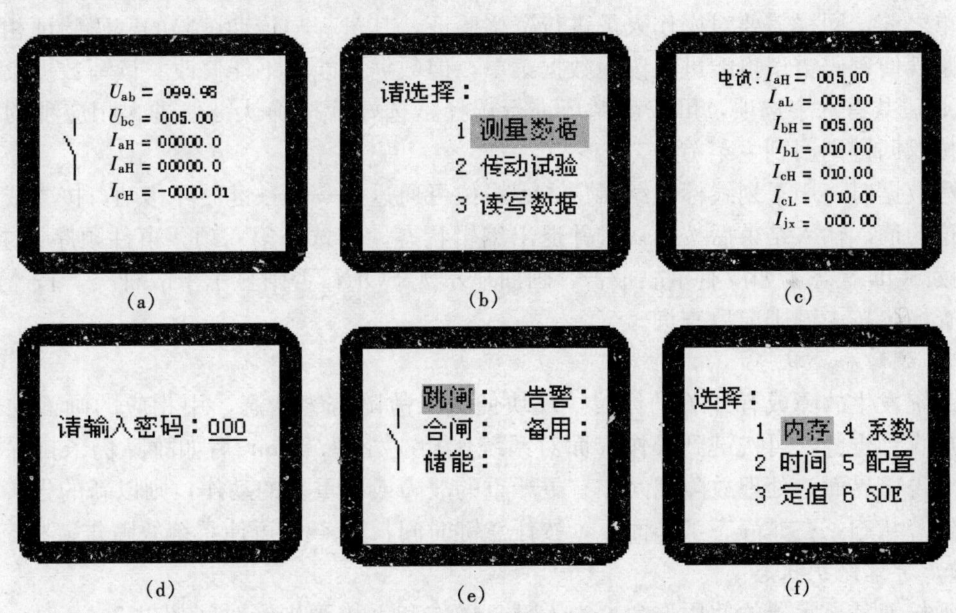

图 12 - 8　CL - 2000D 变压器差动保护装置的界面显示

(a) 静态工作界面；(b) 主菜单；(c) 测量数据界面；(d) 验证密码界面；(e) 传动试验界面；(f) 读写数据菜单

（二）用户操作界面

用户操作界面是一个多级菜单结构，从静态工作界面按键先进入主菜单［见图 12 - 8(b)］，在主菜单按返回键或在所有用户操作界面下保持无按键 1min，便可从用户操作界面回到静态工作界面。主菜单有三个选项，即测量数据、传动试验、读写数据，可通过按↑或↓键在其中做循环选择，黑色条块标示了所选的项，选好后按确认键便进入相应项的下级工作内容，如图 12-8（c）所示为测量数据界面。

1. 测量数据

测量数据包括测量电流、电压、功率和开关量等四项数据，可按↑或↓键循环选择，也可按返回键回到主菜单。

2. 传动试验

传动试验用来在调试过程中检查模块的控制通道是否畅通。为避免出现不可预测的结果，试验前需要对试验人员做安全性资格审查，即验证密码，如图 12-8（d）所示。密码由 3 位十进制数字组成，用下划线标志编辑位，编辑位可通过按←或→键左右移动，编辑位的值可通过按↑或↓键改变。输入结束后按确认键。只有密码正确才能进行传动试验，否则除重新输入密码外，只能按返回键回到主菜单。密码验证通过后，便可进入传动试验界面，如图 12-8（e）所示。图中触点符号表示当前断路器的开合状态，黑色条块标注了选择的试验项目，可通过按↑或↓键循环选择，对所选项目按确认键，试验开始进行；试验成功在相应位置显示 OK，失败显示 ER；试验完毕按返回键回到主菜单。

3. 读写数据

读写数据可用于阅读和修改定值、时间、系数、配置等数据，也可用于追忆 SOE 事件。为了工程人员调试方便，此处还设置了读内存数据的功能。鉴于数据的重要性，在进入读写数据菜单之前，同样需要对操作人员进行资格验证，其过程与传动试验的密码验证相同，所不同的是既使密码错误也能进入读写数据菜单，但数据只能读不能修改。读写数据菜单见图 12-8（f），共有六个选项，可按键循环进行选择，选好后按确认键便进入相应项的下一级内容，按返回键则回到主菜单。

读写数据时，用下划线标注编辑位，编辑位可通过按←或→键循环移动，按↑或↓键改变编辑位的值。输入结束后按确认键并退出编辑状态。若选择第六项，事件顺序记录 SOE，便进入读 SOE 状态。如没有事故报告，画面显示无 SOE，否则显示事故种类。按↑键可继续向前查询，按↓键则向后查询。

（三）故障告警状态

当系统发生故障或有开关动作时，模块便进入故障告警状态，用相应的画面向用户告警。用户收到告警，可按键到操作界面对系统作相应处理，2min 后如故障仍未排除则重新进入故障告警界面。处理故障期间如有更严重的故障或更重要的动作，则以新的告警信息进入故障告警状态。在非静态工作面下，按任意键时间长达 4s，可使系统故障告警状态复归。

（四）屏幕保护状态

为延长液晶显示器的使用寿命，当无键盘操作和无故障告警时间超过 3min 时，显示画面关闭，进入屏幕保护状态。只要一有按键或新的故障告警信号，系统便立即退出保护状态，开始正常显示工作。

第三节 微机变压器后备保护装置

差动保护装置是变压器的主保护单元，在变压器内部发生故障时起保护作用。为了反映变压器外部故障而引起的变压器绕组过电流，以及在变压器内部故障时作为差动保护和气体保护的后备，还应装设后备保护装置。当然，微机变压器后备保护装置所完成的一般并不仅仅是后备保护功能。

一、基本功能

CL-2000F 数字变压器后备保护测控装置适用于 110kV 及以下电压等级变电站的双绕组变压器，与 CL-2000D 差动保护装置一起完成主变压器单元层的功能。

（一）装置的主要功能

（1）三段式复合电压启动过电流保护功能。

（2）二段式零序电压闭锁零序电流保护及零序电流闭锁零序电压保护功能。

（3）过负荷保护功能。

（4）有载调压功能：装置可根据所测得的电压值自动进行电压调整，也可通过升降按钮启动该装置调压。

（5）遥测功能：可测取有功功率、无功功率、电压、电流、频率和功率因数等。

（6）遥信功能：将装置的数字信号和断路器位置、有载调压开关挡位、远方/就地等位置信号上传至变电站层。

（7）遥控功能：遥控主变压器高、低压侧断路器的分合及有载调压开关挡位的调整。

（8）具有电能量采集、谐波分析、故障录波、信号、TV 断线检测和绝缘监查等功能。

（9）具有汉字液晶显示和键盘操作功能，实现测量跟踪监视、在线修改定值或投退某些保护功能。

（10）可通过数据总线上传状态信息、运行数据及故障报告，可远方在线修改定值和投退某些保护功能。

值得注意的是，主变压器高、低压侧断路器的分合及有载调压的升、降、急停等遥控操作都由后备保护装置来承担，而不由差动保护装置承担。这是因为主保护装置在变压器保护中具有极其重要的作用，应尽量保持其相对独立性，不宜承担过多的工作任务。

（二）装置的主要技术数据

（1）整定范围：该装置速断保护、延时速断保护、过电流保护、零序过电流保护和零序电流闭锁的整定范围均为 $0.4I_n$～$10I_n$（其中，I_n 为额定交流回路电流），整定级差 0.01A，动作误差不大于动作值的 3%，平均误差不超过±3%；动作时间整定范围 0.1～9.99s，整定级差 0.01s，动作时间平均误差不超过±30ms；低电压闭锁和负序电压闭锁整定范围均为 5～100V，零序过电压和零序电压闭锁整定范围为 20～199V，整定级差均为 0.01V。

（2）遥测准确度为 0.5 级。

（3）遥信分辨率不大于 2ms。

二、硬件部分

CL-2000F 数字变压器后备保护测控装置同样由 4 个插件、1 个背板及面板上的人机对话板（MMI 板）组成。机箱内从左到右依次为交流插件、CPU 板、电源板、继电器输出板。交流插件上共有 11 个模拟量输入变换器，分别用于三相电压、三相保护电流、三相测量电流、一个零序电流和一个零序电压模块。CPU 板负责完成继电保护、数据采集、监测控制及通信等功能。继电器输出板完成对变压器高低压侧断路器的合跳闸操作及有载调压的升、降、急停等输出功能。电源板采用交直流两用的开关电源，输入交流 220V 或直流 220V 均可。开关电源输出为＋5、＋12、－12、＋24V。其中＋5V 用于 CPU 系统，12V 用于 A/D 采集部分，24V 用于开入量和开出量的部分继电器。人机对话板为用户提供人机对话窗口，具有薄膜键盘和汉字液晶显示，与CPU板以串口通信方式相连。通过该窗口用户可以监测测量数据、开入量状态及装置故障状态，可以调整开入量的去抖时间、修改电压或电流的变比、设置装置的通信地址、做遥控的传动实验、整定保护的定值和系统的时间。

三、装置的软件功能

该装置相电流突变、过流、零序过电流、零序过电压等任一项越限均启动保护子程序。

（1）复合电压启动过电流保护。该保护功能框图如图12-9所示。速断、延时速断、过电流保护功能框图完全相同。图中KG1为复合电压退投控制字，TV断线时可选退出电压闭锁或退出被闭锁段。

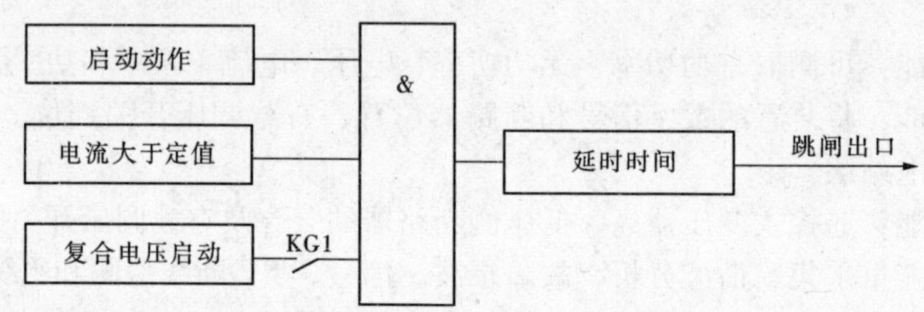

图12-9　复合电压启动过电流保护功能框图

（2）零序电压闭锁零序过流保护。该保护功能框图如图12-10所示。零序电流闭锁零序过压保护的功能框图与其结构相同，只是将图中的控制字KG2改为零序电流闭锁控制字KG3，它所控制的不再是零序电压，而是零序电流。

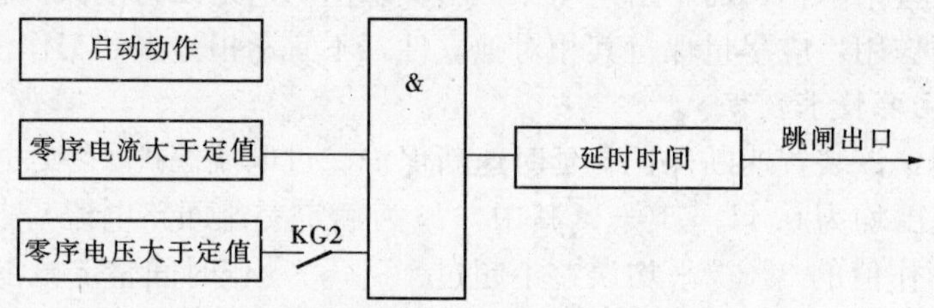

图12-10　零序电压闭锁零序过流保护功能框图

KG2—零序电压闭锁投退控制字

（3）有载调压。该装置的有载调压功能可完全代替有载调压控制器，可选择自动、手动、遥控调压。当有载调压挡位到最低挡不能再进行降压操作；反之到最高挡，则不能再进行升压操作。调压动作后升压操作升一挡，或降压操作降一挡。自动有载调压功能框图如图12-11所示。

当将手动有载调压和远方有载调压控制字投入时，可进行手动有载调压和远方有载调压。

（4）TV断线监视及母线绝缘监视。该装置在没有启动时投入TV断线监视及母线绝缘监视，其判据为$3U_0$大于18V或三相均无电压而至少有一相有电流时，报TV断线；当无TV断线而有零序电压时，报母线单相接地。

四、装置的使用

CL-2000F数字变压器后备保护测控装置的使用方法可参照CL-2000D数字变压器

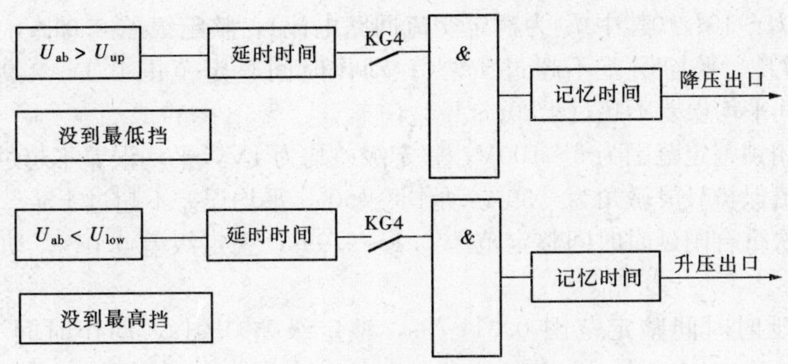

图 12-11　有载调压功能框图

KG4—自动有载调压控制字

差动保护装置。

第四节　微机线路保护测控装置

CL-2000A 线路保护测控装置适用于 66kV 及以下电压等级的小电流接地系统或配电流电压保护的 110kV 线路，是线路单元的间隔层设备。

一、基本功能

（一）装置的主要功能

（1）Ⅲ段低电压闭锁方向过电流保护功能：末段低电压闭锁可单独投退，Ⅰ、Ⅱ段具有可选的后加速功能。

（2）Ⅲ段一次自动重合闸功能。

（3）低频减载功能：低压闭锁和无电流闭锁可投退，低频减载出口跳闸或告警可选择。

（4）小电流接地选线功能：可选用基波或 5 次谐波判断，选线后发告警信号。

（5）零序电流保护功能：零序电流保护动作后出口跳闸或告警可选择。

（6）遥测功能：测量电流取自测量 TA，可测取有功功率、无功功率、电压、电流、频率和功率因数。

（7）遥信功能：装置的数字信号及断路器、储能、隔离开关、远方/就地等位置信号上传至变电站层。

（8）遥控功能：具有分合断路器及储能等功能。

（9）电能量采集功能：内部具有脉冲电能采集功能和积分电能计算功能。

（10）具有操作箱、谐波分析、故障录波、信号和 TV 断线检测等功能。

（11）面板上具有汉字液晶显示、键盘操作功能，可实现测量跟踪监视、在线修改定值或投退某些保护等功能。

（12）装置通过数据总线上传状态信息、运行数据及故障报告，可远方在线修改定值和投退某些保护功能。

（二）装置的主要技术数据

（1）整定范围：

1）该装置速断保护、延时速断保护、过电流保护、零序过电流保护和无电流闭锁的整

定范围均为 $0.4I_n \sim 10I_n$（其中 I_n 为额定交流回路电流），整定级差 0.01A，动作一致性不大于动作值的 3%，平均误差不超过±3%；动作时间整定范围 0.1～9.99s，整定级差 0.01s，动作时间平均误差不超过±20ms。

2）低电压闭锁整定范围为 5～100V，整定级差均为 1V，平均误差不超过±3%。

3）方向电流保护最灵敏角为−30°，动作区 160°，平均误差不超过±5°。

4）三相一次重合闸延时时间整定范围 0.1～9.99s，整定级差 0.01s，动作时间平均误差不超过±20ms。

5）后加速延时时间整定范围 0.01～3s，整定级差 0.01s，动作时间平均误差不超过±20ms。

6）低频减载频率整定范围 46～50Hz，整定级差 0.01Hz，平均误差不超过±0.02Hz；动作时间整定范围 0.1～9.99s，整定级差 0.01s，动作时间平均误差不超过±20ms。

7）小电流接地选线零序电流不大于 0.02A，零序电压不大于 10V。

（2）遥测准确度为 0.5 级。

（3）遥信分辨率不大于 2ms。

二、硬件部分

CL-2000A 线路保护测控装置同样由 4 个插件、1 个背板及面板上的人机对话板（MMI板）组成。机箱内从左到右依次为交流插两件、CPU 板、电源板、继电器输出板。交流插件上共有 8 个模拟量输入变换器，分别用于两相电压、两相保护电流、两相测量电流、一个零序电流和一个零序电压。CPU 板负责完成继电保护、数据采集、监测控制及通信等功能。继电器输出板完成对断路器的合跳闸、储能、防跳等输出功能。电源板采用交直流两用的开关电源，输入交流 220V 或直流 220V 均可。开关电源输出为＋5、＋12、−12、＋24V。其中＋5V 用于 CPU 系统，12V 用于 A/D 采集部分，24V 用于开入量和开出量的部分继电器。人机对话板为用户提供人机对话窗口，具有薄膜键盘和汉字液晶显示，与 CPU 板以串口通信的方式相连。通过该窗口用户可以监测测量数据、开入量状态及装置故障状态，可以调整开入量的去抖时间、修改电压或电流的变比、设置装置的通信地址、做遥控的传动试验、整定保护的定值和系统的时间。

三、装置的软件功能

该装置相电流突变、过流、零序过电流等任一项越限均启动保护子程序。

（1）低压闭锁方向过流保护。该保护 A 相的原理框图如图 12-12 所示，B 相、C 相的原理框图与 A 相的相同。图中 KG1 为方向闭锁的控制字，KG2 为低压闭锁的控制字，控制字等于 1 时将相应的功能投入。用户可根据需要通过整定相应的控制字来投退相应的功能。速断和延时速断保护的原理框图与过电流保护相同。

（2）零序过电流保护。该保护原理框图如图 12-13 所示，保护动作后可选择跳闸或告警。图中 KG3 为零序过电流保护控制字，KG3 等于 1 时投零序过电流保护。

（3）过负荷保护。过负荷保护动作后发告警信号，其原理框图如图 12-14 所示。图中 KG4 为投过负荷保护的控制字。

（4）低频减载。该装置低频减载功能原理框图如图 12-15 所示。图中 KG5 为低流闭锁、KG6 为低压闭锁、KG7 为滑差闭锁低频减载控制字，KG8 为低频减载告警控制字。低压闭锁功能投入时，三相电压都低于闭锁电压定值时，跳闸将会被闭锁。同样，低流闭锁功

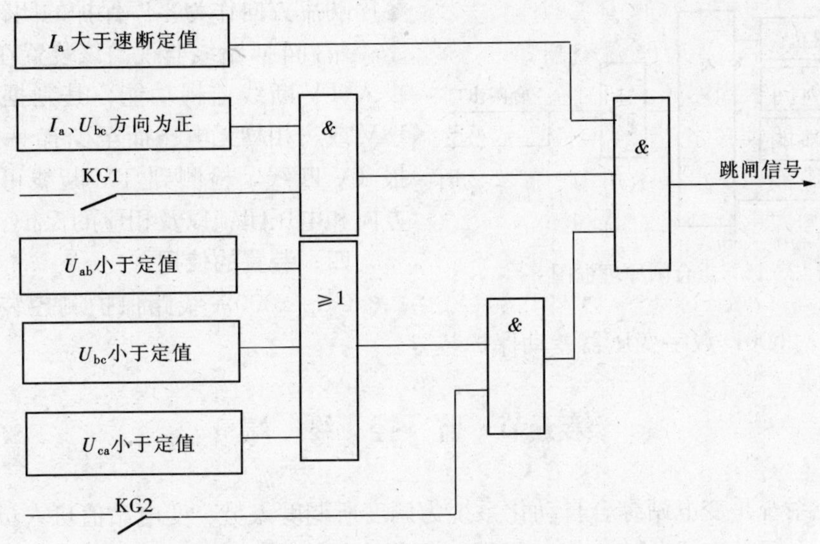

图 12-12　A 相的低压闭锁方向过电流的原理框图

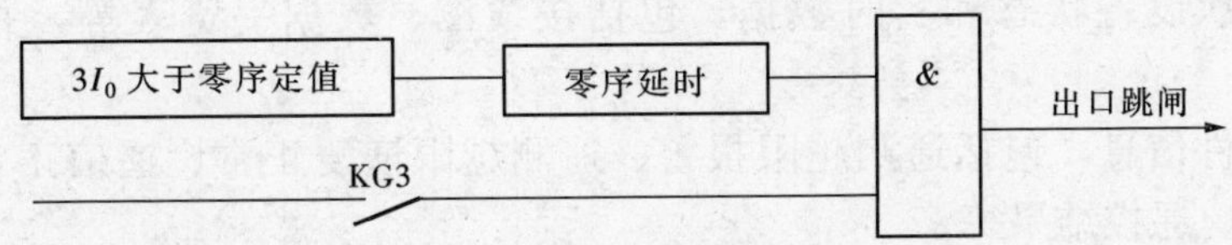

图 12-13　零序过电流保护原理框图

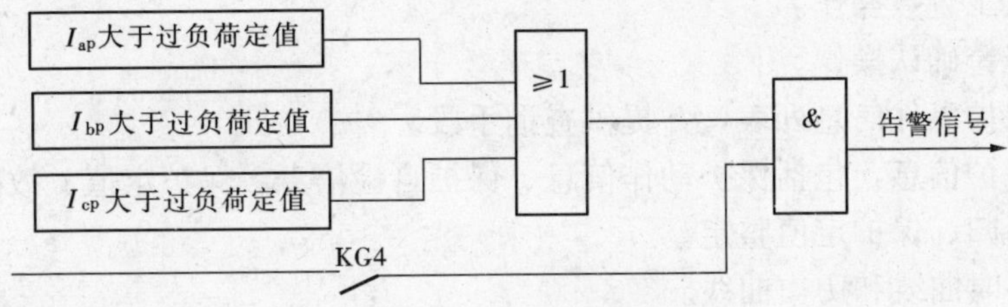

图 12-14　过负荷保护原理框图

能投入时，三相电流都低于闭锁电流定值时，跳闸将会被闭锁。

(5) 重合闸。图 12-16 所示为重合闸功能原理框图。图中 KG9 为重合闸投退控制字。在重合闸动作或重合闸退出时需进行放电。保护跳闸是指速断、延时速断、过流等保护动作跳闸。

(6) 小电流接地选线。小电流接地选线采用零序功率方向的原理，可选 5 次谐波或基波电压、电流进行计算，将

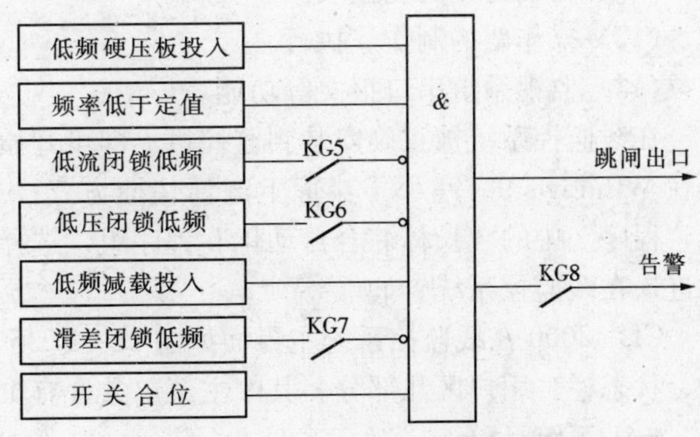

图 12-15　低频减载原理框图

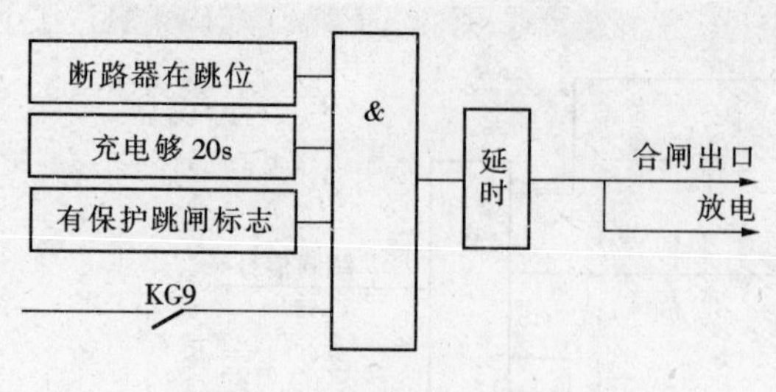

图 12-16　重合闸原理框图

零序功率方向作为零序保护的闭锁条件。

（7）TV 断线监视。该装置在没有启动时投入 TV 断线监视功能，其判据为 $3U_0$ 大于 18V 或三相均无电压而至少有一相有电流时，报 TV 断线，检测到 TV 断线可选退出功率方向和电压闭锁以及相应的保护。

四、装置的使用

CL-2000A 线路保护测控装置的使用方法可参照 CL-2000D 数字变压器差动保护装置。

第五节　监　控　终　端

在线监控系统是变电站综合自动化系统为调度所调度人员、变电站值班人员提供的操作平台。任何一台运行在线监控系统的机器，都称为监控终端。CL-2000 变电站综合自动化系统当地监控终端的主要功能如下：

（1）显示一次设备状态和实时数据，包括接线图、数据一览表等，并可以人工打印图形。

（2）显示事件信息，包括遥测越限报警、遥测越限恢复正常、遥信正常变位、事故变位、SOE、遥调、遥控结果等。

（3）显示事件列表，并提供各种查询手段。

（4）进行遥调、遥控操作。

（5）进行人工置数操作。

（6）进行报警确认操作。

（7）显示保护事件信息列表，并提供查询手段。

（8）显示保护信息，包括保护动作信息、保护自检信息、保护定值、故障波形等；可以进行保护信号复归、保护定值整定。

（9）显示实时曲线和历史曲线。

（10）显示实时列表和历史报表，进行人工打印。

（11）自动打印历史报表。

（12）操作票的制作、执行。

（13）监视系统串口报文等功能。

在线监控系统被正确安装到监控机上即可开始运行。启动在线监控系统有两种方式：一是在 Windows 95/98/NT 桌面上激活快捷方式；二是在 Windows 95/98/NT “开始” 菜单上 “程序” 中的 “长林综合自动化” 程序组，选择 “在线监控系统” 菜单项。两种方式都可以进入在线监控系统。

CL-2000 在线监控系统主界面如图 12-17 所示。该窗口中包含标题栏、主菜单、工具栏、状态栏、用户区几部分。其中主菜单共含有 11 项菜单，下面将分别进行介绍。

一、系统（S）

本菜单共含有以下几项子菜单。

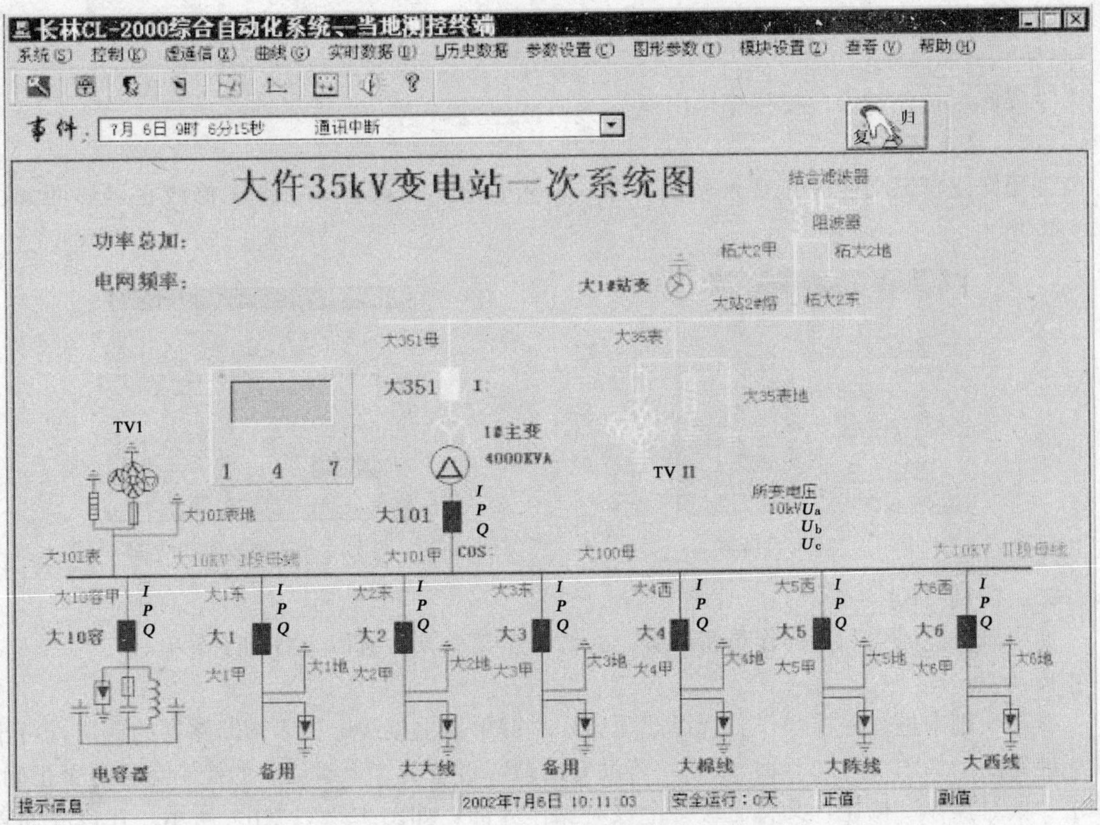

图 12 - 17　CL - 2000 在线监控系统主界面

1. 值班设置

值班设置用于定制变电站全体值班员、当值值班员。值班员换班时，从正值和副值后边下拉列表框选择当值值班员姓名。安全运行天数自动增加也可人工调整。选择该项后显示如图 12 - 18 所示对话框。

2. 打印设置

打印设置用于分类报警打印，点击后会弹出相应的对话框，可在其中选择打印事故报警、打印普通报警和语音报警。语音报警根据遥信顺序录音成 WAV 文件，如 YX1. WAV，YX2. WAV，YX3. WAV……放在程序目录 WAV 里。

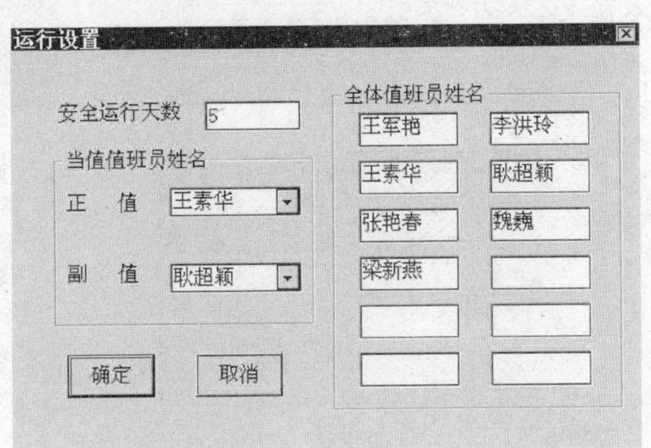

图 12 - 18　值班设置对话框

（三）登录系统

登录系统用于操作员或管理员登录系统。操作员用户名 User 和密码由管理员设置，其设置界面如图 12 - 19 所示。其中操作员是指值班人员职责权限的操作人员，管理员是对系统进行管理及维护的人员。

（四）注销登录

注销登录可禁止一些操作权限，如

参数设置、修改密码等。

（五）退出系统

选择此项可使整个监控程序退出运行。

（六）修改密码

使用修改密码功能应先登录系统，即先输入管理员密码进入系统。修改密码界面如图12-20所示。

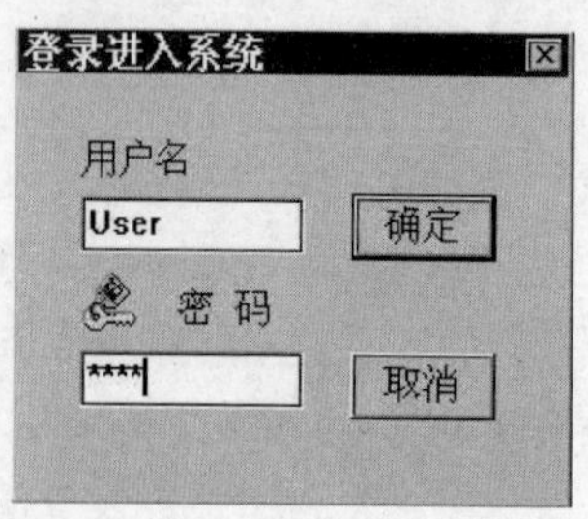

图12-19 登录系统界面

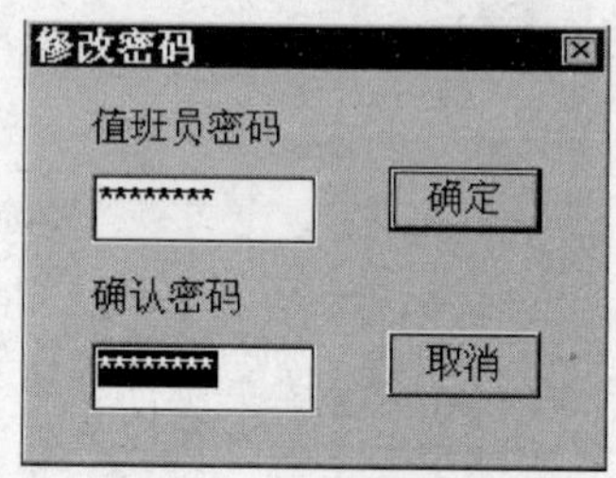

图12-20 修改密码界面

二、控制（K）

使用该功能需先利用操作员密码登录系统。本菜单共含有以下各项子菜单。

1. 开关

该选项用来进行遥控操作。选择此项后，左键单击主接线上代表某断路器的蓝块，可出现遥控界面，如图12-21（a）所示。若没有出现，可查看“上遥信”的控制点号是否正确。单击“核对操作”按钮，又将出现一个核对操作界面，如图12-21（b）所示。在该界面首先需要确认安全性，确认线路是否有人工作、断路器是否有人检修、地线是否已拆除等，防止误操作；然后再确认操作对象，若准确无误；最后单击“确定”按钮，此时弹出如图12-21

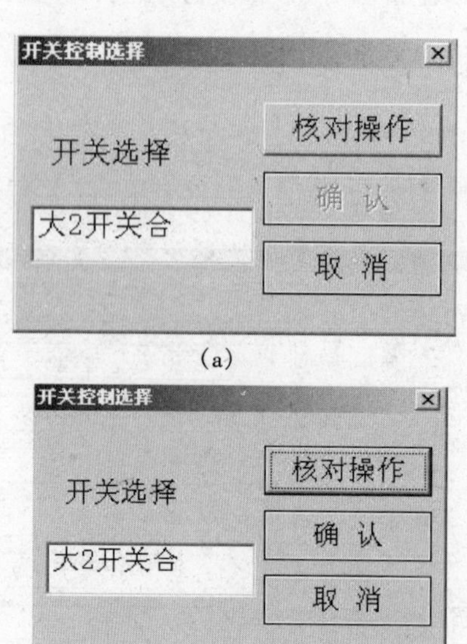

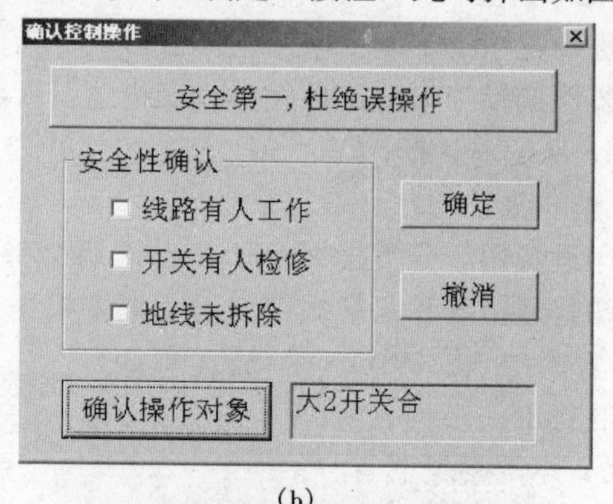

(b)

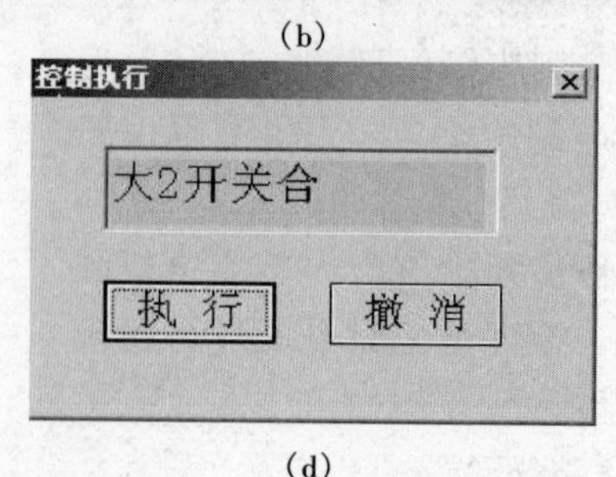

(d)

图12-21 遥控操作界面

（c）所示界面，点“确认”下发遥控命令。如果返校成功，则出现如图 12-21（d）所示界面，单击“执行”按钮，可执行遥控操作命令，将断路器合上，主接线上代表该断路器的小长方块变成红色。此选项可连续使用，使用完毕按右鼠标键结束操作。

2. 调压

此选项用来进行遥调操作，选择此项后，左键单击主接线上调压小窗口中的蓝块，可出现图 12-22 所示的遥调界面，选择升压或降压后点击“确认”，执行操作。

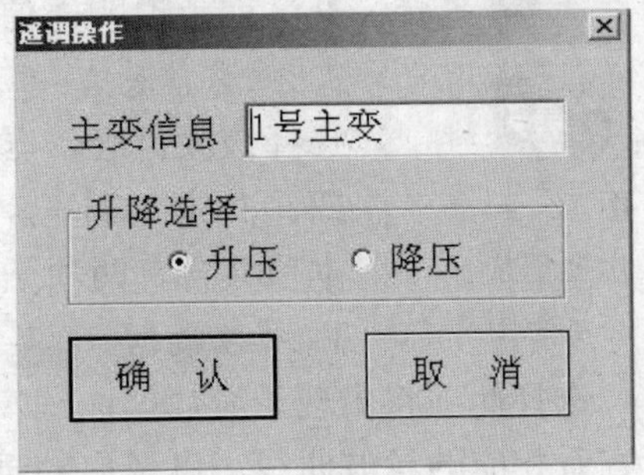

图 12-22 遥调操作界面

3. 对时

选择此项可调整综合自动化系统时间，使其统一成微机时间。

4. 查时

选择此项可读取综自系统时间。

5. 地线

选择此项可进行挂地线和撤地线操作。左键点击图 12-23（a）所示代表断路器的长方块，可在相应位置完成挂地线操作，再次点击完成撤地线操作。如果代表断路器的长方块为红色，则带电挂地线会被禁止，将出现如图 12-23（b）所示界面。此选项可连续使用，按右键结束操作。当挂上地线时此开关禁止遥合，若对其进行操作，将出现如图 12-23（c）所示界面。

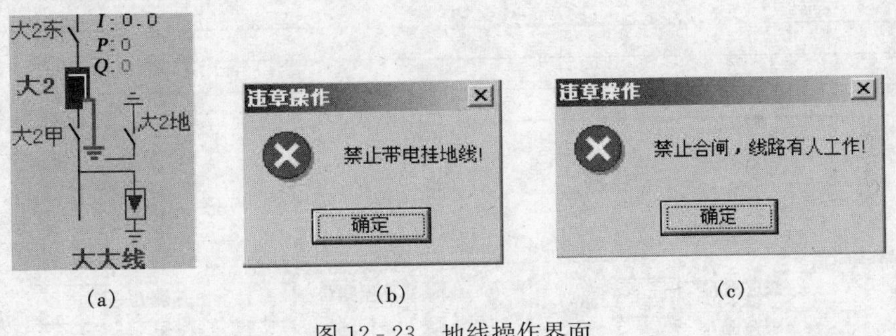

(a) (b) (c)

图 12-23 地线操作界面

6. 复归

当有事故报警或告警信号时音响被启动，点击图 12-17 所示的“复归”按钮可停止告警音响，再根据记录查找事故原因。

7. 测试音响

此选项与复归配合使用，对音响进行检测，避免事故时警铃不响。

三、虚遥信（X）

使用该功能需先利用操作员密码登录系统。此项共包括两项子菜单。

1. 手动虚遥信

选择该项目后，可检查系统的遥信部分工作是否正常。点击主接线上的断路器，上面出现两个小白块（见图 12-24），表示进入虚遥信状态；再次点击该开关，断路器应由红色变成蓝色或由蓝色变成红色，红色代表开关合，蓝色代表开关分，可循环进行选择。开关变色说明遥信部分工作正常。点击右键结束操作。

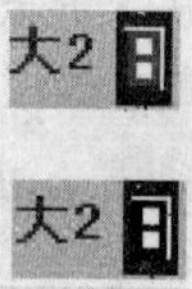

大2

大2

图 12-24 虚遥信状态示意图

2. 撤消虚遥信

选择该项目后，点击处于手动虚遥信状态的开关，可恢复其实际状态。

四、曲线（G）

本项共含有两项子菜单，即录波数据和历史数据。

1. 录波数据

选择此项将出现录波数据曲线窗口，如图 12-25 所示。选择模块名称、录波组号，则可查看相应的录波曲线，以及启动录波前和启动录波后的有效值、录波时间、启动录波原因等。根据这些信息可进行事故分析。按住左键可见虚线标尺，如不能读取可能没有填写“地址设置”中的测量 TA 和保护 TA。

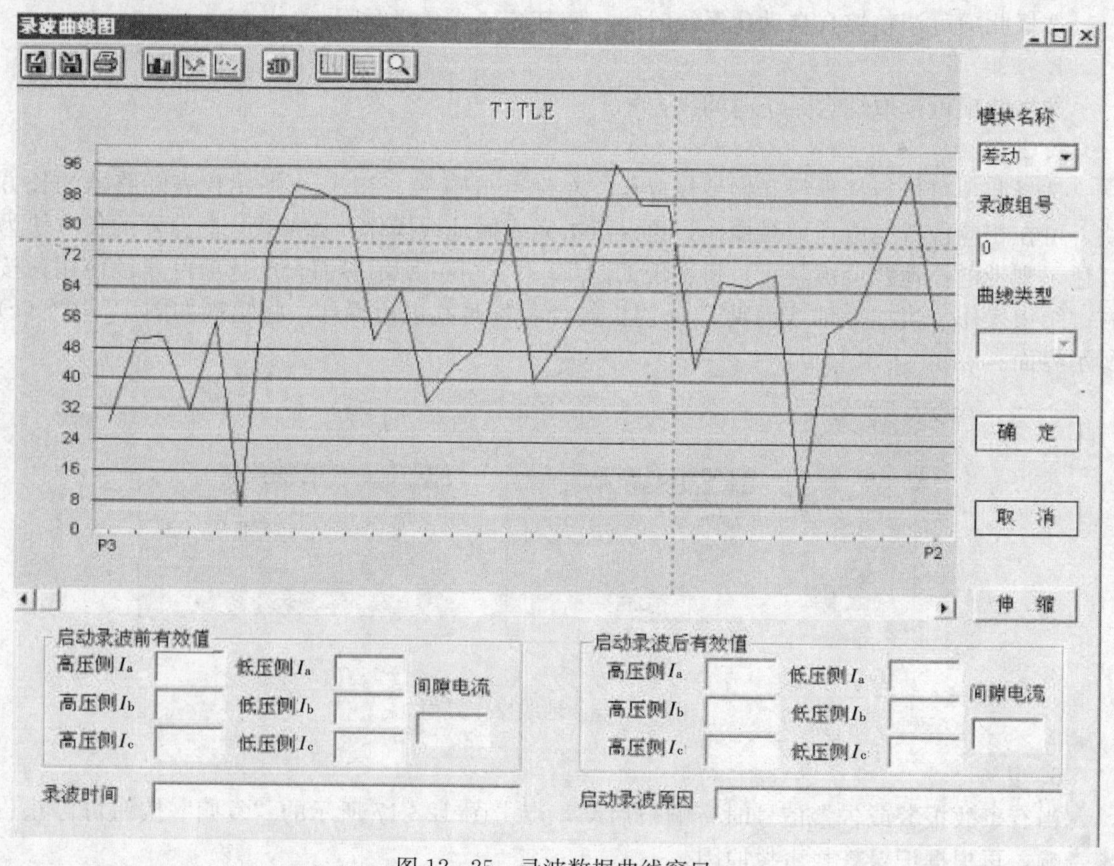

图 12-25 录波数据曲线窗口

2. 历史数据

选择此项可查看某日某遥测量的数据曲线。

五、实时数据（D）

本项菜单可查看各种数据的时实状态、数据变化和跳闸次数统计。该菜单共含有四项子菜单，即测量数据、开关状态、电量数据和跳闸次数。

1. 测量数据

实时线路测量数据可通过页号选择查看对象名称和相应的测量值，如图 12-26 所示。测量值随遥测值的变化实时刷新。查看时首先选择页号，再点击“查询”按钮，则可得到相应的数据。日期选择和时间定位均不可用，只有在查看历史数据时此几项才有意义。

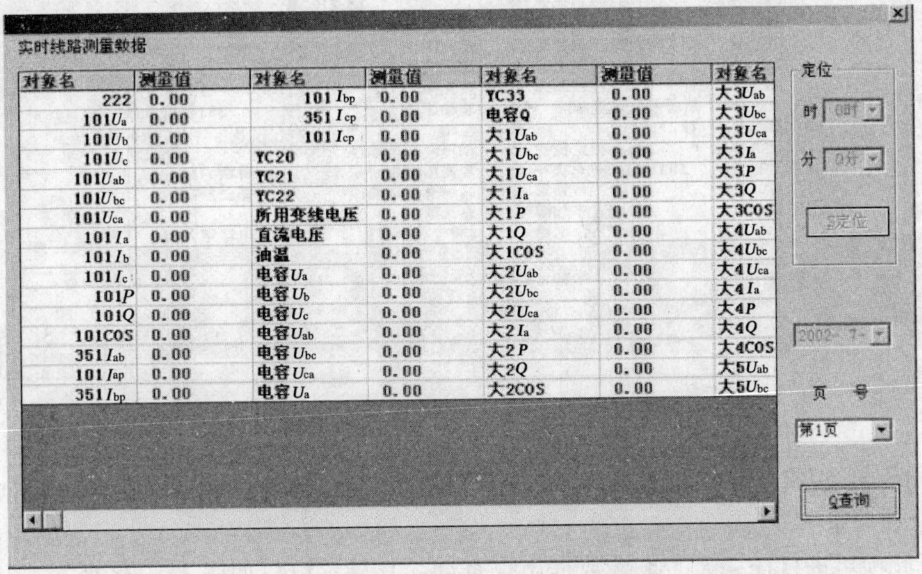

实时线路测量数据

对象名	测量值	对象名	测量值	对象名	测量值	对象名
222	0.00	101 I_{bp}	0.00	YC33	0.00	大3U_{ab}
101U_a	0.00	351 I_{cp}	0.00	电容Q	0.00	大3U_{bc}
101U_b	0.00	101 I_{cp}	0.00	大1U_{ab}	0.00	大3U_{ca}
101U_c	0.00	YC20	0.00	大1U_{bc}	0.00	大3I_a
101U_{ab}	0.00	YC21	0.00	大1U_{ca}	0.00	大3P
101U_{bc}	0.00	YC22	0.00	大1I_a	0.00	大3Q
101U_{ca}	0.00	所用变线电压	0.00	大1P	0.00	大3COS
101I_a	0.00	直流电压	0.00	大1Q	0.00	大4U_{ab}
101I_b	0.00	油温	0.00	大1COS	0.00	大4U_{bc}
101I_c	0.00	电容U_a	0.00	大2U_{ab}	0.00	大4U_{ca}
101P	0.00	电容U_b	0.00	大2U_{bc}	0.00	大4I_a
101Q	0.00	电容U_c	0.00	大2U_{ca}	0.00	大4P
101COS	0.00	电容U_{ab}	0.00	大2I_a	0.00	大4Q
351I_{ab}	0.00	电容U_{bc}	0.00	大2P	0.00	大4COS
101I_{ap}	0.00	电容U_{ca}	0.00	大2Q	0.00	大5U_{ab}
351I_{bp}	0.00	电容U_a	0.00	大2COS	0.00	大5U_{bc}

定位
时 0时
分 0分
定位
2002-7-
页号
第1页
查询

图 12-26　实时线路测量数据窗口

2. 开关状态

实时开关状态根据实时遥信量不断发生变化，其观察窗口如图 12-27 所示。观察内容不仅包括断路器、隔离开关等的分合状况，还包括保护装置的动作情况。分状态表示该保护未动作，合状态表示已动作。同样，日期选择和时间定位也不可用，只有在查看历史数据时才有意义。

3. 电量数据

实时电量数据的电量值是从开始抄表时间到现在的累加电量值。观察窗口与图 12-26 相似。

4. 跳闸次数

该项为本月开关跳闸次数统计。其观察窗口与图 12-27 相似，只是将“状态”一栏换成“次数”。同样，查看内容不仅包括断路器、隔离开关的动作次数，也包括各种保护的动作次数。

六、历史数据（D）

选择本项可查看各种历史数据。该菜单以下包括四项子菜单。

1. 测量数据

选择此项可查询历史记录中任一天的测量数据，显示窗口与图 12-26 相似。此时窗口中日期选择和时间定位等项均被激活，被选中日期的测量数据以每 5min 一个数据点进行显示，利用定位可查找某时某分的测量数据，并将数据显示在当前画面。

2. 电量数据

选择此项可查询历史记录中任一天的电量数据，其显示窗口与图 12-26 相似。电量数据

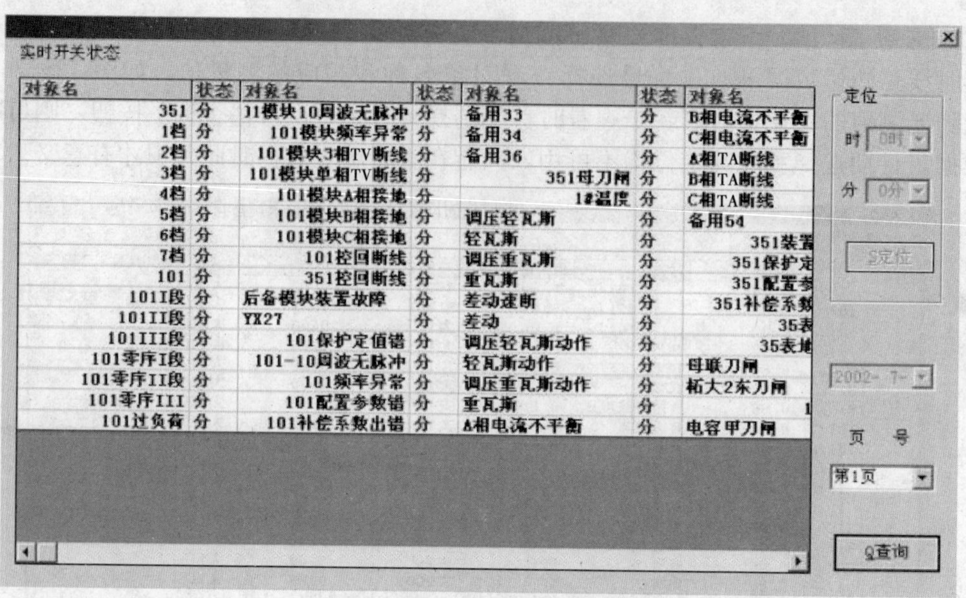

图 12-27 实时开关状态窗口

是以每小时一个数据点进行显示，定位可查找某时的电量数据，并将数据显示在当前画面。

3. 报警数据

选择此项可进行任一天的报警数据历史查询，其显示窗口如图 12-28 所示。如果只查事故报警，选中日期上的事故选项，然后查询某日报警。默认为显示某天全部报警。该窗口中时间定位选项不可用。

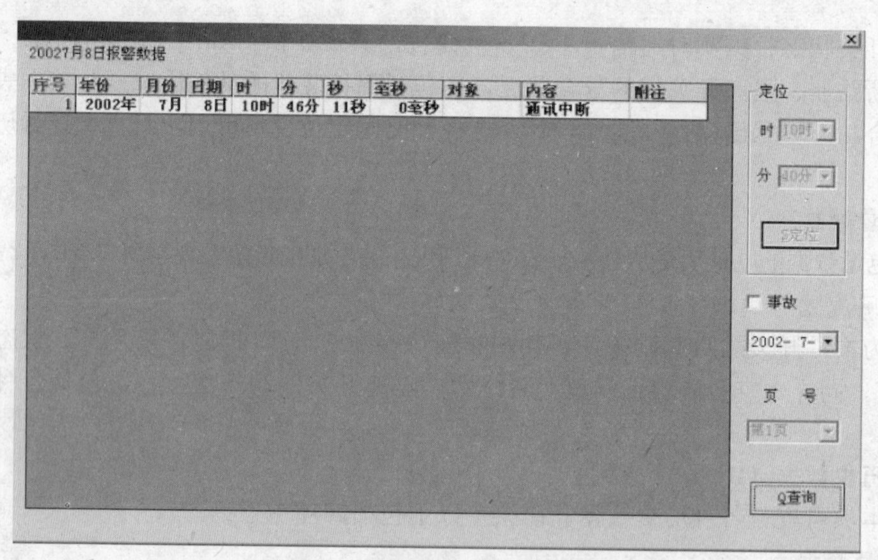

图 12-28 报警数据显示窗口

4. 跳闸次数

该项是历史数据中某日跳闸次数的情况统计，显示窗口与图 12-27 相似。

七、参数设置（B）

由于参数设置的重要性，使用该功能需先利用管理员密码登录系统。该项共含有五项子菜单，即遥测、遥信、电量、遥控和通信。

1. 遥测

选择该菜单则弹出对话框，如图 12－29 所示。图中遥测名为综合自动化系统遥测量发送顺序，可人为进行选择，一般将比较重要的遥测量放到前面；各遥测量的系数可由该监控系统规定的计算公式得出；上下限为某项遥测值报警上限与报警下限，填充此项可产生越限报警；类别选择一项用以确定各遥测量的所属类别。分页下拉列表框可用来选择页数，每页 32 个遥测量，共 16 页，最多可容纳 512 个遥测量。

大作站遥测参数

遥测	遥测名：	系数：	上限	下限	类别：	接线号：	遥测	遥测名：	系数：	上限	下限	类别：	接线
1	222	333.	1	1	I	0	17	101I_{bp}	4.40	1	1	I	0
2	101U_a	0.00	1	1	U	0	18	351I_{cp}	1.47	1	1	I	0
3	101U_b	0.00	1	1	U	0	19	101I_{cp}	4.40	1	1	I	0
4	101U_c	0.00	1	1	U	0	20						
5	101U_{ab}	0.00	1	1	U	0	21						
6	101U_{bc}	0.00	1	1	U	0	22						
7	101U_{ca}	0.00	1	1	U	0	23	所用变	0.22	1	1	I	0
8	101I_a	0.29	1	1	I	0	24	直流电	0.00	1	1	U	0
9	101I_b	0.29	1	1	I	0	25	油温	0.00	1	1	U	0
10	101I_c	0.29	1	1	I	0	26	电容U_a	0.00	1	1	U	0
11	101P	10.1	1	1	P	0	27	电容U_b	0.00	1	1	U	0
12	101Q	10.1	1	1	Q	0	28	电容U_c	0.00	1	1	U	0
13	101COS	0.00	1	1	cos	0	29	电容U_{ab}	0.00	1	1	U	0
14	351I_{ap}	1.47	1	1	I	0	30	电容U_{bc}	0.00	1	1	U	0
15	101I_{ap}	4.40	1	1	I	0	31	电容U_{ca}	0.00	1	1	U	0
16	351I_{bp}	1.47	1	1	I	0	32	电容I_a	0.02	1	1	I	0

类别选择：电流（I）　电压（U）　有功功率（P）　频率　Ic　无功功率（Q）　有功电量(kW)　无功电量(kV)　功率因数(co　安全运行天数　时钟

第1页

确 定　取 消

图 12－29　遥测参数设置窗口

2. 遥信

选择此项可对遥信参数进行设置，如图 12－30 所示。窗口中遥信名为综合自动化系统

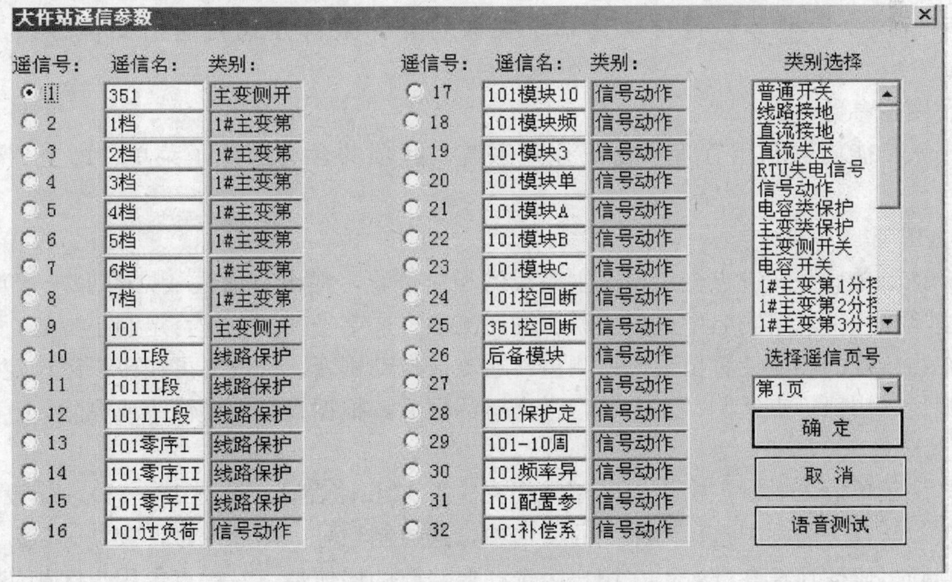

图 12－30　遥信参数设置窗口

开关量发送顺序，类别则从类别选择一栏中选取。遥信共 32 页，最多可容纳 102 个遥信量。选中一遥信点进行语音测试，音响发本遥信报警声，如没有发出，则可检查程序所在目录中有无报警声音设置。

3. 电量

该项用于设置电量参数，可在弹出的相应窗口中设置综合自动化系统电量发送顺序，选择脉冲电能表的转盘数等。

4. 遥控

该项用于设置遥控及遥调的接线顺序号，如图 12 - 31 所示。

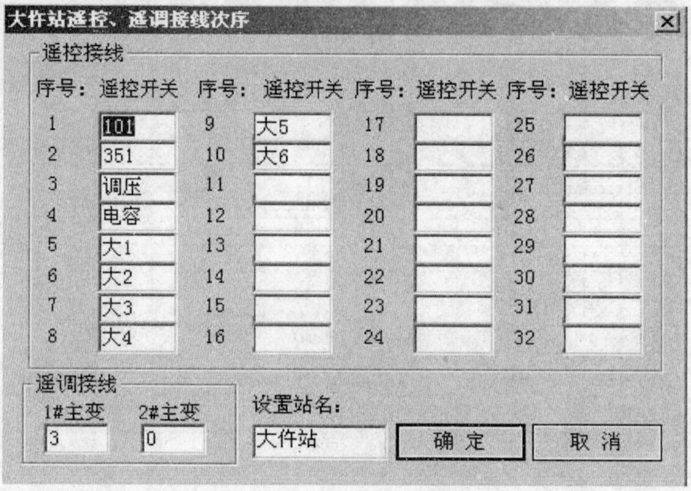

大作站遥控、遥调接线次序

遥控接线

序号：	遥控开关	序号：	遥控开关	序号：	遥控开关	序号：	遥控开关
1	101	9	大5	17		25	
2	351	10	大6	18		26	
3	调压	11		19		27	
4	电容	12		20		28	
5	大1	13		21		29	
6	大2	14		22		30	
7	大3	15		23		31	
8	大4	16		24		32	

遥调接线

1#主变 3 2#主变 0

设置站名： 大作站 确 定 取 消

图 12 - 31 遥控参数设置窗口

5. 通信

选择该项将弹出通信参数设置窗口，其中站号为综合自动化系统发站号，串口号为本机使用串口，波特率为综合自动化系统发波特率，报警方式为遥信变位方式或 SOE 方式。

八、图形参数（B）

使用该功能需先利用管理员密码登录系统。此项共含有两项子菜单，即上遥测和上遥信。

1. 上遥测

选择该菜单后，左键点击用户区主接线的相应位置，弹出对话框（见图 12 - 32），可设置图形遥测参数。从遥测名中选择要添加的遥测项、选字号和颜色号，定制小数位，按“确认”后在主接线的相应位置出现该遥测量，遥测值自动刷新。修改时可在用户区选定需要修改的遥测量，用鼠标点遥测量左上角，弹出对话框后，根据自己需要修改或删除。

2. 上遥信

选择该菜单后，左键点击用户区相应开关位置弹出对话框（见图 12 - 33），可设置图形遥信参数。从开关名称中选择要添加的遥信项，选控制点号，即遥控号，按“确认”后遥信值自动刷新。修改遥信参数，可在用户区选择要修改的遥信量，左键点击用户区相应开关位置，弹出对话框后，根据自己需要取消或删除。

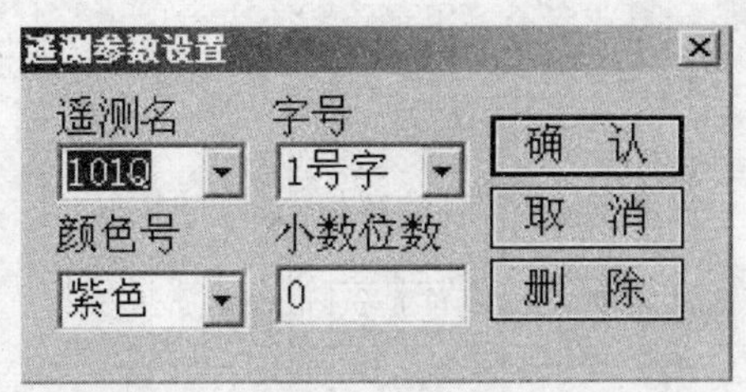

图 12-32　图形遥测参数设置窗口

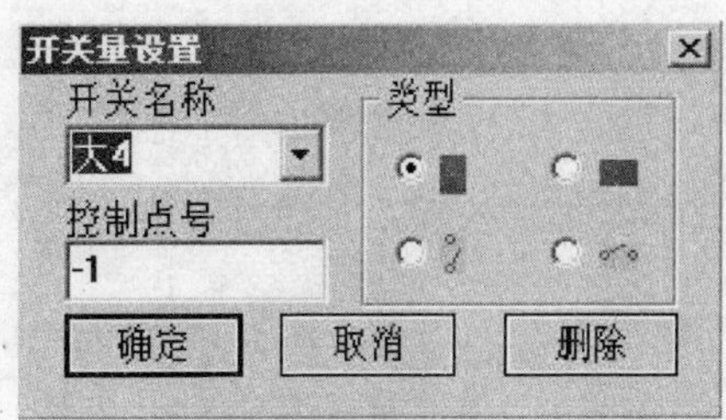

图 12-33　图形遥信参数设置窗口

九、模块设置（B）

使用该功能需先利用管理员密码登录系统。该项共含有两项子菜单，即地址设置和定值设置。

1. 地址设置

在地址设置窗口（见图 12-34）中，模块名称、模块地址要根据实际情况制定，模块类型根据类型说明填写，测量 TA 与保护 TA 的变比必须与实际值相符，如不填写会影响录波曲线的查看。

模块参数设置

序号	模块名称	模块地址	类型	测量TA	保护TA	序号	模块名称	模块地址	类型	测量TA	保护TA
1	后备	1	3	300	300	9	大6	9	0	30	30
2	差动	2	2	100	100	10		0	0	0	0
3	电容	3	1	30	30	11		0	0	0	0
4	线路	4	0	50	50	12		0	0	0	0
5	大2	5	0	50	50	13		0	0	0	0
6	大3	6	0	75	75	14		0	0	0	0
7	大4	7	0	50	50	15		0	0	0	0
8	大5	8	0	75	75	16		0	0	0	0

类型说明
0--线路保护　1--电容保护　2--差动保护　3--后备保护

确 认　取 消

图 12-34　地址设置窗口

2. 定值设置

选择该项菜单后，又会出现下一级菜单，有多个模块供选择。例如选择差动保护模块，则弹出差动保护定值设置窗口，如图 12-35 所示。先需填写通信地址，当不知道此通信地址的组号时，点击当前组号可从模块中提取，切换组号可提取 1～6 组（共 6 组）中任意一组定值。填写保护定值需注意单位说明。“上载”即是由监控机读取模块内定值。“下传”即是将该定值设置窗口中设置的保护定值下传到管理模块；如下传成功，写入则变成实体，可以将定值写入到保护模块中。“读取文件”是指读取本机存储的此通信地址模块的定值。“保存文件”则是将设置的保护定值保存到本机。“控制字向导”可用来方便地生成控制字，点击后弹出设置控制字窗口，如图 12-36 所示。选择投入保护的控制字，点击“生成控制字”，灰色输入框显示一组数据，即控制字定值。“保存控制字”则是将生成的控制字保存到保护定值设置里面。

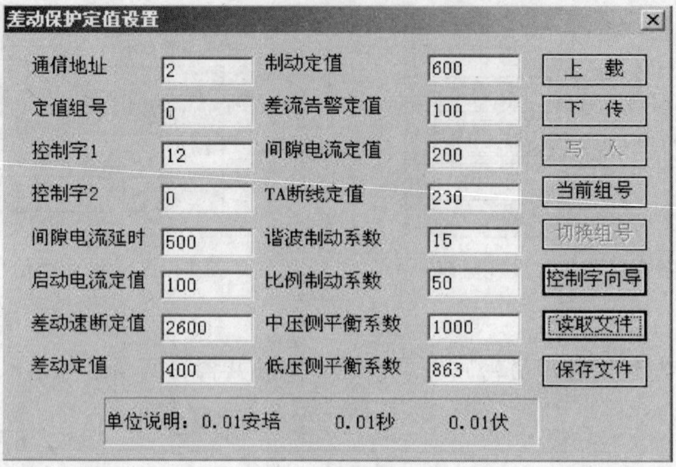

图 12 - 35　差动保护定值设置窗口

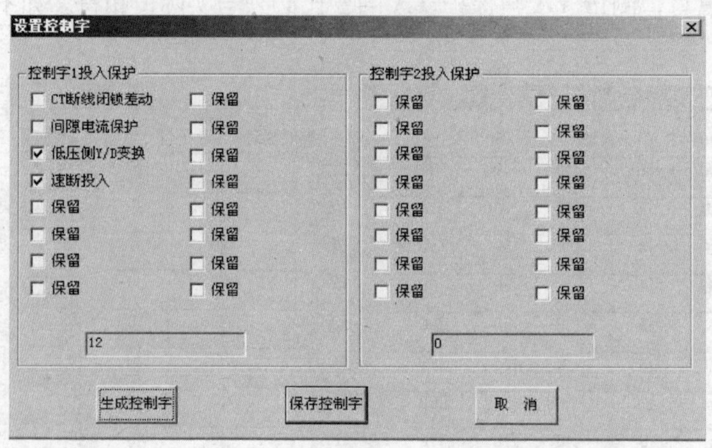

图 12 - 36　设置控制字窗口

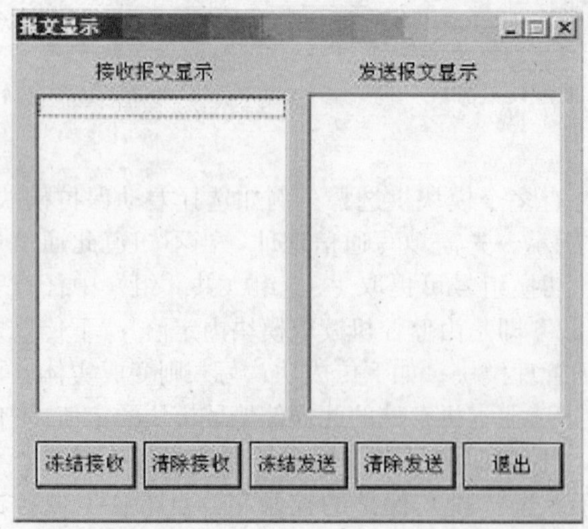

图 12 - 37　报文显示窗口

十、查看（B）

选择该项可查看新近报警、状态条、工具栏和报文显示等内容。选中新近报警，主界面中将显示最新发生的各种事件，并与实时同步。选中状态条，主界面底部将出现状态栏，栏中左侧指示程序当前的运行状态，中间是一个时钟，安全运行天数，右侧显示正副值班员姓名。选中工具栏，主界面的主菜单下面将出现工具栏，栏中所有项目都可以在菜单中找到，为对应菜单项提供了一种快捷、直观的使用方法。选择报文显示将弹出窗口（见图 12 - 37），分接收和发送报文分别进行显示。“冻结接收”使接收报文停止滚动，

“冷冻发送”使发送报文停止滚动，“清除接收”和“清除发送”使显示框内数据清除。

十一、帮助

选择该项菜单，将出现一些使用指导方面的内容，如介绍本监控终端的系统结构、监控程序的使用方法等。

在主界面中，用户区是指位于中间的主接线部分。

思 考 题

1. 简述变电站综合自动化系统结构形式。
2. 简述综自系统各模块的功能。
3. 简述监控系统的功能及操作。

第十三章　变电站综合自动化系统的运行管理、维护与调试

本章介绍变电站综合自动化系统运行管理的规定及内容、日常使用维护时应注意的问题及装置安装调试的基本要求。在实际工作中应结合实际情况制定切实可行的管理制度和维护方法，结合厂家提供的调试大纲完成调试工作。

第一节　变电站综合自动化系统的运行管理与使用维护

变电站综合自动化系统的管理可分为制度管理、停复役管理、运行管理、技术资料管理、设备管理、安全管理等。变电站综合自动化系统的运行管理可分为日常管理、交接班管理、设备巡视管理、现场验收管理、测试与维护、故障处理和事故抢修管理等。

一、变电站综合自动化系统的运行管理

（一）调度和运行人员的职能

1. 调度人员的职责

（1）了解综合自动化装置的原理。

（2）批准和监督直接管辖范围内的各种自动化装置的正确使用与运行。

（3）当发生事故或系统运行方式改变时，应按相关规程、规定变更装置使用方式。

（4）在系统发生事故等不正常情况时，调度人员应根据断路器及自动化装置的动作情况处理事故，并做好记录，及时通知常有关人员；根据装置测距结果，给出巡线范围，及时通知有关单位。

（5）参加综合自动化装置调度运行规程的审核。

2. 现场人员职责

（1）了解综合自动化装置的原理及二次回路。

（2）负责与调度人员核对自动化装置的整定值并进行装置的投入、停用等操作。

（3）负责记录并向上级主管调度汇报综合自动化装置的运行情况及打印报告等。

（4）执行上级颁发的有关综合自动化装置规程和规定。

（5）掌握综合自动化装置打印出的各种信息的含义。

（6）根据主管调度命令，对已输入装置内的各套保护定值，允许现场人员用规定的方法来改变定值。

（7）现场运行人员应掌握自动化装置的时钟校对、采样值打印、定值清单打印、报告复制、按规定的方法改变定值、保护的停投和使用打印机等操作。

（8）在改变微机继电保护的定值、程序或接线时，要有主管调度的定值、程序及回路变更通知单方允许工作。

（9）对综合自动化装置和二次进行巡视。

（二）运行规定

（1）现场运行人员应定期对综合自动化装置进行采样值检查和时钟校对。

（2）自动化装置在运行中需要改变已固化好的成套保护定值时，或由现场运行人员按相关规定的方法改变定值时，不必停用装置，但应立即打印出新的定值清单，并与主管调度核对定值。

（3）自动化装置动作后，现场运行人员应按要求做好记录和复归信号，并立即向调度汇报动作情况和测距结果，然后复制总报告和分报告。

（4）综合自动化装置出现异常时，运行人员应根据该装置的现场运行规程进行处理，并立即向主管调度汇报，检修人员应立即到现场处理。

（5）综合自动化装置插件出现异常时，检修人员应采用备用插件更换，在更换备用插件后应对综合自动化系统进行必要的检验，不允许现场修理插件后再投入运行。

（6）在综合自动化装置使用的交流电压、交流电流、开关输入、开关输出回路作业时，或在综合自动化装置内部作业时，应停用装置。

（7）远方更改综合自动化定值或操作装置时，应根据现场有关运行规定并有保密和监控手段，以防止误整定和误操作。

（8）运行中的综合自动化装置直流电源恢复后，时钟不能保证准确时，应校对时钟。

（三）技术管理

（1）综合自动化系统投运时，应具备如下的技术文件：

1）合格证明和出厂试验报告等技术文件，竣工原理图、安装图、电缆清册等设计资料；

2）商家或制造厂提供的装置技术说明书或使用说明书，包括装置的硬件说明、调试大纲、运行维护注意事项、用户手册、故障检测手册等和装置插件原理图、背板端子图、背板布线图；

3）新安装检验报告和验收报告；

4）保护装置定值和程序通知单；

5）制造厂提供的软件框图和有效软件版本说明；

6）装置的专用检验规程。

（2）运行资料应由专人管理，并保持齐全、准确。

（3）运行中的装置作改进时，应有书面改进方案，按管辖范围经主管机构批准后方允许进行；改进后应做相应的试验，并及时修改图样资料和做好记录。

（4）对所管辖自动化装置的动作情况，应按照DL/T 623—2010《电力系统继电保护及安全自动装置评价规程》进行统计分析，并对装置本身进行评价；对不正确的动作应分析原因，提出改进对策，并及时报主管部门。

（5）对直接管辖的自动化装置，应统一规定检验报告的格式；要求检验报告应完整，内容包括被试设备的名称、型号、制造厂、出厂日期、出厂编号、装置的额定值，检验类型，检验条件和检验工况，检验结果及缺陷处理情况，有关说明和结论，使用的主要仪器、仪表的型号和出厂编号，检验日期，检验单位的试验负责人和试验人员名单，试验负责人签字。

（6）为了便于运行管理和装置检验，同一电业局、变电站的自动化装置型号不宜过多。

（7）各供电公司、变电站对每一种型号的保护装置和监控装置应配备必要的备用插件。

（8）投入运行装置应有专责维护人员，建立完善的岗位责任制。

二、综合自动化系统使用注意事项

（1）使用每一种新设备前要求详细地阅读其说明书，清楚地了解其工作原理及工作性能，确认无问题时再投入使用。

（2）变电站整个接地系统应可靠遵循电力系统运行要求。

1）所有二次设备的接地端应可靠接地，包括屏体、柜体、计算机外壳、打印机外壳、UPS外壳等。

2）接地电阻要求一般小于4Ω。

（3）变电站防鼠措施应完善，以免对变电站安全运行造成威胁；在腐蚀性气体浓度较大的环境中应将二次设备与腐蚀性气体可靠地进行隔离，以免损坏设备。

（4）在温差较大及湿度较大的环境中应做好温度及湿度的控制，以保证设备的正常运行。

（5）可购买准确度适中的多功能测试表，方便在调试和维护过程中测试二次设备的输入电压、电流、功率、相角、TA的极性和相序、TV的极性和相序等。

（6）在变电站辅助设备的定购中，若采用通信方式与主控设备连接，则需考虑通信规约问题；为接口方便和规约的规范管理，对于直流屏、五防系统、小电流接地系统、综合无功调压、消谐装置等设备要求采用DL451—1991《CDT规约》，对于电能表要求采用全国电能表统一标准规约。

（7）若无特殊说明，所有的通信系统之间的连线及弱信号远传（温度、湿度、烟雾报警、直流传感器等）均要求采用双芯或多芯屏蔽电缆，以免影响测量的准确度、系统数据的正常传输及控制命令的正常下发。

（8）替换硬件或检查运行硬件故障时，要求：

1）必须对相应线路采取有效的安全措施。

2）必须严格按照以下步骤操作：关掉子系统（如监控保护装置）时，切记将该子系统通用I/O插件的24V电源（保护出口电源）关掉；打开子系统（如监控保护装置）时，切记最后将该子系统通用I/O插件的24V电源（保护出口电源）打开，以免引起误动作。

（9）带插件的芯片需可靠安装，防止接触不良引起插件工作不正常，如程序芯片EPROM及部分存储器。

（10）断开直流电源后才允许插、拔插件。

（11）芯片的插、拔应注意方向。

（12）如元件损坏等原因需使用烙铁时，应使用内热式带接地线的烙铁。

后台机是完成整个系统监测和控制的重要环节，为了保证整个系统的正常运行，特对后台机的使用提出以下要求：

（1）严禁直接断电。对于Windows操作系统，关闭系统有严格的操作顺序，若直接断电，则有可能造成计算机硬件部分损坏，系统文件或其他文件丢失。

（2）严禁乱删除或移动文件。Windows操作系统各文件及文件夹都有特定的位置，若随意删除或移动文件，则会造成系统不能启动或运行变得不稳定。

（3）严禁使用盗版光盘或来历不明的软件，防止病毒造成系统文件或其他文件丢失，使系统无法正常运行。

（4）严禁带电插拔计算机主机所有外围设备插头。计算机主机外围设备插头如果不断电插拔，就会造成设备接口电路损坏，使系统无法运行。

（5）计算机主机机壳、显示器外壳、打印机外壳一定要可靠接地。

三、变电站综合自动化装置的维护

变电站综合自动化系统是一项涉及多种专业技术的复杂系统工程。根据电力系统运行的特殊要求，一旦自动化系统发生问题，必须及时迅速排除，使之尽快恢复正常运行。为此，做好运行维护的基础工作是搞好维护和检修的前提、先行工作，要求维护检修人员应掌握一些基本的故障分析及检查的方法。

（一）运行维护的基础工作

变电站综合自动化装置运行维护的基本工作包括规章制度、信息管理以及标准化、定额、计量、统计工作等。结合本地区实际情况严格执行《电力（业）安全工作规程》、"运行管理规程"和"检修规程"三项规程；同时，还要建立健全与设备维护检修有关的制度。

设备台账、缺陷及检修记录等应准确、详细、符实，并保存齐全。这些信息资料对于正确分析事故原因，迅速排除故障，制定检修计划等方面很有益处。

对于一般维护检修人员做好技术培训工作，由于变电站综合自动化采用了大量的新设备和新技术，因而必须对检修人员进行知识更新和培训的教育。这项工作可遵循"结合实际，突出重点，灵活多样，讲求实效，全面安排，循序渐进"的原则，树立"学习是工作的一部分"这一新概念，不断提高运行人员的知识素质和实践素质，使维护检修人员必须具备最基本的维护和检修技能。维护检修人员应熟悉设备的系统和基本原理，熟悉检修的工艺、质量和运行知识，熟悉本岗位的规章制度，同时能看懂图纸并熟练地查找故障并进行基本的维护。

（二）运行维护的具体工作

要做好运行维护工作，首先应了解运行维护的内容及要求，应熟悉装置的结构、操作步骤，了解保护动作后的处理、异常情况处理、部分定期检查项目、装置故障维护指南等。下面以保护装置为例说明。

（1）装置的投运。

1）投入电源，运行指示灯亮，其余指示灯灭。

2）核对保护定值清单，无误后存档。

3）电流、电压相序正确。

（2）装置的运行。

1）运行指示灯亮，其余指示灯灭，保护定值选择区号与实际系统的运行方式相对应。

2）装置面板 LCD 显示的信息应与实际相一致。

3）MMI 工作正常。

（3）保护动作信号及报告。

1）保护动作，若跳闸，跳闸信号指示灯亮；若合闸，合闸信号指示灯亮并且可有报告输出。

2）告警时，告警信号灯亮，告警原因排除后，可按复归按钮复归告警。

（4）其他注意事项。

1）运行中，不允许不按指定操作程序随意按动面板上的键盘。

2）特别不允许随意操作下列命令：修改定值，固化定值；设置运行 CPU 数目；改变定值区；开出传动；改变装置在通信网中地址。

（5）运行中出现告警时的处理。可根据告警提示处理相应的问题（可依靠厂家提供的资料）：如报告 ROMERR，此为 ROM 校验出错，可以按面板上复归按钮，如仍然告警，应更换 CPU 插件；报告 BADDRV，此为开出检测不响应，或某一路开出光耦或三极管击穿，故障可能出在 24V 电源或开出光耦，仔细检查开出回路。

（三）故障分析和检查的几种常用的方法

在处理异常问题时要做到思路清晰，熟悉什么信息反映什么问题，掌握一些基本方法有利于快速准确地查找故障点。现推荐几种在实际工作中常用的故障分析和检查的方法。

（1）系统分析法。利用系统工程的相关性和综合性原理，分析判断自动化系统故障的方法，即系统分析法。该法要求对自动化系统有一个清晰的了解：系统由哪些子系统组成，每个子系统作用原理如何，每个子系统均由哪些主要设备所组成，每台设备的功能如何，等等。如知道了系统中某设备的功用，就会知道如果该设备失效将会给系统带来什么后果，那么反过来，就可以判断系统发生什么样的故障，可能是哪台（哪些）设备的问题。

（2）排除法。简单地说，排除法就是“非此即彼”的判断方法。因为自动化系统较为复杂，而且它还与变电站的一、二次设备有关联，因而应先用排除法判断究竟是自动化设备还是相关联的其他设备故障。

如操作员在对某台断路器进行遥控操作时，屏幕显示遥控返校正确，但始终未能反映该断路器变位（位置信号不变）。对于这种情况，可先利用系统分析法，检查该断路器在当地操作合分闸时其位置触点是否正确。如果断路器无论在合闸或分闸时，其位置触点状态始终不变，则证明问题出在位置触点上，而自动化系统无问题，可以排除。如位置触点状态正确且相关电缆完好，则可以认为问题出在遥信方面，其他可以排除。此例是对于自动化系统中自动化设备与相关设备以及自动化设备内部的排除判断法。

排除法也不能绝对化，因为事情也可能存在“此”和“彼”同时发生。这就需要多积累经验。

（3）电源检查法。一般来说，运行一段时间以后的自动化系统已进入稳定期，设备本身发生故障的情况会比较少。若这时设备出现故障，查找故障时应首先检查电源电压是否正常，如有熔断器熔断、线路板接触不良等都会造成工作电源不正常，从而导致设备故障。这种方法适用于在通过分析法、排除法已确定故障出在哪台设备后进行。

（4）信号追踪法。自动化系统是靠数据通信来完成其功能的，可通过示波器、毫伏表追踪信号是否正常，来判断故障点。

（5）换件法。自动化系统应该是连续工作的，如发生故障应尽快恢复。为做到这点，应配备适当数量的备品、备件，以应急用。

第二节　变电站综合自动化系统的调试

变电站综合自动化系统调试的目的是检验其功能、特性等是否达到设计和有关规定的要求；检验自动化装置之间的连接以及装置和变电站二次回路间的连接是否正确，是否达到设计和有关规定的要求；通过现场的模拟工作检验整套系统动作是否正确、无误。这是确保变电站的安全、可靠运行的一项重要手段。

一、变电站综合自动化系统的调试内容

变电站综合自动化系统一般由间隔层的控制单元，具有当地监控功能的站控级计算机系统，以及它们之间的通信网络所组成。由于各设计单位和厂商所采取的硬、软件结构配置不同，使实现的功能要求不尽相同，因而系统的集成方式也不太相同。一般以厂商为主、安装单位配合进行装置的现场安装调试。通常在系统的功能检查之前应完成如下工作。

（一）间隔层测控单元的检查测试

（1）检查系统所提供的各种工作电源电压（5、±12V 等）是否正常。

（2）检查键盘，应操作灵活、感觉良好，显示器上的各种显示正确无误。

（3）设置并核对当前时钟运行的正确性。

（4）按运行单位提供的整定值参数进行定值设置并存储，通过键盘调出定值清单核对无误。

（5）其他功能的测试（数字输入/数字输出量测试、事件记录测试、脉冲量测试和控制操作等）。

（二）当地监控系统的硬、软件配置和参数组态

当地监控系统的硬、软件配置和参数组态应严格按厂商所提供的技术说明书和设计要求进行，主要工作有：

（1）系统的硬件安装调试，包括前置机或通信处理机、后台主控机、调制解调器及打印机、显示器、电源等各种外设、辅助设备。

（2）系统的各种软件（包括操作系统、系统软件和各种应用软件）安装调试，应分别在前置机或通信处理机、后台机上安装调试。

（3）系统的参数组态和设置。

1）根据变电站的主接线和系统的结构特点，进行各种参数和参数设置，如电压、电流的一、二次比例系统，Y/D 变换系数，温度补偿系数等。

2）系统各间隔单元的编号设定、内部网络的组建和通信。

3）在当地监控主机（如后台机）进行各监控量（遥测、遥信、遥控、保护定值等）的组态，制作各种需要的画面图形、表格，如主接线图、各种报表、曲线等。

4）在前置机（或通信处理机）上根据主站系统要求，设置调度通信规约、通信速率、“三遥”量的组态等。

二、调试前的准备工作

整个调试工作要在统一组织协调下，有计划、有步骤地进行，才能做好、做全，确保调试内容不遗漏。因此，调试前要做好充分的准备工作，除了人员的组织安排外，仪表、器材、工具等要准备妥善，同时要拟定调试方案（或大纲），准备好各种记录表格等；要求调试人员工作认真负责，如实、准确、详细地记录好各种调试的数据，调试之后要认真填写有关调试报告。报告和记录既是分析、判断自动化装置性能好坏，决定装置能否投运的重要依据，也是装置重要的原始资料。

三、系统的调试

一般系统各装置及其所组屏柜都在厂内经严格调试，出厂时装置及其屏柜都是完好的，接线是正确的。故装置的调试仅检查运输安装时是否有损坏、屏柜向外的接线是否正确、系统的综合调试问题，可着重对装置的状态输入（光耦部分）、交流输入部分，跳合闸输出回

路及信号回路（继电器接点部分）部分检查，以及对装置的功能与特性的检验。以下的调试步骤虽然是针对装置，但最好以屏柜为对象进行，即检测时包括屏内接线，调试时应参考厂家提供的调试大纲。对线路保护装置的调试一般包括以下内容：

（1）装置通电前的一般性检查。

1）检查装置的型号及各电量参数是否与订货一致，尤其应注意装置电源电压及TA的额定值应与现场相匹配。

2）拔出所有插件，逐一检查各插件上的元器件是否松动、脱落，有无机械损伤及连线有否被扯断等现象。

3）检查各插件与插座之间的插入深度是否到位，锁紧机构能否锁紧。

4）检查连接片及操作开关。所有跳闸连接片、合闸连接片及其他功能的切换片应逐一试验，确保连接片退出回路断开，连接片投入回路接通。对于在环境潮湿的场所的上述部件更应注意防止接触不良的现象发生。有关的操作开关及按钮等，在做相应回路检验时应一并进行检查。

（2）电源检查。除电源插件外，拔出所有的插件，装置通电，检查各插件的各级电压是否在正常范围。

（3）绝缘检查。每台装置出厂前都已做过耐压试验，在现场安装前一般不建议再做工频耐压试验，但应按技术要求测定绝缘电阻。各插件各端子并联（通信端子可不做绝缘试验），用500V绝缘电阻表按插件分别对地摇绝缘，绝缘电阻应大于100MΩ。若电源模块24、220V出口带滤波器，对地有电容，摇绝缘时可将电源插座取下。

（4）装置通电后检查。在通电检查时不允许拔各插件，检查液晶显示是否正常；若不正常应立即切断电源，检查各插件是否连接正常。

按定值单输入各组定值到相应的定值区，然后把定值区切换成运行定值区，分别投入各保护压板，面板灯光信号指示保护投入状态。

（5）CPU－MMI联调，一般可参考厂家提供的面板操作手册。

（6）采样准确度检查。一般情况下，可用微机保护测试仪定性校验。严格要求时，可将装置各相电流输入端子串联，接5A电流，各相TV并联接50V电压，装置应显示准确值并且各相一致；同时检验各模拟量通道的相位，应正确。

（7）开关量输入量校验。开关量输入量（开入量）分保护连接片投切、信号开入、定值区切换开入，分别进行检查。

（8）开关量输出校验。开关量输出校验，包括信号接点输出校验，可配合定值校验进行，每路接点输出只检测一次即可，其他试验可只观察信号指示及液晶显示。

开关量输出校验也可通过保护的开出传动菜单进行，操作方法一般可参考生产厂家提供的使用说明书。应带断路器做一次合闸传动和一次跳闸传动，并确认断路器正确动作。

（9）整定值校验。装置的保护功能及动作逻辑已经多次动模考验及其他测试，现场调试仅需校验定值即可，且只需校验某一段定值及模拟一次反向故障（仅对带方向的线路保护）即可，其余可由装置保证。

（10）跳合闸电流保持试验。将装置上跳闸连接片、合闸连接片投入，模拟故障时保护动作，确认跳合闸电流保持状态的完好；进行手动分合闸操作检验该回路的完好性，在手动跳开开关后保护不应重合闸。

（11）校准时钟。检查装置的日历时钟，应该是准确的；如果不准确，则校准，设置方法可见厂家提供的操作指南。

（12）零漂及刻度调整。

另外，应对变电站综合自动化装置的遥信、遥控、遥测等功能进行检查。

（1）遥信量（开入量）输入测试。首先将所有遥信输入端打开，则所有遥信量的状态均应为“分”，除非设置了遥信取反；然后接通任一路遥信输入模拟开关，则通过便携机键盘可以查看对应的遥信位的变化与开关状态是否一致；重复3～5次均应正确无误。试验所有遥信输入量；测遥信变位的响应时间，接通任一路遥信模拟开关，计算机屏幕上应能观察到对应的遥信变化，并记录下模拟开关动作到遥信变位变化的时间。此时间应不低于装置说明书中的技术指标的规定，一般不大于1s。

（2）遥测模拟量试验。任选一路模拟量输入，进行测试。

（3）遥控测试。利用便携机进行遥控操作，遥控指示器应有正确指示；重复若干次，均应正确无误。试验所有遥控输出量：做任一路遥控试验，记录遥控命令从选择开始到返校成功和从执行开始到开关动作的遥控传输时间 t，该时间应符合说明书中技术指标的规定值，一般不大于3s。

同时检查键盘遥控操作。检查当地控制功能是否按如下过程执行，即选择对象（选择动作的断路器）、控制性质（发控制分、合的指令）、检验返回的操作，并将检验结果通过人机界面返回，确认执行（根据检验结果，作执行或撤销命令）。

（4）脉冲量输入测试。启动脉冲模拟器，通过键盘查看RTU脉冲计数值与脉冲输入量是否一致。如无脉冲模拟器，可采用遥信采集的办法，用一根导线，其一端连至电源24V，另一端连续碰脉冲量输入端，碰触参数应与计算机显示次数相符。

（5）事件顺序记录分辨率的测试。将状态信号模拟器的两路输出信号接至自动化装置设备任意两路状态的输入端，在状态信号模拟器上设置一个时间定值，使该定值等于厂家说明书上规定的站内分辨率或小于10ms的任一数值；启动状态信号模拟器，这时在便携机显示器上应正确显示（接有打印机时，应打印出）这两个状态的名称、状态及动作时间。两状态的动作时间差应符合上述站内分辨率的要求。重复上述试验3次。

一般还可完成以下检验：

（1）图形显示功能。一般图形应包括主接线图，系统配置和图形状态图，负荷、电压的曲线图、棒图，各种实时数据表格，定值参数表以及变电运行基本工况（含运行方式、主变压器挡位、温度和冷却装置的投退、站用电与直流系统基本参数等）。这些图形应根据设计要求与厂商的技术说明，逐一检查是否正确无误，图表上实时数据是否正确，实时数据刷新小于规定时间，画面切换灵活方便，调用时间小于预定时间，事故自动推出画面时间不大于2s（或厂家技术指标）。

（2）音响告警功能。按设计要求对各种事故和参数运行越限等应有自动告警。根据厂家提供的功能检查是否有音响报警和语音提示，报警应能手动和自动复归，各种报警应与画面显示关联，根据报警查看自动推出故障相关的画面，通过操作确认告警事项信息。

（3）打印功能。打印分正常打印和异常打印。

1）检查能否定时自动打印预先设定的各种报表信息，如运行时报表、整点记录，打印周期可设定；各种报表格式是否符合预定要求，数据是否正确。

2）检查各种事件记录、越限记录、各种遥信变位、系统故障等可否按预先的设定即时打印，模拟系统的事故障碍检查即时打印是否启动，打印信息是否正确无误。

3）检查能否通过人机界面召唤打印上述两种报表信息，以及系统是否提供报表编辑修改功能，对打印的报表数据进行复核、修改，无误后存入数据库，交付打印。

（4）系统安全措施检查。按厂家提供的说明，检查系统操作安全等级分类有哪些，每一安全等级所赋予的特性有哪些，如操作员户名和代码、口令、允许操作权限和操作范围等。

（5）自检与自诊断功能检查。一般系统都具备一定的自检测、自诊断功能，主要是检测系统的各保护与测控单元的自检信息，定时巡检系统网络及各网络节点的通信运行状况，监视系统工作电源的工况，以及对计算机、打印机、网络、串行扩展卡及各通信口的运行状况进行监视、诊断，发现异常能判断故障点，在当地功能上提示告警或经过通信远传到主站。通过模拟上述内部故障，检查自检信息和自诊断结果是否符合模拟故障。

（6）系统远传通信功能。系统和主站监控系统通电，并接入预定的通道进行两端通信。在主站监控系统上核对遥测数据，遥信状态，数据显示应能刷新，下发的遥控命令能正确执行。检查通道的通信是否正常，两端的通信规约是否一致，系统的通信接口和 MODEM 的主要技术指标是否工作正常。在通道尚未正常运行之前，可以借助笔记本电脑，通过 MODEM与该系统通信 MODEM 对接，进行现场模拟通信检查，笔记本电脑上有相应的主站监控系统的测试软件和相同的通信规约、通信速率等，然后进行上述的远动通信功能检查。

思 考 题

1. 变电站综合自动化系统运行管理有哪些方面？
2. 变电站综合自动化系统维护包括哪些方面？
3. 变电站综合自动化系统调试包括哪些方面？
4. 变电站综合自动化系统使用时应注意什么？

参 考 文 献

[1] 孙淑信．变电站微机检测与控制．北京：水利电力出版社，1995.
[2] 黄益庄．变电站综合自动化技术．北京：中国电力出版社，2000.
[3] 段传宗．无人值班变电所及农网综合自动化．北京：中国电力出版社，1998.
[4] 丁书文，黄训诚．变电站综合自动化原理及应用．北京：中国电力出版社，2003.
[5] 陈德树．微机继电保护．北京：中国电力出版社，2000.
[6] 杨奇逊．微型机继电保护基础．北京：水利电力出版社，1994.
[7] 毕牲春．电力系统远动及调度自动化．北京：中国电力出版社，1999.
[8] 杨新民．电力系统微机保护培训教材．北京：中国电力出版社，2000.
[9] 程明，金明．无人值班变电站监控技术．北京：中国电力出版社，1999.
[10] 阳宪惠．现场总线技术及其应用．北京：清华大学出版社，1999.
[11] 李火元．电力系统继电保护与自动装置．2 版．北京：中国电力出版社，2009.
[12] 许建安．电力系统微机继电保护．北京：中国电力出版社，2003.
[13] 胡汉才．单片机原理及其接口技术．北京：清华大学出版社，2003.
[14] 杨素行．微型计算机系统原理及应用．北京：清华大学出版社，1998.
[15] 丁书文．变电站综合自动化现场技术．北京：中国电力出版社，2008.
[16] 丁书文．电力系统自动装置原理．北京：中国电力出版社，2007.
[17] 路文梅．电力参数实时采集中混叠误差的研究．高电压技术，1998，3：74～76.